"十三五"普通高等教育工程管理和工程造价专业系列规划教材

工程造价典型案例分析

主　　编　王付宇　　汪和平　　王治国

副主编　夏明长　　吕宏伟　　李　平

参　　编　李　艳　　蒋春迪　　白　娟

　　　　　宋　红　　董万国

主　　审　柯　洪

机械工业出版社

本书内容共 7 章，包括建设项目投资估算与财务分析，工程设计和施工方案技术经济分析，建设工程计量与计价，建设工程招标、投标与定标，工程合同价款管理，工程价款结算与竣工决算，新技术、新规范、新模式的应用及影响。在系统总结知识点的基础上，每章都附有大量的案例分析和课后习题。通过对本书的学习，学生可以系统、全面地掌握工程造价基础理论知识及其在实际工程中的应用，可以提高学生运用专业知识解决实际问题的能力，以帮助学生就业后能够更好地适应实际工作。

本书知识体系完备、教学实例丰富、课后题型创新、内容时效性强，可作为普通高等学校工程造价、工程管理专业的教材，也可供在监理单位、建设单位、勘察设计单位、施工单位等从事相关专业工作的人员学习参考，还可作为造价师、建造师的培训或复习用书。

图书在版编目（CIP）数据

工程造价典型案例分析/王付宇，汪和平，王治国主编. —北京：机械工业出版社，2019.10（2025.5 重印）

"十三五"普通高等教育工程管理和工程造价专业系列规划教材

ISBN 978-7-111-64067-7

Ⅰ.①工… Ⅱ.①王… ②汪… ③王… Ⅲ.①建筑造价管理-案例-高等学校-教材 Ⅳ.①TU723.31

中国版本图书馆 CIP 数据核字（2019）第 230154 号

机械工业出版社（北京市百万庄大街 22 号　邮政编码 100037）

策划编辑：林　辉　责任编辑：林　辉　舒　宜

责任校对：杜雨霏　封面设计：张　静

责任印制：单爱军

北京盛通数码印刷有限公司印刷

2025 年 5 月第 1 版第 5 次印刷

184mm×260mm · 21.75 印张 · 540 千字

标准书号：ISBN 978-7-111-64067-7

定价：58.00 元

电话服务　　　　　　　　　　网络服务

客服电话：010-88361066　　机 工 官 网：www.cmpbook.com

　　　　　010-88379833　　机 工 官 博：weibo.com/cmp1952

　　　　　010-68326294　　金　书　网：www.golden-book.com

封底无防伪标均为盗版　机工教育服务网：www.cmpedu.com

"十三五" 普通高等教育工程管理和工程造价专业系列规划教材

编审委员会

序

住房和城乡建设部高等学校工程管理和工程造价学科专业指导委员会（简称教指委）组织编制了《高等学校工程管理本科指导性专业规范（2014）》和《高等学校工程造价本科指导性专业规范（2015）》（简称《专业规范》）。自两个《专业规范》发布以来，受到相关高等学校的广泛关注，促进其根据学校自身的特点和定位，进一步改革培养目标和培养方案，积极探索课程教学体系、教材体系改革的路径，以培养具有各校特色、满足社会需要的工程建设高级管理人才。

2017年9月，江苏、安徽等省的高校中一些承担工程管理、工程造价专业课程教学任务的教师在南京召开了具有区域性特色的教学研讨会，就不同类型学校的工程管理和工程造价这两个专业的本科专业人才培养目标、培养方案以及课程教学与教材体系建设展开研讨。其中，教材建设得到机械工业出版社的大力支持。机械工业出版社认真领会教指委的精神，结合研讨会的研讨成果和高等学校教学实际，制订了"十三五"普通高等教育工程管理和工程造价专业系列规划教材的编写计划，成立了该系列规划教材编审委员会。经相关各方共同努力，本系列规划教材将先后出版，与读者见面。

"十三五"普通高等教育工程管理和工程造价专业系列规划教材的特点有：

1）系统性与创新性。根据两个《专业规范》的要求，编审委员会研讨并确定了该系列规划教材中各教材的名称和内容，既保证了各教材之间的独立性，又满足了它们之间的相关性；根据工程技术、信息技术和工程建设管理的最新发展成果，完善教材内容，创新教材展现方式。

2）实践性和应用性。在教材编写过程中，始终强调将工程建设实践成果写进教材，并将教学实践中收获的经验、体会在教材中充分体现；始终强调基本概念、基础理论要与工程应用有机结合，通过引入适当的案例，深化学生对基础理论的认识。

3）符合当代大学生的学习习惯。针对当代大学生信息获取渠道多且便捷、学习习惯在发生变化的特点，本系列规划教材始终强调在要求基本概念、基本原理要描述清楚、完整的同时，给学生留有较多空间去获得相关知识。

期望本系列规划教材的出版，有助于促进高等学校工程管理和工程造价专业本科教育教学质量的提升，进而促进这两个专业教育教学的创新和人才培养水平的提高。

王卓甫

2018 年 9 月

前　言

随着建筑市场经济的快速发展，我国建设领域对工程造价人才的需求逐年增加。"工程造价案例分析"课程是高等学校培养工程造价管理专业人才的核心课程，该课程的教材建设水平关乎着高等学校人才培养的水平。为了更好地培养新时代复合型工程造价管理人才，本书依据《中华人民共和国招标投标法》《建筑工程施工发包与承包计价管理办法》《建设工程工程量清单计价规范》《建设工程施工合同（示范文本）》等与工程建设相关的法律、法规、规范，在综合工程经济、工程计量与计价、工程成本计划与控制、工程招标投标与合同管理等专业核心课程的主要知识和基本原理的基础上，从建设项目投资估算与财务分析，工程设计和施工方案技术经济分析，建设工程计量与计价，建设工程招标、投标与定标，工程合同价款管理，工程价款结算与竣工决算，新技术、新规范、新模式的应用及影响等7个方面进行编写。通过本书的学习，学生能够全方位理解工程造价的知识并能用所学的理论知识解决工程实际问题。

本书的特点主要体现在以下几个方面：

1. 知识体系完备

本书内容以建设工程全寿命周期为主线，全面介绍了建设项目投资估算与财务分析，工程设计和施工方案技术经济分析，建设工程计量与计价，建设工程招标、投标与定标，工程合同价款管理，工程价款结算与竣工决算等知识点。而且，为了满足工程造价管理的新需求，本书对当前应用较为广泛的工程造价管理新技术、新规范、新模式的应用及影响进行了详细介绍，构建了完整的工程造价知识体系。

2. 工程案例丰富

本书提供了丰富的工程案例，每个知识点后面都有必要的工程案例，每章设置1~2个综合性案例。这样可以使学生在学习了相关理论知识之后，能够将其应用于工程实践，实现了理论与实践相结合，学习效果更佳。本书在解析工程案例之前，有较详细的解题要点分析，既有助于学生分析、解答问题，也有助于教师更好地备课和讲解。

3. 课后习题创新

本书课后习题题型新颖，结合我国造价工程师和建造师考试题型进行设置，题型全面、多点集成。案例分析题与工程管理工作实际相结合，背景材料来自实际已竣工工程，充分体现了对于基本概念、基本方法、基本规范综合掌握的整体要求。

4. 内容与时俱进

本书结合国家新颁布的有关工程计量与计价的规章和方法。除此之外，还对BIM技术、PPP模式、美丽乡村建设、"营改增"对工程造价的影响等内容进行了介绍。

本书由安徽工业大学王付宇、汪和平、王治国担任主编，安徽工业大学夏明长、安徽皖工工程咨询研究院吕宏伟、安徽工业大学李平担任副主编，李艳、蒋春迪、白娟、宋红、董万国参加编写，全书由王付宇教授负责统稿。本书的参编人员均为教学一线的骨干专业教师，长期从事工程管理和工程造价专业的课程教学及科研工作，有着丰富的教学、实践经验，对知识点的剖析透彻，有助于学生对所学知识的理解，这也在一定程度上激发了学生的学习兴趣。

本书在编写的过程中参阅了大量的国内外优秀教材及造价工程师执业资格考试培训教材，在此对有关作者表示衷心的感谢。

天津理工大学柯洪教授在百忙之中对本书进行了精心审阅，提出了许多宝贵意见和建议，使本书得到进一步完善。在此对他表示衷心的感谢。

由于本书涉及的内容广泛，加上编者水平有限，书中难免存在不足之处，恳请同行专家、学者和广大读者批评指正，以便我们在修订时予以改进。

编　者

目 录

第1章

建设项目投资估算与财务分析

本章知识要点与学习要求

序　号	知　识　要　点	学习要求
1	建设项目投资构成	熟悉
2	建设项目投资估算方法	熟悉
3	建设项目财务分析的主要内容	熟悉
4	建设项目财务分析中基本报表的编制	掌握
5	建设项目财务评价指标体系	掌握
6	建设项目的不确定性分析	掌握

■ 1.1　建设项目投资构成与估算

1.1.1　建设项目总投资构成

经营性建设项目总投资由固定资产投资和流动资产投资两大部分组成，非经营性建设项目主要考虑固定资产投资。我国建设项目总投资构成如图 1-1 所示。

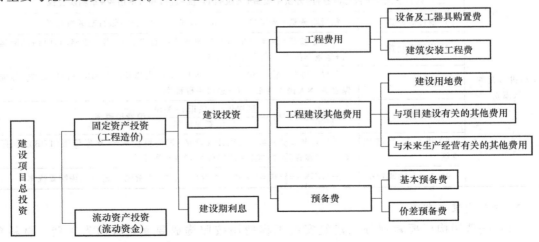

图 1-1　我国建设项目总投资的构成

注：图中列示的建设项目总投资主要指在项目可行性研究阶段用于财务分析时的总投资，在"项目报批总投资"或"项目概算总投资"中只包括铺底流动资金，其金额一般为流动资金总额的 30%。

1.1.2 各分项费用构成及估算

1. 设备及工器具购置费

设备及工器具购置费的构成如图 1-2 所示。

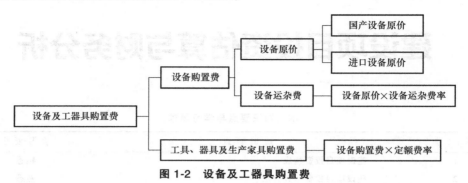

图 1-2 设备及工器具购置费

国产设备原价按出厂货价计算，进口设备原价（又称抵岸价）的构成及计算见表 1-1。

表 1-1 进口设备原价的构成及计算

进口设备原价（抵岸价）	进口设备原价（抵岸价）＝进口设备到岸价（CIF 价）＋进口设备从属费	
（1）进口设备到岸价（CIF 价）	进口设备到岸价（CIF 价）＝离岸价格（FOB）＋国际运费＋运输保险费 ＝运费在内价（CFR）＋运输保险费	
	1）离岸价格（FOB）	离岸价格（FOB）＝装运港船上交货价
	2）国际运费	国际运费（海、陆、空）＝离岸价格（FOB）×运费率 ＝运量×单位运价
	3）运输保险费	运输保险费＝$\dfrac{离岸价格（FOB）＋国外运费}{1－保险费费率}$×保险费费率
（2）进口设备从属费	进口设备从属费＝银行财务费＋外贸手续费＋关税＋消费税＋进口环节增值税＋车辆购置税	
	4）银行财务费	银行财务费＝离岸价格（FOB）×人民币外汇汇率×银行财务费费率
	5）外贸手续费	外贸手续费＝到岸价格（CIF）×外贸手续费费率＝［离岸价格（FOB）＋国际运费＋运输保险费］×外贸手续费费率
	6）关税	关税＝到岸价格（CIF）×进口关税税率＝［离岸价格（FOB）＋国际运费＋运输保险费］×人民币外汇汇率×进口关税税率
	7）消费税	消费税（价内税）＝$\dfrac{到岸价（人民币）＋关税}{1－消费税税率}$×消费税税率
	8）进口环节增值税额	进口环节增值税额＝组成计税价格×增值税税率＝［离岸价格（FOB）＋国际运费＋运输保险费＋关税＋消费税］×增值税税率
	9）进口车辆购置税	进口车辆购置税＝（关税完税价格＋关税＋消费税）×进口车辆购置税率

2. 建筑安装工程费

（1）**按费用构成要素划分** 建筑安装工程费用按照构成要素划分由人工费、材料费（包含设备费，下同）、施工机具使用费、企业管理费、利润、规费和税金组成。建筑安装工程费用中的税金是指应计入建筑安装工程造价内的增值税税额。

1）采用一般计税方法。

$$增值税税额=税前造价×9\% \tag{1-1}$$

税前造价为人工费、材料费、施工机具使用费、企业管理费、利润和规费之和，各项费用均以不含增值税可抵扣进项税的价格计算。

2）采用简易计税方法。

$$增值税税额=税前造价×3\%（简易计税增值税税率为3\%） \tag{1-2}$$

税前造价为人工费、材料费、施工机具使用费、企业管理费、利润和规费之和，各项费用均以包含增值税可抵扣进项税的价格计算。

（2）按造价形成划分 建筑安装工程费按照工程造价形成包括：分部分项工程费、措施项目费、其他项目费、规费、税金组成。

$$分部分项工程费=\sum（分部分项量）×综合单价 \tag{1-3}$$

综合单价包括：人工费、材料费、施工机具使用费、企业管理费和利润，以及一定范围的风险费用。

建筑安装工程费用构成如图1-3所示。

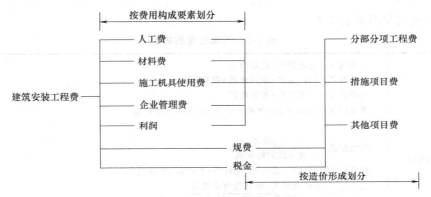

图1-3 建筑安装工程费用构成

3. 工程建设其他费用

工程建设其他费用包括：建设用地费、与项目建设有关的其他费用、与未来生产经营有关的其他费用，一般以工程费用为基数乘以系数估算。

4. 预备费

（1）基本预备费

基本预备费=（工程费用+工程建设其他费用）×基本预备费费率=（建筑安装工程费用+设备及工器具购置费+工程建设其他费用）×基本预备费费率 $\tag{1-4}$

（2）价差预备费

$$PF=\sum_{t=1}^{n}I_t\left[(1+f)^m(1+f)^{0.5}+(1+f)^{t-1}-1\right] \tag{1-5}$$

式中 PF——价差预备费；

n——建设期年份数；

I_t——建设期中第 t 年的静态投资计划额（包括工程费用、工程建设其他费用及基本预备费）；

f——年涨价率；

m——建设前期年限，指从编制估算到开工建设的时间（年）。

5. 建设期利息

建设期利息的计算见表1-2。

表1-2 建设期利息的计算

年初发生	每年末支付利息:建设期利息=∑年初本金×利率
	不支付利息:建设期利息=∑(年初本金+以前年度的利息)×利率
均衡发生	每年末支付利息:建设期利息=∑(年初本金+当年借款÷2)×利率
	不支付利息: 建设期利息=∑(年初本金+以前年度的利息+当年借款÷2)×利率

注:1. 要注意借款发生在年初还是在年末,发生在年初正常计算,当年全年计息,发生在年末按下一年的年初考虑;没有特殊说明的,就按着贷款均衡发放。

2. 一般建设期只计息,不还息,所以还款初值一般为运营期初的本息总额;没有特殊说明的,建设期只计息不还本金和利息,都按复利计算。

6. 流动资金

流动资金的估算见表1-3。

表1-3 流动资金的估算

分项详细估算法	流动资金=流动资产-流动负债 流动资产=应收账款+预付账款+存货+现金 流动负债=应付账款+预收账款 流动资金本年增加额=本年流动资金-上年流动资金 其中: 应收账款=$\dfrac{年经营成本}{应收账款周转次数}$ 存货=外购原材料、燃料+其他材料+在产品+产成品 产成品=$\dfrac{(年经营成本-年其他营业费用)}{产成品周转次数}$ 现金=$\dfrac{(年工资及福利费+其他费用)}{现金周转次数}$ 应付账款=$\dfrac{外购原材料、燃料动力及其他材料年费用}{应付账款周转次数}$
扩大指标估算法	年流动资金额=年费用基数×各类流动资金率 常用的基数有营业收入、经营成本、总成本费用和建设投资等

注:采用分项详细估算法计算时,各项流动资金均计算其年平均占用额,即为流动资金的年周转额除以流动资金的年周转次数。

1.1.3 建设项目投资估算方法

1. 静态投资部分的估算方法

固定资产静态投资部分的投资估算的方法很多,各有其适用的条件和范围,而且误差程度也不相同。一般情况下,应根据项目的性质、获得的技术经济资料和数据的情况,选用适宜的估算方法。在项目规划和建议书阶段,投资估算的精度较低,可采取简单的计算方法,如单位生产能力估算法、生产能力指数法、系数估算法、比例估算法等;在可行性研究阶段,投资估算精度要求高,需采用相对详细的指标估算法。

(1)单位生产能力估算法 单位生产能力估算法是根据已建成的、性质类似的建设项

目的单位生产能力投资乘以建设规模，得到拟建项目的静态投资额的方法。其计算公式为

$$C_2 = \left(\frac{C_1}{Q_1}\right) Q_2 f \tag{1-6}$$

式中　C_1——已建类似项目的静态投资额；

C_2——拟建项目的静态投资额；

Q_1——已建类似项目的生产能力；

Q_2——拟建项目的生产能力；

f——不同时期、不同地点的定额、单价、费用变更等的综合调整系数。

这种方法一般只适用于与已建项目在规模和时间上相近的拟建项目，一般两者间的生产能力比值为 0.2~2，单位生产能力估算法估算误差较大，一般为 ±30%。

（2）生产能力指数法　生产能力指数法又称指数估算法，它是根据已建成的、性质类似的建设项目的投资额和生产能力及拟建项目的生产能力估算拟建项目静态投资额的方法，是对单位生产能力估算法的改进。其计算公式为

$$C_2 = C_1 \left(\frac{Q_2}{Q_1}\right)^x f \tag{1-7}$$

式中　x——生产能力指数；

C_2——拟建项目静态投资额；

C_1——已建类似项目的静态投资额；

Q_2——拟建项目生产能力；

Q_1——已建类似项目的生产能力；

f——综合调整系数。

式中，$0 \leqslant x \leqslant 1$，不同生产率水平的国家和不同性质的项目中，$x$ 的取值是不同的。若已建类似项目或装置的规模和拟建项目或装置的规模相差不大，Q_1 与 Q_2 比值在 0.5~2，则指数 x 的取值近似为 1；若已建类似项目或装置的规模和拟建项目或装置的规模比值在 2~50，且拟建项目生产规模的扩大仅靠增大设备规模来达到时，则指数 x 取值在 0.6~0.7；若拟建项目生产规模的扩大是靠增加相同规格设备的数量达到时，则指数 x 的取值在 0.8~0.9。生产能力指数法与单位生产能力估算法相比精度略高，其误差可控制在 ±20% 以内，在总承包工程报价时，承包商大都采用这种方法。

（3）系数估算法　系数估算法也称为因子估算法，它是以拟建项目的主要设备费或主体工程费为基数，以其他工程费占主要设备费或主体工程费的百分比为系数估算项目静态投资的方法。我国常用的方法有设备系数法和主体专业系数法。世界银行贷款项目投资估算常用的方法是朗格系数法。

1）设备系数法。设备系数法是以拟建项目的设备费为基数，根据已建成的同类项目的建筑安装工程费和其他工程费占设备购置费的百分比，求出拟建项目建筑安装工程费和其他工程费，进而求出项目的静态投资。计算公式为

$$C = E(1 + f_1 P_1 + f_2 P_2 + f_3 P_3 + \cdots) + I \tag{1-8}$$

式中　C——拟建项目的静态投资；

E——拟建项目根据当时当地价格计算的设备购置费；

P_1、P_2、P_3、…——已建项目中建筑、安装及其他工程费用等占设备购置费的百分比；

f_1、f_2、f_3、…——因时间因素引起的定额、价格、费用标准等变化的综合调整系数；

I——拟建项目的其他费用。

2）主体专业系数法。主体专业系数法是指以拟建项目中投资比重较大，并与生产能力直接相关的工艺设备的投资（包括运杂费和安装费）为基数，根据已建同类项目的有关统计资料，计算出拟建项目各专业工程（总图、土建、暖通、给水排水、管道、电气、自控等）占工艺设备投资的百分比，据此求出拟建项目各专业的投资，然后把各部分投资费用（包括工艺设备费用）相加求和，再加上拟建项目的其他费用，即为拟建项目的静态投资。其计算公式为

$$C = E(1 + f_1 P_1' + f_2 P_2' + f_3 P_3' + \cdots) + I \tag{1-9}$$

式中 P_1'、P_2'、P_3'、…——已建项目中各专业工程费用占工艺设备投资的百分比；

其他符号意义同前。

3）朗格系数法。朗格系数法是以设备购置费为基数，乘以适当系数来推算项目的静态投资。朗格系数法在国内不常见。

（4）比例估算法 比例估算法是根据已知的同类建设项目主要生产工艺设备占整个建设项目的投资比例，先逐项估算出拟建项目的主要生产工艺设备投资，再按比例估算拟建项目的静态投资的方法。其计算公式为

$$I = \frac{1}{K} \sum_{i=1}^{n} Q_i P_i \tag{1-10}$$

式中 I——拟建项目的静态投资；

K——已建项目主要设备投资占拟建项目投资比例；

n——设备种类数；

Q_i——第 i 种设备的数量；

P_i——第 i 种设备的单价（到厂价格）。

比例估算法主要应用于设计深度不足、拟建建设项目与类似建设项目的主要生产工艺设备投资比重较大、行业内相关系数等基础资料完备的情况。

静态投资部分的费用估算按构成可分为建筑工程费用的估算、设备及工器具购置费用的估算、安装工程费用的估算，工程建设其他费用的估算和基本预备费的估算。

（1）建筑工程费用的估算 建筑工程费用的估算方法有单位建筑工程投资估算法、单位实物工程量投资估算法和概算指标投资估算法。前两种方法比较简单，适合有适当估算指标或类似工程造价资料时使用，当不具备上述条件时，可采用计算主体实物工程量套用相关综合定额或概算定额进行估算。

（2）设备及工器具购置费的估算 设备购置费根据项目主要设备表及价格、费用资料编制，工器具购置费按设备费的一定比例计取。对于价值高的设备应按台（套）估算购置费，价值较小的设备可按类估算，国内设备和进口设备应分别估算。

（3）安装工程费的估算 安装工程费一般以设备费为基数区分不同类型进行估算。

1）工艺设备安装费估算。以单项工程为单元，根据单项工程的专业特点和各种具体的投资估算指标，采用按设备费百分比估算指标进行估算；或根据单项工程设备总重，采用元/t 估算指标进行估算。

2）工艺金属结构、工艺管道估算。以单项工程为单元，根据设计选用的材质、规格，以 t 为单位；工业炉窑砌筑和工艺保温或绝热估算，以单项工程为单元，以 t、m^3 或 m^2 为单位，套用技术标准、材质和规格、施工方法相适应的投资估算指标或类似工程造价资料进行估算。

3）变配电、自控仪表安装工程估算。以单项工程为单元，根据该专业设计的具体内容，一般先按材料费占设备费百分比投资估算指标计算出安装材料费，再分别根据相适应的占设备百分比或占材料百分比的投资估算指标或类似工程造价资料计算设备安装费和材料安装费。

（4）工程建设其他费用的估算　工程建设其他费用的计算应结合拟建项目的具体情况，有合同或协议明确的费用按合同或协议列入；无合同或协议明确的费用，根据国家和各行业部门、工程所在地地方政府的有关工程建设其他费用定额（规定）和计算办法估算。

（5）基本预备费的估算　基本预备费的估算一般是以建设项目的工程费用和工程建设其他费用之和为基础，乘以基本预备费率进行计算。基本预备费率的大小，应根据建设项目的设计阶段和具体的设计深度，以及在估算中所采用的各项估算指标与设计内容的贴近度、项目所属行业主管部门的具体规定确定。

2. 动态投资部分的估算方法

建设项目的动态投资包括价格变动可能增加的投资额、建设期利息等，如果是涉外项目，还应计算汇率的影响。在实际估算时、主要考虑涨价预备费、建设期贷款利息、投资方向调节税、汇率变化四个方面。

3. 流动资产投资估算的编制

流动资产投资，即流动资金是指生产经营性项目投产后，为保证正常生产运营，用于购买原材料、燃料，支付工资及其他经营费用等所用的周转资金。

流动资金的估算一般采用分项详细估算法，个别情况或小型项目可采用扩大指标法。

（1）分项详细估算法　流动资金的显著特点是在生产过程中不断周转，其周转额的大小与生产规模及周转速度直接相关。分项详细估算法是根据周转额与周转速度之间的关系，对构成流动资金的各项流动资产和流动负债分别进行估算。在可行性研究中，为简化计算，仅对存货、现金、应收账款和应付账款四项内容进行估算，计算公式为

$$\begin{cases} 流动资金 = 流动资产 - 流动负债 \\ 流动资产 = 现金 + 应收账款 + 存货 \\ 流动负债 = 应付账款 + 预收账款 \end{cases} \quad (1\text{-}11)$$

1）现金估算。流动资金中的现金是指货币资金，即企业生产运营活动中停留于货币形态的那部分资金，包括企业库存现金和银行存款。

$$现金 = \frac{年工资及福利费 + 年其他费用}{现金周转次数} \quad (1\text{-}12)$$

$$年其他费用 = 制造费用 + 管理费用 + 财务费用 - (以上三项费用中所含的工资$$
$$及福利费、折旧费、维简费、摊销费、修理费)$$

$$现金周转次数 = \frac{360\ 天}{最低周转天数} \quad (1\text{-}13)$$

2）应收账款与预付账款估算。应收账款用年经营成本与年周转次数的比值估算，预付

账款用年预付账款与年周转次数的比值估算。

$$\begin{cases} 应收账款 = \dfrac{年经营成本}{应收账款周转次数} \\[3mm] 预付账款 = \dfrac{年预付账款}{预付账款周转次数} \end{cases} \qquad (1\text{-}14)$$

3）存货估算。存货是企业为销售或生产而储备的各种物资，主要有原材料、辅助材料、燃料、低值易耗品、维修备件、包装物、在产品、自制半成品和产成品等。为简化计算，仅考虑外购原材料、外购燃料、在产品和产成品，并分项进行计算。

$$存货 = 外购原材料 + 外购燃料 + 在产品 + 产成品$$

4）流动负债估算。流动负债是指在一年或超过一年的一个营业周期内，需要偿还的各种债务。在可行性研究中，流动负债的估算只考虑应付账款与预收账款。

$$\begin{cases} 应付账款 = \dfrac{年外购原材料、燃料、动力费}{应付账款周转次数} \\[3mm] 预收账款 = \dfrac{年预收账款}{预收账款周转次数} \end{cases} \qquad (1\text{-}15)$$

根据流动资金各项估算结果，编制流动资金估算表，见表1-4。

表 1-4　流动资金估算表

序号	项目	最低周转天数	周转次数	投产期			达产期		
				第3年	第4年	第5年	第6年	…	第 n 年
1	流动资产								
1.1	应收账款								
1.2	存货								
1.2.1	原材料								
1.2.2	燃料								
1.2.3	在产品								
1.2.4	产成品								
1.3	现金								
2	流动负债								
2.1	应付账款								
3	流动资金(1-2)								
4	流动资金本年增加额								

（2）扩大指标估算法　扩大指标估算法是根据现有同类企业的实际资料，求得各种流动资金率指标，也可依据行业或部门给定的参考值或经验确定比率。将各类流动资金率乘以相对应的费用基数来估算流动资金。一般常用的基数有销售收入、经营成本、总成本费用和固定资产投资等，扩大指标估算法简便易行，但准确度不高，可用于项目建议书阶段的估算。扩大指标估算法计算流动资金的公式为

$$\begin{cases} 年流动资金额 = 年费用基数 \times 各类流动资金率 \\ 年流动资金额 = 年产量 \times 单位产品产量占用流动资金额 \end{cases} \qquad (1\text{-}16)$$

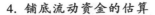

4. 铺底流动资金的估算

在工业项目决策阶段，为了保证项目投产后能正常生产经营，往往需要有一笔最基本的周转资金，这笔最基本的周转资金被称为铺底流动资金。铺底流动资金一般为流动资金总额的30%，其在项目正式建设前就应该落实。

1.1.4　案例分析

【案例1-1】　背景：某公司拟从国外进口设备，重量1200t，装运港船上交货价为600万美元。其他有关费用参数为：国际运费标准为200美元/t；海上运输保险费率为3‰；中国银行费率为5‰；外贸手续费率为1.5%；关税税率为22%；消费税税率10%；增值税的税率为13%；美元的银行牌价为1美元＝6.6元人民币，设备的国内运杂费率为2.5%。

问题：估算该设备购置费。

解析：进口设备货价（FOB）＝（600×6.6）万元＝3960万元

国际运费＝（200×1200×6.6）元＝1584000元＝158.40万元

国外运输保险费＝[（3960+158.40）×3‰÷（1-3‰）]万元＝12.39万元

CIF＝（3960+158.40+12.39）万元＝4130.79万元

银行财务费＝3960万元×5‰＝19.80万元

外贸手续费＝4130.79万元×1.5%＝61.96万元

关税＝4130.79万元×22%＝908.77万元

消费税＝（4130.79+908.77）万元×10%÷（1-10%）＝559.95万元

增值税＝（4130.79+908.77+559.95）万元×13%＝727.94万元

进口从属费＝（19.80+61.96+908.77+559.95+727.94）万元＝2278.42万元

进口设备原价（抵岸价）＝（4130.79+2278.42）万元＝6409.21万元

国内运杂费＝6409.21万元×2.5%＝160.23万元

设备购置费＝（6409.21+160.23）万元＝6569.44万元

【案例1-2】　背景：某建设项目在建设期初的建安工程费和设备工器具购置费为45000万元。该项目建设期为3年，投资分年使用比例为：第1年25%，第2年55%，第3年20%，建设期内预计年平均价格总水平上涨率为5%。建设期贷款利息为1395万元，建设工程其他费用为3860万元，基本预备费率为10%。建设前期年限按1年计。

问题：计算该项目的基本预备费、建设期的价差预备费及该项目预备费。

解析：（1）基本预备费＝（45000+3860）万元×10%＝4886万元

（2）价差预备费

第1年价差预备费＝（45000+4886+3860）万元×25%×[（1+5%）^{1}×（1+5%）$^{0.5}$×（1+5%）$^{1-1}$-1]
　　　　　　　　＝1020.23万元

第2年价差预备费＝（45000+4886+3860）万元×55%×[（1+5%）^{1}×（1+5%）$^{0.5}$×（1+5%）$^{2-1}$-1]
　　　　　　　　＝3834.75万元

第3年价差预备费 $=(45000+4886+3860)$ 万元 $\times20\%\times[(1+5\%)^1\times(1+5\%)^{0.5}\times(1+5\%)^{3-1}-1]$
$\qquad\qquad =2001.64$ 万元

价差预备费 $=(1020.23+3834.75+2001.64)$ 万元 $=6856.62$ 万元

（3）预备费 $=(4886+6856.62)$ 万元 $=11742.62$ 万元

【案例1-3】 背景：已知某项目为实训中心楼，甲施工单位拟投标此楼的土建工程。造价师根据该施工企业的定额和招标文件，分析得知此项目需人、材、机费用合计为1300万元（不包括工程设备300万元），假定管理费按人、材、机费用之和的18%计，利润按人、材、机、管理费之和的4.5%计，规费按不含税的人、材、机、管理费、利润之和的6.85%计，增值税率按9%计，工期为1年，不考虑风险。

问题：列式计算该项目的建筑工程费用（以万元为单位，计算过程及计算结果保留小数点后两位）。

解析：项目人、材、机（含工程设备）费用 $=(1300+300)$ 万元 $=1600$ 万元

管理费 $=1600$ 万元 $\times18\%=288$ 万元

利润 $=(1600+288)$ 万元 $\times4.5\%=84.96$ 万元

规费 $=(1600+288+84.96)$ 万元 $\times6.85\%=135.15$ 万元

增值税 $=(1600+288+84.96+135.15)$ 万元 $\times9\%=189.73$ 万元

建筑工程费用 $=(1600+288+84.96+135.15+189.73)$ 万元 $=2297.84$ 万元

【案例1-4】 背景：某项目拟建一条化工原料生产线，所需厂房的建筑面积为6800m²，同行业已建类似项目厂房的建筑安装工程费用为3500元/m²，类似工程建安工程费用所含的人工费、材料费、机械费和其他费用占建筑安装工程造价的比例分别为18.26%、57.63%、9.98%、14.13%，因建设时间、地点、标准等不同，经过分析，拟建工程建安工程费的人、材、机、其他费用与类似工程相比，预计价格相应综合上调25%、32%、15%、20%。

问题：列式计算该项目的建筑安装工程费用（以万元为单位，计算过程及计算结果保留小数点后两位）。

解析：建筑安装工程费用 $=[6800\times3500\times(1+18.26\%\times0.25+57.63\%\times0.32+9.98\%\times0.15+14.13\%\times0.2)]$ 元 $=30226000$ 元 $=3022.60$ 万元

【案例1-5】 背景：已知年产25万t乙烯装置的投资额为45000万元，设生产能力指数为0.7，综合调整系数1.1。

问题：（1）估算拟建年产60万t乙烯装置的投资额。

（2）若将拟建项目的生产能力提高两倍，投资额将增加多少？

解析：

问题（1）：拟建年产60万t乙烯装置的投资额为

$$C_2=C_1\left(\frac{Q_2}{Q_1}\right)^n f=45000\text{ 万元}\times\left(\frac{60}{25}\right)^{0.7}\times1.1=91359.36\text{ 万元}$$

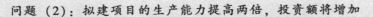

问题（2）：拟建项目的生产能力提高两倍，投资额将增加

$$45000\text{ 万元}\times\left(\frac{3\times60}{25}\right)^{0.7}\times1.1-45000\text{ 万元}\times\left(\frac{60}{25}\right)^{0.7}\times1.1=105763.93\text{ 万元}$$

【案例1-6】 背景：已知某高层综合办公楼建筑工程分部分项费用为20800万元，其中人工费约占分部分项工程造价的15%，措施项目费以分部分项工程费为计费基础，其中安全文明施工费费率为1.5%，其他措施费费率为1%。其他项目费合计500万元（不含增值税进项税额），规费为分部分项工程费中人工费的40%，增值税税率为9%。

问题：计算该建筑工程的工程造价（列式计算，答案保留小数点后两位）。

解析：分部分项费用＝20800万元

措施项目费用＝20800万元×（1.5%＋1%）＝520万元

其他项目费用＝500万元

规费＝20800万元×15%×40%＝1248万元

增值税＝（20800＋520＋500＋1248）万元×9%＝2076.12万元

工程造价＝（20800＋520＋500＋1248＋2076.12）万元＝25144.12万元

【案例1-7】 背景：某企业拟于某城市新建一个工业项目，该项目可行性研究相关基础数据下：

（1）拟建项目占地面积30亩（1亩＝666.67m²），建筑面积11000m²，其项目设计标准、规模与该企业2年前在另一城市修建的同类项目相同。已建同类项目的单位建筑工程费用为1600元/m²，建筑工程的综合用工量为4.5工日/m²，综合工日单价为80元/工日，建筑工程费用中的材料费占比为50%，机械使用费占比为8%，考虑地区和交易时间差异，拟建项目的综合工日单价为100元/工日，材料费修正系数为1.1，机械使用费的修正系数为1.05，人、材、机以外的其他费用修正系数为1.08。

（2）根据市场询价，该拟建项目设备投资估算为2000万元，设备安装工程费用为设备投资的15%。项目土地相关费用按20万元/亩计算，除土地外的工程建设其他费用为项目建安工程费用的15%，项目的基本预备费率为5%。

（3）项目建设前期1年，建设期2年，全部静态投资在建设期内按60%、40%的比例分两年投入，预计每年的物价上涨率为3%。

（4）该项目的建设投资来源为自有资金和贷款，贷款额为3000万元，建设期第1年均匀投入40%，第2年均匀投入60%，贷款年利率为7.2%（按年计息），建设期中只计息，不还本金和利息。

（5）项目运营期第1年投入自有资金200万元作为运营期的流动资金。

问题：（1）列式计算拟建项目的建设投资。

（2）列式计算拟建项目的建设期利息。

（3）列式计算拟建项目总投资。

说明：计算结果保留两位小数。

解析：

问题（1）：同类项目人工费占建筑工程费比例=4.5 工日/m² × 80 元/工日 ÷ 1600 元/m²

$$=22.5\%$$

人工费修正系数=100 元/工日 ÷ 80 元/工日=1.25

同类项目建筑工程费中人、材、机以外的其他费用占比=1−22.5%−50%−8%=19.5%

拟建项目单位建筑工程费=1600 元/m² × (22.5%×1.25+50%×1.1+8%×1.05+19.5%×1.08)

$$=1801.36 \text{ 元/m}^2$$

拟建项目建筑工程费=(1801.36×11000÷10000) 万元=1981.50 万元

拟建项目设备投资=2000 万元

拟建项目设备安装工程费=2000 万元×15%=300 万元

拟建项目土地相关费用=20 万元/亩 × 30 亩=600 万元

除土地外的工程建设其他费用=（建筑工程费+安装工程费）×15%

$$=(1981.50+300) \text{ 万元}×15\%=342.22 \text{ 万元}$$

拟建项目工程建设其他费用=(600+342.22) 万元=942.22 万元

拟建项目基本预备费=（建筑工程费+安装工程费+设备投资+工程建设其他费）×5%

$$=(1981.50+300+2000+942.22) \text{ 万元}×5\%=261.19 \text{ 万元}$$

拟建项目静态投资=建筑工程费+安装工程费+设备投资+工程建设其他费+基本预备费

$$=(1981.50+300+2000+942.22+261.19) \text{ 万元}=5484.91 \text{ 万元}$$

建设期第 1 年静态投资=拟建项目静态投资×60%=5484.91 万元×60%

$$=3290.95 \text{ 万元}$$

建设期第 2 年静态投资=拟建项目静态投资×40%=5484.91 万元×40%

$$=2193.96 \text{ 万元}$$

建设期第 1 年价差预备费=$I_t[(1+f)^m(1+f)^{0.5}(1+f)^{t+1}-1]$

$$=3290.95 \text{ 万元}×[(1+3\%)×(1+3\%)^{0.5}-1]$$

$$=149.20 \text{ 万元}$$

建设期第 2 年价差预备费=$I_t[(1+f)^m(1+f)^{0.5}(1+f)^{t-1}-1]$

$$=2193.964 \text{ 万元}×[(1+3\%)×(1+3\%)^{0.5}×(1+3\%)-1]$$

$$=168.27 \text{ 万元}$$

价差预备费=(149.20+168.27) 万元=317.47 万元

拟建项目建设投资=(5484.91+317.47) 万元=5802.38 万元

问题（2）：建设期第 1 年借款额=3000 万元×40%=1200 万元

建设期第 2 年借款额=3000 万元×60%=1800 万元

建设期第 1 年借款利息额=1200 万元÷2×7.2%=43.20 万元

建设期第 2 年借款利息额=(1200+43.2+1800÷2) 万元×7.2%=154.31 万元

拟建项目建设期利息=(43.20+154.31) 万元=197.51 万元

问题（3）：拟建项目总投资=建设投资+建设期利息+流动资金

$$=(5802.38+197.51+200) \text{ 万元}=6199.89 \text{ 万元}$$

■ 1.2 建设项目财务分析

1.2.1 财务分析的内容与步骤

财务分析是在项目市场研究、生产条件及技术研究的基础上，利用有关基础数据，通过编制财务报表，计算财务评价指标，进行财务分析，做出评价结论，其内容和步骤如下：

1）收集、整理和计算相关财务基础数据资料。根据项目市场研究和技术研究的结果、现行价格体系及财税制度进行财务预测，获得项目投资、销售收入、生产成本、利润、税金及项目计算期等一系列财务基础数据，并将所得的数据编制成辅助财务报表。

2）编制财务基本报表。由上述财务预测数据及辅助报表，分别编制反映项目财务盈利能力、偿债能力及财务生存能力的基本财务报表。

3）财务评价指标的计算与评价。根据财务基本报表计算各财务评价指标，并分别与对应的评价标准或基准值进行对比，对项目的各项财务状况做出评价，得出结论。

4）进行不确定性分析。通过盈亏平衡分析、敏感性分析、概率分析等不确定性分析方法，分析项目可能面临的风险及项目在不确定情况下的抗风险能力，得出项目在不确定情况下的财务评价结论或建议。

5）得出项目财务评价的最终结论。由上述确定性分析和不确定性分析的结果，对项目的财务可行性得出最终结论。

1.2.2 财务分析基本报表

财务分析可分为融资前分析和融资后分析，一般宜先进行融资前分析，在融资前分析结论满足要求的情况下，初步设定融资方案，再进行融资后分析。

1. 融资前分析

融资前分析排除融资方案变化的影响，从项目投资总获利能力的角度考察项目是否有投资价值。融资前分析应以动态分析（折现现金流量分析）为主，静态分析（非折现现金流量分析）为辅。

融资前动态分析应以营业收入、建设投资、经营成本和流动资金的估算为基础，考察整个计算期内现金流入和现金流出，编制项目投资现金流量表，利用资金时间价值的原理进行折现，计算项目投资内部收益率和净现值等动态盈利能力分析指标，计算项目静态投资回收期。

项目投资现金流量表见表1-5。

表1-5　项目投资现金流量表

序号	项目	合计	计算期					
			第1年	第2年	第3年	第4年	...	第 n 年
1	现金流入							
1.1	营业收入(不含销项税额)							
1.2	增值税销项税额							

（续）

序号	项目	合计	计算期					
			第1年	第2年	第3年	第4年	…	第n年
1.3	补贴收入							
1.4	回收固定资产余值							
1.5	回收流动资金							
2	现金流出							
2.1	建设投资							
2.2	流动资金							
2.3	经营成本							
2.4	增值税进项税额							
2.5	增值税及附加							
2.6	维持运营投资							
3	所得税前净现金流量（1-2）							
4	累计所得税前净现金流量							
5	调整所得税							
6	所得税后净现金流量（3-5）							
7	累计所得税后净现金流量							

计算指标：

项目投资财务内部收益率（%）（所得税前）

项目投资财务内部收益率（%）（所得税后）

项目投资财务净现值（所得税前）

项目投资财务净现值（所得税后）

项目投资回收期年（所得税前）

项目投资回收期年（所得税后）

注：1. 本表适用于新设法人项目与既有法人项目的增量和"有项目"的现金流量分析。

2. 调整所得税为以息税前利润为基数计算的所得税，区别于"利润与利润分配表""项目资本金现金流量表"和"财务计划现金流量表"中的所得税。

1）现金流入为营业收入（不含销项税额）、补贴收入、回收固定资产余值、回收流动资金四项之和。其中，营业收入，即产品销售收入，是项目建成投产后对外销售产品或提供劳务所取得的收入，是项目生产经营成果的货币表现。计算销售收入时，假设生产出来的产品全部售出，销售量等于生产量，即

$$销售收入=销售量×销售单价=生产量×销售单价 \qquad (1-17)$$

销售价格一般采用出厂价格，也可根据需要采用送达用户的价格或离岸价格。产品营业（产品销售）收入的各年数据取自营业收入、增值税及附加估算表。另外，固定资产余值和流动资金均在计算期最后一年回收。固定资产余值回收额为固定资产折旧费估算表中的固定资产期末净值合计，流动资金回收额为项目全部流动资金。

2）现金流出包含建设投资、流动资金、经营成本、增值税进项税额、增值税及附加、维持运营投资。建设投资和流动资金的数额取自建设投资估算表（形成资产法）中有关项目。经营成本是指总成本费用扣除固定资产折旧费、无形资产及递延资产摊销费和财务费用

（利息支出）以后的余额。其计算公式为

$$经营成本=总成本费用-折旧费-摊销费-财务费用(利息支出) \tag{1-18}$$

经营成本取自总成本费用表（生产成本加期间费用法）。增值税及附加包含增值税、城市维护建设税和教育费附加等，它们取自营业收入、增值税及附加估算表。

3）项目投资现金流量表中的"所得税"应根据息税前利润（EBIT）乘以所得税率计算，称为"调整所得税"。

$$息税前利润(EBIT)=利润总额+利息支出$$

$$=年营业收入-增值税及附加-息税前总成本(不含利息支出) \tag{1-19}$$

$$息税前总成本=经营成本+折旧费+摊销费 \tag{1-20}$$

4）项目计算期各年的所得税前净现金流量为各年现金流入量减对应年份的现金流出量；累计所得税前净现金流量为本年及以前各年所得税前净现金流量之和。

5）所得税后累计净现金流量的计算方法与上述所得税前累计净现金流量的方法相同。

2. 融资后分析

融资后分析应以融资前分析和考虑融资方案为基础，考察项目在拟定融资条件下的盈利能力、偿债能力和财务生存能力，判断项目方案在融资条件下的可行性。融资后分析用于比选融资方案，帮助投资者做出融资决策。

（1）盈利能力分析 融资后的盈利能力分析应包括动态分析和静态分析两种。

1）动态分析。动态分析是通过编制财务现金流量表，根据资金时间价值原理，计算财务内部收益率、财务净现值等指标，分析项目的获利能力。融资后的动态分析包括下列两个层次：

① 项目资本金现金流量分析。项目资本金现金流量分析是从项目权益投资者整体的角度，考虑项目给项目权益投资者带来的收益水平。它是在拟定的融资方案下进行的息税后分析，依据的报表是项目资本金现金流量表（表1-6）。

表1-6 项目资本金现金流量表

序号	项目	合计	计算期					
			第1年	第2年	第3年	第4年	...	第 n 年
1	现金流入							
1.1	营业收入(不含销项税额)							
1.2	增值税销项税额							
1.3	补贴收入							
1.4	回收固定资产余值							
1.5	回收流动资金							
2	现金流出							
2.1	项目资本金							
2.2	借款本金偿还							
2.3	借款利息支付							
2.4	经营成本							
2.5	增值税进项税额							

（续）

序号	项目	合计	计算期					
			第1年	第2年	第3年	第4年	…	第n年
2.6	增值税及附加							
2.7	所得税							
2.8	维持运营投资							
3	净现金流量(1-2)							

计算指标：

资本金财务内部收益率(%)

注：1. 项目资本金包括用于建设投资、建设期利息和流动资金的资金。

2. 对外商投资项目，现金流出中应增加职工奖励及福利基金科目。

3. 本表适用于新设法人项目与既有法人项目"有项目"的现金流量分析。

② 投资各方现金流量分析。应从投资各方实际收入和支出的角度，确定其现金流入和现金流出，分别编制投资各方现金流量表（表1-7），计算投资各方的财务内部收益率指标，考察投资各方可能获得的收益水平。

表 1-7 投资各方现金流量表

序号	项目	合计	计算期					
			第1年	第2年	第3年	第4年	…	第n年
1	现金流入							
1.1	实分利润							
1.2	资产处置收益分配							
1.3	租赁费收入							
1.4	技术转让或使用收入							
1.5	其他现金流入							
2	现金流出							
2.1	实缴资本							
2.2	租赁资产支出							
2.3	其他现金流出							
3	净现金流量(1-2)							

计算指标：

投资各方财务内部收益率(%)

注：1. 本表可按不同投资方分别编制。

2. 投资各方现金流量表既适用于内资企业也适用于外商投资企业；既适用于合资企业也适用于合作企业。

3. 投资各方现金流量表中现金流入是指出资方因该项目的实施将实际获得的各种收入；现金流出是指出资方因该项目的实施将实际投入的各种支出。表中科目应根据项目具体情况调整。

4. 实分利润是指投资者由项目获取的利润。

5. 资产处置收益分配是指对有明确的合营期限或合资期限的项目，在期满时对资产余值按股比约定比例的分配。

6. 租赁费收入是指出资方将自己的资产租赁给项目使用所获得的收入，此时应将资产价值作为现金流出，列为租赁资产支出科目。

7. 技术转让或使用收入是指出资方将专利或专有技术转让或允许该项目使用所获得的收入。

2）静态分析。静态分析是不采取折现方式处理数据，主要依据利润与利润分配表（表1-8），并借助现金流量表计算相关盈利能力指标。

表 1-8　利润与利润分配表

序号	项目	合计	计算期					
			第1年	第2年	第3年	第4年	…	第n年
1	营业收入							
2	增值税及附加							
3	总成本费用							
4	补贴收入							
5	利润总额(1-2-3+4)							
6	弥补以前年度亏损							
7	应纳税所得额(5-6)							
8	所得税							
9	净利润(5-8)							
10	期初未分配利润							
11	可供分配的利润(9+10-6)							
12	提取法定盈余公积金							
13	可供投资者分配的利润(11-12)							
14	应付优先股股利							
15	提取任意盈余公积金							
16	应付普通股股利(13-14-15)							
17	各投资方利润分配 其中:××方 ××方							
18	未分配利润(13-14-15-16-17)							
19	息税前利润(利润总额+利息支出)							
20	息税前折旧摊销利润(息税前利润+折旧+摊销)							

注：1. 对于外商出资项目由第11项减去储备基金、职工奖励与福利基金和企业发展基金后，得出可供投资者分配的利润。

2. 第14～16项根据企业性质和具体情况选择填列。

3. 法定盈余公积金按净利润计提。

营业收入、增值税及附加各年度数据取自营业收入、增值税附加估算表，总成本费用各年度数据取自总成本费用表。

$$所得税 = 应纳税所得额 \times 所得税税率 \qquad (1-21)$$

应纳税所得额为该年利润总额减以前年度亏损，即前年度亏损不缴纳所得税，按现行《工业企业财务制度》规定，企业发生的年度亏损，可以用下一年度的税前利润等弥补，下一年度利润不足弥补的，可以在5年内延续弥补，5年内不足弥补的，用税后利润弥补。

$$期初未分配利润 = 上年度剩余的未分配利润(LR) = 上年可供投资者分配的利润 -$$

$$上年应付投资者各方股利 - 上年还款未分配利润 \qquad (1-22)$$

$$法定盈余公积金 = 净利润 \times 10\% \qquad (1-23)$$

可供投资者分配的利润按借款合同规定的还款方式，编制等额还本利息照付的利润与利润分配表时，可能会出现以下两种情况：

① 可供投资者分配的利润+折旧费+摊销费≤该年应还本金，则该年的可供投资者分配利润全部作为还款未分配利润，不足部分为该年的资金亏损，不提取应付投资者各方的股利，并需用临时借款来弥补偿还本金的不足部分。

② 可供投资者分配的利润+折旧费+摊销费>该年应还本金，则该年为资金盈余年份，还款未分配利润按以下公式计算

$$该年还款未分配利润=该年应还本金-折旧费-摊销费 \qquad (1\text{-}24)$$

$$应付各投资方的股利=可供投资者分配利润×约定的分配利率(经营亏损或$$
$$资金亏损年份均不得提取股利) \qquad (1\text{-}25)$$

（2）偿债能力分析　偿债能力分析主要需编制借款还本付息计划表和资产负债表。

1）借款还本付息计划表（见表1-9）。该表反映项目计算期内各年借款本金偿还和利息支付情况。

表 1-9　借款还本付息计划表

序号	项目	合计	计算期					
			第1年	第2年	第3年	第4年	…	第n年
1	借款1							
1.1	期初借款余额							
1.2	当期还本付息							
	其中:还本							
	其中:付息							
1.3	期末借款余额							
2	借款2							
2.1	期初借款余额							
2.2	当期还本付息							
	其中:还本							
	其中:付息							
2.3	期末借款余额							
3	借款3							
3.1	期初借款余额							
3.2	当期还本付息							
	其中:还本							
	其中:付息							
3.3	期末借款余额							
4	借款合计							
4.1	期初借款余额							
4.2	当期还本付息							
	其中:还本							
	其中:付息							
4.3	期末借款余额							
计算指标	利息备付率(%)							
	偿债备付率(%)							

注：1. 本表与财务分析辅助表"建设期利息估算表"（此处略）可合二为一。

2. 本表直接适用于新设法人项目，若有多种借款或债券，必要时应分别列出。

3. 对于既有法人项目，在按"有项目"范围进行计算时，可根据需要增加项目范围内原有借款的还本付息计算；在计算企业层次的还本付息时，可根据需要增加项目范围外借款的还本付息计算；当简化直接进行项目层次新增借款还本付息计算时，可直接新增数据进行计算。

4. 本表可另加流动资金借款的还本付息计算。

2）资产负债表见表 1-10。资产负债表用于综合反映项目计算期内各年年末资产、负债和所有者权益的增减变化及对应关系，用以考察项目资产、负债、所有者权益的结构是否合理，进行偿债能力分析。

表 1-10　资产负债表

序号	项目	合计	计算期					
			第1年	第2年	第3年	第4年	…	第 n 年
1	资产							
1.1	流动资产总额							
1.1.1	流动资产							
1.1.1.1	货币资金							
1.1.1.2	应收账款							
1.1.1.3	预付账款							
1.1.1.4	存货							
1.1.2	累计盈余资金							
1.1.3	累计期末未分配利润							
1.1.4	其他							
1.2	在建工程							
1.3	固定资产净值							
1.4	无形及递延资产净值							
2	负债及所有者权益（2.4+2.5）							
2.1	流动负债总额							
2.1.1	应付账款							
2.1.2	预收账款							
2.1.3	其他							
2.2	建设投资借款							
2.3	流动资金借款							
2.4	负债小计（2.1+2.2+2.3）							
2.5	所有者权益							
2.5.1	资本金							
2.5.2	资本公积							
2.5.3	累计盈余公积金							
2.5.4	累计未分配利润							
计算指标	资产负债率（%）							

注：1. 对外商投资项目，第 2.5.3 项改为累计储备基金和企业发展基金。
　　2. 对既有法人项目，一般只针对法人编制，可按需要增加科目，此时表中资本金是指企业全部实收资本，包括原有和新增的实收资本。必要时，也可针对"有项目"范围编制，此时表中资本金仅指"有项目"范围的对应数值。
　　3. 货币资金包括现金和累计盈余资金。

① 资产由流动资产总额、在建工程、固定资产净值、无形及递延资产净值四项组成。其中：a. 流动资产总额为应收账款、预付账款、存货、货币资金、其他之和。前三项数据来自流动资金估算表（表1-4）。b. 在建工程资金是指项目总投资使用计划与资金筹措表（此处略）中的年固定资产投资额，其中包括建设期利息。c. 固定资产净值、无形及递延资产净值分别从固定资产折旧费估算表及无形资产和其他资产摊销估算表取得。

② 负债包括流动负债、建设投资借款和流动资金借款。流动负债为预付账款与应收账款之和。预付账款、应收账款数据可由流动资金估算表直接取得。流动资金借款和其他短期借款两项，流动负债及长期借款均指借款余额，需根据项目总投资使用计划与资金筹措表中的对应项及相应的本金偿还项进行计算。

建设投资借款的计算按下式进行

$$第\ T\ 年借款余额 = \sum_{t=1}^{T}（借款 - 本金偿还）_t \tag{1-26}$$

式中　借款−本金偿还——资金来源与运用表中第 t 年借款与同年度本金偿还之差。

按照流动资金借款本金在项目计算期末用回收流动资金一次偿还的一般假设，流动资金借款余额的计算按下式进行

$$第\ T\ 年借款余额 = \sum_{t=1}^{T}（借款）_t \tag{1-27}$$

所有者权益包括资本金、资本公积金、累计盈余公积金及累计未分配利润。其中，累计未分配利润可直接得自利润与利润分配表，累计盈余公积金也可由利润与利润分配表中盈余公积金项计算各年份的累计值，但应根据有无用盈余公积金弥补亏损或转增资本金的情况进行相应调整。

资产负债表应满足下式

$$资产 = 负债 + 所有者权益 \tag{1-28}$$

（3）财务生存能力分析　针对非营利性项目的特点，在项目（企业）运营期间，确保从各项经济活动中得到足够的净现金流量是项目能够持续生存的条件。财务分析中应根据财务计划现金流量表（表1-11），综合考虑项目计算期内各年的投资活动、融资活动和经营活动所产生的各项现金流入和流出，计算净现金流量和累计盈余资金，分析项目是否有足够的净现金流量维持正常运营。为此，财务生存能力分析又可称为资金平衡分析。

表 1-11　财务计划现金流量表

序号	项目	合计	计算期					
			第1年	第2年	第3年	第4年	…	第 n 年
1	经营活动净现金流量(1.1-1.2)							
1.1	现金流入							
1.1.1	营业收入(不含销项税额)							
1.1.2	增值税销项税额							
1.1.3	补贴收入							
1.1.4	其他流入							
1.2	现金流出							

（续）

序号	项目	合计	计算期					
			第1年	第2年	第3年	第4年	…	第n年
1.2.1	经营成本							
1.2.2	增值税进项税额							
1.2.3	增值税							
1.2.4	增值税附加							
1.2.5	所得税							
1.2.6	其他流出							
2	投资活动净现金流量(2.1-2.2)							
2.1	现金流入							
2.2	现金流出							
2.2.1	建设投资							
2.2.2	维持运营投资							
2.2.3	流动资金							
2.2.4	其他流出							
3	筹资活动净现金流量(3.1-3.2)							
3.1	现金流入							
3.1.1	项目资本金投入							
3.1.2	建设投资借款							
3.1.3	流动资金借款							
3.1.4	债券							
3.1.5	短期借款							
3.1.6	其他流入							
3.2	现金流出							
3.2.1	各种利息支出							
3.2.2	偿还债务本金							
3.2.3	应付利润(股利分配)							
3.2.4	其他流出							
4	净现金流量(1+2+3)							
5	累计盈余资金							

注：1. 对于新设法人项目，本表投资活动的现金流入为零。

2. 对于既有法人项目，可适当增加科目。

3. 必要时，现金流出中可增加应付优先股股利科目。

4. 对外商投资项目，应将职工奖励与福利基金作为经营活动现金流出。

财务生存能力分析应结合偿债能力分析进行，如果拟安排的还款期过短，致使还本付息负担过重，导致为维持资金平衡必须筹措的短期借款过多，可以调整还款期，减轻各年还款负担。通常运营期前期的还本付息负担过重，故应特别注重运营期前期的财务生存能力分析。通过以下相辅相成的两个方面可具体判断项目的财务生存能力：

1）拥有足够的经营净现金流量是财务可持续的基本条件，特别是在运营初期。一个项目具有较大的经营净现金流量，说明项目方案比较合理，实现自身资金平衡的可能性大，不会过分依赖融资来维持运营；反之，一个项目不能产生足够的经营净现金流量，或经营净现金流量为负值，说明维持项目正常运行会遇到财务上的困难，项目方案缺乏合理性，实现自身资金平衡的可能性小，有可能要靠短期融资来维持运营，或者是非经营项目本身无能力实现自身资金平衡，要靠政府补贴。

2）各年累计盈余资金不出现负值是财务生存的必要条件。在整个运营期间，允许个别年份的净现金流量出现负值，但不能允许任一年份的累计盈余资金出现负值。一旦出现负值应适时进行短期融资，该短期融资应体现在财务计划现金流量表中，同时短期融资的利息也应纳入成本费用和其后的计算。较大的或较频繁的短期融资，有可能导致以后的累计盈余资金无法实现正值，致使项目难以持续经营。

财务计划现金流量表是项目财务生存能力分析的基本报表，其编制基础是财务分析辅助报表和利润与利润分配表。

1.2.3 评价指标的计算与分析

1. 财务盈利能力评价指标

（1）财务净现值（FNPV） 根据项目投资现金流量表计算的项目投资财务净现值，是指按照一个给定的标准折现率（i_c）或行业基准收益率将项目计算期内各年财务净现金流量折现到建设期初（项目计算期第 1 年年初）的现值之和。它是考察项目在计算期内盈利能力的主要动态评价指标，其表达式为

$$\text{FNPV} = \sum_{t=1}^{n} (\text{CI} - \text{CO})_t (1 + i_c)^{-t} \tag{1-29}$$

式中　FNPV——财务净现值；

CI——现金流入；

CO——现金流出；

$(\text{CI}-\text{CO})_t$——第 t 年的净现金的流量；

n——项目计算期；

i_c——基准折现率。

算出的项目投资财务净现值大于或等于零时，表明项目在计算内的盈利能力大于或等于基准收益率或折现率水平。因此，当财务净现值 FNPV ≥ 0 时，则项目在财务上可以考虑被接受。

（2）财务内部收益率（FIRR） 财务内部收益率是使项目整个计算期内各年净现金流量现值累计等于零时的折现率，也就是使项目的财务净现值等于零时的折现率。它反映项目所占用资金的盈利率，是考察项目盈利能力的主要动态评价指标，其表达式为

$$\sum_{t=1}^{n} (\text{CI} - \text{CO})_t \times (1 + \text{FIRR})^{-t} = 0 \tag{1-30}$$

财务内部收益率可根据现金流量表中折现净现金流量用插值法进行求解。插值法计算财务内部收益率如图 1-4 所示。具体计算公式为

$$FIRR = i_1 + \frac{FNPV_1}{FNPV_1 + |FNPV_2|}(i_2 - i_1) \quad (1\text{-}31)$$

$$FNPV_1 = \sum_{i=1}^{n}(CI - CO)_t(1 + i_1)^{-t} \quad (1\text{-}32)$$

$$FNPV_2 = \sum_{i=1}^{n}(CI - CO)_t(1 + i_2)^{-t} \quad (1\text{-}33)$$

式中　i_1——较低的试算折现率，使 $FNPV_1 > 0$；

　　　i_2——较高的试算折现率，使 $FNPV_2 < 0$。

由此计算出的财务内部收益率通常为一个近似值，计算值比理论值偏大，为控制误差，一般要求 $i_2 - i_1 \le 5\%$。

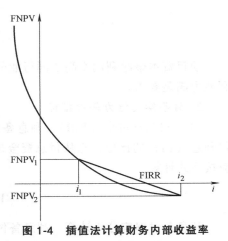

图1-4　插值法计算财务内部收益率

基于项目投资现金流量表（表1-5）计算的全部投资所得税前及所得税后的财务内部收益率，是反映项目在设定的计算期内全部投资的盈利能力指标。将求出的项目投资财务内部收益率（所得税前、所得税后）与行业的基准收益率或设定的折现率（i_c）比较，当 $FIRR \ge i_c$ 时，则认为从项目投资角度，项目盈利能力已满足最低要求，在财务上可以考虑被接受。

（3）投资回收期（P_t）　投资回收期是指以项目的净收益抵偿全部投资（固定资产投资、流动资金）所得的时间。它是考察项目在财务上的投资回收能力的主要静态评价指标。投资回收期以年表示，一般从建设开始年算起，其表达式为

$$\sum_{t=1}^{P_t}(CI - CO)_t = 0 \quad (1\text{-}34)$$

投资回收期可根据全部投资的现金流量表，分别计算出项目所得税前及所得税后的全部投资回收期。计算公式为

$$P_t = (累计净现金流量开始出现正值的年份数-1) + \frac{上年累计净现金流量的绝对值}{当年净现金流量}$$

$$(1\text{-}35)$$

求出的投资回收期（P_t）与行业的基准投资回收期（P_c）比较，当 $P_t < P_c$ 时，表明项目投资能在规定的时间内收回，则项目在财务上可以考虑被接受。

（4）总投资收益率（ROI）　总投资收益率表示总投资的盈利水平，是指项目达到设计能力后正常年份的年息税前利润或运营期内年平均息税前利润（EBIT）与项目总投资（TI）的比率，总投资收益率应按下式计算

$$ROI = \frac{EBIT}{TI} \times 100\% \quad (1\text{-}36)$$

总投资收益率高于同行业的收益率参考值，表明用总投资收益率表示的盈利能力满足要求。

（5）项目资本金净利润率（ROE）　项目资本金净利润率表示项目资本金的盈利水平，是指项目达到设计能力后正常年份的年净利润或运营期内年平均净利润（NP）与项目资本金的比率（EC）；项目资本金净利润率应按下式计算

$$ROE = \frac{NP}{EC} \times 100\% \quad (1\text{-}37)$$

项目资本金净利润率高于同行业的净利率参考值，表明用项目资本金净利润率表示的盈利能力满足要求。

2. 财务偿债能力评价指标

（1）利息备付率（ICR）　利息备付率是指在借款偿还期内的息税前利润（EBIT）与应付利息（PI）的比值，它从付息资金来源的充裕性角度反映项目偿付债务利息的保障程度，应按下式计算

$$ICR = \frac{EBIT}{PI} \times 100\% \quad (1\text{-}38)$$

利息备付率应分年计算。利息备付率高，表明利息偿付的保障程度高。利息备付率应当大于1，并结合债权人的要求确定。

（2）偿债备付率（DSCR）　偿债备付率是指在借款偿还期内，用于计算还本付息的资金（$EBITDA - T_{AX}$）与应还本息金额（PD）的比值，它表示可用于还本付息的资金偿还借款本息的保障程度，应按下式计算

$$DSCR = \frac{\left(EBITDA - T_{AX}\right)}{PD} \times 100\% \quad (1\text{-}39)$$

式中　$EBITDA$——息税前利润加折旧和摊销；

　　　T_{AX}——企业所得税。

如果项目在运行期内有维持运营的投资，可用于还本付息的资金应扣除维持运营的投资。偿债备付率应分年计算，偿债备付率高，表明可用于还本付息的资金保障程度高。偿债备付率应大于1，并结合债权人的要求确定。

（3）资产负债率　根据资产负债表可计算资产负债率，以分析项目的偿债能力，资产负债率是负债总额与资产总额之比，是反映项目各年所面临的财务风险程度及偿债能力的指标。其计算公式为

$$资产负债率 = \frac{负债总额}{资产总额} \times 100\% \quad (1\text{-}40)$$

1.2.4　案例分析

【案例 1-8】　背景：某拟建项目计算期10年，其中建设期2年，生产运营期8年。第3年投产，第4年开始达到设计生产能力。项目建设投资估算10000万元（不含贷款利息）。其中，1000万元为无形资产，300万元为其他资产，其余投资形成固定资产。固定资产在运营期内按直线法折旧，残值（残值率为10%）在项目计算期末一次性收回。无形资产在运营期内，均匀摊入成本；其他资产在运营期的前3年内，均匀摊入成本。项目的设计生产能力为年产量1.5万t某产品，预计每吨销售价为6000元，年销售税金及附加按销售收入的6%计取，所得税税率为25%。项目的资金投入、收益、成本等基础数据，见表1-12。

表 1-12 拟建项目资金投入、收益及成本数据表 （金额单位：万元）

序号	项目		计算期				
			第1年	第2年	第3年	第4年	第5~10年
1	建设投资	自有资本金部分	4000	1000			
		贷款(不含贷款利息)	2000	3000			
2	流动资金	自有资本金部分			600	100	
		贷款			100	200	
3	年生产、销售量/(万 t)				1	1.5	1.5
4	年经营成本				3500	5000	5000

还款方式：建设投资贷款在项目生产运营期内等额本金偿还、利息照付，贷款年利率为6%；流动资金贷款年利率为5%，贷款本金在项目计算期末一次偿还。在项目计算期的第5、7、9年每年需维持运营投资20万元，其资金来源为自有资金，该费用计入年度总成本。经营成本中的70%为可变成本，其他均为固定成本。说明：所有计算结果均保留两位小数。

问题：

（1）计算运营期各年折旧费。

（2）计算运营期各年的摊销费。

（3）计算运营期各年应还的利息额。

（4）计算运营期第1年、第8年的总成本费用。

（5）计算运营期第1年、第8年的固定成本、可变成本。

（6）按表1-13格式编制该项目总成本费用估算表。

表 1-13 总成本费用估算表 （单位：万元）

序号	项目	计算期							
		第3年	第4年	第5年	第6年	第7年	第8年	第9年	第10年
1	经营成本								
2	固定资产折旧费								
3	无形资产摊销费								
4	其他资产摊销费								
5	维持运营投资								
6	利息支出								
6.1	建设投资贷款利息								
6.2	流动资金贷款利息								
7	总成本费用								
7.1	固定成本								
7.2	可变成本								

解析：

问题（1）：

建设期第 1 年利息 = 2000 万元÷2×6% = 60.00 万元

建设期第 2 年利息 = (2000+60+3000÷2) 万元×6% = 213.60 万元

建设期利息 = (60+213.6) 万元 = 273.60 万元

固定资产原值 = [(10000-1000-300)+273.60] 万元 = 8973.60 万元

残值 = 8973.6 万元×10% = 897.36 万元

年折旧费 = (8973.60-897.36) 万元÷8 年 = 1009.53 万元/年

问题（2）：

摊销费包括无形资产摊销费及其他资产摊销费。

无形资产在运营期内每年的摊销费 = 1000 万元÷8 年 = 125.00 万元/年

其他资产在运营期前 3 年中的年摊销费 = 300 万元÷3 年 = 100.00 万元/年

问题（3）：

运营期应还利息包括建设期贷款利息及流动资金贷款利息。

1）运营期应还建设期贷款利息的计算

建设期贷款本利和 = (2000+3000+273.60) 万元 = 5273.60 万元

运营期内每年应还本金 = 5273.60 万元÷8 年 = 659.20 万元/年

运营期第 1 年应还建设期贷款利息 = 5273.60 万元×6% = 316.42 万元

运营期第 2 年应还建设期贷款利息 = (5273.60-659.20) 万元×6% = 276.86 万元

运营期第 3 年应还建设期贷款利息 = (5273.60-659.20×2) 万元×6% = 237.31 万元

运营期第 4 年应还建设期贷款利息 = (5273.60-659.20×3) 万元×6% = 197.76 万元

运营期第 5 年应还建设期贷款利息 = (5273.60-659.20×4) 万元×6% = 158.21 万元

运营期第 6 年应还建设期贷款利息 = (5273.60-659.20×5) 万元×6% = 118.66 万元

运营期第 7 年应还建设期贷款利息 = (5273.60-659.20×6) 万元×6% = 79.10 万元

运营期第 8 年应还建设期贷款利息 = (5273.60-659.20×7) 万元×6% = 39.55 万元

2）运营期应还流动资金贷款利息的计算

运营期第 1 年应还利息 = 100 万元×5% = 5.00 万元

运营期第 2~8 年应还利息 = (100+200) 万元×5% = 15.00 万元

问题（4）：

运营期第 1 年的总成本费用 = (3500+1009.53+125+100+316.42+5) 万元 = 5055.95 万元

运营期第 8 年的总成本费用 = (5000+1009.53+125+39.55+15) 万元 = 6189.08 万元

问题（5）：

运营期第 1 年的可变成本 = 3500 万元×70% = 2450.00 万元

运营期第 1 年的固定成本 = (5055.95-2450) 万元 = 2605.95 万元

运营期第 8 年的可变成本 = 5000 万元×70% = 3500.00 万元

运营期第 8 年的固定成本 = (6189.08-3500) 万元 = 2689.08 万元

问题（6）：

总成本费用估算表见表 1-14。

表 1-14 总成本费用估算表 （单位：万元）

序号	项目	计算期							
		第3年	第4年	第5年	第6年	第7年	第8年	第9年	第10年
1	经营成本	3500	5000	5000	5000	5000	5000	5000	5000
2	固定资产折旧费	1009.53	1009.53	1009.53	1009.53	1009.53	1009.53	1009.53	1009.53
3	无形资产摊销费	125	125	125	125	125	125	125	125
4	其他资产摊销费	100	100	100					
5	维持运营投资			20		20		20	
6	利息支出	321.42	291.86	252.31	212.76	173.21	133.66	94.1	54.55
6.1	建设投资贷款利息	316.42	276.86	237.31	197.76	158.21	118.66	79.1	39.55
6.2	流动资金贷款利息	5	15	15	15	15	15	15	15
7	总成本费用	5055.95	6526.39	6506.84	6347.29	6327.74	6268.19	6248.63	6189.08
7.1	固定成本	2605.95	3026.39	3006.84	2847.29	2827.74	2768.19	2748.63	2689.08
7.2	可变成本	2450	3500	3500	3500	3500	3500	3500	3500

【案例 1-9】 背景：某企业 2016 年拟投资建设某工业生产项目，拟建项目有关数据资料如下。

（1）项目建设期为 1 年，运营期为 6 年，项目全部建设投资估算为 700 万元，预计全部形成固定资产，其中包含可抵扣的固定资产进项税额 50 万元，固定资产可使用年限为 7 年，按直线法折旧，残值率为 4%，固定资产余值在项目运营期末收回。

（2）运营期第 1 年投入流动资金 150 万元，全部为自有资金，流动资金在计算期末全部收回。

（3）在运营期间，正常年份每年的营业收入为 1000 万元，其中销项税额为 110 万元，经营成本为 350 万元，其中进项税额 30 万元，税金附加按应纳增值税的 10% 计算，所得税率为 25%，行业基准投资回收期为 4 年，企业投资者可接受的最低税后收益率为 10%。

（4）投产第 1 年生产能力达到设计能力的 60%，营业收入及其所含销项税额与经营成本及所含进项税额也为正常年份的 60%，投产第 2 年及第 2 年后各年均达到设计生产能力。

（5）为简化起见，将"调整所得税"列为"现金流出"的内容。

问题：

（1）编制融资前该项目的投资现金流量表（表 1-15），将数据填入表中，并计算项目投资财务净现值（所得税后）。

（2）列式计算该项目的静态投资回收期（所得税后），并评价该项目是否可行。说明：计算结果及表中数据均保留两位小数。

表 1-15　融资前该项目的投资现金流量表　　　　（单位：万元）

序号	项目	计算期						
		第1年	第2年	第3年	第4年	第5年	第6年	第7年
1	现金流入							
1.1	营业收入(不含销项税额)							
1.2	销项税额							
1.3	补贴收入							
1.4	回收固定资产余值							
1.5	回收流动资金							
2	现金流出							
2.1	建设投资							
2.2	流动资金							
2.3	经营成本(不含进项税额)							
2.4	进项税额							
2.5	应纳增值税							
2.6	增值税附加							
2.7	维持运营投资							
2.8	调整所得税							
3	所得税后净现金流量							
4	累计所得税后净现金流量							
5	基准收益率(10%)							
6	折现后净现金流量							
7	累计折现后净现金流量							

解析：

问题（1）：

1）计算年固定资产折旧费

$$固定资产原值 = 形成固定资产的费用 - 可抵扣固定资产进项税额 \tag{1-41}$$

$$年固定资产折旧费 = (700-50)万元 \times (1-4\%) \div 7年 = 89.14 万元/年$$

2）计算固定资产余值

固定资产使用年限7年，运营期末只用了6年还有1年未折旧，所以，运营期末固定资产余值为

$$固定资产余值 = 年固定资产折旧费 \times 1 + 残值 = [89.14 \times 1 + (700-50) \times 4\%]万元 =$$
115.14 万元

3）计算调整所得税

$$增值税应纳税额 = 当期销项税额 - 当期进项税额 - 可抵扣固定资产进项税额 \tag{1-42}$$

第2年的增值税应纳税额 = 当期销项税额 - 当期进项税额 - 可抵扣固定资产进项税额 = $(110 \times 60\% - 30 \times 60\% - 50)$ 万元 = -2 万元 < 0

故第2年应纳增值税额为0。

第3年的增值税应纳税额 = 当期销项税额 - 当期进项税额 - 可抵扣固定资产进项税额 = $(110 - 30 - 2)$ 万元 = 78 万元

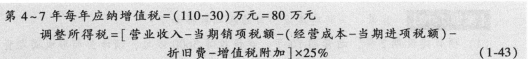

第4~7年每年应纳增值税=（110-30）万元=80万元

调整所得税=［营业收入-当期销项税额-（经营成本-当期进项税额）-

折旧费-增值税附加］×25%　　　　　　　　　　　（1-43）

故：

第2年的调整所得税=［（1000-110）×60%-（350-30）×60%-89.14-0］万元×25%

=63.22万元

第3年的调整所得税=［（1000-110）-（350-30）-89.14-78×10%］万元×25%=118.27万元

第4~7年每年的调整所得税=［（1000-110）-（350-30）-89.14-80×10%］万元×25%

=118.22万元

项目的投资现金流量表见表1-16。

表1-16　项目的投资现金流量表　　　　　　（单位：万元）

序号	项目	计算期						
		第1年	第2年	第3年	第4年	第5年	第6年	第7年
1	现金流入	0.00	600.00	1000.00	1000.00	1000.00	1000.00	1265.14
1.1	营业收入(不含销项税额)		534.00	890.00	890.00	890.00	890.00	890.00
1.2	销项税额		66.00	110.00	110.00	110.00	110.00	110.00
1.3	补贴收入		0.00	0.00	0.00	0.00	0.00	0.00
1.4	回收固定资产余值							115.14
1.5	回收流动资金							150.00
2	现金流出	700.00	423.22	554.07	556.22	556.22	556.22	556.22
2.1	建设投资	700.00						
2.2	流动资金		150.00					
2.3	经营成本(不含进项税额)		192.00	320.00	320.00	320.00	320.00	320.00
2.4	进项税额		18.00	30.00	30.00	30.00	30.00	30.00
2.5	应纳增值税		0.00	78.00	80.00	80.00	80.00	80.00
2.6	增值税附加		0.00	7.80	8.00	8.00	8.00	8.00
2.7	维持运营投资							
2.8	调整所得税		63.22	118.27	118.22	118.22	118.22	118.22
3	所得税后净现金流量	-700.00	176.78	445.93	443.78	443.78	443.78	708.92
4	累计税后净现金流量	-700.00	-523.22	-77.29	366.49	810.27	1254.05	1962.97
5	基准收益率(10%)	0.91	0.83	0.75	0.68	0.62	0.56	0.51
6	折现后净现金流量	-636.37	146.09	335.03	303.10	275.54	250.51	363.82
7	累计折现后净现金流量	-636.37	-490.28	-155.25	147.85	423.39	673.91	1037.72

项目财务净现值是把项目计算期内各年的净现金流量，按照基准收益率折算到建设期初的现值之和，也就是计算期末累计折现后净现金流量。该建设项目投资财务净现值（所得税后）=1037.72万元。

问题（2）：

静态投资回收期（所得税后）：$P_t=［（4-1）+|-77.29|÷443.78］年=3.17年$

建设项目静态投资回收期为3.17年，小于行业基准投资回收期4年，建设项目财务净现值为1037.72万元，大于0，则该建设项目可行。

【案例 1-10】 背景：某新建建设项目的基础数据如下：

(1) 项目建设期 2 年，运营期 10 年，建设投资 3600 万元，预计全部形成固定资产。

(2) 项目建设投资来源为自有资金和贷款，贷款总额为 2000 万元，贷款年利率 6%（按年计息），贷款合同约定运营期第 1 年按项目最大偿还能力还款，运营期第 2~5 年将未偿还款项等额本息偿还。自有资金和贷款在建设期内均衡投入。

(3) 项目固定资产使用年限为 10 年，残值率 5%，直线法折旧。

(4) 项目生产所必需的流动资金 250 万元由项目自有资金在运营期第 1 年投入。

(5) 运营期间正常年份的营业收入为 850 万元，经营成本为 280 万元，增值税附加税率按照营业收入的为 0.8% 估算，所得税率为 25%。

(6) 运营期第 1 年达到设计产能的 80%，该年的营业收入、经营成本均为正常年份的 80%，以后均达到设计产能。

(7) 在建设期贷款偿还完成之前，不计提盈余公积金，不分配投资者股利。

(8) 假定建设投资中无可抵扣固定资产进项税额，上述其他各项费用及收入均为不含增值税价格。

问题：

(1) 列式计算项目建设期的贷款利息。

(2) 列式计算项目运营期第 1 年偿还的贷款本金和利息。

(3) 列式计算项目运营期第 2 年应偿还的贷款本息额，并通过计算说明项目能否满足还款要求。

(4) 项目资本金现金流量表运营期第 1 年、第 2 年和最后 1 年的净现金流量分别是多少？

说明：计算结果保留 2 位小数。

解析：

问题 (1)：

建设期利息的计算：

第 1 年利息 = 1000 万元 × 6% ÷ 2 = 30 万元

第 2 年利息 = (1000 + 30 + 1000 ÷ 2) 万元 × 6% = 91.80 万元

建设期贷款利息 = (30 + 91.80) 万元 = 121.80 万元

建设期末的贷款本利和 = (2000 + 121.80) 万元 = 2121.80 万元

问题 (2)：

就项目自身收益而言，可用于偿还建设期贷款本金（包含已经本金化的建设期贷款利息）的资金来源包括回收的折旧、摊销和未分配利润。按照项目最大偿还能力还款，也就是将项目回收的所有折旧和摊销资金，以及税后利润均优先用于还款。

需要注意的是，由于运营期各年产生的贷款利息已经计入相应年份的总成本费用，也就是说通过计入总成本费用，偿还运营期各年贷款利息所需资金已经得到了落实，因此回收的折旧、摊销和未分配利润只需要考虑对建设期期末借款余额的偿还。

运营期第 1 年应偿还利息 = 2121.80 万元 × 6% = 127.31 万元

固定资产原值 = 建设投资 + 建设期贷款利息 = (3600 + 121.8) 万元 = 3721.80 万元

年折旧 = 固定资产原值 × (1 - 残值率) / 使用年限 = 3721.8 万元 × (1 - 5%) ÷ 10 = 353.57 万元

年摊销 = 0

运营期第 1 年的税前利润 = 营业收入 − 总成本费用 − 增值税附加 + 补贴

其中：营业收入 = 850 万元×80% = 680 万元

总成本费用 = 折旧 + 摊销 + 利息 + 经营成本 = (353.57 + 0 + 127.31 + 280×80%) 万元 = 704.88 万元

增值税附加 = 850 万元×80%×0.8% = 5.44 万元

运营期第 1 年的税前利润 = (680−704.88−5.44+0) 万元 = −30.32 万元 （不需缴纳所得税）

运营期第 1 年可偿还的本金 = 折旧 + 摊销 + 未分配利润 (税后利润) = (353.57 + 0 − 30.32) 万元 = 323.25 万元

运营期第 1 年可偿还利息 = 2121.80 万元×6% = 127.31 万元

问题 (3):

1) 思路 1:

运营期第 1 年末借款本利和 = 项目运营期第 2 年的贷款余额 = (2000 + 121.80 − 323.25) 万元 = 1798.55 万元

运营期第 2~5 年每年等额本息偿还额为 A

$$A = \frac{Pi(1+i)^n}{(1+i)^n-1} = 1798.55 \text{ 万元} \times 6\% \times \frac{(1+6\%)^4}{(1+6\%)^4-1} = 519.05 \text{ 万元}$$

运营期第 2 年应偿还的利息 = 1798.55 万元×6% = 107.91 万元

运营期第 2 年应偿还的贷款本金 = (519.05 − 107.91) 万元 = 411.14 万元

运营期第 2 年总成本 = (280 + 353.57 + 107.91) 万元 = 741.48 万元

运营期第 2 年的税前利润 = 营业收入 − 增值税附加 − 总成本 = [850×(1−0.8%) − 741.48] 万元 = 101.72 万元

运营期第 2 年应纳所得税 = [101.72 − 30.32] 万元×25% = 17.85 万元

运营期第 2 年的税后利润 = (101.72 − 17.85) 万元 = 83.87 万元

运营期第 2 年可供还款的资金为 (353.57 + 83.87) 万元 = 437.44 万元 > 411.14 万元 （能满足还款要求）

2) 思路 2:

偿债备付率思路，即计算运营期第 2 年的偿债备付率，若大于 1，则可满足还款要求。

偿债备付率 = 当年可用于还本付息的资金÷当年应还本付息的金额

　　　　　　 = (折旧 + 摊销 + 可用于还款的未分配利润 + 利息)÷当期应还本付息的金额

　　　　　　 = (353.57 + 0 + 83.87 + 107.91)÷519.05

　　　　　　 = 545.35÷519.05 = 1.05 大于 1 （能满足还款要求）

问题 (4):

项目资本金现金流量表 (表 1-6) 中的部分计算公式如下:

$$净现金流量 = 现金流入 − 现金流出 \tag{1-44}$$

$$现金流入 = 营业收入(不含销项税额) + 增值税销项税额 + 补贴收入 +$$
$$回收固定资产余值 + 回收流动资金 \tag{1-45}$$

$$现金流出 = 项目资本金 + 借款本金偿还 + 借款利息支付 + 经营成本(不含进项税额) +$$
$$增值税进项税额 + 增值税及附加 + 维持运营投资 + 所得税 \tag{1-46}$$

运营期第 1 年的净现金流量 = [850×80% − (0 + 323.25 + 127.31 + 250 + 280×80% + 850×80%×0.8% + 0 + 0)] 万元 = −250 万元

说明：因运营期第 1 年是按照最大偿还能力还款，因此本年的净现金流量一定是流出的流动资金，其他流入和流出的现金流量必定相互抵销。

运营期第 2 年末的现金流出为：借款本金偿还 411.14 万元、借款利息支付 107.91 万元、增值税附加税 6.8 万元、经营成本 280 万元、所得税 17.85 万元。

运营期第 2 年末的净现金流量 = (850−411.14−107.91−6.8−280−17.85) 万元 = 26.30 万元

运营期最后 1 年：

固定资产余值 = 残值 = (3600+121.8) 万元×5% = 186.09 万元

总成本 = (280+353.57+0+0) 万元 = 633.57 万元

所得税 = (营业收入−总成本−增值税附加)×所得税率 = (850−633.57−850×0.8%) 万元×25% = 52.41 万元

即运营期最后 1 年末：

现金流入为：营业收入 850 万元、回收固定资产余值 186.09 万元、回收流动资金 250 万元。

现金流出为：增值税附加税 6.8 万元、经营成本 280 万元，所得税 52.41 万元。

净现金流量 = (850+186.09+250) 万元−(6.8+280+52.41) 万元 = 946.88 万元

【案例 1-11】 背景：某企业 2016 年拟建工业项目的基础数据如下。

(1) 固定资产投资估算总额为 5263.90 万元（其中包括无形资产 600 万元），建设期 2 年，运营期 8 年。

(2) 本项目固定资产投资来源为自有资金和贷款。自有资金在建设期内均衡投入；贷款本金为 2000 万元，在建设期内每年贷款 1000 万元，贷款年利率 10%（按年计息）。贷款合同规定的还款方式为：运营期的前 4 年等额还本付息。无形资产在运营期 8 年中均匀摊入成本。固定资产残值 300 万元，按直线法折旧，折旧年限 12 年。

(3) 企业适用的增值税税率为 17%，增值税附加税税率为 12%，企业所得税税率为 25%。

(4) 项目流动资金全部为自有资金。

(5) 股东会约定正常年份按可供投资者分配利润比例为 50%，提取应付投资者各方的股利，营运期的头两年分别按正常年份的 70% 和 90% 比例计算。

(6) 项目的资金投入、收益、成本，见表 1-17。

(7) 假定建设投资中无可抵扣固定资产进项税额。

表 1-17　建设项目资金投入、收益、成本费用表　　　（单位：万元）

序号	项目	计算期						
		第 1 年	第 2 年	第 3 年	第 4 年	第 5 年	第 6 年	第 7 年	第 8~10 年
1	建设投资 其中:资本金	1529.45	1529.45						
	贷款本金	1000	1000						
2	营业收入（不含销项税税额）			3300	4250	4700	4700	4700	4700
3	经营成本（不含进项税税额）			2490.84	3202.51	3558.34	3558.34	3558.34	3558.34
4	经营成本中的进项税税额			350	430	500	500	500	500
5	流动资产（现金+应收账款+预付账款+存货）			532	684	760	760	760	760
6	流动负债（应付账款+预收账款）			89.83	115.5	128.33	128.33	128.33	128.33
7	流动资金（5-6）			442.17	568.5	631.67	631.67	631.67	631.67

问题：

（1）计算建设期贷款利息和运营期年固定资产折旧费、年无形资产摊销费。

（2）编制项目的借款还本付息计划表（表1-9）、总成本费用估算表（表1-13）和利润与利润分配表（表1-8）。

（3）编制项目的财务计划现金流量表（表1-11）。

（4）编制项目的资产负债表（表1-10）。

（5）从清偿能力角度，分析项目的可行性。

分析要点：本案例重点考核融资后投资项目财务分析，要求掌握在等额还本付息的情况下，借款还本付息表、总成本费用估算表和利润与利润分配表的编制方法。为了考察拟建项目计算期内各年的财务状况和清偿能力，还必须掌握项目财务计划现金流量表以及资产负债表的编制方法。

1）根据所给贷款利率计算建设期与运营期贷款利息，编制借款还本付息计划表（表1-9）。

$$运营期各年利息 = 该年期初借款余额 \times 贷款利率 \tag{1-47}$$

$$运营期各年期初借款余额 = (上年期初借款余额 - 上年偿还本金) \tag{1-48}$$

运营期每年等额还本付息金额按以下公式计算

$$A = P \frac{(1+i)^n \cdot i}{(1+i)^n - 1} = P(A/P, i, n) \tag{1-49}$$

2）根据背景材料所给数据，按以下公式计算利润与利润分配表（表1-8）的各项费用：

$$增值税应纳税额 = 当期销项税额 - 当期进项税额$$
$$= 营业收入 \times 增值税率 - 当期进项税额 \tag{1-50}$$

$$增值税附加税 = 增值税应纳税额 \times 增值税附加税税率 \tag{1-51}$$

$$利润总额 = 营业收入 - 总成本费用 - 增值税附加税额 \tag{1-52}$$

$$所得税 = (利润总额 - 弥补以前年度亏损) \times 所得税率 \tag{1-53}$$

在未分配利润+折旧费+摊销费 > 该年应还本金的条件下：

$$用于还款的未分配利润 = 应还本金 - 折旧费 - 摊销费 \tag{1-54}$$

3）编制财务计划现金流量表应掌握净现金流量的计算方法。财务计划现金流量表的净现金流量等于经营活动、投资活动和筹资活动三个方面的净现金流量之和。

$$经营活动的净现金流量 = 经营活动的现金流入 - 经营活动的现金流出 \tag{1-55}$$

经营活动的现金流入包括营业收入、增值税销项税额、补贴收入以及与经营活动有关的其他流入。

经营活动的现金流出包括经营成本、增值税进项税额、增值税及附加、所得税以及与经营活动有关的其他流出。

$$投资活动的净现金流量 = 投资活动的现金流入 - 投资活动的现金流出 \tag{1-56}$$

投资活动的现金流入新设法人项目为0。

投资活动的现金流出包括建设投资、维持运营投资、流动资金以及与投资活动有关的其他流出。

筹资活动的净现金流量＝筹资活动的现金流入－筹资活动的现金流出 (1-57)

筹资活动的现金流入包括项目资本金投入、建设投资借款、流动资金借款、债券、短期借款以及与筹资活动有关的其他流入。

筹资活动的现金流出包括各种利息支出、偿还债务本金、应付利润（股利分配）以及与筹资活动有关的其他流出。

累计盈余资金＝∑净现金流量(即各年净现金流量之和) (1-58)

4）编制资产负债表应掌握以下各项费用的计算方法：

资产是指流动资产总额（货币资金、应收账款、预付账款、存货、其他之和）、在建工程、固定资产净值、无形及其他资产净值；其中，货币资金包括现金和累计盈余资金。

负债是指流动负债、建设投资借款和流动资金借款。

所有者权益是指资本金、资本公积金、累计盈余公积金和累计未分配利润。

以上费用大都可直接从利润与利润分配表和财务计划现金流量表中取得。

5）清偿能力分析包括资产负债率和财务比率。

解析：

问题（1）：

1）计算建设期贷款利息

第1年贷款利息＝(0＋1000÷2)万元×10%＝50万元

第2年贷款利息＝[(1000＋50)＋1000÷2]万元×10%＝155万元

建设期贷款利息总计＝(50＋155)万元＝205万元

2）年固定资产折旧费＝(5263.9－600－300)万元÷12年＝363.66万元/年

3）年无形资产摊销费＝600万元÷8年＝75万元/年

问题（2）：

1）根据贷款利息公式列出借款还本付息计划表中的各项费用，并填入建设期两年的贷款利息，见表1-18。第3年年初累计借款额为2205万元，则运营期的前4年应偿还的等额本息

$$A = P\frac{(1+i)^n \times i}{(1+i)^n - 1} = 2205 \text{万元} \times \frac{(1+10\%)^4 \times 10\%}{(1+10\%)^4 - 1} = 695.61 \text{万元}$$

表1-18　借款还本付息计划表　　　　　　　　（单位：万元）

项目	计算期					
	第1年	第2年	第3年	第4年	第5年	第6年
借款（建设投资借款）						
期初借款余额		1050	2205	1729.89	1207.27	632.39
当期还本付息			695.61	695.61	695.61	695.61
其中：还本			475.11	522.62	574.88	632.37
其中：付息	50	155	220.50	172.99	120.73	63.24
期末借款余额	1050	2205	1729.89	1207.27	632.39	

2）根据总成本费用的组成，列出总成本费用中的各项费用，并将借款还本付息表中第3年应计利息220.50万元和年经营成本、年折旧费、摊销费一并填入总成本费用表中，汇总得出第3年的总成本费用为3150万元，见表1-19。

表 1-19　总成本费用估算表　　　　　　　　（单位：万元）

序号	项目	计算期							
		第3年	第4年	第5年	第6年	第7年	第8年	第9年	第10年
1	经营成本（不含进项税）	2490.84	3202.51	3558.34	3558.34	3558.34	3558.34	3558.34	3558.34
2	折旧费	363.66	363.66	363.66	363.66	363.66	363.66	363.66	363.66
3	摊销费	75	75	75	75	75	75	75	75
4	利息支出	220.5	172.99	120.73	63.24				
5	总成本费用（不含进项税）	3150	3814.16	4117.73	4060.24	3997	3997	3997	3997

3）计算各年的增值税附加税。增值税应纳税额等于当期销项税额减去当期进项税税额，当期销项税额等于不含销项税额的营业收入乘以增值税率，故：

项目第3年的增值税应纳税额＝3300万元×17%－350万元＝211万元

项目第3年的增值税附加税＝211万元×12%＝25.32万元

项目其他各年的增值税应纳税额、增值税附加税计算结果见表1-20。

表 1-20　增值税及其附加税计算表　　　　　　　（单位：万元）

序号	项目	计算期					
		第3年	第4年	第5年	第6年	第7年	第8~10年
1	营业收入（不含销项税税额）	3300	4250	4700	4700	4700	4700
2	销项税额（1×17%）	561	722.5	799	799	799	799
3	进项税额	350	430	500	500	500	500
4	增值税应纳税额（2-3）	211	292.5	299	299	299	299
5	增值税附加税（4×12%）	25.32	35.1	35.88	35.88	35.88	35.88

4）将各年的营业收入、增值税附加税和第3年的总成本费用3150万元一并填入利润与利润分配表（表1-21）内，并按以下公式计算出该年利润总额、所得税及净利润。

① 第3年利润总额＝（3300－3150－25.32）万元＝124.68万元

第3年应交纳所得税＝124.68万元×25%＝31.17万元

第3年净利润＝（124.68－31.17）万元＝93.51万元

期初未分配利润和弥补以前年度亏损为0，所以本年净利润等于可供分配利润。

第3年提取法定盈余公积金＝93.51万元×10%＝9.35万元

第3年可供投资者分配利润＝（93.51－9.35）万元＝84.16万元

第3年应付投资者各方股利＝84.16万元×50%×70%＝29.46万元

第3年未分配利润＝（84.16－29.46）万元＝54.70万元

第3年用于还款的未分配利润＝（475.11－363.66－75）万元＝36.45万元

第3年剩余未分配利润＝（54.70－36.45）万元＝18.25万元（下一年度期初未分配利润）

② 第4年初尚欠贷款本金＝（2205－475.11）万元＝1729.89万元

应计利息172.99万元，填入总成本费用表1-19中，汇总得出第4年的总成本费用为：3814.16万元。

将总成本带入表 1-21 中，计算出净利润 300.55 万元。

第 4 年可供分配利润 =（300.55+18.25）万元 = 318.80 万元

第 4 年提取法定盈余公积金 = 300.55 万元×10% = 30.06 万元

第 4 年可供投资者分配利润 =（318.80-30.06）万元 = 288.74 万元

第 4 年应付投资者各方股利 = 288.74 万元×50%×90% = 129.93 万元

第 4 年未分配利润 =（288.74-129.93）万元 = 158.81 万元

第 4 年用于还款的未分配利润 =（522.62-363.66-75）万元 = 83.96 万元

第 4 年剩余未分配利润 =（158.81-83.96）万元 = 74.85 万元（下一年度期初未分配利润）

③ 第 5 年初尚欠贷款本金 =（1729.89-522.62）万元 = 1207.27 万元

应计利息 120.73 万元，填入表 1-19 中，汇总得出第 5 年的总成本费用为 4117.73 万元。将总成本带入表 1-21 中，计算出净利润 409.79 万元。

第 5 年可供分配利润 =（409.79+74.85）万元 = 484.64 万元

第 5 年提取法定盈余公积金 = 409.79 万元×10% = 40.98 万元

第 5 年可供投资者分配利润 =（484.64-40.98）万元 = 443.66 万元

第 5 年应付投资者各方股利 = 443.66 万元×50% = 221.83 万元

第 5 年未分配利润 =（443.66-221.83）万元 = 221.83 万元

第 5 年用于还款的未分配利润 =（574.88-363.66-75）万元 = 136.22 万元

第 5 年剩余未分配利润 =（221.83-136.22）万元 = 85.61 万元（下一年度期初未分配利润）

④ 第 6 年初尚欠贷款本金 =（1207.27-574.88）万元 = 632.39 万元

应计利息 63.24 万元，填入表 1-19 中，汇总得出第 6 年的总成本费用为：4060.24 万元。将总成本带入表 1-21 中，计算出净利润 452.91 万元。

本年的可供分配利润、提取法定盈余公积金、可供投资者分配利润、用于还款的未分配利润、剩余未分配利润的计算均与第 5 年相同。

⑤ 第 7~9 年和第 10 年已还清贷款。所以，总成本费用表中不再有固定资产贷款利息，总成本均为 3997 万元，利润与利润分配表中用于还款的未分配利润也均为 0，净利润只用于提取盈余公积金 10% 和应付投资者各方股利 50%，剩余的未分配利润转下年期初未分配利润。

表 1-21　利润与利润分配表　　　　　　　　　　　　（单位：万元）

序号	项目	计算期							
		第 3 年	第 4 年	第 5 年	第 6 年	第 7 年	第 8 年	第 9 年	第 10 年
1	营业收入（不含销项税税额）	3300	4250	4700	4700	4700	4700	4700	4700
2	增值税附加税	25.32	35.1	35.88	35.88	35.88	35.88	35.88	35.88
3	总成本费用（不含进项税税额）	3150	3814.16	4117.73	4060.24	3997	3997	3997	3997
4	补贴收入								
5	利润总额（1-2-3+4）	124.68	400.74	546.39	603.88	667.12	667.12	667.12	667.12
6	弥补以前年度亏损								
7	应纳税所得额（5-6）	124.68	400.74	546.39	603.88	667.12	667.12	667.12	667.12
8	所得税（7）×25%	31.17	100.19	136.6	150.97	166.78	166.78	166.78	166.78

（续）

序号	项目	计算期							
		第3年	第4年	第5年	第6年	第7年	第8年	第9年	第10年
9	净利润(5-8)	93.51	300.55	409.79	452.91	500.34	500.34	500.34	500.34
10	期初未分配利润		18.25	74.85	85.61	52.9	251.61	350.97	400.65
11	可供分配利润(9+10)	93.51	318.80	484.64	538.52	553.24	751.95	851.31	900.99
12	提取法定盈余公积金(9)×10%	9.35	30.06	40.98	45.29	50.03	50.03	50.03	50.03
13	可供投资者分配的利润(11-12)	84.16	288.74	443.66	493.23	503.21	701.92	801.28	850.96
14	应付投资者各方股利	29.46	129.93	221.83	246.62	251.61	350.96	400.63	425.47
15	未分配利润(13-14)	54.7	158.81	221.83	246.61	251.60	350.95	400.63	425.47
15.1	用于还款利润	36.45	83.96	136.22	193.71				
15.2	剩余利润转下年期初未分配利润	18.25	74.85	85.61	52.90	251.6	350.95	400.63	425.47
16	息税前利润(5+利息支出)	345.18	573.73	667.12	667.12	667.12	667.12	667.12	667.12

问题（3）：

编制项目财务计划现金流量表，见表1-22。表中各项数据均取自于借款还本付息表、总成本费用估算表和利润与利润分配表。

表1-22　项目财务计划现金流量表　　　　（单位：万元）

序号	项目	计算期									
		第1年	第2年	第3年	第4年	第5年	第6年	第7年	第8年	第9年	第10年
1	经营活动净现金流量			752.67	912.21	969.18	954.81	939	939	939	939
1.1	现金流入			3861	4972.5	5499	5499	5499	5499	5499	5499
1.1.1	营业收入			3300	4250	4700	4700	4700	4700	4700	4700
1.1.2	增值税销项税额			561	722.5	799	799	799	799	799	799
1.2	现金流出			3108.33	4060.3	4529.82	4544.19	4560	4560	4560	4560
1.2.1	经营成本			2490.84	3202.51	3558.34	3558.34	3558.34	3558.34	3558.34	3558.34
1.2.2	增值税进项税额			350	430	500	500	500	500	500	500
1.2.3	增值税			211	292.5	299	299	299	299	299	299
1.2.4	增值税附加税			25.32	35.1	35.88	35.88	35.88	35.88	35.88	35.88
1.2.5	所得税			31.17	100.19	136.6	150.97	166.78	166.78	166.78	166.78
2	投资活动净现金流量	-2529.45	-2529.45	-442.17	-126.33	-63.17					
2.1	现金流入										
2.2	现金流出	2529.45	2529.45	442.17	126.33	63.17					

（续）

序号	项目	计算期									
		第1年	第2年	第3年	第4年	第5年	第6年	第7年	第8年	第9年	第10年
2.2.1	建设投资	2529.45	2529.45								
2.2.2	流动资金			442.17	126.33	63.17					
3	筹资活动净现金流量	2529.45	2529.45	−282.9	−699.22	−854.28	−942.24	−251.6	−350.95	−400.63	−425.47
3.1	现金流入	2529.45	2529.45	442.17	126.33	63.17					
3.1.1	项目资本金投入	1529.45	1529.45	442.17	126.33	63.17					
3.1.2	建设投资借款	1000.00	1000.00								
3.1.3	流动资金借款										
3.2	现金流出			725.07	825.55	917.45	942.24	251.6	350.95	400.63	425.47
3.2.1	各种利息支出			220.5	172.99	120.73	63.24				
3.2.2	偿还债务本金			475.11	522.62	574.89	632.38				
3.2.3	应付利润			29.46	129.94	221.83	246.62	251.6	350.95	400.63	425.47
4	净现金流量（1+2+3）			27.6	86.66	51.73	12.57	687.4	588.05	538.37	513.53
5	累计盈余资金			27.6	114.26	165.99	178.56	865.97	1454.02	1992.39	2505.92

问题（4）：

编制项目的资产负债表，见表1-23。

表1-23　资产负债表　　　　　　　　　　　（单位：万元）

序号	项目	计算期									
		第1年	第2年	第3年	第4年	第5年	第6年	第7年	第8年	第9年	第10年
1	资产	2579.45	5263.9	5384.84	5203.09	4967.02	4626.54	4928.17	5329.16	5779.82	6255.32
1.1	流动资产总额			559.6	816.51	1019.1	1117.28	1857.57	2697.22	3586.54	4500.7
1.1.1	流动资产			532	684	760	760	760	760	760	760
1.1.2	累计盈余资金	0	0	27.6	114.26	165.99	178.56	865.97	1454.02	1992.39	2505.92
1.1.3	累计期初未分配利润			0	18.25	93.11	178.72	231.61	483.2	834.15	1234.78
1.2	在建工程	2579.45	5263.9	0	0						
1.3	固定资产净值			4300.24	3936.58	3572.92	3209.26	2845.6	2481.94	2118.28	1754.62
1.4	无形资产净值			525	450	375	300	225	150	75	0
2	负债及所有者权益	2579.45	5263.9	5384.84	5203.09	4967.03	4626.54	4928.17	5329.16	5779.82	6255.32
2.1	负债	1050	2205	1819.72	1322.77	760.72	128.33	128.33	128.33	128.33	128.33
2.1.1	流动负债			89.83	115.5	128.33	128.33	128.33	128.33	128.33	128.33

（续）

序号	项目	计算期									
		第1年	第2年	第3年	第4年	第5年	第6年	第7年	第8年	第9年	第10年
2.1.2	贷款负债	1050	2205	1729.89	1207.27	632.39					
2.2	所有者权益	1529.45	3058.9	3565.12	3880.32	4206.3	4498.2	4799.83	5200.81	5651.47	6126.97
2.2.1	资本金	1529.45	3058.9	3501.07	3627.4	3690.57	3690.57	3690.57	3690.57	3690.57	3690.57
2.2.2	累计盈余公积金	0	0	9.35	39.41	80.39	125.68	175.71	225.74	275.77	325.8
2.2.3	累计未分配利润	0	0	54.7	213.51	435.34	681.95	933.55	1284.5	1685.13	2110.6
计算	资产负债率	40.71%	41.89%	33.79%	25.42%	15.32%	2.77%	2.6%	2.41%	2.22%	2.05%
	流动比率			622.95%	706.94%	794.12%	870.64%	1447.5%	2101.78%	2794.78%	3507.13%

资产负债表中：

1）资产。

① 流动资产总额是指流动资产、累计盈余资金额以及期初未分配利润之和。流动资产取自背景材料中表1-17。期初未分配利润取自利润与利润分配表1-21中数据的累计值。累计盈余资金取自财务计划现金流量表1-22。

② 在建工程是指建设期各年的固定资产投资额。取自背景材料中表1-17。

③ 固定资产净值是指投产期逐年从固定资产投资中扣除折旧费后的固定资产余值。

④ 无形资产净值是指投产期逐年从无形资产中扣除摊销费后的无形资产余值。

2）负债。

① 流动资金负债：取自背景材料表1-17中的应付账款。

② 投资贷款负债：取自借款还本付息计划表1-18。

3）所有者权益。

① 资本金：取自背景材料表1-17。

② 累计盈余公积金：根据利润与利润分配表1-21中盈余公积金的累计计算。

③ 累计未分配利润：根据利润与利润分配表1-21中未分配利润的累计计算。

表中各年的资产与各年的负债和所有者权益之间应满足：资产＝负债+所有者权益。

问题5：

评价：根据利润与利润分配表计算得出：该项目的借款能按合同规定在运营期前4年内等额还本付息还清贷款。并自投产年份开始就为盈余年份。还清贷款后，每年的资产负债率均在3%以内，流动比率大，说明偿债能力强，该项目可行。

1.3　建设项目不确定性分析

不确定性分析是对生产、经营过程中各种事前无法控制的外部因素变化与影响所进行的估计和研究。经济发展的不确定因素普遍存在，如在工程建设中可能会出现投资超出、工期拖延、原材料价格上涨、生产能力不能达到设计要求等情况。为了正确决策，需要进行技术经济综合评价，计算各因素发生的概率及对决策方案的影响程度，进而从中选择最佳方案。

进行不确定性分析，决策者需要依靠知识、经验、信息，采用科学的分析方法，对未来发展做出判断。通常需要计算的指标有：

① 方案的损益值，即把各因素引起的不同收益计算出来，收益最大的方案为最优方案。

② 方案的后悔值，即计算出由于对不确定因素判断失误而采纳的方案的收益值与最大收益值之差，后悔值最小的方案为最佳方案。

③ 方案的期望值，计算各方案的期望值，期望值最好的方案为最佳方案。

不确定性分析可分为盈亏平衡分析、敏感性分析、概率分析和准则分析，其中盈亏平衡分析只用于财务评价，敏感性分析和概率分析可同时用于财务评价和国民经济评价，以下主要介绍盈亏平衡分析和敏感性分析。

1.3.1 盈亏平衡分析

盈亏平衡分析的目的是寻找盈亏平衡点（BEP），据此判断项目风险大小及对风险的承受能力，为投资决策提供科学依据。盈亏平衡点就是盈利与亏损的分界点，在这一点"项目总收益＝项目总成本"。项目总收益（TR）及项目总成本（TC）都是产量（Q）的函数，根据 TC、TR 与 Q 的关系不同，盈亏平衡分析分为线性盈亏平衡分析和非线性盈亏平衡分析。线性盈亏平衡分析图如图 1-5 所示。

在线性盈亏平衡分析中：

$$TR = P(1-t)Q \qquad (1-59)$$

$$TC = F + VQ \qquad (1-60)$$

式中　TR——项目总收益；

　　　　P——产品销售单价；

　　　　Q——产量或销售量；

　　　　t——销售税率；

　　　　TC——项目总成本；

　　　　F——固定成本；

　　　　V——单位产品可变成本。

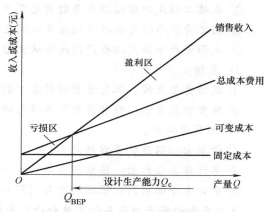

图 1-5　线性盈亏平衡分析图

令 TR＝TC 即可分别求出盈亏平衡产量、盈亏平衡单价、盈亏平衡单位产品可变成本、盈亏平衡生产能力利用率。它们的表达式分别为

盈亏平衡产量

$$Q^* = \frac{F}{P(1-t)-V} \qquad (1-61)$$

盈亏平衡单价

$$P^* = \frac{F+VQ_c}{(1-t)Q_c} \qquad (1-62)$$

盈亏平衡单位产品可变成本

$$V^* = P(1-t) - \frac{F}{Q_c} \qquad (1-63)$$

盈亏平衡生产能力利用率

$$\alpha^* = \frac{Q^*}{Q_c} \times 100\% \qquad (1-64)$$

式中　Q_c——设计生产能力。

盈亏平衡产量表示项目的保本产量，盈亏平衡点产量越低，项目保本越容易，则项目风险越低。盈亏平衡价格表示项目可接受的最低价格，该价格仅能收回成本，该价格水平越低，表示单位产品成本越低，项目的抗风险能力就越强。盈亏平衡单位产品可变成本表示单位产品可变成本的最高上限，实际单位产品可变成本低于 V^* 时，项目盈利。因此，V^* 越大，项目的抗风险能力越强。

1.3.2 敏感性分析

敏感性分析是通过分析、预测项目主要影响因素发生变化时对项目经济评价指标（如 FNPV、FIRR 等）的影响，从中找出敏感因素，并确定其影响程度的一种分析方法。敏感性分析的核心是寻找敏感因素，并将其按影响程度大小排序。根据同时分析敏感因素数量的多少敏感性分析可分为单因素敏感性分析和多因素敏感性分析。考虑难度与篇幅限制，本节只介绍单因素敏感性分析，其步骤为：

1）确定敏感性分析的对象，也就是确定要分析的评价指标。

2）选择需要分析的不确定性因素。

3）分别计算单个不确定因素变化百分率为 $\pm 5\%$、$\pm 10\%$、$\pm 15\%$、$\pm 20\%$ 时，（可选取部分变化百分率数据进行计算），对评价指标的影响程度。

4）确定敏感因素。敏感因素是指对评价指标产生较大影响的因素。

5）风险评价。通过分析和计算敏感因素的影响程度，确定项目可能存在风险的大小及风险影响因素。

单因素敏感性分析中敏感因素的确定方法有相对测定法和绝对测定法。

1）相对测定法。设定要分析的因素均从初始值开始变动，且假设各个因素每次均变动相同的幅度，然后计算在相同变动幅度下各因素对经济评价指标的影响程度，即敏感度系数，敏感度系数绝对值越大的因素越敏感。在单因素敏感性分析图上，表现为变量因素的变化曲线与横坐标相交的角度（锐角）越大的因素越敏感，即

$$灵敏度系数 = \frac{评价指标变化幅度}{变量因素变化幅度} = \frac{\left| \dfrac{Y_1 - Y_0}{Y_0} \right|}{\Delta X_i} \tag{1-65}$$

式中　Y_0——初始条件下的财务评价指标值（$FNPV_0$、$FIRR_0$ 等）；

　　　Y_1——不确定因素按一定幅度变化后的财务评价指标值（$FNPV_1$、$FIRR_1$ 等）；

　　　X_0——初始条件下的不确定因素数值；

　　　X_1——不确定因素按一定幅度变化后的数值。

2）绝对测定法。首先使经济评价指标等于其临界值，然后计算变量因素浮动百分比的取值，假设其为 X_1，变量因素原来的取值为 X_0，则该变量因素最大允许浮动百分比为 $\dfrac{X_1 - X_0}{X_0} \times 100\%$，最大允许浮动百分比越小的因素越敏感。在单因素敏感性分析图上，表现为变量因素的变化曲线与评价指标临界值曲线相交的横截距越小的因素越敏感。

【案例 1-12】　背景：某新建项目正常生产年份的设计生产能力为 100 万件某产品，年固定成本为 580 万元，每件产品不含税销售价预计为 56 元，增值税税率为 13%，增值

税附加税税率为 12%，单位产品可变成本估算额为 46 元（含可抵扣进项税 6 元）。

问题：

（1）对项目进行盈亏平衡分析，计算项目的盈亏平衡产量和盈亏平衡单价。

（2）在市场销售良好的情况下，正常生产年份的最大可能盈利额是多少？

（3）在市场销售不良的情况下，企业欲保证年利润 120 万元的年产量应为多少？

（4）在市场销售不良的情况下，企业将产品的市场价格由 56 元降低 10% 销售，则欲保证年利润 60 万元的年产量应为多少？

（5）从盈亏平衡分析角度，判断该项目的可行性。

分析要点

（1）**基本原理** 盈亏平衡分析是研究建设项目特别是工业项目产品生产成本、产销量与盈利的平衡关系的方法。对于一个建设项目而言，随着产销量的变化，盈利与亏损之间一般至少有一个转折点，我们称这个转折点为盈亏平衡点，在盈亏平衡点上，销售收入与成本费用相等，既不亏损也不盈利。盈亏平衡分析就是要找出项目方案的盈亏平衡点。一般来说，对项目的生产能力而言，盈亏平衡点越低，项目的盈利可能性就越大，对不确定性因素变化带来的风险的承受能力就越强。鉴于增值税实行价外税，最终由消费者负担，增值税对企业利润的影响表现在增值税会影响城市维护建设税、教育费附加、地方教育费附加的大小，故盈亏平衡分析需要考虑增值税附加税对成本的影响。

（2）**基本公式** 下面以运营期按年度讨论

$$利润 = 总收入 - 总成本 \tag{1-66}$$

$$总收入 = 年销售量 \times 单价 - 年销售量 \times 单位产品附加税 \tag{1-67}$$

$$单位产品附加税 = 单位产品增值税 \times 附加税税率 = （单位产品销项税额 -$$
$$单位产品进项税额）\times 附加税税率 \tag{1-68}$$

$$总成本 = 年固定成本 + 年可变成本 - 年可抵扣进项税额 = 年固定成本 + 年销售量 \times$$
$$（单位可变成本 - 单位可抵扣进项税额） \tag{1-69}$$

由于盈亏平衡时，总收入 = 总成本，则

$$年销售量 \times 产品单价 - 年销售量 \times （单位产品销项税额 - 单位产品进项税额）\times 附加税税率 =$$
$$年固定成本 + 年销售量 \times （单位产品可变成本 - 单位可抵扣进项税额） \tag{1-70}$$

可推导出：

$$盈亏平衡产量 = 年固定成本 \div （产品单价 - 单位产品可变成本 - 单位产品增值税 \times$$
$$增值税附加税税率） \tag{1-71}$$

$$盈亏平衡单价 = （年固定成本 + 设计生产能力 \times 单位产品可变成本 - 设计生产能力 \times$$
$$单位产品进项税额 \times 增值税附加税税率） \div$$
$$[设计生产能力 \times （1 - 增值税税率 \times 增值税附加税税率）] \tag{1-72}$$

解析：

问题（1）：

1）思路 1：直接利用项目盈亏平衡产量和盈亏平衡单价计算公式：

$$盈亏平衡产量 = \{580 \div [56 - 40 - （56 \times 13\% - 6）\times 12\%]\} 万件 = 36.60 万件$$

$$盈亏平衡单价 = \{（580 + 100 \times 40 - 100 \times 6 \times 12\%）\div [100 \times （1 - 13\% \times 12\%）]\} 元/件 = 45.79 元/件$$

2）思路2：总收入＝总支出

年销售量×单价－年销售量×（单位产品销项税额－单位产品进项税额）×附加税税率＝年固定成本＋年销售量×（单位可变成本－单位可抵扣进项税税额）

推导出：盈亏平衡产量×56元－盈亏平衡量×（56×13%－6）元×12%＝580万元＋盈亏平衡量×（46－6）元

盈亏平衡产量＝36.60万件

100万件×盈亏平衡单价－100万件×（盈亏平衡单价×13%－6元）×12%＝580万元＋100万件×（46－6）元

盈亏平衡单价＝45.79元/件

问题（2）：

1）思路1：在市场销售良好的情况下，生产量为销售量，原定单价为市场价，正常年份最大可能盈利额为

最大可能盈利额R＝正常年份总收益额－正常年份总成本

R＝设计生产能力×单价－年固定成本－设计生产能力×（单位产品可变成本＋单位产品增值税×增值税附加税税率）

＝{100×56－580－100×[40＋（56×13%－6）×12%]}万元＝1004.64万元

2）思路2：利润＝总收入－总成本

总收入＝年销售量×单价－年销售量×（单位产品销项税额－单位产品进项税额）×附加税率＝[100×56－100×（56×13%－6）×12%]万元

总成本＝年固定成本＋年销售量×（单位可变成本－单位可抵扣进项税税额）＝[580＋100×（46－6）]万元

利润＝[100×56－100×（56×13%－6）×12%－580－100×（46－6）]万元＝1004.64万元

问题（3）：

1）思路1：在市场销售不良的情况下，每年欲获120万元利润的最低年产量为：

最低产量＝{（120＋580）÷[56－40－（56×13%－6）×12%]}万件＝44.17万件

2）思路2：

利润＝总收入－总成本＝120万元

总收入＝年销售量×单价－年销售量×（单位产品销项税额－单位产品进项税额）×附加税率＝年销售量×56元－年销售量×（56×13%－6）元×12%

总成本＝年固定成本＋年销售量×（单位可变成本－单位可抵扣进项税税额）＝580万元＋年销售量×（46－6）元

120万元＝年销售量×56元－年销售量×（56×13%－6）元×12%－580万元－年销售量×（46－6）元

年销售量＝44.17万件

问题（4）：

1）思路1：在市场销售不良的情况下，为了促销，产品的市场价格由56元降低10%时，还要维持每年60万元利润额的年产量应为

年产量＝{（60＋580）÷[50.4－40－（50.4×13%－6）×12%]}万件＝61.93万件

2）思路2：利润=总收入-总成本=60万元

总收入=年销售量×单价-年销售量×（单位产品销项税额-单位产品进项税额）×附加税率=年销售量×50.4元-年销售量×（50.4×13%-6）元×12%

总成本=年固定成本+年销售量×（单位可变成本-单位可抵扣进项税）=580万元+年销售量×（46-6）元

60万元=年销售量×50.4元-年销售量×（50.4×13%-6）元×12%-580万元-年销售量×（46-6）元

年销售量=61.93万件

问题（5）：根据上述计算结果分析如下：

1）本项目产量盈亏平衡点36.60万件，而项目的设计生产能力为100万件，远大于盈亏平衡产量，可见，项目盈亏平衡产量仅为设计生产能力的36.60%，所以，该项目盈利能力和抗风险能力较强。

2）本项目单价盈亏平衡点45.79元/件，而项目预测单价为56元/件，高于盈亏平衡的单价。在市场销售不良情况下，为了促销，产品价格降低在22.30%以内，仍可保本。

3）在不利的情况下，单位产品价格即使压低10%，只要年产量和年销售量达到设计能力的61.93%，每年仍能盈利60万元。所以，该项目获利的机会大。

综上所述，从盈亏平衡分析角度判断该项目可行。

【案例1-13】 背景：某投资项目的设计生产能力为年产10万台某种设备，主要经济参数的估算值为：初始投资额为1200万元，预计产品价格为40元/台，年经营成本170万元，运营年限10年，运营期末残值为100万元，基准收益率12%，现值系数见表1-24。

表1-24 现值系数表

n	1	3	7	10
$(P/A, 12\%, n)$	0.8929	2.4018	4.5638	5.6502
$(P/F, 12\%, n)$	0.8929	0.7118	0.4523	0.322

问题：

（1）以财务净现值为分析对象，就项目的投资额、产品价格和年经营成本等因素进行敏感性分析。

（2）绘制财务净现值随投资、产品价格和年经营成本等因素的敏感性曲线图。

（3）保证项目可行的前提下，计算该产品价格允许下浮的百分比。

分析要点：敏感性分析是在确定性分析的基础上，通过进一步分析、预测项目主要不确定因素的变化对项目评价指标（如内部收益率、净现值等）的影响，从中找出敏感因素，确定评价指标对该因素的敏感程度和项目对其变化的承受能力的一种不确定性分析方法。

解析：

问题（1）：

解题思路：先确定评价指标，然后明确影响因素，再计算单因素敏感度，最后给出结论。本题的评价指标：净现值。本题的影响因素：投资；产品价格；年经营成本。

1）计算初始条件下的项目净现值

$$FNPV_0 = [-1200+(40\times10-170)(P/A,12\%,10)+100\times(P/F,12\%,10)]\ 万元$$
$$= (-1200+230\times5.6502+100\times0.3220)\ 万元$$
$$= 131.75\ 万元$$

2）分别对投资额、单位产品价格和年经营成本，在初始值的基础上按照±10%、±20%的幅度变动，逐一计算出相应的净现值。

① 投资额在±10%、±20%范围内变动

$$FNPV_{10\%} = [-1200\times(1+10\%)+(40\times10-170)(P/A,12\%,10)+100\times$$
$$(P/F,12\%,10)]\ 万元$$
$$= (-1320+230\times5.6502+100\times0.3220)\ 万元 = 11.75\ 万元$$

$$FNPV_{20\%} = [-1200\times(1+20\%)+230\times5.6502+100\times0.3220]\ 万元 = -108.25\ 万元$$

$$FNPV_{-10\%} = [-1200\times(1-10\%)+230\times5.6502+100\times0.3220]\ 万元 = 251.75\ 万元$$

$$FNPV_{-20\%} = [-1200\times(1-20\%)+230\times5.6502+100\times0.3220]\ 万元 = 371.75\ 万元$$

② 单位产品价格±10%、±20%范围内变动

$$FNPV_{10\%} = \{-1200+[40\times(1+10\%)\times10-170](P/A,12\%,10)+100\times(P/F,12\%,10)\}\ 万元$$
$$= (-1200+270\times5.6502+100\times0.3220)\ 万元 = 357.75\ 万元$$

$$FNPV_{20\%} = \{-1200+[40\times(1+20\%)\times10-170](P/A,12\%,10)+100\times(P/F,12\%,10)\}\ 万元$$
$$= (-1200+310\times5.6502+100\times0.3220)\ 万元 = 583.76\ 万元$$

$$FNPV_{-10\%} = \{-1200+[40\times(1-10\%)\times10-170](P/A,12\%,10)+100\times(P/F,12\%,10)\}\ 万元$$
$$= (-1200+190\times5.6502+100\times0.3220)\ 万元 = -94.26\ 万元$$

$$FNPV_{-20\%} = \{-1200+[40\times(1-20\%)\times10-170](P/A,12\%,10)+100\times(P/F,12\%,10)\}\ 万元$$
$$= (-1200+150\times5.6502+100\times0.3220)\ 万元 = -320.27\ 万元$$

③ 年经营成本±10%、±20%变动

$$FNPV_{10\%} = \{-1200+[40\times10-170\times(1+10\%)](P/A,12\%,10)+100\times(P/F,12\%,10)\}\ 万$$
元 $= (-1200+213\times5.6502+100\times0.3220)\ 万元 = 35.69\ 万元$

$$FNPV_{20\%} = \{-1200+[40\times10-170\times(1+20\%)](P/A,12\%,10)+100\times(P/F,12\%,10)\}\ 万$$
元 $= (-1200+196\times5.6502+100\times0.3220)\ 万元 = -60.36\ 万元$

$$FNPV_{-10\%} = \{-1200+[40\times10-170\times(1-10\%)](P/A,12\%,10)+100\times(P/F,12\%,10)\}$$
万元 $= (-1200+247\times5.6502+100\times0.3220)\ 万元 = 227.80\ 万元$

$$FNPV_{-20\%} = \{-1200+[40\times10-170\times(1-20\%)](P/A,12\%,10)+100\times(P/F,12\%,10)\}$$
万元 $= (-1200+264\times5.6502+100\times0.3220)\ 万元 = 323.85\ 万元$

将计算结果列于表1-25中。

表 1-25　单因素敏感性分析表　　　　　　（单位：万元）

变化幅度	−20%	−10%	0	10%	20%	平均+1%	平均−1%
因素	净现值						
投资额	371.75	251.75	131.75	11.75	−108.25	−9.11%	9.11%
单位产品价格	−320.27	−94.26	131.75	357.75	583.76	17.15%	−17.15%
年经营成本	323.85	227.8	131.75	35.69	−60.36	−7.29%	7.29%

由表 1-25 可以看出：

1）在变化率相同的情况下，单位产品价格的变动对净现值的影响为最大。当其他因素均不发生变化时，单位产品价格每下降 1%，净现值下降 17.15%。

2）对净现值影响次大的因素是投资额。当其他因素均不发生变化时，投资额每上升 1%，净现值将下降 9.11%。

3）对净现值影响最小的因素是年经营成本。当其他因素均不发生变化时，年经营成本每增加 1%，净现值将下降 7.29%。

综上所述，净现值对各个因素敏感程度的排序是：单位产品价格、投资额、年经营成本，最敏感的因素是产品价格。

问题（2）：

财务净现值对各因素的敏感曲线如图 1-6 所示，财务净现值对单位产品价格最敏感，其次是投资和年经营成本。

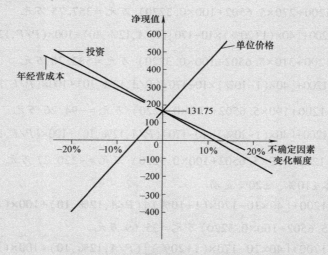

图 1-6　财务净现值对各因素的敏感曲线

问题（3）：

要想项目可行，则净现值应大于等于 0，则要计算出净现值为 0 时所对应的单位产品价格的变化率。

方法一：$357.75 : 131.75 = (X + 10\%) : X$

$X = 5.83\%$

即该产品价格的临界值为 −5.83%，即最多下浮 5.83%。

方法二：当价格降低幅度为多少时，FNPV=0

即 $0 = -1200 + 40(1-X) \times 10 \times (P/A, 12\%, 10) - 170(P/A, 12\%, 10) + 100 \times (P/F, 12\%, 10)$

$X = 5.83\%$

结论：

1) 当价格变动大于-5.83%时，财务净现值就小于0，方案不可行。

2) 当价格变动小于-5.83%时，财务净现值就大于0，方案则可行。

3) 当净现值等于0时所对应的点为临界点。

【案例1-14】 背景：某企业2017年拟建某工业性生产项目，建设期为2年，运营期为6年。基础数据如下：

（1）固定资产投资估算额为2200万元（含建设期贷款利息80万元，不含可抵扣的进项税额），其中：预计形成固定资产2080万元，无形资产120万元。固定资产使用年限为8年，残值率为5%，按平均年限法计算折旧。在运营期末回收固定资产余值。无形资产在运营期内均匀摊入成本。

（2）本项目固定资产投资中自有资金为520万元，固定资产投资资金来源为贷款和自有资金。建设期贷款发生在第2年，贷款年利率10%，还款方式为在运营期内等额偿还本息。

（3）流动资金800万元（运营期第1年借了500万，资本金投入200万；第2年借了100万），在项目计算期末回收。流动资金贷款利率为3%，还款方式为运营期内每年末只还所欠利息，项目期末偿还本金。

（4）项目投产即达产，设计生产能力为100万件，预计产品售价为30元/件（不含税），增值税税率为17%，增值税附加税税率为6%，企业所得税税率为15%。按照设计生产能力预计的年经营成本为1700万元（不含可抵扣的进项税额），可抵扣的进项税额为210万。

（5）经营成本的2%计入固定成本（折旧费、摊销费、利息支出均应计入固定成本）。

（6）行业的总投资收益率为20%，行业资本金净利润率为25%。

问题：

（1）计算该项目建设期贷款的数额。

（2）编制项目建设期贷款还本付息计划表。

（3）编制项目的总成本费用估算表（不含可抵扣的进项税额）。

（4）计算项目的盈亏平衡产量和盈亏平衡单价，对项目进行盈亏平衡分析（单位产品可抵扣的进项税额为2.1元/件）。

（5）计算运营期第1年的净利润、息税前利润和息税折旧摊销前利润（法定盈余公积金按净利润的10%提取，其他分配不考虑），并计算运营期第1年的总投资收益率和项目资本金净利润率。

（6）计算运营期第1年项目资本金现金流量表中的净现金流量。

（7）项目的投资额、单位产品价格和年经营成本在初始值的基础上分别变动±10%时对应的财务净现值的计算结果见表1-26。根据该表的数据列式计算各因素的敏感度系数，并对三个因素的敏感性进行排序。根据表中的数据绘制单因素敏感性分析图，列式计算并在图中标出单位产品价格的临界点（计算结果均保留两位小数）。

表 1-26　单因素变动情况下的财务净现值表　　　　（单位：万元）

变化幅度	−10%	0	+10%
因素	财务净现值		
投资额	1410	1300	1190
单位产品价格	320	1300	2280
年经营成本	2050	1300	550

解析：

问题（1）：

设期贷款额＝（2200−520−80）万元＝1600.00 万元

问题（2）：

项目建设期贷款还本付息计划表见表 1-27。

表 1-27　项目建设期贷款还本付息计划表　　　　（单位：万元）

序号	项目	计　算　期							
		第 1 年	第 2 年	第 3 年	第 4 年	第 5 年	第 6 年	第 7 年	第 8 年
1	年初累计贷款	0	0	1680	1462.26	1222.75	959.29	669.48	350.69
2	本年新增贷款	0	1600	0	0	0	0	0	0
3	本年应计利息	0	80	168	146.23	122.28	95.93	66.95	35.07
4	本年应还本息	0	0	385.74	385.74	385.74	385.74	385.74	385.74
4.1	本年应还本金	0	0	217.74	239.51	263.46	289.81	318.74	350.67
4.2	本年应还利息			168	146.23	122.28	95.93	66.95	35.07

每年应还本息和＝1680 万元×(A/P,10%,6)＝385.74 万元

问题（3）：

年折旧费＝[2080 万元×(1−5%)]÷8 年＝247.00 万元/年

年摊销费＝120 万元÷6 年＝20 万元/年

项目的总成本费用估算表见表 1-28。

表 1-28　项目的总成本费用估算表　　　　　（单位：万元）

序号	项目	计算期					
		第3年	第4年	第5年	第6年	第7年	第8年
1	经营成本	1700	1700	1700	1700	1700	1700
2	折旧费	247	247	247	247	247	247
3	摊销费	20	20	20	20	20	20
4	利息支出	183	164.23	140.28	113.93	84.95	53.07
4.1	长期贷款利息	168	146.23	122.28	95.93	66.95	35.07
4.2	流动资金贷款利息	15	18	18	18	18	18
5	总成本费用=1+2+3+4=5.1+5.2	2150	2131.23	2107.28	2080.93	2051.95	2020.07
5.1	固定成本	484	465.23	441.28	414.93	385.95	354.07
5.2	可变成本=1700×98%	1666	1666	1666	1666	1666	1666

问题（4）：

年平均固定成本 =（484+465.23+441.27+414.93+385.95+354.07）万元÷6 年 = 424.24 万元/年

单位产品可变成本 = 1666÷100 = 16.66 元/件

$0 = 30$ 元/件·$Q - 424.24$ 万元/年 $- 16.66$ 元/件$× Q -$（30 元/件$× Q ×17\% - 2.1$ 元/件$× Q$）$×6\%$

盈亏平衡产量 = 32.24 万件/年

$0 = 100$ 万件/年$× P - 424.24$ 万元/年 $- 16.66$ 元/件$×100$ 万件/年 $-$（100 元/件$× P ×17\% - 2.1$ 元/件$×100$ 万件/年）$×6\%$

盈亏平衡单价 =（424.24+16.66×100-2.1×100×6%）万元/年÷（100-100×17%×6%）万件/年 = 20.99 元/件

该项目盈亏平衡产量为 32.74 万件，远远低于设计生产能力 100 万件；盈亏平衡单价为 20.99 元，也低于预计单价 30 元，说明该项目抗风险能力较强。

问题（5）：

运营期第 1 年利润总额 =［3000×1.17-（2150+210）-（3000×17%-210）×1.06］万元 = 832 万元

运营期第 1 年净利润 = 832 万元×（1-15%）= 707.20 万元

运营期第 1 年息税前利润 =（832+183）万元 = 1015.00 万元

运营期第 1 年息税折旧摊销前利润 =（1015+247+20）万元 = 1282.00 万元

运营期第 1 年总投资收益率 = 1015 万元÷（2200+800）万元×100% = 33.83%

运营期第 1 年资本金净利润率 = 707.2 万元÷（520+200）万元×100% = 98.22%

两个指标均大于本行业的指标，故项目可行。

问题（6）：

$$运营期第 1 年现金流入 = (3000×1.17) 万元 = 3510.00 万元$$

运营期第 1 年现金流出 = 资本金 + 本金偿还 + 利息偿还 + 经营成本 + 可抵扣进项税 + 增值税 + 增值税附加 + 所得税 = [200 + 385.74 + 500×3% + 1700 + 210 + (3000×17% − 210)×(1 + 6%) + 832×15%] 万元 = 2953.54 万元

运营期最后一年项目资本金现金流量表中的净现金流量为：运营期最后一年现金流入 − 运营期最后一年现金流出 = (3510 − 2953.54) 万元 = 556.46 万元

问题（7）：

投资额敏感度系数：(1190 − 1300) 万元 ÷ 1300 万元 ÷ 10% = −0.85

单位产品价格敏感度系数：(320 − 1300) 万元 ÷ 1300 万元 ÷ (−10%) = 7.54

年经营成本敏感度系数：(550 − 1300) 万元 ÷ 1300 万元 ÷ 10% = −5.77

敏感性排序为：单位产品价格、年经营成本、投资额。

单位产品价格的临界点为：−1300 万元×10% ÷ (1300 − 320) 万元 = −13.27%

或 1300 万元×10% ÷ (2280 − 1300) 万元 = 13.27%

单因素敏感性分析图如图 1-7 所示。

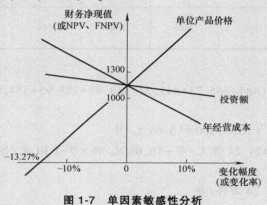

图 1-7　单因素敏感性分析

1.4　实践性综合案例分析

【案例 1-15】 背景：

（1）某市 2016 年拟建工业项目的基础数据如下：

1# 综合楼（中试车间及办公）檐高 43.5m，层数 10 层，建筑面积 6700m²；2# 楼仓储及车间檐高 18.3m，层数 3 层，建筑面积 7800m²；3# 楼仓储及车间檐高 18.3m，层数 3 层，建筑面积 21500m²；地下室建筑面积 2160m²。

主要技术经济指标：总建筑面积 38160 m²；建安工程费及设备与工器具购置费 13546.80 万元；工程建设其他费用 1322.24 万元；预备费（基本预备费 + 价差预备费）1486.90 万元；运营期流动资金 800 万元。

（2）本项目建设期 2 年，运营期 10 年，建设投资来源为自有资金和贷款，预计建设投资全部形成固定资产。自有资金为建设投资的 40%，贷款本金为建设投资的 60%，在建设期均匀投入。贷款年利率 6.5%（按年计息）。贷款合同规定的还款方式为：运营期的前 4 年等额还本付息。项目固定资产使用年限 12 年，残值率 5%，直线法折旧。

（3）项目生产经营所必需的流动资金 800 万元，由项目自有资金在运营期第 1 年投入。运营期第 1 年生产负荷为 60%，该年的营业收入、经营成本均为正常年份的 60%，第 2 年达产。运营期正常年份的营业收入 5000 万元（其中销项税额 850 万元），经营成本 2500 万元（其中进项税额 460 万元），企业适用的增值税税率 17%，增值税附加税税率 10%，企业所得税税率为 25%；基准投资回收期为 8 年，行业所得税后基准收益率为 10%，企业投资者期望的最低可接受所得税后收益率为 12%。假定建设投资中无可抵扣固定资产进项税额。

问题：

（1）列式计算项目建设期的贷款利息。

（2）计算项目运营期前 4 年的偿还贷款本金和利息。

（3）编制项目的总成本费用估算表。

（4）编制项目的投资现金流量表。

（5）计算项目的投资回收期、财务净现值和财务内部收益率。

解析：

问题（1）：

项目建设投资 =（13546.80+1322.24+1486.90）万元 = 16355.94 万元

项目贷款本金 = 16355.94 万元×60% = 9813.56 万元

项目建设期的第 1 年贷款利息 = 9813.56 万元×50%÷2×6.5% = 159.47 万元

项目建设期的第 2 年贷款利息 =[（9813.56×50%+159.47+9813.56×50%÷2）×6.5%] 万元 = 488.78 万元

建设期贷款利息总计：（159.47+488.78）万元 = 648.25 万元

问题（2）：

运营期每年等额还本付息金额按以下公式计算：

$$A = P \times (1+i)^4 \times \frac{i}{(1+i)^4-1} = \left[(16355.94 \times 60\% + 648.25) \times (1+6.5\%)^4 \times \frac{6.5\%}{(1+6.5\%)^4-1} \right] 万元 = 3053.55 万元$$

运营期前 4 年的偿还贷款本金和利息见表 1-29。

表 1-29　贷款还本付息计划表　　　　　　　　（单位：万元）

项目	计 算 期					
	第 1 年	第 2 年	第 3 年	第 4 年	第 5 年	第 6 年
贷款（建设期）	4906.78	4906.78				
期初贷款余额		5066.25	10461.81	8088.28	5560.47	2868.35
当期还本付息			3053.55	3053.55	3053.55	3053.55
其中：还本付息			2373.53	2527.81	2696.12	2867.11
	159.47	488.78	680.02	525.74	361.43	186.44
期末贷款余额	5066.25	10461.81	8088.28	5560.47	2868.35	

问题（3）：

固定资产折旧费＝［（16355.94+648.25）×（1-5%）÷12］万元＝1346.17万元

项目的总成本费用估算表见表1-30。

表1-30　项目的总成本费用估算表　　　　　（单位：万元）

序号	项目	计算期									
		第3年	第4年	第5年	第6年	第7年	第8年	第9年	第10年	第11年	第12年
1	经营成本（不含进项税）	1224	2040	2040	2040	2040	2040	2040	2040	2040	2040
2	折旧费	1346.17	1346.17	1346.17	1346.17	1346.17	1346.17	1346.17	1346.17	1346.17	1346.17
3	利息支出	680.02	525.74	361.43	186.44						
4	总成本费用（不含进项税）	3250.19	3911.91	3747.60	3572.61	3386.17	3386.17	3386.17	3386.17	3386.17	3386.17

问题（4）：

编制项目现金流量表之前需计算以下数据：

1）固定资产折旧费（融资前固定资产原值不含建设期利息）

固定资产折旧费＝16355.94万元×（1-5%）÷12年＝1294.85万元/年

2）固定资产余值

固定资产余值＝年固定资产折旧费×2+残值＝（1294.85×2+16355.94×5%）万元＝3407.50万元

3）调整所得税

增值税应纳税额＝当期销项税额-当期进项税额-可抵扣固定资产进项税额

第3年的增值税应纳税额＝（850×0.6-460×0.6-0）万元＝234.00万元

第3年的增值税附加应纳税额＝234.00万元×10%＝23.40万元

第3年的调整所得税＝［营业收入-当期销项税额-（经营成本-当期进项税额）-可抵扣固定资产进项税额-折旧费-维持运营投资+补贴收入-增值税附加］×25%＝［2490-510-（1224-276）-1294.5-23.4］×25%＝-71.48<0，不缴调整所得税；

第4年的增值税应纳税额＝（850-460-0）万元＝390.00万元

第4年的增值税附加应纳税额＝390.00万元×10%＝39.00万元

第4年的调整所得税＝［4150-850-（2040-460）-1294.5-39-285.9］万元×25%＝100.60万元×25%＝25.15万元

第5~12年的增值税应纳税额＝（850-460-0）万元＝390.00万元

第5~12年的增值税附加应纳税额＝390.00万元×10%＝39.00万元

第5~12年的调整所得税＝［4150-850-（2040-460）-1294.5-39］万元×25%＝96.63万元

项目的投资现金流量表见表1-31。

表 1-31　项目的投资现金流量表　　　　　　　　　（单位：万元）

序号	项目	建设期		运营期									
		第1年	第2年	第3年	第4年	第5年	第6年	第7年	第8年	第9年	第10年	第11年	第12年
1	现金流入（1.1-1.5）	0.00	0.00	3000	5000	5000	5000	5000	5000	5000	5000	5000	9207.50
1.1	营业收入（不含销项税额）			2490	4150	4150	4150	4150	4150	4150	4150	4150	4150
1.2	销项税额			510	850	850	850	850	850	850	850	850	850
1.3	补贴收入												
1.4	回收固定资产余值												3407.50
1.5	回收流动资金												800
2	现金流出（2.1-2.7）	4906.78	4906.78	2557.40	2954.15	3025.63	3025.63	3025.63	3025.63	3025.63	3025.63	3025.63	3025.63
2.1	建设投资	4906.78	4906.78										
2.2	流动资金投资			800									
2.3	经营成本（不含进项税额）			1224	2040	2040	2040	2040	2040	2040	2040	2040	2040
2.4	进项税额			276	460	460	460	460	460	460	460	460	460
2.5	应纳增值税			234	390	390	390	390	390	390	390	390	390
2.6	增值税附加			23.4	39	39	39	39	39	39	39	39	39
2.7	调整所得税			0.00	25.15	96.63	96.63	96.63	96.63	96.63	96.63	96.63	96.63
3	所得税后净现金流量（1-2）	-4906.78	-4906.78	442.60	2045.85	1974.37	1974.37	1974.37	1974.37	1974.37	1974.37	1974.37	6181.87
4	累计税后净现金流量	-4906.78	-9813.56	-9370.96	-7325.11	-5350.74	-3376.37	-1402.00	572.37	2546.74	4521.11	6495.48	12677.35
5	基准收益率（10%折现系数）	0.9091	0.8264	0.7513	0.6830	0.6209	0.5645	0.5132	0.4665	0.4241	0.3855	0.3505	0.3186
6	折现后净现金流量（3×5）	-4460.75	-4054.96	332.53	1397.32	1225.89	1114.53	1013.25	921.04	1049.76	837.33	692.02	1966.54
7	累计折现后净现金流量	-4460.75	-8515.71	-8183.18	-6785.86	-5559.97	-4445.44	-3432.19	-2511.15	-1461.39	-624.06	67.96	2037.50

问题（5）：

1）投资回收期

静态投资回收期=（累计净现金流量出现正值的年份-1）+|出现正值年份上年累计净现金流量|/出现正值年份当年净现金流量=[（8-1）+|-1402.00|÷1974.37]年=7.71年

动态投资回收期=[（11-1）+|-624.06|÷692.02]年=10.90年

项目的静态投资回收期为7.71年，项目的动态投资回收期为10.90年。

2）财务净现值

项目财务净现值是把项目计算期内各年的净现金流量，按照基准收益率折算到建设期初的现值之和，也就是计算期末累计折现后净现金流1988.67万元。

3）财务内部收益率（表1-32）

表1-32　财务内部收益率试算表　（单位：万元）

序号	项目	建设期		运营期									
		第1年	第2年	第3年	第4年	第5年	第6年	第7年	第8年	第9年	第10年	第11年	第12年
1	现金流入	0.00	0.00	3000	5000	5000	5000	5000	5000	5000	5000	5000	9207.50
2	现金流出	4906.78	4906.78	2557.40	2954.15	3025.63	3025.63	3025.63	3025.63	3025.63	3025.63	3025.63	3025.63
3	净现金流量	-4906.78	-4906.78	442.60	2045.85	1974.37	1974.37	1974.37	1974.37	1974.37	1974.37	1974.37	6181.87
4	13%折现系数	0.8858	0.7831	0.6931	0.6133	0.5428	0.4803	0.4251	0.3762	0.3329	0.2946	0.2607	0.2307
5	折现后净现金流量	-4342.50	-3842.50	306.77	1254.72	1071.69	948.29	839.30	742.76	657.27	581.65	514.72	1426.16
6	累计折现净现金流量	-4342.50	-8185.00	-7878.23	-6623.51	-5551.82	-4603.53	-3764.23	-3021.47	-2364.20	-1782.55	-1267.83	158.33
7	15%折现系数	0.8696	0.7561	0.6575	0.5718	0.4972	0.4323	0.3759	0.3269	0.2843	0.2472	0.2149	0.1869
8	折现后净现金流量	-4266.94	-3710.02	291.01	1169.82	981.66	853.52	742.17	645.42	561.31	488.06	424.29	1155.39
9	累计折现净现金流量	-4266.94	-7976.96	-7685.95	-6516.13	-5534.47	-4680.95	-3938.78	-3293.36	-2732.05	-2243.99	-1819.70	-664.31

由表1-32得：

$i_1 = 13\%$时，$FNPV_1 = 158.33$万元

$i_2 = 15\%$时，$FNPV_2 = -664.31$万元

用插值法计算拟建项目的内部收益率FIRR

$$FIRR = i_1 + (i_1 + i_2) \times \frac{FNPV_1}{|FNPV_1| + |FNPV_2|}$$

$$= 13\% + (15\% - 13\%) \times \frac{158.33}{|158.33| + |-664.31|}$$

$$= 13.38\%$$

指标评价：项目财务净现值2037.50万元，大于0；项目的静态投资回收期为7.71年，小于项目的基准投资回收期为8年；项目的动态投资回收期为10.90年，小于项目计算期12年；财务内部收益率FIRR为13.38%，大于基准收益率10%，从财务角度分析该项目可行。

复习思考题

1. **背景**：某集团公司拟建设 A、B 两个工业项目，A 项目为拟建年产 30 万 t 铸钢厂，根据调查统计资料提供的当地已建年产 25 万 t 铸钢厂的主厂房工艺设备投资约 2400 万元。A 项目的生产能力指数为 1。已建类似项目资料：主厂房其他各专业工程投资占工艺设备投资的比例见表 1-33，项目其他各系统工程及工程建设其他费用占主厂房投资的比例见表 1-34。

表 1-33　主厂房其他各专业工程投资占工艺设备投资的比例

加热炉	汽化冷却	余热锅炉	自动化仪表	起重设备	供电与传动	建安工程
0.12	0.01	0.04	0.02	0.09	0.18	0.40

表 1-34　项目其他各系统工程及工程建设其他费用占主厂房投资的比例

动力系统	机修系统	总图运输系统	行政及生活福利设施工程	工程建设其他费用
0.30	0.12	0.20	0.30	0.20

A 项目建设资金来源为自有资金和贷款，贷款本金为 8000 万元，分年度按投资比例发放，贷款利率 8%（按年计息）。建设期 3 年，第 1 年投入为 30%，第 2 年投入 50%，第 3 年投入 20%。预计建设期物价年平均上涨率为 3%，投资估算到开工的时间按 1 年考虑，基本预备费率为 10%。

B 项目为拟建一条化工原料生产线，厂房的建筑面积为 5000m²，同行业已建类似项目的建筑工程费用为 3000 元/m²，设备全部从国外引进，经询价，设备的货价（离岸价）为 800 万美元。

问题：

（1）对于 A 项目，已知拟建项目与类似项目的综合调整系数为 1.25，试用生产能力指数估算法估算 A 项目主厂房的工艺设备投资；用系数估算法估算 A 项目主厂房投资和项目的工程费与工程建设其他费用。

（2）估算 A 项目的建设投资。

（3）对于 A 项目，若单位产量占用流动资金额为 33.67 元/t，试用扩大指标估算法估算该项目的流动资金。确定 A 项目的建设总投资。

（4）对于 B 项目，类似项目建筑工程费用所含的人工费、材料费、机械费和综合税费占建筑工程造价的比例分别为 18.26%、57.63%、9.98%、14.13%。因建设时间、地点、标准等不同，相应的综合调整系数分别为 1.25、1.32、1.15、1.2，其他内容不变。计算 B 项目的建筑工程费用。

（5）对于 B 项目，海洋运输公司的现行海运费率为 6%，海运保险费率为 3.5‰，外贸手续费率、银行手续费率、关税税率和增值税税率分别按 1.5%、5‰、17%、13% 计取。国内供销手续费率 0.4%，运输、装卸和包装费率 0.1%，采购保管费率 1%。美元兑换人民币的汇率均按 1 美元＝6.2 元人民币计算，设备的安装费率为设备原价的 10%。估算进口设备购置费和安装工程费。

2. 背景：A 地于 2010 年 8 月拟兴建一年产 40 万 t 甲产品的工厂，现获得 B 地 2009 年 10 月投产的年产 30 万 t 甲产品类似厂的建设投资资料。B 地类似厂的设备购置费 12400 万元，建筑工程费 6000 万元，安装工程费 4000 万元，工程建设其他费 2800 万元。若拟建项目的其他费用为 2500 万元，考虑因 2009 年至 2010 年时间因素导致的对设备购置费、建筑工程费、安装工程费、工程建设其他费的综合调整系数分别为 1.15，1.25，1.05，1.1，生产能力指数为 0.6，估算拟建项目的静态投资。

3. 背景：某项目计算期为 10 年，其中建设期 2 年，生产运营期 8 年。计算期第 3 年投产，第 4 年开始达到设计生产能力。建设期第 1 年贷款 2000 万元，自有资金 4000 万元，建设期第 2 年贷款 3000 万元，自有资金 1000 万元，贷款年利率为 6%，按年计息。其中 1000 万元形成无形资产；300 万元形成其他资产；其余投资形成固定资产。固定资产在运营期内按直线法折旧，残值（残值率为 10%）在项目计算期末一次性收回。无形资产、其他资产在运营期内，均匀摊入成本。

问题：

（1）计算建设期利息。

（2）计算固定资产原值、残值、余值。

（3）计算年折旧费。

（4）计算年摊销费。

4. 背景：某企业拟投资建设一个生产市场急需产品的工业项目。该项目建设期 1 年，运营期 6 年。项目投产第 1 年可获得当地政府扶持该产品生产的补贴收入 100 万元，项目建设的其他基本数据如下：

（1）项目建设投资估算 1000 万元。预计全部形成固定资产（包括可抵扣固定资产进项税额 100 万元），固定资产使用年限 10 年，按直线法折旧，期末净残值率 4%，固定资产余值在项目运营期末收回。投产当年需要投入运营期流动资金 200 万元。

（2）正常年份年营业收入为 702 万元（其中销项税额为 102 万），经营成本 380 万元（其中进项税额为 50 万元），税金附加按应纳增值税税额的 10% 计算，所得税税率为 25%，行业所得税后基准收益率为 10%；基准投资回收期为 6 年，企业投资者期望的最低可接受所得税后收益率为 15%。

（3）投产第 1 年仅达到设计生产能力的 80%，预计这一年的营业收入及其所含销项税额、经营成本及其所含进项税额均为正常年份的 80%。以后各年均达到设计生产能力。

（4）运营第 4 年，需要花费 50 万元（无可抵扣进项税额）更新新型自动控制设备配件，维持以后的正常运营需要，该维持运营投资按当期费用计入年度总成本。

问题：若该项目的初步融资方案为：贷款 400 万元用于建设投资，贷款年利率为 10%（按年计息），还款方式为运营期前 3 年等额还本，利息照付。剩余建设投资及流动资金来源于项目资本金。试编制拟建项目的资本金现金流量表，并根据该表计算项目的资本金财务内部收益率，评价项目资本金的盈利能力和融资方案下的财务可行性。

5. 背景：某企业新建一工业项目，生产某一新产品，项目正常年份的设计生产能力为 200 万件，年固定成本为 800 万元，每件产品含税销售价预计为 70 元，增值税税率为 13%，增值税附加税税率为 12%，单位产品可变成本估算额为 55 元（含可抵扣进项税 7 元）。

问题：

（1）对项目进行盈亏平衡分析，计算项目的产量盈亏平衡点和盈亏平衡单价点。

（2）从盈亏平衡分析角度，判断该项目的可行性。

（3）若实际市场销量不及预期，企业预将产品的市场价格由 70 元降低到 66 元销售，保证年利润 80 万元的年产量应为多少？

6. 背景：某建设项目的投资额、单位产品价格和年经营成本在初始值的基础上分别变动 ±10% 时对应的财务净现值的计算结果见表 1-35。

表 1-35　单因素变动情况下财务净现值表　　　　（单位：万元）

变化幅度	−10%	0	+10%
因素	财务净现值		
投资额	1410	1400	1190
单位产品价格	320	1400	2280
年经营成本	2050	1400	550

问题：

（1）请根据该表的数据列式计算各因素的敏感系数。

（2）对 3 个因素的敏感性进行排序，并根据表 1-35 中的数据绘制单因素敏感性分析图，列式计算并在图中标出单位产品价格的临界点。

7. 背景：某国有企业拟建新项目，有关数据资料如下：

（1）项目计算期为 7 年，建设期 1 年，设备采购安装费 700 万元（其中 100 万元在建设期初贷款），专有技术费用 60 万，用于整个生产期。按照财务规定该设备的经济寿命应为 7 年，直线法折旧，残值率为 5%。固定资产投资中不考虑可抵扣固定资产进项税额对固定资产原值的影响。

（2）运营期第 1 年投入流动资金 150 万元，其中 100 万元为自有资金，其余为贷款。流动资金在计算期末全部收回。

（3）在运营期间，每年产品全部销售的营业收入为 1000 万元（其中含销项税额为 100 万元），总成本费用为 500 万元，因考虑每年的经营成本变化较小，故粗略估计运营期每年的经营成本费用中含有可抵扣进项税额 40 万元。增值税附加以当期应纳增值税为基数，税率为 12%，所得税税率为 25%。

（4）借款还款在经营期第 1 年只还息，不还本，在其他年份等额还本，利息照付。长期借款年利率 10%（每半年计息一次），短期贷款利率 5%。

问题：

（1）列式计算折旧费。

（2）列式计算生产期前 3 年长期借款的还本额、付息额。

（3）列式计算生产期第 1 年的经营成本、所得税，编制项目的资本金现金流量表。

计算结果及表中数据均保留两位小数，将资本金现金流量填入表 1-36 中。

表 1-36　资本金现金流量表　　　　　　　　　　　　　（单位：万元）

序号	项目	计　算　期						
		第1年	第2年	第3年	第4年	第5年	第6年	第7年
1	现金流入							
1.1	营业收入（不含销项税额）							
1.2	销项税额							
1.3	回收固定资产余值							
1.4	回收流动资金							
2	现金流出							
2.1	（建设投资）资本金							
2.2	流动资金中资本金							
2.3	经营成本（不含进项税额）							
2.4	进项税额							
2.5	应纳增值税							
2.6	增值税附加							
2.7	还本付息总额							
2.7.1	长期借款还本							
2.7.2	长期借款付息							
2.7.3	短期借款还本							
2.7.4	短期借款付息							
2.8	所得税							
3	所得税后净现金流量							
4	累计所得税后净现金流量							

第2章

工程设计和施工方案技术经济分析

本章知识要点与学习要求

序　号	知 识 要 点	学 习 要 求
1	综合评价法基本原理及其应用	掌握
2	基于决策树的多方案评价选优	掌握
3	基于普通双代号网络图的方案评价选优	掌握
4	基于寿命周期费用理论的多方案评价选优	掌握
5	价值工程的基本理论，掌握基于价值工程的多方案评价	熟悉

■ 2.1　基于综合评价法的多方案评价选优

2.1.1　基本概念

综合评价法是对评价对象进行全面的综合考察，运用多个指标对评价对象进行评价，以得到综合性结论的方法。综合评价方法分为三类：第一类是基于经验的综合评价法，这类方法是通过向各方面专家咨询，将得到的评价进行简单处理，从而得出综合评价结果的方法；第二类是基于数值和统计的方法，它以数学理论和解析方法对评价系统进行严密的定量描述和计算；第三类是基于决策和智能的综合评价方法，这类方法或是重视决策支持或是模仿人脑的功能，使评价过程具有人类思维那样的信息处理能力。下面介绍第一类方法。

该方法是将选定的若干个评价指标首先按其重要程度确定各指标的权重；然后，确定评分标准，并将各方案对各指标的满足程度打分；最后，计算各方案的加权得分，以加权得分高者为最优方案。其计算公式为

$$S = \sum_{i=1}^{n} W_i S_i \qquad (2-1)$$

式中　S ——设计方案总得分；

S_i ——某方案在第 i 个评价指标上的得分；

W_i ——第 i 个评价指标的权重；

n ——评价指标数。

综合评价法是一种定性分析与定量分析相结合的方法。采用该方法的关键在于评价指标

的选取和指标权重的确定。该方法的优点是避免了多指标比较分析法之间可能发生的相互矛盾现象，评价结果唯一，缺点是确定权重及评分过程中存在主观臆断的成分。

2.1.2 综合评价法在多方案选优中的应用思路

1）针对设计或施工方案评价的特性及要求，确定评价指标。

2）确定每项指标的权重并打分，根据指标的重要程度，分配指标权重；或是用 0-1、0-4 评分法计算权重。一般为规范化的权重系数，即用 W_i 表示第 i 个指标的权重，满足 $\sum W_i = 1$。

3）根据评价指标标准，将每项指标得分乘以权重，得到各个方案评价指标加权得分。

4）将各项指标所得分数与其权重相乘并汇总，得出各备选方案的综合得分。

5）选择综合得分最高的方案为最优方案。

2.1.3 案例分析

【案例 2-1】 背景：某房地产公司拟开发一个项目，现有两个设计方案，需要对两个方案进行综合评价，有关专家提出了四个评价指标：先进性、实用性、可靠性、经济性，权重分别是 0.25、0.25、0.20、0.30。邀请多位专家对其进行评价，两个设计方案的综合评价结果见表 2-1。请从整体上选择设计方案。

表 2-1 两个设计方案的综合评价结果

评价指标		先进性	实用性	可靠性	经济性
权重		0.25	0.25	0.20	0.30
方案	A	6	7	7	9
	B	7	7	6	8

解：两个方案的综合评价值计算如下：

$$S_A = \sum_{i=1}^{n} W_i S_i = 0.25 \times 6 + 0.25 \times 7 + 0.20 \times 7 + 0.30 \times 9 = 7.35$$

$$S_B = \sum_{i=1}^{n} W_i S_i = 0.25 \times 7 + 0.25 \times 7 + 0.20 \times 6 + 0.30 \times 8 = 7.10$$

因为 $S_A > S_B$，所以方案 A 为优，选择 A 方案。

【案例 2-2】 背景：某业主邀请若干专家对某办公楼（8000m²）屋面工程的 A、B、C 三个设计方案进行评价。该办公楼的设计使用年限为 40 年。评价方案中设置功能实用性（F_1）、经济合理性（F_2）、结构可靠性（F_3）、外形美观性（F_4）、与环境协调性（F_5）五项评价指标。该五项评价指标的重要程度为：F_4 和 F_5 同等重要，F_2 和 F_5 同等重要，F_3 比 F_1 重要，F_3 比 F_4 重要得多，各方案的每项评价指标得分见表 2-2，各方案有关经济数据汇总见表 2-3，基准折现率为 6%，资金时间价值系数见表 2-4。

表2-2 各方案的每项评价指标得分表

指标	方案A	方案B	方案C
F_1	9	8	10
F_2	8	10	8
F_3	10	9	8
F_4	7	8	9
F_5	8	9	8

表2-3 各方案有关经济数据汇总表

方案	A	B	C
含税金费用价格(元/m²)	65	80	115
年度维护费用(万元)	1.4	1.85	2.7
大修周期(年)	5	10	15
每次大修费(万元)	32	44	60

表2-4 资金时间价值系数表

n	5	10	15	20	25	30	35	40
$(P/F,6\%,n)$	0.7474	0.5584	0.4173	0.3118	0.233	0.1741	0.1301	0.0972
$(A/P,6\%,n)$	0.2374	0.1359	0.103	0.0872	0.0782	0.0726	0.069	0.0665

问题:

(1) 用0-4评分法确定各项评价指标的权重并把计算结果填入表。

(2) 用综合评价方法列式计算A、B、C三个方案的加权综合得分,并选择最优方案。

(3) 计算该工程各方案的工程总造价和全寿命周期年度费用,从中选择最经济的方案。

注:不考虑建设期差异的影响,每次大修给业主带来不便的损失为1万元,各方案均无残值。问题(1)的计算结果保留三位小数,其他计算结果保留两位小数。

解析:

问题(1):

用0-4评分法确定各项评价指标的权重见表2-5。

表2-5 各评价指标权重计算表

指标	F_1	F_2	F_3	F_4	F_5	得分	权重
F_1	×	3	1	3	3	10	0.25
F_2	1	×	0	2	2	5	0.125
F_3	3	4	×	4	4	15	0.375
F_4	1	2	0	×	2	5	0.125
F_5	1	2	0	2	×	5	0.125
合计						40	1

问题（2）：综合评价法评价步骤为：

1）明确评价的目的。

2）分析综合描述评价目的的若干方面为评价指标，形成评价体系。

3）通过专家评议或打分等方法确定评价指标的重要程度。

4）计算或确定各方案的综合得分。

5）进行方案评价选择。

A方案综合得分＝（9×0.25+8×0.125+10×0.375+7×0.125+8×0.125）分＝8.88分

B方案综合得分＝（8×0.25+10×0.125+9×0.375+8×0.125+9×0.125）分＝8.75分

C方案综合得分＝（10×0.25+8×0.125+8×0.375+9×0.125+8×0.125）分＝8.63分

所以，A方案为最优方案。

问题（3）：

1）各方案的工程总造价

A方案：（65×8000）元＝520000元＝52万元

B方案：（80×8000）元＝640000元＝64万元

C方案：（115×8000）元＝920000元＝92万元

2）各方案全寿命周期年度费用

A方案：

$$\{1.4+52\times(A/P,6\%,40)+(32+1)[(P/F,6\%,5)+(P/F,6\%,10)+(P/F,6\%,15)+(P/F,6\%,20)+(P/F,6\%,25)+(P/F,6\%,30)+(P/F,6\%,35)](A/P,6\%,40)\}万元$$

$$=[1.4+52\times0.0665+33\times(0.7474+0.5584+0.4173+0.3118+0.2330+0.1741+0.1301)\times0.0665]万元=(1.4+3.458+5.644)万元=10.50万元$$

B方案：

$$\{1.85+64\times(A/P,6\%,40)+(44+1)[(P/F,6\%,10)+(P/F,6\%,20)+(P/F,6\%,30)](A/P,6\%,40)\}万元$$

$$=[1.85+64\times0.0665+45\times(0.5584+0.3118+0.1741)\times0.0665]万元=(1.85+4.256+3.125)万元=9.23万元$$

C方案：

$$\{2.70+92\times(A/P,6\%,40)+(60+1)[(P/F,6\%,15)+(P/F,6\%,30)](A/P,6\%,40)\}万元$$

$$=[2.70+92\times0.0665+61\times(0.4173+0.1741)\times0.0665]万元=(2.70+6.118+2.399)万元=11.22万元$$

所以，B方案为最经济方案（或最优方案）。

2.2 基于决策树的多方案评价选优

2.2.1 基本概念

1. 决策树分析法

决策树分析法是一种利用概率分析原理，并用树状图描述各阶段备选方案的内容、参数、状态及各阶段方案的相互关系，实现对方案进行系统分析和评价的方法。

2. 决策树的组成

决策树一般由决策点、机会点、方案枝、概率枝和损益值等组成，其结构如图 2-1 所示。"□" 代表决策点，用来表示决策者在此节点上必须对若干不同方案做出选择；从决策点画出的每一条直线代表一个方案，称为方案枝；"○" 代表机会点，用来表示各种可能的自然状态结果；从机会点画出的每一条直线代表一种自然状态，称为概率枝；"△" 代表损益值，用来表示在该自然状态下损益的具体数量。为了便于计算，对决策树中的决策点和机会点均进行编号，编号的顺序是从左到右，从上到下。

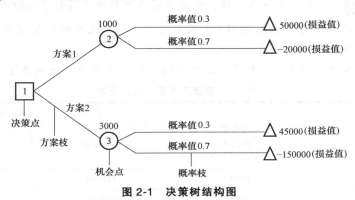

图 2-1　决策树结构图

3. 决策树的绘制

决策树自左向右呈树状，其决策点、方案枝、机会点、概率枝及损益值分别用上述符号及数字表示。其画法如下：

1）画一个方框作为决策点，编号一般为 1。

2）从决策点向右引出若干条直（折）线，形成方案枝，每条线段代表一个方案，方案名称一般直接标注在线段的上方。

3）每个方案枝末端画一个圆圈，代表机会点。圆圈内编号与决策点一起顺序排列。

4）从机会点引出若干条直（折）线，形成概率枝，发生的概率一般直接标注在线段的上方（多数情况下，标注在括号内）。

5）如果问题只需要一级决策，则概率枝末端画一个 "△"，表示终点。终点右侧写上该自然状态下的损益值；若还需要做第二阶段决策，则用决策点 "□" 代替终点 "△"，再重复上述步骤画出决策树。

应用决策树进行决策的程序是从右向左逐步后退，根据右方不同方案状态下的损益值和不同方案状态树枝上的概率值，计算该方案在不同状态下的期望损益值。

2.2.2　决策树在多方案选优中的应用思路

1. 决策树的绘制

决策树的绘制应从左向右，从决策点到机会点，再到各树枝的末端。绘制完成后，在树枝末端标上指标的期望值，在相应的树枝上标上该指标期望值所发生的概率。

2. 各方案期望值的计算

决策树的计算应从右向左，从最后的树枝所连接的机会点，到上一个树枝连接的机会点，最后到最左边的机会点，其每一步的计算采用概率的形式。

3. 最优方案的选择

在决策节点，则要根据计算出来的各机会节点的期望值进行选优，并把选优值标注在节点上面，期望利润值最大者为优方案，或者期望亏损值最小者为优方案。方案的舍弃称为修枝。最后决策节点只留下一条树枝，这就是决策中的最佳方案。

2.2.3 案例分析

【案例2-3】 背景：某隧洞工程，施工单位与项目业主签订了120000万元的施工总承包合同，合同约定：每延长（缩短）1天工期，处罚（或奖励）金额3万元。

施工过程中发生了以下事件：

事件1：施工前，施工单位拟定了三种隧洞开挖施工方案，并测算了各方案的施工成本，见表2-6。

表2-6 各施工方案的施工成本 （单位：万元）

施工方案	施工准备工作成本	不同地质条件下的施工成本	
		地质条件较好	地质条件不好
先拱后墙法	4300	101000	102000
台阶法	4500	99000	106000
全断面法	6800	93000	—

当采用全断面法施工时，在地质条件不好的情况下，须改用其他施工方法，如果改用先拱后墙法施工，需再投入3300万元的施工准备工作成本。如果改用台阶法施工，需再投入1100万元的施工准备工作成本。

根据对地质勘查资料的分析评估，地质条件较好的可能性为0.6。

事件2：实际开工前发现地质条件不好，经综合考虑，施工方采用台阶法，按计划工期施工的施工成本、间接成本为2万元/天；直接成本每压缩工期5天增加30万元，每延长工期5天减少20万元。

问题：

（1）绘制事件1中施工单位施工方案的决策树。

（2）列式计算事件1中施工方案选择的决策过程，并按成本最低原则确定最佳施工方案。

（3）事件2中，从经济的角度考虑，施工单位应压缩工期、延长工期还是按计划工期施工？请说明理由。

（4）事件2中，施工单位按计划工期施工的产值利润率为多少万元？若施工单位希望实现10%的产值利润率，应降低成本多少万元？

解析：

问题（1）：决策树如图2-2所示。

问题（2）：

1）计算二级决策点各备选方案的期望值并做出决策。

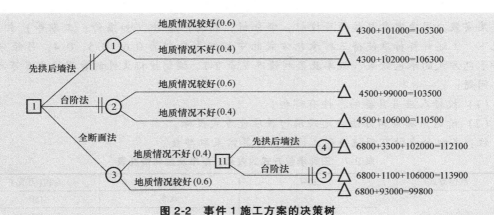

图2-2　事件1施工方案的决策树

机会点4成本期望值 =（102000+6800+3300）万元 = 112100万元

机会点5成本期望值 =（106000+6800+1100）万元 = 113900万元

由于机会点5的成本期望值大于机会点4的成本期望值，所以应当优选机会点4的方案。

2）计算一级决策点各备选方案的期望并做出决策。

机会点1总成本期望值 =（101000+4300）万元×0.6+（102000+4300）万元×0.4 = 105700万元

机会点2总成本期望值 =（99000+4500）万元×0.6+（106000+4500）万元×0.4 = 106300万元

机会点3总成本期望值 =（93000+6800）万元×0.6+112100万元×0.4 = 104720万元

由于机会点3的成本期望值小于机会点1和机会点2的成本期望值，所以应当优选机会点3的方案。

问题（3）：

按计划工期每天费用 = 2万元/天

压缩工期每天费用 =（2+3-30÷5）万元/天 = -1万元/天

延长工期每天费用 =（20÷5-2-3）万元/天 = -1万元/天

由此可知，无论是压缩工期，还是延长工期都会降低收益（增加支出），故应按原计划进行。

问题（4）：

采用台阶法施工成本 =（4500+106000）万元 = 110500万元

产值利润率 =（120000-110500）万元÷120000万元×100% = 7.92%

实现10%的产值利润率，应降低成本 x 万元。

（120000-110500+x）÷120000×100% = 10%

求解可得，成本降低额 = 2500万元

【案例2-4】　背景：某工业项目安装工程投资约占项目总投资的70%。该项目招标文件某项指标中规定：若由安装专业公司和土建专业公司组成联合体投标，得10分；若由安装专业公司总包，土建专业公司分包，得7分；若由安装公司独立投标，且全部工程均自己施工，得4分。

某安装公司决定参与该项目投标，经分析，在其他条件（如报价、工期等）相同的情况下，上述评标标准使得三种承包方式的中标概率分别为 0.6、0.5、0.4；另经分析，三种承包方式的承包效果、概率及盈利情况见表 2-7。编制投标文件的费用均为 5 万元。

　　问题：

　　（1）投标人应当具备的条件有哪些？

　　（2）请运用决策树方法决定采用何种承包方式投标。

　　注：各机会点的期望值应列式计算，计算结果取整数。

表 2-7　三种承包方式的效果、概率及盈利情况表

承包方式	效果	概率	盈利（万元）
联合体承包	好	0.3	150
	中	0.4	100
	差	0.3	50
总分包	好	0.5	200
	中	0.3	150
	差	0.2	100
独立承包	好	0.2	300
	中	0.5	150
	差	0.3	−50

　　解析：

　　问题（1）：

　　投标人应具备的条件有：

　　1）应当具备承担招标项目的能力。

　　2）应当符合招标文件规定的资格条件。

　　问题（2）：

　　1）画出决策树如图 2-3 所示，标明各方案的概率和盈利值。

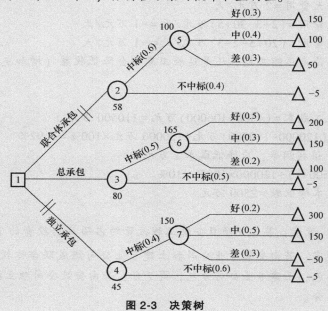

图 2-3　决策树

2）计算图中各机会点的期望值

点⑤：150 万元×0.3+100 万元×0.4+50 万元×0.3＝100 万元

点②：100 万元×0.6−5 万元×0.4＝58 万元

点⑥：200 万元×0.5+150 万元×0.3+100 万元×0.2＝165 万元

点③：165 万元×0.5−5 万元×0.5＝80 万元

点⑦：300 万元×0.2+150 万元×0.5−50 万元×0.3＝120 万元

点④：120 万元×0.4−5 万元×0.6＝45 万元

3）选择最优方案

因为点③期望值最大，故应以安装公司总包、土建公司分包的承包方式投标。

■ 2.3　基于普通双代号网络图的方案评价优化

2.3.1　网络图在多方案选优中的应用思路

1）侧重于在给定的项目总工期的情况下，使项目的总投资达到最少，其实质是工期与费用、资源的权衡比较，注意单位时间费用的变化。

2）压缩时首先注意关键线路，并注意非关键线路，只要注意次关键线路与关键线路总时差就可以。所谓次关键线路，就是这条线路的总持续时间为所有线路之中第二最长的线路。压缩过程中必须保持原先的关键线路仍然是关键线路，经过压缩之后，关键线路可能出现多条。

3）费用优化的步骤。

① 按标号法确定关键工作和关键线路，并求出计算工期。

② 按要求工期计算应缩短的时间 ΔT。

③ 选择应优先缩短关键工作的持续时间，主要考虑所需增加的赶工费最少的工作。

④ 将优先缩短的关键工作（或几个关键工作的组合）压缩到最短持续时间，然后找出关键线路，若被压缩的工作变成非关键工作，应将持续时间延长以保持其仍为关键工作。

⑤ 如果计算工期仍超过要求工期，重复上述①~④，直到满足工期要求或工期不能再缩短为止。

⑥ 如果存在一条关键线路，该关键线路上所有关键工作都已达到最短持续时间而工期仍不满足要求时，则应考虑对原实施方案进行调整，或调整要求工期。

2.3.2　案例分析

【案例 2-5】　背景：某施工单位承担了某个项目的地下室施工任务，合同工期为170 天。施工单位在开工前编制了该工程网络进度计划，如图 2-4 所示，箭线上方括号外字母表示工作名称，括号内数字表示压缩一天所需的赶工费用（单位：元）；箭线下方括号外数字表示该工作的持续时间（单位：天），括号内数字表示可压缩时间（单位：天）。

当工程进行到第 75 天进度检查时发现：工作 A 已全部完成，工作 B 刚刚开始。

问题：

（1）该项目地下室工程网络图的计划工期是多少？满足合同要求吗？关键工作是哪几项？

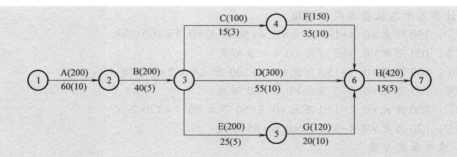

图2-4 决策树结构图

（2）根据第75天的检查结果分析该工程的合同工期是否会受影响？如有影响，影响多少天？

（3）若施工单位仍想按原工期完成，那么应如何调整网络计划，既经济又保证工作能在合同工期内完成，列出详细调整过程，并计算所需投入的赶工费用。

解析：

问题（1）：关键线路为①→③→⑥→⑦，计划工期为170天，满足合同要求。关键工作为A、B、D、H。

问题（2）：会有影响，因为其在关键线路上，如果后续工作不采取措施，则会导致总工期延长15天完成。

问题（3）：目前总工期拖后15天，此时的关键线路为B→D→H。

1）工作B赶工费率最低，故先对工作B持续时间进行压缩：工作B压缩5天，因此增加的费用为（5×200）元＝1000元；总工期为：（185-5）天 ＝180天；关键线路：B→D→H。

2）剩余关键工作中，工作D赶工费率最低，故应对工作D持续时间进行压缩。工作D压缩的同时，应考虑与之平等的各线路，以各线路工作正常进展均不影响总工期为限。故工作D只能压缩5天，因此增加费用为（5×300）元＝1500元；总工期为：（180-5）天＝175天；关键线路：B→D→H和B→C→F→H两条。

3）剩余关键工作中，存在三种压缩方式：①同时压缩工作C和工作D；②同时压缩工作F和工作D；③压缩工作H。同时压缩工作C和工作D的赶工费率最低，故应对工作C和工作D同时进行压缩。工作C最大可压缩天数为3天，故本次调整只能压缩3天，因此增加费用为（3×100+3×300）元＝1200元；总工期为：（175-3）天＝172天；关键线路：B→D→H和B→C→F→H两条。

4）剩下关键工作中，压缩工作H赶工费率最低，故应对工作H进行压缩。

工作H压缩2天，因此增加费用为（2×420）元＝840元；总工期为：（172-2）天＝170天

5）通过以上工期调整，工程仍能按原计划的170天完成。所需投入的赶工费为：（1000+1500+1200+840）元＝4540元。

■ 2.4　基于寿命周期费用理论的多方案评价选优

2.4.1　基本概念

1. 工程寿命周期的含义

工程寿命周期是指工程产品从研究开发、设计、建造、使用直到报废所经历的全部时间。

2. 工程寿命周期成本的组成

工程寿命周期成本（Life Cycle Cost，LCC）中，不仅包括经济意义上的成本，还包括环境成本和社会成本。

（1）工程寿命周期经济成本　工程寿命周期经济成本是指工程项目从项目构思到项目建成投入使用直至工程寿命终结全过程所发生的一切可直接体现为资金耗费的投入总和，包括建设成本和使用成本。建设成本是指建筑产品从筹建到竣工验收为止所投入的全部成本费用。使用成本则是指建筑产品在使用过程中发生的各种费用，包括各种能耗成本、维护成本和管理成本等。从其性质上讲，这种投入可以是资金的直接投入，也包括资源性投入，如人力资源、自然资源等；从其投入时间上讲，可以是一次性投入，如建设成本；也可以是分批、连续投入，如使用成本。

（2）工程寿命周期环境成本　工程寿命周期环境成本是指工程产品系列在其全寿命周期内对于环境的潜在的和显现的不利影响。工程建设对于环境的影响可能是正面的，也可能是负面的，前者体现为某种形式的收益，后者则体现为某种形式的成本。在分析及计算环境成本时，应对环境影响进行分析甄别，剔除不属于成本的系列。在计量环境成本时，由于这种成本并不直接体现为某种货币化数值，必须借助于其他技术手段将环境影响货币化。这是计量环境成本的一个难点。图2-5表现了住宅产品在寿命周期内可能影响环境的各个阶段。

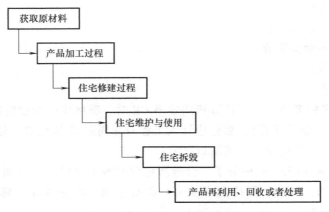

图2-5　住宅产品在寿命周期内可能影响环境的各个阶段

（3）工程寿命周期社会成本　工程寿命周期社会成本是指工程产品在从项目构思、产品建成投入使用直至报废全过程中对社会的不利影响。与环境成本一样，工程建设及工程产品对于社会的影响可以是正面的，也可以是负面的。因此，也必须进行甄别，剔除不属于成本的系列。例如，建设某个工程项目可以增加社会就业率，有助于社会安定，这种影响就不应计算为成本。另一方面，如果一个工程项目的建设会增加社会的运行成本，如由于工程建设引起大规模的移民，可能增加社会的不安定因素，这种影响就应计算为社会成本。

在工程寿命周期成本中，环境成本和社会成本都是隐性成本，它们不直接表现为量化成本，而必须借助于其他方法转化为可直接计量的成本，这就使得它们比经济成本更难以计量。但在工程建设及运行的全过程中，这类成本始终是发生的。目前，在我国工程建设实践中，往往只偏重于经济成本的管理，而对于环境成本和社会成本则考虑得较少。这也是我国的成本管理与西方发达国家差距较大的地方。在主观上，我们对项目自身的财务效果考虑得多，对环境、社会等的项目外部效果尚不够重视，项目国民经济评价虽然也做外部效果评价，但往往是流于形式；在客观上，由于环境和社会成本难以计量，对其在实践中的地位也有影响。考虑到各种因素，本书仍主要考虑工程项目寿命周期的经济成本。

3. 工程寿命周期成本分析方法

在通常情况下，从追求工程寿命周期成本最低的立场出发，对工程寿命周期成本进行分析。第一，确定工程寿命周期成本的各要素，将各要素的成本降低到普通水平。第二，将设置费和维持费两者进行权衡，以便确定研究的侧重点，从而使总费用更为经济。第三，从工程寿命周期成本与系统效率之间的关系进行研究。第四，由于工程寿命周期成本是在长时期内发生的，对费用发生的时间顺序必须掌握。材料费和劳务费用的价格一般都会发生波动，在估算时要对此加以考虑。同时，在工程寿命周期成本分析中必须考虑资金的时间价值。

常用的工程寿命周期成本评价方法有费用效率（CE）法、固定费用法和固定效率法、权衡分析法等。

（1）费用效率（CE）法　费用效率（CE）法是指工程系统效率（SE）与工程寿命周期成本（LCC）的比值。其计算公式如下

$$CE = \frac{SE}{LCC} = \frac{SE}{IC + SC} \tag{2-2}$$

式中　CE——费用效率；

　　　SE——工程系统效率；

　　LCC——工程寿命周期成本；

　　　IC——设置费；

　　　SC——维持费。

投资的目的是多种多样的，当计算费用效率 CE 时，哪些应作为投资所得的"成果"计入工程系统效率 SE（分子要素），哪些应计入工程寿命周期成本 LCC（分母要素），有时是难以区分的。因此，可采用如下方式加以区分：

① 列出费用效率（CE）式中分子、分母所包含的各主要项目（见图 2-6）；

② 列出投资目的：增产、保持生产能力、提高质量、稳定质量、降低成本（材料费、劳务费）等，见表 2-8。

式（2-2）的分子需根据对象和目的不同，用不同的量化值来表示。究竟采用何种量化值，有时较难确定。相比之下，分母是系统寿命周期内的总费用，故比较明确。可以把费用效率（CE）公式看成是单位费用的输出值。因此，CE 值越大越好。如果 CE 公式的分子为一定值，则可认为工程寿命周期成本少者为好。

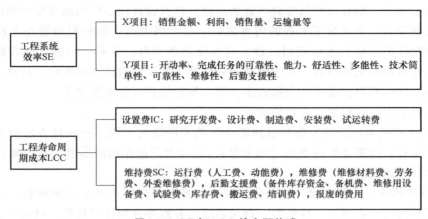

图 2-6　SE 与 LCC 的主要构成

表 2-8　投资目的和成果的计算方法

投资目的	在 CE 式中所属项目（SE、LCC）
增产 保持生产能力	增产所得的增收额列入 X 项 防止生产能力下降的部分相当于 Y 项
提高质量 稳定质量	提高质量所得的增收额列入 Y 项 提高质量的增收额＝平均售价提高部分×销售量 防止质量下降而投入的部分列入 Y 项
降低成本（材料 费、劳务费）	由于节约材料所得的增收额列入 X 项（注意：产品的材料费，节约额不包括在 LCC 的 SC 中，应计入分子 SE 中） 由于减少劳动量而节省的劳务费应计入分母的 SC 费用科目中，SE 不变

1）工程系统效率 SE　工程系统效率是投入工程寿命周期成本后所取得的效果或者说明任务完成到什么程度的指标。如果工程寿命周期成本为输入，则工程系统效率为输出。通常，系统的输出为经济效益、价值、效率（效果）等。

由于系统的目的不同，输出工程系统效率的具体表现方式也有所不同。它可用完成任务的数量、年平均产量、利用率、可靠性、维修性、后勤支援效率等来表示，也可以用销售额、附加价值、利润、产值等来表示。用来表示工程系统效率的量化值有很多。如果工程系统效率（SE）可由销售额、附加值、利润、销售量中的一项来表示，则在计算上非常方便。当不能用一个综合要素来表示时，就必须取用几个单项要素。但是，为了求出费用效率，在任何情况下都必须进行定量计算。当系统的寿命很长时，它在工程寿命周期内的全部输出都要列为计算对象。

2）工程寿命周期成本 LCC　工程寿命周期成本为设置费和维持费的合计额，也就是系统在工程寿命周期内的总费用。

对于工程寿命周期成本的估算，必须尽可能地在系统开发的初期进行。由于在初期阶段还没有做出完整而详尽的设计，因此在此时进行费用估算并不是一件容易的事情。如果设计进行到相当的程度，估算费用会比较容易。但是，即使是达到可以看清楚具体内容的程度，也需要花费相当多的人力和时间进行费用估算。

估算工程寿命周期成本时，可先粗分为设置费和维持费。至于如何进一步分别对设置费和维持费进行估算，则要根据估算时所处的阶段，以及设计内容的明确程度来决定。

对设置费而言，当掌握了工程的内容之后，则要根据过去的资料按物价上涨率加以修正，折算成现在的价格后方可使用。过去的实际业务资料，专业公司的投标资料和估算书等，都是非常有用的估算资料。对于维持费的估算，如果存有过去的资料，能够说明在什么条件下支出了什么费用，花费的金额有多少等，则在估算时就方便得多。

费用估算的方法有很多，常用的有：

① 费用模型估算法。费用模型是指汇总各项实际资料后用某种统计方法分析求得的数学模型，它是针对所需计算的费用（因变量），运用对其起作用的要因（自变量）经简化归纳而成的数学表达式。

② 参数估算法。在研制设计阶段运用该方法将系统分解为各个子系统和组成部分，运用过去的资料制定出物理的、性能的、费用的适当参数并分别进行估算，将结果累计起来便可求出总估算额、所用的参数有时间、重量、性能、费用等。

③ 类比估算法。这种方法在开发研究的初期阶段运用。通常在不能采用费用模型估算法和参数估算法时才采用，但实际上它是应用得最广泛的方法。这种方法是参照过去已有的相似系统或其"部分"，做类比后算出估算值。为了更好地进行这种类比，需要有相当的经验和专门知识，而且由于在时间上有过去和将来的差别，还必须考虑通货膨胀和当地的具体情况。

④ 费用项目分别估算法。进行系统总费用的估算，无论运用哪一种现成的方法，都要充分研究使用的条件，必要时应进行适当的修正。

（2）固定费用法和固定效率法　固定费用法是将费用值固定下来，然后选出能得到最佳效率的方案。反之，固定效率法是将效率值固定下来，然后选取能达到这个效率而费用最低的方案。各种方案都可用这两种评价法进行比较。例如，当住宅的预算只有一个规定的数额，要根据这个数额的预算选出效果最佳的方案时，就可采取固定费用法。又如，要建设一个供水系统，可以在完成供水任务的前提下选取费用最低的方案，这就是固定效率法。根据系统情况的不同，有的只需采用固定费用法或固定效率法，有的则需同时运用两种方法。

（3）权衡分析法　权衡分析法是对性质完全相反的两个要素做适当的处理，其目的是为了提高总体的经济性。寿命周期成本评价法的重要特点是进行有效的权衡分析。通过有效的权衡分析，可使系统的任务能较好地完成，既保证了系统的性能，又可使有限的资源（人、财、物）得到有效的利用。

在寿命周期成本评价法中，权衡分析包括以下五种：

① 设置费与维持费的权衡分析。

② 设置费中各项费用之间的权衡分析。

③ 维持费中各项费用之间的权衡分析。

④ 系统效率和寿命周期成本的权衡分析。

⑤ 从开发到系统设置完成这段时间与设置费的权衡分析。

2.4.2　费用效率法在多方案选优中的应用思路

费用效率法是工程寿命周期成本评价方法中的一种，一般适用于投资较大的基础设施建设项目，费用效率法主要的解题思路如下：

1) 对各投资方案的投资"成果"进行分析,明确系统效率(SE)所包含的主要项目,将系统效率定量化,即计算 SE(收益,即收入)。

2) 分析投资方案的工程寿命周期成本(LCC),分别列出设置费(IC)和维持费(SC)所包含的项目,并计算 LCC(费用,及支出)。

3) 分别计算各投资方案的费用效率:$CE = \dfrac{SE}{LCC} = \dfrac{SE}{IC+SC}$。

4) 比较各方案的费用效率,选择费用效率值最大的投资方案为最优方案。

2.4.3 案例分析

【案例 2-6】 背景:某城市拟建设一条高速公路,正在考虑两条备选路线,沿河路线与越山路线,两条路线使每辆车每公里节约了 1/50h(0.02h),日平均流量都是 6000 辆,寿命均为 30 年,一年按 365 天计,且无残值,基准收益率为 8%,资金等值换算系数表见表 2-9,两条路线的效益费用见表 2-10。

表 2-9 资金等值换算系数表

n	10	20	30
$(P/F, 8\%, n)$	0.4632	0.2145	0.0994
$(A/P, 8\%, n)$	0.1491	0.1019	0.0888

问题:试用全寿命周期成本分析费用效率法比较两条路线的优劣,并做出方案选择(保留 2 位小数)。

表 2-10 两条路线的效益费用

方 案	沿河路线	越山路线
全长/km	20	15
初期投资(万元)	490	650
年维护及运行费[万元/(km·年)]	0.2	0.25
大修(每10年一次)费用(万元/10年)	85	65
运输费用节约[元/(km·辆)]	0.098	0.1127
时间费用节约[元/(h·辆)]	2.6	2.6

解析:

(1) 沿河路线方案

1) 列出工程系统效率(SE)项目:

时间费用节约 = $(6000 \times 365 \times 20 \div 50 \times 2.6 \div 10000)$ 万元/年 = 227.76 万元/年

运输费用节约 = $(6000 \times 365 \times 20 \times 0.098 \div 10000)$ 万元/年 = 429.24 万元/年

则 SE = (227.76+429.24) 万元/年 = 657 万元/年

2) 列出工程寿命周期成本(LCC)项目,其中:

设置费(IC) = $490 \times (A/P, 8\%, 30)$ = 43.51 万元/年

维持费(SC) = $\{0.2 \times 20 + [85 \times (P/F, 8\%, 10) + 85 \times (P/F, 8\%, 20)](A/P, 8\%, 30)\}$ 万元 = 9.12 万元

则 LCC = IC+SC = (43.51+9.12) 万元 = 52.63 万元

3）计算费用效率（CE）

$$CE = \frac{SE}{LCC} = \frac{SE}{IC+SC} = \frac{657\ 万元/年}{(43.53+9.12)\ 万元/年} = 12.48$$

（2）越山路线方案

1）列出工程系统效率（SE）项目：

时间费用节约 = （6000×365×15÷50×2.6÷10000）万元/年 = 170.82 万元/年

运输费用节约 = （6000×365×15×0.1127÷10000）万元/年 = 370.22 万元/年

则 SE = （170.82+370.22）万元/年 = 541.04 万元/年

2）列出工程寿命周期成本（LCC）项目，其中：

设置费（IC）= 650 万元×(A/P,8%,30) = 57.72 万元

维持费（SC）= $\{0.25×15+[65×(P/F,8\%,10)+65×(P/F,8\%,20)](A/P,8\%,30)\}$ 万元

        = 7.66 万元

则 LCC = IC+SC = （57.74+7.66）万元 = 65.38 万元

3）计算费用效率（CE）

$$CE = \frac{SE}{LCC} = \frac{SE}{IC+SC} = \frac{541.04\ 万元/年}{(57.74+7.66)\ 万元/年} = 8.27$$

比较两方案的费用效率（CE），则应选择沿河路线。

■ 2.5 基于价值工程的多方案评价选优及单方案改进

2.5.1 基本概念

1. 价值工程原理

价值工程是通过各相关领域的协作，对所研究对象的功能与费用进行系统分析，不断改进，旨在提高所研究对象价值的思想方法和管理技术。其目的是以对象的最低工程寿命周期成本，可靠地实现使用者所需功能，以获取最佳的综合效益。

$$价值\ V = 功能\ F / 成本\ C \tag{2-3}$$

其中功能（Functions）是指价值工程研究对象所具有的能够满足某种需要的某种属性某种特定效能、功用或效用。成本（Cost）是指生命期成本，即产品在生命期内所花费的全部费用，包括产品的生产成本和使用费用。价值（Value）是指功能对成本的比值，接近人们日常生活常用的"合算不合算""值得不值得"的意思，是指事物的有益程度。

2. 提高产品价值的基本途径

由于价值工程以提高产品价值为目的，这既是用户的需要（侧重于功能），又是生产经营者追求的目标（侧重于成本）。两者的根本利益是一致的。因此，企业应当研究产品功能与成本的最佳匹配，价值工程的基本原理是 $V = F/C$，不仅深刻地反映出产品价值与产品功能和实现此功能所耗成本之间的关系，而且也为如何提高价值提供了有效途径。提高产品价值的途径有以下五种。

1）在提高产品功能的同时，又降低产品成本，这是提高价值最为理想的途径。但对生产者要求较高，往往要借助科学技术的突破才能实现。

2）在产品成本不变的条件下，通过提高产品的功能，提高利用资源的效果或效用，达到提高产品价值的目的。

3) 在保持产品功能不变的前提下，通过降低产品的寿命周期成本，达到提高产品价值的目的。

4) 产品功能有较大幅度提高，产品成本有较少提高。

5) 在产品功能略有下降、产品成本大幅度降低的情况下，也可以达到提高产品价值的目的。在某些情况下，为了满足购买力较低的用户需求，或一些注重价格竞争而不需要高档的产品，适当生产价廉的低档品，也能取得较好的经济效益。

价值工程的主要应用可以概括为两大方面，一是应用于方案评价，既可在多方案中选择价值较高的方案，也可选择价值较低的对象作为改进对象；二是寻求提高产品或对象价值的途径。总之，在产品形成的各个阶段，都可应用价值工程提高产品或对象的价值。

3. 0-1 评分法的基本原理

（1）基本原理

1) 根据各功能因素重要性之间的关系，将各功能一一对比，重要者得 1 分，不重要的得 0 分。

2) 为防止功能指数中出现零的情况，需要将各功能总得分分别加 1 进行修正后再计算其权重。

3) 最后用修正得分除以总得分即为功能权重。

0-1 评分法的计算式为

$$某项功能重要系数 = 该功能修正得分 \div \Sigma \, 各功能修正得分 \qquad (2-4)$$

（2）说明

1) 对角线法则　0-1 评分法中，以"×"为对角线对称的两个位置的得分之和一定为 1 分；

2) 总分规律　无论两两对比关系怎样变化，0-1 评分法中，最后功能总得分之和一定等于 $\dfrac{n(n-1)}{2}$，修正功能总得分之和一定等于 $\dfrac{n(n+1)}{2}$。

4. 0-4 评分法的基本原理

（1）基本原理

1) 按 0-4 评分法的规定，两个功能因素比较时，其相对重要程度有以下三种基本情况：很重要的功能因素得 4 分，另一个很不重要的功能因素得 0 分；较重要的功能因素得 3 分，另一个较不重要的功能因素得 1 分；同样重要的功能因素各得 2 分。

2) 计算汇总各功能得分。

3) 计算功能权重

0-4 评分法的计算式为

$$某项功能重要系数 = 该功能得分 \div \Sigma \, 各功能得分 \qquad (2-5)$$

（2）说明

1) 对角线法则　0-4 评分法中，以"×"为对角线对称的两个位置的得分之和一定为 4 分。

2) 总分规律　0-4 评分法中，最后功能总得分之和一定等于 $2n(n-1)$。

2.5.2　价值工程在多方案选优中的应用思路

1. 确定各项功能的功能重要系数

运用 0-1 评分法或 0-4 评分法对功能重要性评分，并计算功能重要性系数（即功能权重）。

2. 计算各方案的功能加权得分

根据专家对功能的评分表和功能重要性系数，分别计算各方案的功能加权得分。

3. 计算各方案的功能指数

  各方案的功能指数(FI)＝该方案的功能加权得分÷Σ各方案加权得分   (2-6)

4. 计算各方案的成本指数

  各方案的成本指数(CI)＝该方案的成本或造价÷Σ各方案成本或造价   (2-7)

5. 计算各方案的价值数

  各方案的价值指数(VI)＝该方案的功能指数÷该方案的成本指数   (2-8)

6. 判断选择

多方案选优，比较各方案的价值指数，选择价值指数最大的为最优方案。

2.5.3 利用价值工程进行功能成本改进的解题思路

1. 计算各项功能的功能指数 F_i

$$F_i＝该功能得分÷Σ 各功能得分 \qquad (2-9)$$

2. 计算各项功能的成本指数 C_i

$$C_i＝该功能的成本或造价÷Σ 各功能的成本或造价 \qquad (2-10)$$

3. 计算各项功能的价值指数 V_i

$$V_i＝该功能项目的功能指数÷该功能项目的成本指数 \qquad (2-11)$$

4. 计算各项功能的目标成本

$$某功能的目标成本＝该功能项目的功能指数×总目标成本 \qquad (2-12)$$

5. 计算各项功能的成本降低期望值 ΔC

某功能的成本降低值 $\Delta C＝$该项功能的目前成本(改进前的成本)－该项功能的目标成本

$$\qquad (2-13)$$

6. 确定把成本降低额最大的功能列为首要成本改进对象并写出结论

2.5.4 案例分析

【案例 2-7】 背景：某工程有 A、B、C 三个设计方案，有关专家决定从四个功能（分别以 F_1、F_2、F_3、F_4 表示）对不同方案进行评价，并得到以下结论：A、B、C 三个方案中，F_1 的优劣顺序依次为 B、A、C，F_2 的优劣顺序依次为 A、C、B，F_3 的优劣顺序依次为 C、B、A，F_4 的优劣顺序依次为 A、B、C。经进一步研究，专家确定三个方案各功能的评价计分标准均为：最优者得 3 分，居中者得 2 分，最差者得 1 分。据造价工程师估算，A、B、C 三个方案的造价分别为 8500 万元、7600 万元、6900 万元。

问题：

(1) 计算 A、B、C 三个方案各功能的得分并列表表示。

(2) 若四个功能之间的重要性关系排序为 $F_2>F_1>F_4>F_3$，采用 0-1 评分法确定各功能的权重，并列表表示。

(3) 已知 A、B 两方案的价值指数分别为 1.127 和 0.961，在 0-1 评分法的基础上列式计算 C 方案的价值指数，并根据价值指数的大小选择最佳设计方案。

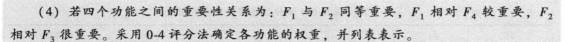

（4）若四个功能之间的重要性关系为：F_1 与 F_2 同等重要，F_1 相对 F_4 较重要，F_2 相对 F_3 很重要。采用 0-4 评分法确定各功能的权重，并列表表示。

说明：计算结果保留三位小数。

解析：

问题（1）：

A、B、C 三个方案各功能的得分见表 2-11。

表 2-11　三个方案各功能的得分

功能	得分		
	方案 A	方案 B	方案 C
F_1	2	3	1
F_2	3	1	2
F_3	1	2	3
F_4	3	2	1

问题（2）：

采用 0-1 评分法确定各功能的权重，结果见表 2-12。

表 2-12　采用 0-1 评分法确定各功能的权重

功能	F_1	F_2	F_3	F_4	得分	修正得分	权重
F_1	×	0	1	1	2	3	0.3
F_2	1	×	1	1	3	4	0.4
F_3	0	0	×	0	0	1	0.1
F_4	0	0	1	×	1	2	0.2
合计					6	10	1

问题（3）：

1）计算 C 方案的功能指数

$W_A = 2 \times 0.3 + 3 \times 0.4 + 1 \times 0.1 + 3 \times 0.2 = 2.5$

$W_B = 3 \times 0.3 + 1 \times 0.4 + 2 \times 0.1 + 2 \times 0.2 = 1.9$

$W_C = 1 \times 0.3 + 2 \times 0.4 + 3 \times 0.1 + 1 \times 0.2 = 1.6$

所以 C 方案的功能指数 $F_C = 1.6 \div (2.5 + 1.9 + 1.6) = 0.267$

2）C 方案的成本指数

$C_C = 6900$ 万元 $\div (8500 + 7600 + 6900)$ 万元 $= 0.300$

3）C 方案的价值指数

$V_C = F_C / C_C = 0.267 \div 0.3 = 0.890$

因为 A 方案的价值指数大，所以应选择 A 方案。

问题（4）：

采用 0-4 评分法确定各功能的权重，结果见表 2-13。

表 2-13　采用 0-4 评分法确定各功能的权重

功能	F_1	F_2	F_3	F_4	得分	权重
F_1	×	2	4	3	9	0.375
F_2	2	×	4	3	9	0.375
F_3	0	0	×	1	1	0.042
F_4	1	1	3	×	5	0.208
合计					24	1.000

【案例 2-8】　背景：某施工单位制定了严格详细的成本管理制度，建立了规范长效的成本管理流程，并构建了科学实用的成本数据库。

该施工单位拟参加某一公开招标项目的投标，根据本单位成本数据库中的类似工程项目的成本经验数据，测算出该工程项目不含规费和税金的报价为 8100 万元，其中，企业管理费率为 8%（以人、材、机费用之和为计算基数），利润率为 3%（以人、材、机费用与管理费用之和为计算基数）。

造价工程师对拟投标工程项目的具体情况进一步分析后，发现该工程项目的材料费尚有降低成本的可能性，并提出了若干降低成本的措施。

该项工程项目由 A、B、C、D 四个分部工程组成，经造价工程师定量分析，其功能指数分别为 0.1、0.4、0.3、0.2。

问题：

(1) 施工成本管理流程由哪几个环节构成？其中，施工单位成本管理最基础的工作是什么？

(2) 在报价不变的前提下，若要实现利润率为 5%的盈利目标，该工程项目的材料费需降低多少万元（计算结果保留两位小数）？

(3) 假定 A、B、C、D 四个分部分项工程的目前成本分别为 864 万元、3048 万元、2515 万元和 1576 万元，目标成本降低总额为 320 万元，试计算各分部工程的目标成本及其可能降低的额度，并确定各分部工程功能的改建顺序（将计算结果填入表 2-14 中，成本指数和价值指数的计算结果保留三位小数）。

表 2-14　各分部工程的目标成本及其可降低的额度

分部工程	功能指数	目前成本（万元）	成本指数	价值指数	目标成本（万元）	成本降低额（万元）
A	0.1	864				
B	0.4	3048				
C	0.3	2512				
D	0.2	1576				
合计	1.0	8000		—		320

解析：

问题（1）：

施工成本管理流程：成本预测、成本计划、成本控制、成本核算、成本分析、成本考

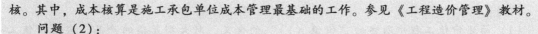

核。其中，成本核算是施工承包单位成本管理最基础的工作。参见《工程造价管理》教材。

问题（2）：

首先计算人、材、机费

人、材、机费×（1+8%）×（1+3%）= 8100 万元

人、材、机费 = 7281.553 万元

假设材料费降低 x 万元，可以使利润率达到 5%。

$[（7281.553-x）×（1+8\%）×（1+5\%）]$ 万元 = 8100 万元

$$x = 138.70 \text{ 万元}$$

所以，当材料费降低 138.70 万元时，可实现 5% 的盈利目标。

问题（3）：

表 2-15　各分部工程的目标成本及其可降低的额度（结果）

分部工程	功能指数	目前成本（万元）	成本指数	价值指数	目标成本（万元）	成本降低额（万元）
A	0.1	864	0.108	0.926	768	96
B	0.4	3048	0.381	1.050	3072	-24
C	0.3	2512	0.314	0.955	2304	208
D	0.2	1576	0.197	1.015	1536	40
合计	1.0	8000	1	—	7680	320

各分部工程功能改进顺序：C、A、D、B。

2.6　实践性综合案例分析

【案例 2-9】　背景：某企业拟建一座节能综合办公楼，建筑面积为 25000m^2，其工程设计方案部分资料如下：

A 方案采用装配式钢结构框架体系，预制钢筋混凝土叠合板楼板，装饰、保温、防水三合一复合外墙，双层玻璃断桥铝合金外墙窗，叠合板上现浇珍珠岩保温屋面，单方造价为 2020 元/m^2。

B 方案采用装配式钢筋混凝土框架体系，预制钢筋混凝土叠合板楼板，轻质大板外墙体，双层玻璃铝合金外墙窗，现浇钢筋混凝土屋面板上水泥、蛭石保温屋面，单方造价为 1960 元/m^2。

C 方案采用现浇钢筋混凝土框架体系，现浇钢筋混凝土楼板，加气混凝土砌块铝板装饰外墙体，外墙窗和屋面做法同 B 方案。单方造价为 1880 元/m^2。

各方案功能权重及得分，见表 2-16。

表 2-16　各方案功能权重及得分表

功能项目		结构体系	外窗类型	墙体材料	屋面类型
功能权重		0.30	0.25	0.30	0.15
各方案功能得分	A 方案	8	9	9	8
	B 方案	8	7	9	7
	C 方案	9	7	8	7

问题：

(1) 简述价值工程中所述的"价值 (V)"的含义，对大型复杂的产品，应用价值工程的重点是在其寿命周期的哪些阶段？

(2) 运用价值工程原理进行计算，将计算结果分别填入表 2-17、表 2-18 和表 2-19，并选择最佳设计方案。

表 2-17 功能指数计算表

功能项目		结构体系	外窗类型	墙体材料	屋面类型	合计	功能指数
功能权重		0.30	0.25	0.30	0.15		
各方案功能得分	A 方案	2.4	2.25	2.70	1.20		
	B 方案	2.4	1.75	2.70	1.05		
	C 方案	2.7	1.75	2.40	1.05		

表 2-18 成本指数计算表

方案	A	B	C	合计
单方造价(元/m²)	2020	1960	1880	
成本指数				

表 2-19 价值指数计算表

方案	A	B	C
功能指数			
成本指数			
价值指数			

(3) 若三个方案设计使用寿命均按 50 年计，基准折现率为 10%，A 方案年运行和维修费用为 78 万元，每 10 年大修一次，费用为 900 万元。已知 B、C 方案年度寿命周期经济成本分别为 664.222 万元和 695.400 万元。其他有关数据资料见表资金等值换算系数表。列式计算 A 方案的年度寿命周期经济成本，并运用最小年费用法选择最佳设计方案。

解析：

问题 (1)：

价值工程中所述的"价值"是指作为某种产品（或作业）所具有的功能与获得该功能的全部费用的比值。对于大型复杂的产品，应用价值工程的重点在于产品的研究、设计阶段。

问题 (2)：

计算结果列表于表 2-20～表 2-22。

表 2-20 功能指数计算表 （结果）

功能项目		结构体系	外窗类型	墙体材料	屋面类型	合计	功能指数
功能权重		0.30	0.25	0.30	0.15		
各方案功能得分	A 方案	2.4	2.25	2.70	1.20	8.55	0.351
	B 方案	2.4	1.75	2.70	1.05	7.9	0.324
	C 方案	2.7	1.75	2.40	1.05	7.9	0.324

表2-21 成本指数计算表（结果）

方案	A	B	C	合计
单方造价(元/m²)	2020	1960	1880	5860
成本指数	0.345	0.334	0.321	1.000

表2-22 价值指数计算表（结果）

方案	A	B	C
功能指数	0.351	0.324	0.324
成本指数	0.345	0.334	0.321
价值指数	1.017	0.970	1.009

由表2-22的计算结果可知，A方案的价值指数最高，为最优方案。

问题（3）：

A方案的年度寿命周期经济成本

78 万元 $+\{900\times[(P/F,10\%,10)+(P/F,10\%,20)+(P/F,10\%,30)+(P/F,10\%,40)]\}$ 万元 $\times(A/P,10\%,50)+25000\times2020\div10000$ 万元 $\times(A/P,10\%,50)$

$=78$ 万元 $+[900\times(0.386+0.149+0.057+0.022)]\times1\div9.915$ 万元 $+5050\times1$ 万元 $\div9.915$

$=643.063$ 万元

结论：A方案的寿命周期年费用最小，故选择A方案为最佳设计方案。

【案例2-10】 背景：某造价咨询企业受某施工企业、某建设单位以及当地规划部门的委托，拟对以下三个项目进行方案选优和优化。

项目1：某施工单位项目部在某高层住宅楼的现浇楼板施工中，拟采用钢木组合模板体系或小钢模体系施工。经有关专家讨论，决定从模板总摊销费用（F_1）、楼板浇筑质量（F_2）、模板人工费（F_3）、模板周转时间（F_4）、模板装拆便利性（F_5）五个技术经济指标对该两个方案进行评价，确定出了F_1、F_2、F_3、F_4、F_5五个指标的权重分别为0.267、0.333、0.133、0.200、0.067，两方案各技术经济指标得分见表2-23。

经造价工程师估算，钢木组合模板在该工程的总摊销费用为40万元，每平方米楼板的模板人工费为8.5元；小钢模在该工程的总摊销费用为50万元，每平方米楼板的模板人工费为6.8元。该住宅楼的楼板工程量为2.5万 m²。

项目2：某建设单位拟建某商务楼，商务楼拟设计为地上15层，地下1层，地上建筑面积约为2.4万 m²；建安工程单方造价3500元/m²，设计使用年限40年。根据有关规定，该项目应带有一定规模的地下人防工程，如果不带人防工程约需交纳208万元的人防工程配套费。因此，设计院对该项目地下部分提出了两个设计方案：方案甲为不建人防工程，地下可利用空间用于建停车场；方案乙为建规定规模的人防工程，剩余可利用空间用于建停车场。

不同方案地下工程相关技术经济参数见表2-24，年基准率为6%。资金等值换算系数表见表2-25。

表 2-23　指标得分表

技术经济指标	钢木组合模板	小钢模
总摊销费用(F_1)	10	8
模板浇筑质量(F_2)	8	10
模板人工费(F_3)	8	10
模板周转时间(F_4)	10	7
模板装拆便利性(F_5)	10	9

表 2-24　不同方案地下工程相关技术经济参数表

参数名称	方案甲	方案乙
建设造价(万元)	2000	2300
可提供停车位数(个)	100	60
停车位年均收益(万元/个)	1.2	1.5
年维护费用(万元)	50	35
设计使用年限(年)	40	40
大修周期(年)	10	10(停车位部分) 15(人防工程部分)
每次大修费(万元)	300	110(停车位部分) 160(人防工程部分)
每次停车位大修收益损失(万元/个)	0.3	0.4

表 2-25　资金等值换算系数表

n	10	15	20	25	30	35	40
$(P/F,6\%,n)$	0.5584	0.4173	0.3118	0.2330	0.1441	0.1301	0.0972
$(A/P,6\%,n)$	0.1359	0.1030	0.0872	0.0782	0.0726	0.0690	0.0665

问题：

(1) 项目 1 中，若以楼板工程的单方模板费用作为成本比较对象，试用价值指数法选择较经济的模板体系（功能指数、成本指数、价值指数的计算结果均保留三位小数）。

(2) 若该承包商准备参加另一高层办公楼的投标，为提高竞争能力，公司决定模板总摊销费用仍按项目 1 中的住宅楼考虑，其他有关条件均不变，该办公楼的现浇楼板工程量至少要达到多少 m² 才应采用小钢模体系（计算结果保留两位小数）？

(3) 项目 2 中，不考虑建设工期的影响，地下工程建设造价在期初一次性投入，均形成固定资产，无残值。假定乙方案地下工程生命周期的年度费用为 112.52 万元，请在甲、乙两方案中选择较经济的方案（计算结果保留两位小数）。

解析：

问题（1）：

1）计算两方案的功能指数，结果见表2-26。

表2-26　功能指数计算表

技术经济指标	权重	钢木组合模板	小钢模
总摊销费用	0.267	10×0.267＝2.67	8×0.267＝2.14
楼板浇筑质量	0.333	8×0.333＝2.66	10×0.333＝3.33
模板人工费	0.133	8×0.133＝1.06	10×0.133＝1.33
模板周转时间	0.200	10×0.200＝2.00	7×0.200＝1.40
模板装拆便利性	0.067	10×0.067＝0.67	9×0.067＝0.60
合计	1.000	9.06	8.80
功能指数		9.06/(9.06+8.80)＝0.507	8.80/(9.06+8.80)＝0.493

2）计算两方案的成本指数。

钢木组合模板的单方模板费用为：（40÷2.5+8.5）元/m^2＝24.5元/m^2

小钢模的单方模板费用为：（50÷2.5+6.8）元/m^2＝26.8元/m^2

则：钢木组合模板的成本指数为：24.5元/m^2×（24.5+26.8）元/m^2＝0.478

小钢模的成本指数为：26.8元/m^2÷（24.5+26.8）元/m^2＝0.522

3）计算两方案的价值指数。

钢木组合模板的价值指数为：0.507÷0.478＝1.061

小钢模的价值指数为：0.493÷0.522＝0.944

结论：因为钢木组合模板的价值指数高于小钢模的价值指数，故应选用钢木组合模板体系。

问题（2）：

钢木组合模板的单方模板费用为：C_2＝40万元÷Q+8.5元/m^2

小钢模的单方模板费用为：C_1＝50万元÷Q+6.8元/m^2

令该两模板体系的单方模板费用之比（即成本指数之比）等于其功能指数之比，有：

（40万元÷Q+8.5元/m^2）÷（50万元÷Q+6.8元/m^2）＝0.507÷0.493

即0.507×（50万元+6.8元/m^2×Q）-0.493×（40万元+8.5元/m^2×Q）＝0

所以Q＝7.58万m^2

因此该办公楼的现浇楼板工程量至少达到7.58万m^2，才应采用小钢模体系。

问题（3）：

地下工程生命周期年度费用＝（50-120）万元+{（2000+208）+（300+0.3×100）×[（P/F,6%,10）+（P/F,6%,20）+（P/F,6%,30）]}万元×（A/P,6%,40）

＝-70万元+（2208+334.72）万元×0.0665＝99.09万元

结论：选择甲方案为最经济方案，因为其年度费用低。

复习思考题

1. 简述综合评价方法的分类。
2. 简述综合评价法在多方案选优中的应用思路。
3. 简述决策树分析法及决策树的组成。
4. 简述网络图在多方案选优中的应用思路。
5. 简述工程寿命周期成本的组成和含义。
6. 简述工程寿命周期成本分析方法的步骤。
7. 提高产品价值的基本途径有哪些？
8. 利用价值工程进行功能成本改进的解题思路是什么？

第 3 章

建设工程计量与计价

本章知识要点与学习要求

序号	知 识 要 点	学 习 要 求
1	建筑安装工程人工、材料、机械台班消耗指标的确定方法	熟悉
2	概预算定额单价的组成、确定及清单综合单价的换算方法	理解
3	单位工程施工图预算的编制方法	掌握
4	建设工程工程量清单计量与计价方法	掌握
5	管道安装工程施工图的主要内容及识图方法	熟悉
6	依据计量规范，按照设计或施工图纸的要求对给水排水及管道工程计量与计价编制的基本原理、步骤、方法、内容及其格式	掌握
7	在清单计价模式下根据相关预算定额编制综合单价的方法	熟悉
8	填写综合单价分析表的方法	掌握
9	电气照明工程、防雷接地工程、建筑智能化工程、电气工程等建筑安装工程的工程量计算方法	掌握

■ 3.1 建筑和装饰工程计量计价案例分析

3.1.1 相关理论与方法

1. 建筑和装饰工程的工程量计算知识点

（1）建筑面积的计算方法

1）计算全面积

① 结构层高在 2.20m 及以上。

② 局部楼层（有围护按围护，无围护按底板），结构层高在 2.20m 及以上。

③ 建筑物架空层、坡地吊脚架空层，结构层高在 2.20m 及以上。

④ 门厅、大厅内设置的走廊，结构层高在 2.20m 及以上。

⑤ 地下室、半地下室，结构层高在 2.20m 及以上。

⑥ 门斗有围护结构，结构层高在 2.20m 及以上。

⑦ 建筑物顶部的、有围护结构的楼梯间、水箱间、电梯机房，结构层高在 2.20m 及以上。

⑧ 建筑物内设备层、管道层、避难层等有结构层的楼层，结构层高在 2.20m 及以上。

⑨ 形成建筑空间的坡屋顶，结构净高大于 2.1m。

⑩ 场馆看台下的建筑空间，结构净高大于 2.1m。

⑪ 围护结构不垂直于水平面的楼层，结构净高在 2.10m 及以上。

⑫ 有顶盖的采光井应按一层计算面积，且结构净高在 2.10m 及以上。

⑬ 有围护结构的舞台灯光控制室，结构层高在 2.20m 及以上。

⑭ 附属在建筑物外墙的落地橱窗，结构层高在 2.20m 及以上。

⑮ 在主体结构内的阳台。

⑯ 建筑物间的架空走廊，有顶盖和围护设施。

2）计算一半面积

① 建筑物的建筑面积，结构层高在 2.20m 以下。

② 局部楼层，结构层高在 2.20m 以下。

③ 建筑物架空层、坡地吊脚架空层，结构层高在 2.20m 以下。

④ 门厅、大厅内设置的走廊，结构层高在 2.20m 以下。

⑤ 地下室、半地下室，结构层高在 2.20m 以下。

⑥ 门斗有围护结构，结构层高在 2.20m 以下。

⑦ 建筑物顶部的、有围护结构的楼梯间、水箱间、电梯机房，结构层高在 2.20m 以下。

⑧ 建筑物内设备层、管道层、避难层等有结构层的楼层，结构层高在 2.20m 以下。

⑨ 有围护结构的舞台灯光控制室，结构层高在 2.20m 以下。

⑩ 附属在建筑物外墙的落地橱窗，结构层高在 2.20m 以下。

⑪ 窗台与室内楼地面高差在 0.45m 以下且结构净高在 2.10m 及以上的凸（飘）窗。

⑫ 门廊、有柱雨篷、无柱雨篷的结构外边线至外墙结构外边线的宽度在 2.10m 及以上。

⑬ 围护结构不垂直于水平面的楼层，结构净高在 1.20m 及以上至 2.10m 以下。

⑭ 有顶盖的采光井应按一层计算面积，结构净高在 2.10m 以下的。

⑮ 形成建筑空间的坡屋顶，结构净高 1.2~2.1m。

⑯ 场馆看台下的建筑空间，结构净高 1.2~2.1m。

⑰ 有顶盖无围护结构的场馆看台。

⑱ 出入口外墙外侧坡道有顶盖部分。

⑲ 建筑物间的架空走廊，无围护结构、有围护设施的。

⑳ 有围护设施的室外走廊（挑廊）、有围护设施（或柱）的檐廊。

㉑ 室外楼梯。

㉒ 在主体结构外的阳台。

㉓ 有顶盖无围护结构的车棚、货棚、站台、加油站、收费站。

3）不计算面积

① 形成建筑空间的坡屋顶，结构净高小于 1.2m。

② 场馆看台下的建筑空间，结构净高小于 1.2m。

③ 围护结构不垂直于水平面的楼层，结构净高在 1.20m 以下。

④ 与建筑物内不相连通的建筑部件。

⑤ 骑楼、过街楼底层的开放公共空间和建筑物通道。

⑥ 舞台及后台悬挂幕布和布景的天桥、挑台。

⑦ 露台、露天游泳池、花架、屋顶的水箱及装饰性结构构件。

⑧ 建筑物内的操作平台、上料平台、安装箱和罐体的平台。

⑨ 勒脚、附墙柱、垛、台阶、墙面抹灰、装饰面、镶贴块料面层、装饰性幕墙，主体结构外的空调室外机搁板（箱）、构件、配件，挑出宽度在 2.10m 以下的无柱雨篷和顶盖高度达到或超过两个楼层的无柱雨篷。

⑩ 窗台与室内地面高差在 0.45m 以下且结构净高在 2.10m 以下的凸（飘）窗，窗台与室内地面高差在 0.45m 及以上的凸（飘）窗。

⑪ 室外爬梯、室外专用消防钢楼梯。

⑫ 无围护结构的观光电梯。

⑬ 建筑物以外的地下人防通道，独立的烟囱、烟道、地沟、油（水）罐、气柜、水塔、贮油（水）池、贮仓、栈桥等构筑物。

（2）建筑工程量的计算方法　工程量是工程计量的结果，是指按一定规则并以物理计量单位或自然计量单位所表示的建设工程各分部分项工程、措施项目或结构构件的数量。工程量计算规则是工程计量的主要依据之一，是工程量数值的取定方法。采用的规范或定额不同，工程量计算规则也不尽相同。在计算工程量时，应按照规定的计算规则进行，我国现行的工程量计算规则主要有：

1）工程量计算规范中的工程量计算规则。2012 年 12 月，住房和城乡建设部发布了 GB 50854—2013《房屋建筑与装饰工程工程量计算规范》和 GB 50856—2013《通用安装工程工程量计算规范》，采用上述工程量计算规则计算的工程量一般为施工图的净量，不考虑施工余量。

2）消耗量定额中的工程量计算规则。2015 年 3 月，住房和城乡建设部以"建标〔2015〕34 号"发布 TY01—31—2015《房屋建筑与装饰工程消耗量定额》和 TY02—31—2015《通用安装工程消耗量定额》，在各消耗量定额中规定了分部分项工程和措施项目的工程量计算规则。除了由住房和城乡建设部统一发布的定额外，还有各个地方或行业发布的消耗量定额，其中也都规定了与之相对应的工程量计算规则。采用该计算规则计算工程量除了依据施工图外，一般还要考虑采用不同的施工方法和施工方案所产生的施工余量。

2. 工程量清单计价方法

工程量清单由有编制招标文件能力的招标人或受其委托具有相应资质的工程造价咨询机构、招标代理机构依据有关计价办法、招标文件的有关要求、设计文件和施工现场实际情况进行编制。

（1）工程量清单的编制　在《建设工程工程量清单计价规范》中，对工程量清单项目的设置做了明确的规定。

1）项目编码。项目编码以五级编码设置，用 12 位阿拉伯数字表示。一、二、三、四级编码统一，第五级编码由工程量清单编制人区分具体工程的清单项目特征而分别编码。各级编码代表的含义如下：

① 第一级表示分类码（分两位）；建筑工程为 01、装饰装修工程为 02、安装工程为 03、市政工程为 04、园林绿化工程为 05。

② 第二级表示册顺序码（分两位）。

③ 第三级表示章顺序码（分两位）。

④ 第四级表示分项工程清单项目顺序码（分三位）。

⑤ 第五级表示具体清单项目顺序码（分三位）。

项目编码结构如图 3-1 所示（以电气安装工程为例）。

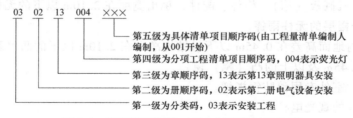

图 3-1 项目编码结构（以电气安装工程为例）

2）项目名称。项目名称原则上以形成的工程实体而命名，不能重复，一个项目一个编码，对应一个综合单价。项目名称若有缺项，招标人可按相应的原则进行补充，并报当地工程造价管理部门备案。

3）项目特征。项目特征是用来表述项目名称的，直接影响综合单价的编制，是设置具体清单项目的依据。项目特征按不同的工程部位、施工工艺或材料品种、规格等分别列项。凡项目特征中描述到的特征，投标人要在综合单价中体现其价格。

4）计量单位。计量单位应采用基本单位，除各专业另有特殊规定外，均按以下单位计量。

① 以重量计算的项目，单位为 t 或 kg。

② 以体积计算的项目，单位为 m^3。

③ 以面积计算的项目，单位为 m^2。

④ 以长度计算的项目，单位为 m。

⑤ 以自然计量单位计算的项目，单位为个、套、块、樘、组、台、……。

⑥ 没有具体数量的项目，单位为系统、项、……。

各专业有特殊计量单位的，再另外加以说明。

5）工程内容。工程内容是指完成该清单项目实体所涉及的相关工作或工程内容，可供招标人确定清单项目和投标人投标报价参考。凡工程内容中未列全的其他具体工程，由投标人按招标文件或图样要求编制，以完成清单项目为准，综合考虑到报价中。

（2）工程量清单计价方法 工程量清单计价方法是指在建设工程招投标中，招标人按照国家统一的工程量计算规则提供工程数量，由投标人依据工程量清单自主报价，并按照经评审低价中标的工程造价计价方式。

（3）工程量清单 工程量清单是指表现拟建工程的分部分项工程项目、措施项目、其他项目名称和相应数量的明细清单。工程量清单由招标人按照《建设工程工程量清单计价规范》附录中统一的项目编码、项目名称、计量单位和工程量计算规则进行编制，包括分部分项工程量清单、措施项目清单、其他项目清单。

（4）工程量清单计价 工程量清单计价是指投标人完成由招标人提供的工程量清单所需的全部费用，包括分部分项工程费、措施项目费、其他项目费和规费、税金。

工程量清单计价采用综合单价计价。综合单价是指完成工程量清单中一个规定计量单位项目所需的人工费、材料费、机械使用费、管理费和利润，并考虑风险因素。

（5）分部分项工程费用的计算 分部分项工程费用按下式计算

$$分部分项工程费用 = \sum（分部分项工程量 \times 综合单价） \tag{3-1}$$

1）综合单价。综合单价按下式进行计算

$$综合单价 = 基价 + 综合费用 \tag{3-2}$$

综合单价中未包括规费和税金，规费和税金应按照各地方相关建筑、安装、市政、装饰装修工程费率的有关规定计算，不得调整。综合单价是按目前大多数施工企业采用的施工方法、机械化装备程度、合理的工期、施工工艺和劳动组织条件并考虑了正常的施工条件制定的，反映了社会平均消耗水平。因此，与实际项目的人工、材料、施工机械的实际耗用量具有一定程度的差异。在使用综合单价时应注意以下方面：

① 综合单价中实体项目的人工、施工机械水平和材料消耗量，实际使用时可能出现偏高或偏低，或对某项工程有出入而对另一工程又是符合的（在符合验收规范和质量标准的前提下）情况，但是使用综合单价时，除项目中另有规定外，未经造价管理部门批准，不能调整。

② 综合单价中的措施性消耗项目（包括技术措施费、组织措施费）是与个别工程的施工环境、施工企业的技术、管理水平密切相关的，体现了企业间技术、管理水平的差异。因此，综合单价中的措施性项目的消耗量仅作为参考，使用时可根据工程与企业情况自行确定。

③ 综合单价中的人工、材料、施工机械台班价格是按定额编制期各省的人、材、机价格取定的，实际使用时应按合同约定或当时的市场情况取定。

2）基价。基价按下式进行计算

$$基价 = 单价人工费 + 单价材料费 + 单价机械费 \tag{3-3}$$

① 人工费是指直接从事工程施工的生产工人开支的各项费用，内容包括：基本工资、工资性补贴、生产工人辅助工资、职工福利费、生产工人劳动保护费。

$$人工费 = 综合工日 \times 工日单价（定额按三类考虑） \tag{3-4}$$

综合工日的内容包括：基本用工、辅助用工、超运距用工和人工幅度差。

基本用工是指完成定额单位合格产品所必须消耗的技术工种用工。

辅助用工是指技术工种劳动定额内不包括而在预算定额内必须考虑的工时。如机械土方工程配合用工等。

超运距用工是指预算定额平均水平运距超过劳动定额规定水平运距部分。

人工幅度差是指劳动定额以外预算定额应考虑的，在正常施工条件下所发生的工种工时损失。

② 材料费是指施工过程中耗用的构成工程实体的原材料、辅助材料、构配件、零件、半成品的费用和周转使用材料的摊销（或租赁）费用，内容包括：材料原价（或供应价）、供销部门的手续费、包装费、装卸费、运输费、途耗、采购及保管费。

$$材料费 = 主材费 + 辅材费 \tag{3-5}$$

A. 主材费是指直接构成工程实体的材料，即主要材料费（未计价材）。

$$主材费 = 材料预算价格 \times 材料消耗量 \tag{3-6}$$

$$材料预算价格 = 供应价 + 包装费 + 运输费及运输损耗费 + 采购费 + 保管费 - 包装品回收值 \tag{3-7}$$

$$材料消耗量 = 材料净用量 + 损耗量 = 材料净用量 \times (1+损耗率) \times (1+损耗率) \tag{3-8}$$

测定数据在定额中列出，不同的材料损耗率不同，同种材料依据施工方法的不同损耗率也不同，参照定额数据。

B. 辅材费是指构成工程实体的除主料以外的辅助材料、周转材料及其他材料，即辅助材料费。

a. 辅助材料包括垫木钉子、铅丝等。

b. 周转性材料是指脚手架、模板等可多次周转使用的不构成工程实体的摊销性材料。

c. 其他材料是指用量较少，难以计量的零星材料，如棉砂、施工中标号用的油漆等。

③ 机械费（施工机械使用费）是指使用施工机械作业所发生的机械使用费以及机械安、拆和进出场费，内容包括：折旧费、大修费、经修费、安拆费和场外运输费、燃料费、人工费、运输机械养路费、车船使用税及保险费等费。

$$机械费 = \sum（机械台班 \times 台班单价） \tag{3-9}$$

3）综合费用由管理费用、利润组成。管理费用包括现场管理费、企业管理费、财务费用及社会劳动保险费用，以人工费为计算基数。综合费用是依据各地方相关建筑、安装、市政、装饰装修工程费率规定的取费办法计算的，使用时可根据工程实际及企业的具体情况进行调整。

（6）措施项目费的组成和计算

1）技术措施费。技术措施费包括脚手架搭拆费、超高费、操作高度增加费、系统调整费等。

① 脚手架搭拆费。

A. 安装工程脚手架搭拆及摊销费在各专业测算时，均已考虑。

B. 在同一个定额单位工程内有多个专业施工，应按各册规定分别计取脚手架搭拆费用，包括安装、刷油、防腐、保温脚手架的费用。

② 超高费。

A. 高层建筑的划分标准：凡多层建筑层数超过 6 层（不含 6 层及地下室）、或层数虽未超过 6 层而高度超过 20m（不含 20m）的，两个条件具备其一，即为"高层建筑"，应计取超高费。单层建筑超过 20m（不含 20m）亦应计取超高费。

B. 适用范围。超高费计取的范围为采暖、给水排水、燃气、通风空调、电气、消防等工程及附属于上述工程中的保温、刷油和防腐蚀工程。

C. 计算规则。

a. 建筑物高度是指设计室外地坪至檐口滴水的垂直高度，不包括屋顶水箱、楼梯间、电梯间、女儿墙等的高度。

b. 同一建筑物高度不同时，可分别按不同高度计算。

c. 包括 6 层或 20m 以下全部工程的人工费为计算基数（含地下室工程）。

③ 操作高度增加费。

A. 操作高度是指，有楼层的按楼地面至安装物的垂直距离，无楼层的按操作地点（或设计正负零）至操作物的距离。操作高度增加费属于超高的人工费降效性质。

B. 已在综合基价中考虑了操作高度增加因素的项目不应再计算操作高度增加费，如10kV 以下架空线路，工业塔上照明管线灯具安装，避雷针安装（包括独立避雷针、建筑物、构筑物上的避雷针）。

C. 在高层建筑物施工中，可同时计算操作高度增加费和超高费。

④ 系统调整费。系统调整费适用于采暖、通风空调、民用建筑中的工艺管道工程以及制冷站（库）、空气压缩站、乙炔发生站、水压机蓄电站、小型制氧站、煤气站等工程，但不属于采暖工程的热水供应管道不应计取该项费用。

2）组织措施费

① 组织措施费包括：生产工具用具使用费、检验试验费、冬雨期施工增加费、夜间施工增加费、成品保护费、二次搬运费、工程定位、复测场地清理费、停水停电增加费、安装与生产同时进行增加费、有害环境中施工增加费、临时设施费。

② 计算方法。组织措施费项目，除另有注明外，应以实体消耗项目的人工费与施工技术措施费中的人工费之和为基数计算。

（7）非工程量计价项目的计算方法　非工程量计价内容主要指清单计价中其他项目费和规费、税金，这些项目的费用按照相关法规、文件及合同约定的数量和比例计取。

3.1.2　案例分析

【案例3-1】 背景：某小区住宅楼建筑部分标准层平面图如图3-2所示。该建筑共12层，每层层高均为3m，电梯机房与楼梯间部分凸出屋面。电梯、楼梯间壁顶平面图及节点图如图3-3所示。墙体除注明者外均为200mm厚加气混凝土墙，轴线位于墙中。外墙采用50mm厚聚苯板保温。楼面做法为20mm厚水泥砂浆抹面压光。楼层钢筋混凝土板厚100mm。内墙做法为20mm厚混合砂浆抹面压光。为简化计算，首层建筑面积按标准层建筑面积计算，阳台为全封闭阳台，⑤轴和⑦轴上混凝土柱超过墙体宽度部分建筑面积忽略不计，门窗洞口尺寸见表3-1，工程做法见表3-2。

问题：

（1）依据 GB/T 50353—2013《建筑工程建筑面积计算规范》的规定，计算小高层住宅楼的建筑面积。将计算过程、计量单位及计算结果填入表3-3"建筑面积计算"。

（2）依据 GB 50854—2013《房屋建筑与装饰工程工程量计算规范》，计算住宅楼二层卧室1、卧室2、主卫的楼面工程量以及墙面工程量。将计算过程、计量单位及计算结果按要求填入表3-4"分部分项工程量计算"。

（3）结合图样及表3-2进行分部分项工程量清单的项目特征描述，将描述和分项计量单位填入表3-5"分部分项工程量清单"（计算结果均保留两位小数）。

表3-1　门窗洞口尺寸表

名称	洞口尺寸/mm×mm	名称	洞口尺寸/mm×mm
M-1	900×2100	C-3	900×1600
M-2	800×2100	C-4	1500×1700
HM-1	1200×2100	C-5	1300×1700
GJM-1	900×1950	C-6	2250×1700
YTM-1	2400×2400	C-7	1200×1700
C-1	1800×2000	C-8	1200×1600
C-2	1800×1700		

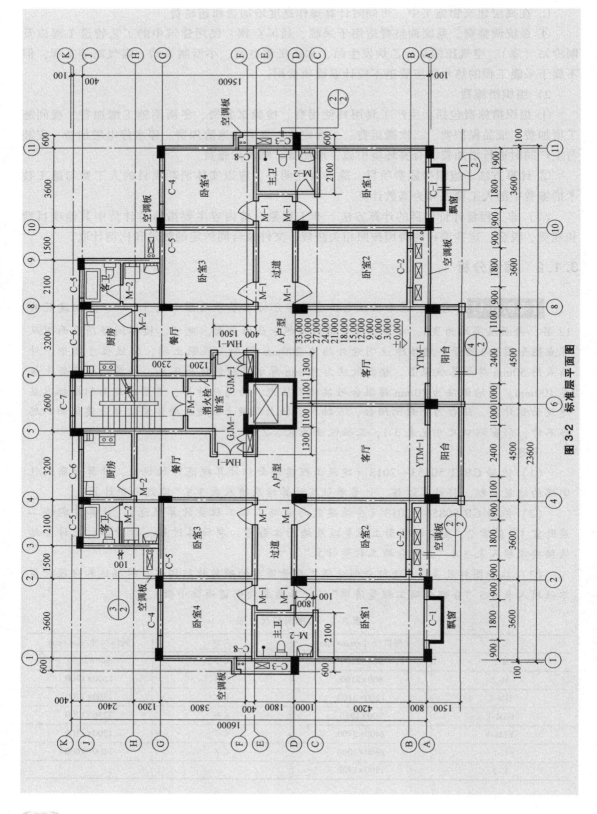

图 3-2 标准层平面图

表 3-2 工程做法

序号	名称	工程做法
1	水泥砂浆楼面	20mm 厚 1：2 水泥砂浆抹面压光素 水泥浆结合层一道钢筋混凝土楼板
2	混合砂浆墙面	15mm 厚 1：1：6 水泥石灰砂浆 5mm 厚 1：0.5：3 水泥石灰砂浆
3	水泥砂浆踢脚线（150mm 高）	6mm 厚 1：3 水泥砂浆 6mm 厚 1：2 水泥砂浆抹面压光
4	混合砂浆天棚	钢筋混凝土板屋面清理干净 7mm 厚 1：1：4 水泥石灰砂浆 5mm 厚 1：0.5：3 水泥石灰砂浆
5	聚苯板外墙外保温	砌体墙体 50mm 厚钢丝网架聚苯板钢筋固定 20mm 厚聚合物抗裂砂浆
6	80 系列单框中空玻璃 塑钢推拉窗；洞口 1800mm×2000mm	80 系列单框中空玻璃推拉窗 中空玻璃，空层玻璃为 5mm 厚玻璃 拉手、风撑

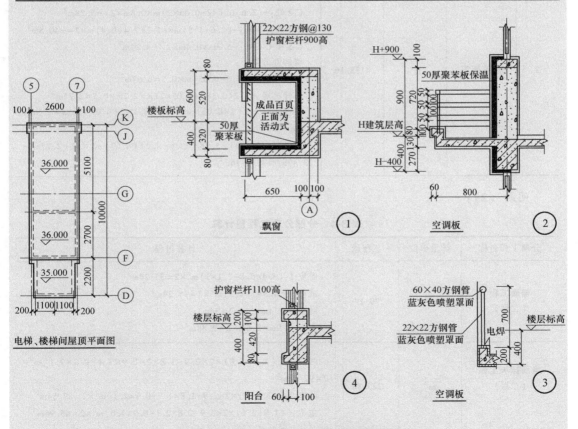

图 3-3 电梯、楼梯间壁顶平面图及节点图

解析：

问题（1）：

表3-3　建筑面积计算

序号	项目	计量单位	工程数量	计算过程
1	建筑面积	m²	4138.16	(23.6+0.05×2)m×(12+0.1×2+0.05×2)m=291.5m² 3.6m×(13.2+0.1×2+0.05×2)m=48.6m² 0.4m×(2.6+0.1×2+0.05×2)m=1.16m² 扣除： C-2处：-(3.6-0.1×2-0.05×2)m×0.8m×2=-5.28m² 增加部分如下： 阳台：9.2m×(1.5-0.05)m×0.5=6.67m² 电梯机房：(2.2+0.1×2+0.05×2)m×2.2m×0.5=2.75m² 楼梯间：(2.8+2×0.05)m×(7.8+0.1×2+0.05×2)m=2.9m×8.1m=23.49m² 所以有：(291.51+48.6+1.16+6.67-5.28)m²×12+2.75m²+23.49m²=4138.16m²
2	建筑面积	m²	4138.16	(23.6+0.05×2)m×(16+0.1×2+0.05×2)m=386.31m² 扣除： C-2处：-(3.6-0.1×2-0.05×2)m×0.8m×2=-5.28m² C-4和C-5处：-(3.6+1.5)×(1.2+2.4+0.4)m×2=-40.8m² C-5和C-6处：-5.3m×0.4m×2=-4.24m² 增加部分如下： 阳台：9.2m×(1.5-0.05)m×0.5=6.67m² 电梯机房：(2.2+0.1×2+0.05×2)m×2.2m×0.5=2.75m² 楼梯间：(2.8+2×0.05)m×(7.8+0.1×2+0.05×2)m=2.9m×8.1m=23.49m² 所以有：(386.31-5.28-40.8-4.24+6.67)m²×12+2.75m²+23.49m²=4138.16m²

问题（2）：

表3-4　分部分项工程量计算

分项工程名称	计量单位	工程量	计算过程
楼面工程 （二层）	m²	79.12	卧室1：(3.4×5.8-2.1×1)m²×2=35.24m² 或(3.4×4.8+1×1.3)m²×2=35.24m² 卧室2：3.4m×5m×2=34m² 主卫：1.9m×2.6m×2=9.88m²
墙面抹灰工程 （二层）	m²	225.88	卧室1：[(3.4+5.8)×2×2.9-1.8×2-0.9×2.1-0.8×2.1]m²×2=92.38m² 卧室2：[(3.4+5)×2×2.9-1.8×1.7-0.9×2.1]m²×2=87.54m² 主卫：[(1.9+2.6)×2×2.9-0.8×2.1-0.9×1.6]m²×2=45.96m²

问题（3）：

表3-5　分部分项工程量清单

序号	项目编码	项目名称	项目特征描述	计量单位	工程量
1	011101001001	水泥砂浆楼面	面层厚度、砂浆配合比:20mm厚1:2水泥砂浆	m²	
2	011201001001	混合砂浆墙面	(1)墙体类型:加气混凝土墙 (2)底层厚度、砂浆配合比:15mm厚1:1:6水泥石灰砂浆 (3)面层厚度,砂浆配合比:5mm厚1:0.5:3水泥石灰砂浆	m²	
3	011105001001	水泥砂浆、踢脚线	(1)踢脚线高:150mm (2)底层厚度、砂浆配合比:6mm厚1:3水泥砂浆 (3)面层厚度、砂浆配合比:6mm厚1:2水泥砂浆抹面压光	m²	
4	011301001001	混合砂浆天棚	(1)基层类型:钢筋混凝土天棚 (2)抹灰厚度、砂浆配合比、材料种类: 7mm厚1:1:4水泥石灰砂浆 5mm厚1:0.5:3水泥石灰砂浆	m²	
5	011001003001	聚苯板外墙外保温	(1)部位:外墙 (2)方式:外保温或锚筋固定 (3)材料品种、规格:50mm厚聚苯板 (4)防护材料:20mm厚聚合物抗裂砂浆	m²	
6	010807001001	塑钢推拉窗	(1)类型、外围尺寸:80系列单框推拉窗1800mm×2000mm (2)材料:塑钢 (3)玻璃品种、厚度:中空玻璃5+12A+5mm (4)五金材料:拉手、风撑	樘	

本题的解题重点:

（1）建筑面积计算规则

1）多层建筑物首层应按其外墙勒脚以上结构外围水平面积计算，二层及以上楼层应按其外墙结构外围水平面积计算。层高在 2.2m 及以上者应计算全面积；高度不足 2.2m 者应计算 1/2 面积。

2）建筑物顶部有围护结构的楼梯间、水箱间、电梯机房等，层高在 2.2m 及以上者应计算全面积；层高不足 2.2m 者应计算 1/2 面积。

3）筑物外墙外侧有保温隔热层的，应按保温隔热层外边线计算建筑面积。

4）建筑物内的室内楼梯间、电梯间、观光电梯井、提物井、管道井、通风排气竖井、垃圾道、附墙烟囱应按建筑物的自然层计算。

5）建筑物的阳台均应按其水平投影面积的1/2计算。

6）勒脚、附墙柱，垛、台阶、墙面抹灰、装饰面、镶贴块料面层、装饰性幕墙、空调机外机搁板（箱）、飘窗、构件、配件、宽度在2.1m及以内的雨篷以及建筑物内不相连通的装饰性阳台、挑廊，不计算建筑面积。

（2）工程量计算规则

1）在楼地面的装饰装修工程中，对于整体面层，包括水泥砂浆楼地面、现浇水磨石楼地面、细石混凝土楼地面、菱苦土楼地面，按设计图示尺寸以面积计算。扣除凸出地面的构筑物、设备基础、室内铁道、地沟等所占的面积，不扣除间壁墙和0.3m²以内的柱、垛、附墙烟囱及孔洞所占的面积。门洞、空圈、暖气包槽、壁龛的开口部分不增加面积。

2）墙面（柱面、零星）抹灰包括墙面（柱面、零星）一般抹灰、墙面（柱面、零星）装饰抹灰、墙面（柱面）勾缝，按设计图示尺寸以面积计算；扣除墙裙、门窗洞口及单个0.3m²以外的孔洞面积，不扣除踢脚板、挂镜线和墙与构件交界处的面积，门窗洞口和孔洞的侧壁及顶面不增加面积；附墙柱、梁、垛、烟囱侧壁并入相应的墙面面积内；内墙抹灰面积按主墙间的净长乘以高度计算，无墙裙的内墙高度按室内楼地面至天棚底面计算；有墙裙的内墙高度按墙裙顶至天棚底面计算。

（3）分部分项工程量清单

1）项目名称及特征：项目名称是主体，特征是考虑该项目具体的规格、型号、材质等要求，是反映影响工程造价的主要因素。

2）量单位：要求与《建设工程工程量清单计价规范》中的计量单位一致。

【案例3-2】　背景：某别墅部分设计如图3-4～图3-8所示。墙体除注明外均为240mm厚。卧室地面构造做法：素土夯实，60mm厚C10混凝土垫层，20mm厚1:2水泥砂浆抹面压光。卧室楼面构造做法：150mm现浇钢筋混凝土楼板，素水泥浆一道，20mm厚1:2水泥砂浆抹面压光。坡屋面构造做法：钢筋混凝土屋面板表面清扫干净，素水泥浆一道，20mm厚1:3水泥砂浆找平，刷热防水膏，采用20mm厚1:3干硬性水泥砂浆防水保护层，25mm厚1:1:4水泥石灰砂浆铺瓦屋面。

问题：

（1）依据GB/T 50353—2013《建筑工程建筑面积计算规范》的规定，计算别墅的建筑面积。将计算过程及计量单位、计算结果填入表3-6"建筑面积计算表"。

（2）依据GB 50854—2013《房屋建筑与装饰工程工程量计算规范》计算卧室（不含卫生间）楼面、地面、坡屋面的工程量。

（3）依据GB 50854—2013《房屋建筑与装饰工程工程量计算规范》编制卧室楼面、地面的分部分项工程量清单，填入表3-7"分部分项工程和单价措施项目清单与计价表"（水泥砂浆地面的项目编码为：011101001；瓦屋面的项目编码为010901001）。

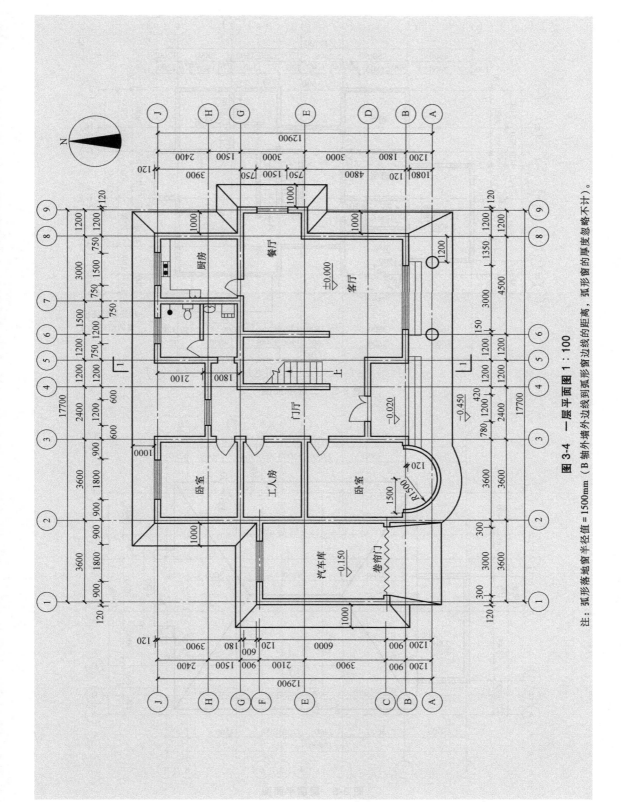

图 3-4　一层平面图 1:100

注：孤形落地窗半径值=1500mm（B 轴外墙外边线到孤形窗窗边的距离，孤形窗的厚度忽略不计）。

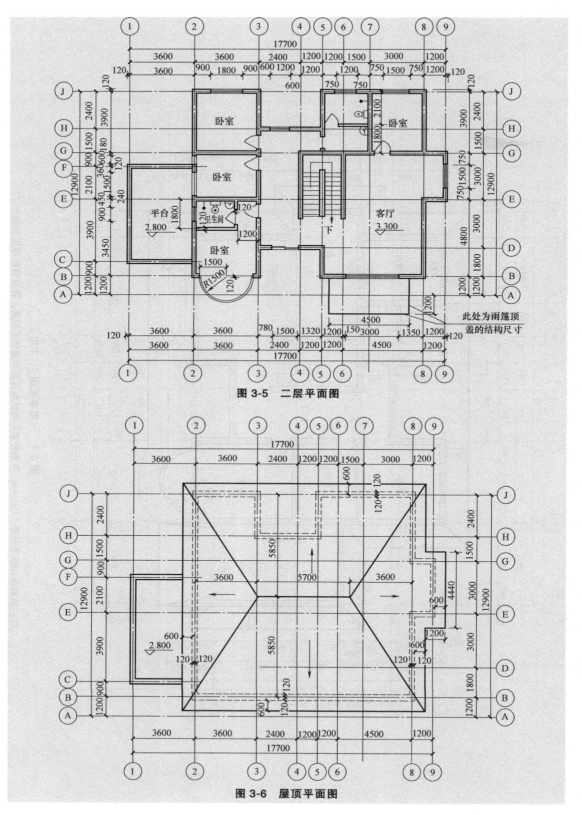

图 3-5　二层平面图

图 3-6　屋顶平面图

图 3-7 南立面图

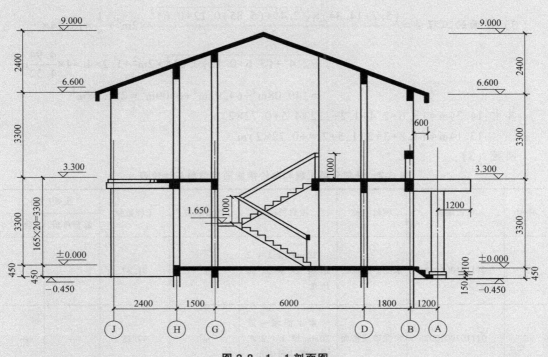

图 3-8 1—1 剖面图

解析：

问题（1）：别墅的建筑面积计算表见表 3-6。

表 3-6　建筑面积计算表

序号	部位	计量单位	建筑面积	计算过程
1	一层	m²	172.66	$(3.6×6.24+3.84×11.94+3.14×1.5^2×\frac{1}{2}+3.36×7.74+5.94×$ $11.94+1.2×3.24)m^2=172.66m^2$
2	二层	m²	150.20	$(3.84×11.94+3.14×1.5^2×1/2+3.36×7.74+5.94×11.94+1.2×$ $3.24)m^2=150.20m^2$
3	雨篷	m²	5.13	$(2.4-0.12)×4.5×\frac{1}{2}m^2=5.13m^2$
合计		m²	327.99	

问题（2）：

1）卧室地面的工程量 $=(3.36×3.66+3.36×4.56+3.14×1.5^2×\frac{1}{2}+0.24×3)m^2=31.87m^2$

2）卧室楼面的工程量 $=(3.36×3.66+3.36×2.76+3.36×4.56+3.14×1.5^2×\frac{1}{2}+0.24×$ $3-1.74×2.34+2.76×3.66)m^2=47.18m^2$

3）屋面的工程量 $=\dfrac{(5.7+14.34)×\sqrt{2.4^2+(5.85+0.12+0.6)^2}}{2}×2m^2+\dfrac{1}{2}×13.14×$

$\sqrt{2.4^2+(3.6+0.12+0.6)^2}×2m^2+1.2×4.44×\dfrac{4.94}{4.32}m^2$

$=140.08m^2+64.91m^2+6.09m^2=211.08m^2$

其中：14.34m $=(3.6+2.4+1.2+1.2+4.5+0.72×2)m$

13.14m $=(1.8+3+3+1.5+2.4+0.72×2)m$

问题（3）：

表 3-7　分部分项工程和单价措施项目清单与计价表

序号	项目编码	项目名称	项目特征	计量单位	工程数量	金额（元）	
						综合单价	合价
1	011101001001	水泥砂浆地面	20mm 厚 1：2 水泥砂浆抹面压光	m²	31.87	—	—
2	011101001002	水泥砂浆楼面	素水泥浆一道 20mm 厚 1：2 水泥砂浆抹面压光	m²	47.18	—	—
3	010901001001	瓦屋面	25mm 厚 1：1：4 水泥石灰砂浆铺瓦屋面	m²	211.08	—	—

【案例3-3】　背景：某热电厂煤仓燃煤架空运输坡道基础平面图（如图3-9所示和基础详图如图3-10所示。

问题：

（1）根据工程图及技术参数，按GB 50854—2013《房屋建筑与装饰工程工程量计算规范》的计算规则，在"工程量计算表"中，列式计算现浇混凝土基础垫层、现浇混凝土独立基础（-0.3m以下部分）、现浇混凝土基础梁、现浇构件钢筋、现浇混凝土模板五项分部分项工程的工程量。根据已有类似项目结算资料测算，各钢筋混凝土基础钢筋参考含量分别为：独立基础80kg/m³，基础梁100kg/m³（基础梁施工是在基础回填土回填至-1.00m时再进行基础梁施工）。

（2）根据问题1的计算结果及给定的项目编码、综合单价，按《建设工程工程量清单计价规范》的要求，编制"分部分项工程和单价措施项目清单与计价表"。

（3）假如招标工程量清单中，单价措施项目中模板项目的清单不单独列项，按《房屋建筑与装饰工程工程量计算规范》中工作内容的要求，模板费应综合在相应分部分项项目中，根据计算结果，列式计算相应分部分项工程的综合单价。

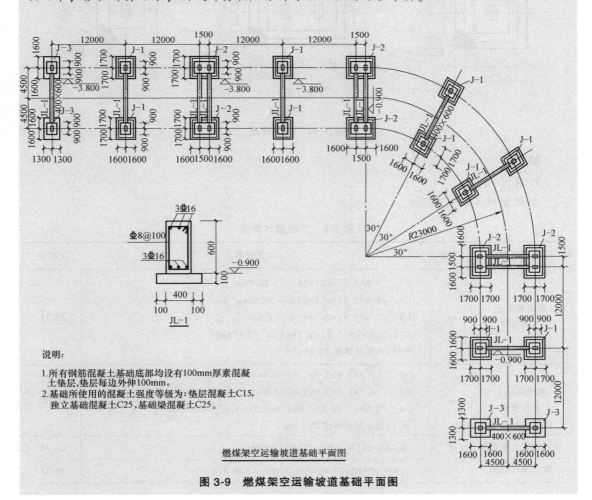

燃煤架空运输坡道基础平面图

图3-9　燃煤架空运输坡道基础平面图

（4）根据问题1的计算结果，定额规定混凝土损耗率15%，列式计算该架空运输坡道土建工程基础部分总包方与商品混凝土供应方各种强度等级混凝土的结算用量（计算结果保留两位小数）。

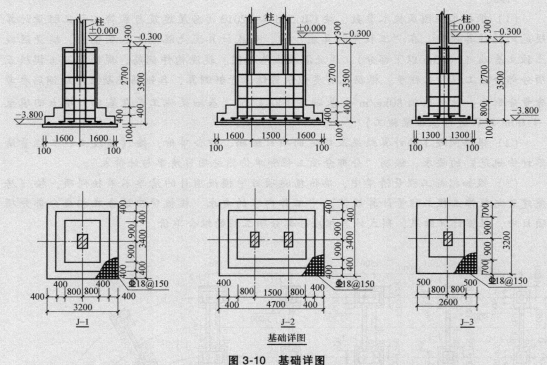

图 3-10 基础详图

解析：

问题（1）：

工程量计算表见表3-8。

表 3-8 工程量计算表

项目名称	单位	计算过程	工程量
现浇混凝土基础垫层	m³	J-1：[（3.4×3.6）×0.1×10]m³ = 12.24m³ J-2：[（4.9×3.6）×0.1×6]m³ = 10.584m³ J-3：[（2.8×3.4）×0.1×4]m³ = 3.808m³ JL-1：[0.6×（9-1.8）×0.1×13]m³ = 5.616m³ 小计：垫层总体积 32.25m³	32.25
现浇混凝土独立基础	m³	J-1：{[（3.2×3.4+2.4×2.6）×0.4+1.6×1.8×2.7]×10}m³ = 146.24m³ J-2：{[（4.7×3.4+3.9×2.6）×0.4+3.1×1.8×2.7]×6}m³ = 153.084m³ J-3：[（2.6×3.2×0.8+1.6×1.8×2.7）×4]m³ = 57.728m³ 小计：独立基础体积 357.05m³	357.05
现浇混凝土基础梁	m³	[0.4×0.6×（9-1.8）×13]m³ = 22.46m³	22.46
现浇构件钢筋	t	[（357.05×80+22.46×100）÷1000]t = 30.81t	30.81

（续）

项目名称	单位	计算过程	工程量
现浇混凝土模板	m²	（1）垫层模板： J-1：$[（3.4+3.6）×2×0.1×10]m²=14m²$ J-2：$[（4.9+3.6）×2×0.1×6]m²=10.2m²$ J-3：$[（2.8+3.4）×2×0.1×4]m²=4.96m²$ JL-1：$[（9-1.8）×0.1×2×13]m²=18.72m²$ 小计：$47.88m²$ （2）独立基础模板： J-1：$\{[（3.2+3.4）+（2.4+2.6）]×2×0.4+（1.6+1.8）×2×2.7\}×10m²=276.4m²$ J-2：$\{[（4.7+3.4）+（3.9+2.6）]×2×0.4+（3.1+1.8）×2×2.7\}×6m²=228.84m²$ J-3：$\{[（2.6+3.2）×2×0.8+（1.6+1.8）×2×2.7]×4\}m²=110.56m²$ 减去基础梁与基础接触面积：$0.6×0.4×2×13=6.24m²$ 小计：$609.56m²$ 基础梁模板：$[（9-1.8）×0.6×2×13]m²=112.32m²$	47.88

问题（2）：

分部分项工程和单价措施项目清单与计价表见表3-9。

表3-9 分部分项工程和单价措施项目清单与计价表

项目编码	项目名称	计量单位	工程量	综合单价（元）	合价（元）
	分部分项				
	现浇混凝土基础垫层	m³	32.25	450	14512.5
	现浇混凝土独立基础	m³	357.05	530	189236.5
	现浇混凝土基础梁	m³	22.46	535	12016.1
	现浇构件钢筋	t	30.81	4850	149428.5
	分部分项合计				365193.6
	单价措施项目				
	混凝土基础垫层模板	m²	47.88	18	861.84
	混凝土独立基础模板	m²	609.56	48	29258.88
	混凝土基础梁模板	m²	112.32	69	7750.08
	单价措施项目合计				37870.8
	总计				403064.4

问题（3）：

现浇混凝土基础垫层综合单价 =（14512.5+861.84）÷32.25 元/m³ = 476.72 元/m³

现浇混凝土独立基础综合单价 =（189236.5+29258.88）÷357.05 元/m³ = 611.95 元/m³

现浇混凝土基础梁综合单价 =（12016.1+7750.08）÷22.46 元/m³ = 880.06 元/m³

问题（4）：

C15 商品混凝土结算量：$32.25m^3 \times (1+1.5\%) = 32.73m^3$

C25 商品混凝土结算量：$(357.05+22.46)m^3 \times (1+1.5\%) = 385.20m^3$

【案例3-4】　背景：某工程基础剖面图如图 3-11 所示，现浇钢筋混凝土条形基础、独立基础平面图如图 3-12 所示，基础底标高为 -2m。混凝土垫层强度等级为 C15，混凝土基础强度等级为 C25，按外购商品混凝土考虑。混凝土垫层支模板浇筑，工作面宽度 300mm，槽坑底面用电动夯实机夯实。措施项目单价表见表 3-10。基础定额表见表 3-11。项目编码与项目名称见表 3-12。管理费费率 10%，以人工费、材料费和机械使用费之和为基数，利润率 8%，以人工费、材料费、机械使用费、利润之和为基数；以分部分项工程量清单计价合计和模板及支架清单项目费之和为基数；临时设施费率 1.5%，环境保护费率 0.8%，安全和文明施工费率 1.8%。

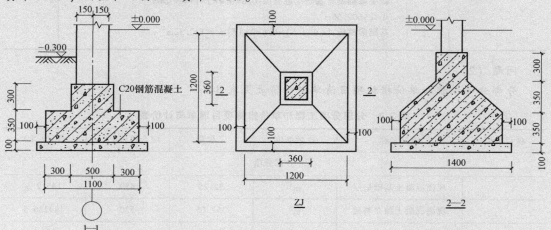

图 3-11　基础剖面图

表 3-10　措施项目单价表

序号	项目名称	计量单位	费用组成（元）			
			人工费	材料费	机械使用费	单价
1	条形基础组合模板	m²	8.85	21.53	1.60	31.98
2	独立基础组合模板	m²	8.32	19.01	1.39	28.72
3	垫层木模板	m²	3.58	21.64	0.46	25.68

表 3-11　基础定额表

项目			基础槽底夯实	人工挖沟槽
名称	单位	单价（元）	10m²	10m³
综合人工	工日	60	0.15	7.0
电动打夯机	台班	70	0.06	

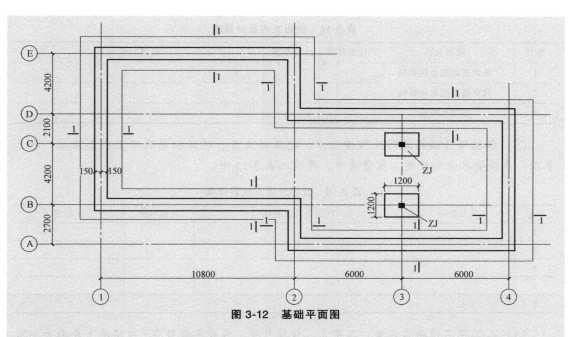

图 3-12　基础平面图

表 3-12　项目编码与项目名称

项目编码	项目名称	项目编码	项目名称
010101003	挖沟槽土方	010501002	条形基础
010101004	挖基础土方	010501003	独立基础
010501001	垫层		

问题：依据《房屋建筑与装饰工程工程量计算规范》完成下列计算：

（1）计算挖沟槽土方、挖基础土方、条形基础、独立基础、基础垫层的工程量，并填入表 3-13 中。

棱台体体积公式为 $V = \dfrac{1}{3} h (a^2 + b^2 + ab)$

表 3-13　分部分项工程量计算表

序号	分项工程名称	计量单位	工程数量	计算过程
1	挖沟槽土方			
2	挖基础土方			
3	条形基础			
4	独立基础			
5	基础垫层			

（2）计算条形基础、独立基础（坡面不计算模板工程量）和基础垫层的模板工程量，将模板工程量计算过程及计算结果填入表 3-14 中。

表 3-14　模板工程量计算表

序号	模板名称	计量单位	工程数量	计算过程
1	条形基础组合钢模板			
2	独立基础组合钢模板			
3	垫层木模板			

（3）根据项目编码编制挖沟槽土方、挖基础土方、现浇钢筋混凝土条形基础、独立基础、基础垫层分部分项工程量清单，并填入表 3-15 中。

表 3-15　分部分项工程量清单

序号	项目编码	项目名称及特征	计量单位	工程量
1				
2				
3				
4				
5				

（4）人工挖沟槽施工方案：二类土，放坡开挖，放坡系数 0.3，自垫层下表面开始放坡，挖出土方沟槽边堆放，列式计算施工挖土工程量、沟槽夯实工程量。依据提供的基础定额数据编制人工挖沟槽综合单价分析表，并填入表 3-16 中。

表 3-16　分部分项工程量清单综合单价分析表

项目编码			项目名称			计量单位			工程量		
清单综合单价组成明细											
定额编号	定额名称	定额单位	数量	单价（元）				合价（元）			
				人工费	材料费	机械费	管理费和利润	人工费	材料费	机械费	管理费和利润
人工单价				小　计							
			未计价材料费								
清单项目综合单价											
材料费明细	主要材料名称规格、型号		单位		数量		单价（元）	合计（元）	暂估单价（元）	暂估合计（元）	
	其他材料费						—		—		
	材料费小计						—		—		

(5) 现浇混凝土基础工程得分部分项工程量清单计价合价为 70000 元，计算措施项目清单费用，列出计算过程，并填入表 3-17 中。

表 3-17 措施项目清单计价表

序号	项目名称	金额（元）
1	模板及支架	
2	临时设施	
3	环境保护	
4	安全和文明施工	
	合计	

说明：计算结果均保留两位小数。

解析：

问题（1）：

挖沟槽土方、挖基础土方、条形基础、独立基础、基础垫层分部分项工程量计算结果见表 3-18。

表 3-18 分部分项工程量计算表（结果）

序号	分项工程名称	计量单位	工程数量	计算过程
1	挖沟槽土方	m^3	168.48	$(22.80+13.2)×2=72$ $1.3×(2+0.1-0.3)×72=168.48$
2	挖基础土方	m^3	7.06	$1.4×1.4×(2+0.1-0.3)×2=7.06$
3	条形基础	m^3	38.52	$(1.10×0.35+0.5×0.3)×72=38.52$
4	独立基础	m^3	1.55	$[1.20×1.20×0.35+\frac{1}{3}×0.35×(1.20×1.20+0.36×0.36+1.20×0.36)+0.36×0.36×0.30]×2=1.55$
5	基础垫层	m^3	9.75	条形基础：$1.3×0.1×72=9.36$ 独立基础：$1.4×1.4×0.1×2=0.39$ 合计：$9.36+0.39=9.75$

问题（2）：

模板工程量计算表见表 3-19。

表 3-19 模板工程量计算表（结果）

序号	模板名称	计量单位	工程数量	计算过程
1	条形基础组合钢模板	m^2	93.6	$(0.35+0.30)×2×72=93.6$
2	独立基础组合钢模板	m^2	4.22	$(0.35×1.20+0.30×0.36)×4×2=4.22$
3	垫层木模板	m^2	15.52	条形基础垫层：$0.1×2×72=14.4$ 独立基础：$1.4×0.1×4×2=1.12$ 合计：$14.4+1.12=15.52$

问题（3）：

分部分项工程量清单（结果）见表 3-20。

表 3-20　分部分项工程量清单（结果）

序号	项目编码	项目名称及特征	计量单位	工程数量
1	010101003001	挖沟槽土方： (1)二类土 (2)挖土深度 1.8m	m³	168.48
2	010101004001	挖基坑土方： (1)二类土 (2)挖土深度 1.8m	m³	7.06
3	010501001001	混凝土垫层： (1)垫层材料种类:C15 混凝土 (2)厚度:100mm	m³	9.75
4	010501002001	混凝土条形基础： (1)混凝土强度等级:C25 混凝土 (2)混凝土拌合料要求:外购商品混凝土	m³	38.52
5	010501003001	混凝土独立基础： (1)混凝土强度等级:C20 混凝土 (2)混凝土拌合料要求:外购商品混凝土	m³	1.55

问题（4）：

人工挖沟槽施工挖土工程量 $= [(1.3+1.8×0.3×2+1.3)×1.8÷2×72] m^3 = 238.46 m^3$

沟槽夯实工程量 $= 1.3m×72m = 93.6 m^2$

分部分项工程量清单综合单价分析表（结果）见表 3-21。

表 3-21　分部分项工程量清单综合单价分析表（结果）

项目编码	010101003001	项目名称	挖沟槽土方	计量单位	m³	工程量	168.48

| | | | | 清单综合单价组成明细 | | | | | | |

定额编号	定额名称	定额单位	数量	单价(元)				合价(元)			
				人工费	材料费	机械费	管理费和利润	人工费	材料费	机械费	管理费和利润
—	人工挖沟槽	10m³	0.142	420			78.96	59.64			11.21
—	基底夯实	10m²	0.056	9		4.2	2.48	0.5		0.24	0.14
人工单价			小　计					60.14	0.24		11.35
60 元/工日			未计价材料费								
清单项目综合单价								71.73			

材料费明细	主要材料名称规格、型号	单位	数量	单价(元)	合计(元)	暂估单价(元)	暂估合计(元)
	其他材料费			—		—	
	材料费小计			—		—	

问题（5）：

模板及支架：（93.6×31.98+4.22×28.72+15.52×25.68）元×1.1×1.08＝4173.54元

临时设施：（70000+4173.54）元×1.5%＝1112.6元

环境保护：（70000+4173.54）元×0.8%＝593.39元

安全和文明施工费：（70000+4173.54）元×1.8%＝1335.12元

合计：（4173.54+1112.6+593.39+1335.12）元＝7214.65元

措施项目清单计价表（结果）见表3-32。

表3-22　措施项目清单计价表（结果）

序号	项目名称	金额(元)
1	模板及支架	4173.54
2	临时设施	1112.6
3	环境保护	593.39
4	安全和文明施工	1335.12
	合计	7214.65

【案例3-5】　背景：某钢筋混凝土框架结构建筑物的某中间层（层高4.2m）楼面梁结构图如图3-13所示。已知抗震设防烈度为7度，抗震等级为三级，柱截面尺寸均为500mm×500mm，梁断面尺寸如图3-13所示。梁、板、柱均采用C30商品混凝土浇筑。

问题：

（1）列式计算KL5梁的混凝土工程量。

（2）列式计算所有柱的模板工程量。

（3）列表计算KL5梁的钢筋工程量。将计算过程及结果填入钢筋工程量计算表3-23中。已知Φ22钢筋理论质量为2.984kg/m，Φ20钢筋理论质量为2.47kg/m，Φ16钢筋理论质量为1.58kg/m，ϕ8钢筋理论质量为0.395kg/m。拉筋为ϕ6钢筋，其理论质量为0.222kg/m。纵向受力钢筋端支座的锚固长度按现行规范计算（纵筋伸到支座对边减去保护层弯折15d），腰筋锚入支座长度为15d，吊筋上部平直长度为20d。箍筋加密区为1.5倍梁高，箍筋长度和拉筋长度均按外包尺寸每个弯钩加10d计算，拉筋间距为箍筋非加密区间距的两倍，混凝土保护层厚度为25mm。

（4）根据表3-24现浇混凝土梁定额消耗量、表3-25各种资源市场价格表和管理费、利润及风险费率标准（管理费费率为人、材、机费用之和的12%，利润及风险费率为人、材、机、管理费用之和的4.5%），编制KL5现浇混凝土梁的工程量清单综合单价分析表（项目编码为010403002），并填入表3-26中。

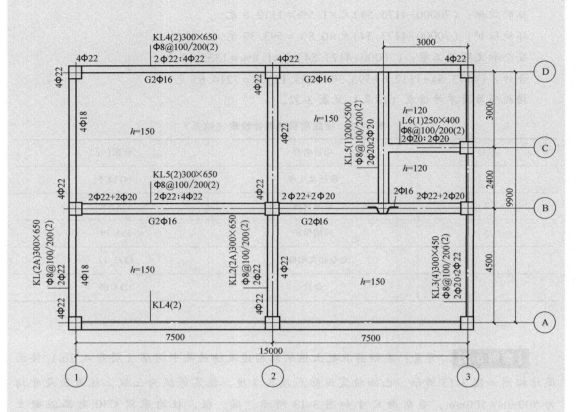

图 3-13 楼面梁结构图

表 3-23 KL5 梁钢筋工程量计算表

筋号	直径	钢筋图形	钢筋长度（根数）计算式	根数	单长/m	总长/m	总重/kg
合计							

表 3-24 混凝土梁定额消耗量 （单位：m³）

定额编号			5-572	5-573
项目		单位	混凝土浇筑	混凝土养护
人工	综合工日	工日	0.204	0.136
材料	C30 商品混凝土（综合）	m³	1.005	
	塑料薄膜	m²		2.412
	水	m³	0.032	0.108
	其他材料费	元	6.80	
机械	插入式振捣器	台班	0.050	

表 3-25 各种资源市场价格表

序号	资源名称	单位	价格（元）	备注
1	综合工日	工日	50.00	包括:技工、力工
2	C30 商品混凝土（综合）	m³	340.00	包括:搅拌、运输、浇灌
3	塑料薄膜	m²	0.40	
4	水	m³	3.90	
5	插入式振捣器	台班	10.74	

表 3-26 工程量清单综合单价分析表

工程名称： 标段：

项目编码		项目名称		计量单位		
清单综合单价组成明细						
定额号	定额项目	定额单位	数量	单价（元）				合价（元）			
				人工费	材料费	机械费	管理费和利润	人工费	材料费	机械费	管理费和利润
人工单价			小 计								
元/工日			未计价材料(元)								
清单项目综合单价(元/m³)											

材料费明细	主要材料名称、规格、型号	单位	数量	单价（元）	合价（元）	暂估单价（元）	暂估合价（元）
	其他材料费元(略)						
	材料费小计(元)						

解析：

问题（1）：KL5 梁混凝土工程量 = (0.3×0.65×7×2) m³ = 2.73m³

问题（2）：柱模板工程量 $=[0.5\times4\times4.2\times10-0.3\times0.65\times20-0.3\times0.45\times6-0.25\times0.4-(0.2+0.2)\times0.15\times4-(0.2+0.1)\times0.15\times8-(0.1+0.1)\times0.15\times4-(0.2+0.125)\times0.1\times2]\text{m}^2=78.02\text{m}^2$

问题（3）：

KL5梁钢筋工程计算表见表（结果）3-27。

表 3-27　KL5 梁钢筋工程量计算表（结果）

筋号	直径/mm	钢筋图形	钢筋长度（根数）计算式	根数	单长/m	总长/m	总重/kg
上下通长筋	22		$(15000-500)+[(500-25)+15\times22]\times2$	6	16.11	96.66	288.433
端支座三分之一筋	20		$[(500-25)+15\times20]+(7500-500)\div3$	4	3.108	12.433	30.710
中支座三分之一筋	20		$7000\div3+500+7000\div3$	2	5.167	10.333	25.523
梁侧构造钢筋	16		$7500-500+15\times16\times2$	4	7.480	29.92	47.274
箍筋	8		长度：$(250+600)\times2+2\times10\times8$ 根数：$[1.5\times650\div100\times2+(7000-1.5\times650\times2)\div200+1]\times2$	92	1.860	171.12	67.592
拉筋	6		长度：$250+2\times10\times6$ 根数：$(7000\div400+1)\times2$	38	0.370	14.06	3.121
吊筋	16		$20\times16\times2+600\times1.414\times2+200+50\times2$	2	2.637	5.274	8.333
合　计							470.446

问题（4）：

工程量清单综合单价分析表（结果）见表 3-28

表 3-28　工程量清单综合单价分析表（结果）

工程名称：某钢筋混凝土框架结构　　　　　　　　　　　　　　　　　　　工程标段：

项目编码	010403002001	项目名称	C30混凝土梁	计量单位	m³

清单综合单价组成明细

定额号	定额项目	计量单位	数量	单价（元）				合价（元）			
				人工费	材料费	机械费	管理费和利润	人工费	材料费	机械费	管理费和利润
5-572	混凝土浇筑	m³	1	10.20	348.62	0.537	61.24	10.20	348.62	0.537	61.24
5-573	混凝土养护	m³	1	6.80	1.39		1.40	6.80	1.39		1.40
人工单价		小　计						17.00	350.01	0.537	62.64
50元/工日		未计价材料（元）									
清单项目综合单价（元/m³）								430.19			

材料费明细	主要材料名称、规格、型号	单位	数量	单价（元）	合价（元）	暂估单价（元）	暂估合价（元）
	C30商品混凝土	m³	1.005	340.00	341.70		
	其他材料费（元）						
	材料费小计（元）						

【案例 3-6】 背景：某工程的建筑平面图如 3-14~图 3-18 所示。

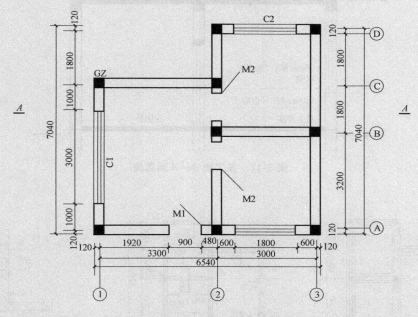

图 3-14　某工程平面图

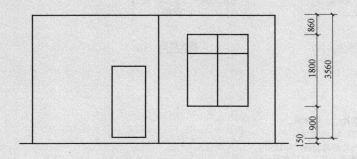

图 3-15　某工程正立面图

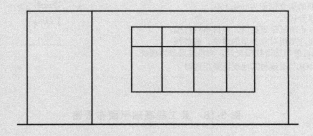

图 3-16　某工程 D—A 立面图

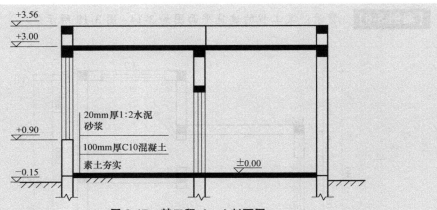

图 3-17　某工程 A—A 剖面图

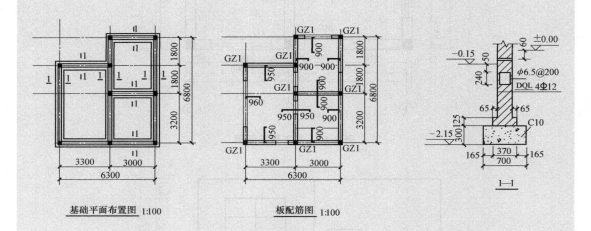

基础平面布置图 1:100　　　　板配筋图 1:100

说明：
1. 材料：地圈梁，构造柱C20，其余梁，
   板混凝土；C25；钢筋：Φ-HPB235
   Φ-HRB335，Φ^R-冷轧带肋钢筋(CRB550)；
   基础采用MU15承重实心砖，M10水泥砂浆；
   ±0.00以上采用MU10承重实心砖，M7.5混合砂浆；
   女儿墙采用MU10承重实心砖，M5.0水泥砂浆。
2. 凡未标注的现浇板钢筋均为Φ8@200。
3. 图中未画出的板上部钢筋的架立钢筋为Φ6@150。
4. 本图中未标注的结构板厚为100。
5. 本图应配合建筑及设备专业图纸预留孔洞，不得事后打洞。
6. 过梁根据墙厚及洞口净宽选用相对应类型的过梁，荷载级
   别除注明外均为2级。凡过梁与构造柱相交处，均将过梁改为现浇。
7. 顶层沿240墙均设置圈梁(QL*)圈梁与其他现浇梁相遇时，
   圈梁钢筋伸入梁内500。
8. 构造柱应锚入地圈梁中。

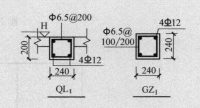

图 3-18　某工程基础平面布置图

　　图例说明：该工程为砖混结构，室外地坪标高为-0.150m，屋面混凝土板厚100mm。
门窗表见表3-29，均不设门窗套。工程做法一览表见表3-30，装饰做法一览表见表3-31。

计算说明：内墙门窗侧面、顶面和窗底面均抹灰、刷乳胶漆，乳胶漆计算宽度均按 100mm 计算，并入内墙面刷乳胶漆项目。外墙保温工程中门窗侧面、顶面和窗底面不做保温层。外墙贴块料工程中门窗侧面、顶面和窗底面要计算，计算宽度均按 150mm 计算，归入零星项目。门洞侧壁不计算踢脚板长度。

表 3-29　门窗表

名称	代号	洞口尺寸/mm×mm	备注
成品钢制防盗门	M1	900×2100	
成品实木门	M2	800×2100	带锁，普通五金
塑钢推拉窗	C1	3000×1800	中空玻璃 5+6+5；型材为钢塑 90 系列；
塑钢推拉窗	C2	1800×1800	普通五金

表 3-30　工程做法一览表

序号	工程部位	工程做法
1	墙体砌筑	0.00 标高以上，3.00 以下，标准砖，水泥混合砂浆 M7.5
2	构造柱、圈梁、过梁（现场搅拌混凝土）	构造柱：C20，下接圈梁，上深入女儿墙压顶顶面 圈梁：C25，圈梁与板连接算至板底 过梁：C20，每边深入墙内 250mm
3	女儿墙	墙厚 240mm，高度 560mm，标准砖砌筑，M5.0 号水泥砂浆，上设 240×60 混凝土压顶 C20
4	混凝土楼板	100mm，C25，预拌混凝土
5	屋面防水层	2% 平屋顶，3mm 厚 APP 防水卷材上翻 300mm

表 3-31　装饰做法一览表

序号	工程部位	装饰做法
1	地面	面层 20mm 厚 1：2 水泥砂浆地面压光；垫层为 100mm 厚 C10 素混凝土垫层（中砂，砾石 5~40mm）；垫层下为素土夯实
2	踢脚线	120mm 高；面层：6mm 厚 1：2 水泥砂浆抹面压光底层：20mm 厚 1：3 水泥砂浆
3	内墙面	混合砂浆普通抹灰，基层上刷素水泥浆一遍，底层 15mm 厚 1：1：6 水泥石灰砂浆，面层 5mm 厚 1：0.5：3 水泥石灰砂浆罩面压光，满刮普通成品腻子膏两遍，刷内墙立邦乳胶漆三遍（底漆一遍，面漆两遍）
4	天棚	钢筋混凝土板底面清理干净，刷水泥 801 胶浆一遍，7mm 厚 1：1：4 水泥石灰砂浆，面层 5mm 厚 1：0.5：3 水泥石灰砂浆，满刮普通成品腻子膏两遍，刷内墙立邦乳胶漆三遍（底漆一遍，面漆两遍）
5	外墙面保温	保温高度：-0.15 标高至女儿墙顶； 砌体墙表面做外保温（浆料），外墙面胶粉聚苯颗粒 30mm 厚
6	外墙面贴块料	粘贴高度：-0.15 标高至女儿墙压顶 8mm 厚 1：2 水泥砂浆粘贴 100mm×100mm×5mm 的白色外墙砖，灰缝宽度为 6mm，用白水泥勾缝，无酸洗打蜡要求

问题：

(1) 根据以上背景资料以及《建设工程工程量清单计价规范》《房屋建筑与装饰工程工程量计算规范》及其他相关文件的规定，补充完成该房屋建筑与装饰工程分部分项工程与单价措施项目清单与计价（表3-32），不考虑价格部分（计算结果保留两位小数）。

表3-32 分部分项工程与单价措施项目清单与计价表

序号	项目编码	项目名称	项目特征描述	计量单位	工程量	金额（元）		
						综合单价	合价	其中：暂估价
1	010101001001	平整场地	二类土，人工平整					
2	010101003001	挖基础沟槽土方	二类土，人工开挖，自卸汽车运土					
3	010103001001	室内回填土	原土回填，分层夯实					
4	010503003001	混凝土楼板	100mm，C25，预拌混凝土					
5	010503004001	地圈梁	C25，现场搅拌混凝土					
6	010902001001	屋面防水卷材	2%平屋顶，3mm厚APP防水卷材上翻300mm					
7	011001003001	外墙保温	保温高度：-0.15标高至女儿墙压顶；砌体墙表面做外保温（浆料），外墙面胶粉聚苯颗粒30mm厚					
8	011001003001	水泥砂浆地面						
9	011406001001	内墙面刷涂料	抹灰面上满刮普通成品腻子膏两遍，刷内墙立邦乳胶漆三遍（底漆一遍，面漆两遍）					
10	011301001001	天棚抹灰	钢筋混凝土板底面清理干净，刷水泥801胶浆一遍，7mm厚1:1:4水泥石灰砂浆，面层5mm厚1:0.5:3水泥石灰砂浆					
11	011701001001	综合脚手架						
12	011703001001	垂直运输						

（2）已知施工企业制定的基础土方施工方案为：基础土方为人工放坡开挖，工作面每边300mm；自素混凝土基础底面（也可理解为砖基础垫层下表面）开始放坡，坡度系数为0.33，原土不满足回填要求，全部考虑外运。计算挖基础沟槽土方的方案工程量。

（3）请依据施工企业定额消耗量（表3-23）、市场资源价格（表3-34）、现场搅拌混凝土配合比表（表3-35），已知企业管理费率按工料机和的12%计，利润率按工料机和管理费之和的4.5%计，不考虑风险。计算人工挖基槽土方的综合单价并填写综合单价分析表（表3-36）。

表3-33 施工企业定额消耗量　　　　　　　　　　　　　（单位：m³）

企业定额编号			5-393	5-394	5-417	5-421	1-40	1-46	1-54
项目		单位	混凝土垫层	混凝土条形基础	混凝土有梁板	混凝土楼梯	人工挖二类土	回填夯实土	自卸汽车运土
人工	综合工日	工日	1.225	0.956	1.307	0.575	0.661	0.294	
材料	现浇混凝土	m³	1.01	1.015	1.015	0.26			
	草袋	m²	0	0.252	1.099	0.218			
	水	m³	0.5	0.919	1.204	0.29			
机械	混凝土搅拌机（400L）	台班	0.101	0.039	0.063	0.026			
	插入式振捣器		0	0.077	0.063	0.052			
	平板式振捣器		0.079	0	0.063	0			
	自卸汽车运土		0	0.078	0	0			0.016
	电动打夯机		0	0	0	0		0.008	

表3-34 市场资源价格

序号	资源名称	单位	价格（元）	序号	资源名称	单位	价格（元）
1	综合工日	工日	90	8	混凝土搅拌机（400L）	台班	96.85
2	32.5水泥	t	460	9	插入式振捣器	台班	10.74
3	粗砂	m³	90	10	平板式振捣器	台班	12.89
4	砾石40	m³	52	11	自卸汽车	台班	605.24
5	砾石20	m³	52	12	电动打夯机	台班	25.61
6	水	m³	3.9	13	商品混凝土C20	m³	380
7	草袋	m²	2.2	14	商品混凝土C25	m³	400

表 3-35　现场搅拌混凝土配合比表　　　　　（单位：m³）

项目		单位	C15 混凝土垫层	C20 过梁、构造柱	C25 圈梁
材料	32.5 水泥	kg	249	312	359
	粗砂	m³	0.51	0.43	0.46
	砾石 40	m³	0.85	0.89	0
	砾石 20	m³	0	0	0.83
	水	m³	0.17	0.17	0.19

表 3-36　人工挖基槽土方综合单价分析表

项目编码	010101003001	项目名称	人工挖基槽土方	计量单位	m³

				清单综合单价组成明细							

定额编号	定额名称	定额单位	数量	单价（元）				合价（元）			
				人工费	材料费	机械费	管理费和利润	人工费	材料费	机械费	管理费和利润
1-9	基础挖土										
1-54	土方运输										
人工单价			小计								
元/工日			未计价材料（元）								
清单项目综合单价（元/m³）											

材料费明细	主要材料名称、规格、型号	单位	数量	单价（元）	合价（元）	暂估单价（元）	暂估合价（元）
	其他材料费（元）						
	材料费小计（元）						

　　（4）假定在施工过程中，业主要求承包商新增一项室外毛石护坡砌筑工程。承包商考虑到本企业没有相关定额，经决定采用工作日计时法编制该项工作的施工定额。现场测定资料反映该班组完成每立方米毛石砌体需要的条件如下：

　　1）工人基本工作时间为 7.9h，辅助工作时间、准备与结束时间、不可避免中断时间和休息时间，分别占毛石砌体的工作延续时间 3%、2%、2% 和 16%。

　　2）砂浆采用 400L 搅拌机现场搅拌，投料体积与搅拌机容量之比为 0.65，每循环一次所需时间为 6min，机械利用系数 0.8。

　　试确定砌筑每 10m³ 毛石护坡的人工定额和机械定额。

解析：

问题（1）：

1）平整场地（场地面积同首层建筑面积，注意保温层厚度应计算建筑面积）

平整场地面积：$S=6.54\times7.04\mathrm{m}^2-3.3\times1.8\mathrm{m}^2+(6.54+7.04)\times2\times0.03\mathrm{m}^2=40.92\mathrm{m}^2$

2）挖基础沟槽土方

外墙中心线长：$L=(6.3+6.8)\mathrm{m}\times2=26.2\mathrm{m}$

内墙基槽净长线：$L=(5-0.7)\mathrm{m}+(3-0.7)\mathrm{m}=6.6\mathrm{m}$

土方体积：$V=0.7\mathrm{m}\times2\mathrm{m}\times(26.2+6.6)\mathrm{m}=45.92\mathrm{m}^3$

3）室内回填土

室内回填土体积：$V=(3.06\times4.76+3.36\times2.76+2.76\times2.96)\mathrm{m}^2\times(0.15-0.02-0.10)\mathrm{m}=0.96\mathrm{m}^3$

4）混凝土楼板

混凝土楼板体积：$V=(6.54\times7.04-1.8\times3.3)\mathrm{m}^2\times0.1\mathrm{m}=4.01\mathrm{m}^3$

5）地圈梁

外墙中心线长：$L=(6.3+6.8)\mathrm{m}\times2=26.2\mathrm{m}$

内墙净长线：$L=(5-0.24)\mathrm{m}+(3-0.24)\mathrm{m}=7.52\mathrm{m}$

地圈梁体积：$V=0.24\mathrm{m}\times0.24\mathrm{m}\times(26.2+7.52)\mathrm{m}=1.94\mathrm{m}^3$

6）屋面防水卷材

屋面防水卷材面积：$S=[(6.54-0.24\times2)\times(5-0.24)+(3-0.24)\times1.8+(6.54-0.24\times2+7.04-0.24\times2)\times2\times0.3]\mathrm{m}^2=41.38\mathrm{m}^2$

7）外墙保温（外保温不考虑门窗洞口侧壁做保温的面积）

外墙保温面积：$S=[(6.54+7.04)\times2\times3.71-0.9\times2.1-3\times1.8-1.8\times1.8\times2]\mathrm{m}^2=86.99\mathrm{m}^2$

8）水泥砂浆地面

水泥砂浆地面面积：$S=(3.06\times4.76+3.36\times2.76+2.76\times2.96)\mathrm{m}^2=32.01\mathrm{m}^2$

9）内墙面刷涂料（在抹灰面的基础上考虑侧壁面积，不扣除踢脚板面积）

内墙面抹灰面积：$S=(15.64+12.24+11.44)\mathrm{m}\times2.9\mathrm{m}-(0.9\times2.1+0.8\times2.1\times4+3.0\times1.8+1.8\times1.8\times2)\mathrm{m}^2=(39.32\times2.9-20.49)\mathrm{m}^2=93.54\mathrm{m}^2$

内墙面涂料面积：$S=[93.54+(0.8\times4+2.1\times2\times2\times2+1.8\times4\times2+3\times2+1.8\times2+0.9+2.1\times2)\times0.10]\mathrm{m}^2=(49.1\times0.1+93.54)\mathrm{m}^2=98.45\mathrm{m}^2$

10）天棚抹灰

天棚抹灰面积：$S=(3.06\times4.76+3.36\times2.76+2.76\times2.96)\mathrm{m}^2=32.01\mathrm{m}^2$

11）综合脚手架

综合脚手架面积：$S=$ 建筑面积 $=40.92\mathrm{m}^2$

12）垂直运输

垂直运输面积：$S=$ 建筑面积 $=40.92\mathrm{m}^2$

分部分项工程与单价措施项目清单与计价表（结果）见表 3-37。

表 3-37　分部分项工程与单价措施项目清单与计价表（结果）

序号	项目编码	项目名称	项目特征描述	计量单位	工程量	金额（元）		
						综合单价	合价	其中：暂估价
1	010101001001	平整场地	二类土，人工平整	m²	40.92			
2	010101003001	挖基础沟槽土方	二类土，人工开挖，自卸汽车运土	m³	45.92			
3	010103001001	室内回填土	原土回填，分层夯实	m³	0.96			
4	010503003001	混凝土楼板	100mm，C25，预拌混凝土	m³	4.01			
5	010503004001	地圈梁	圈梁：C25，现场搅拌混凝土，圈梁与板连接算至板底	m³	1.94			
6	010902001001	屋面防水卷材	2%平屋顶，3mm 厚 APP 防水卷材上翻 300mm	m²	41.38			
7	011001003001	外墙保温	保温高度：−0.15 标高至女儿墙压顶；砌体墙表面做外保温（浆料），外墙面胶粉聚苯颗粒 30mm 厚	m²	86.99			
8	011001003001	水泥砂浆地面	20mm 厚 1：2 水泥砂浆地面压光	m²	32.01			
9	011406001001	内墙面刷涂料	抹灰面上满刮普通成品腻子膏两遍，刷内墙立邦乳胶漆三遍（底漆一遍，面漆两遍）	m²	98.45			
10	011301001001	天棚抹灰	钢筋混凝土板底面清理干净，刷水泥 801 胶浆一遍，7mm 厚 1：1：4 水泥石灰砂浆，面层 5mm 厚 1：0.5：3 水泥石灰砂浆	m²	32.01			
11	011701001001	综合脚手架	结构：混合结构，檐高：3.05m	m²	40.92			
12	011703001001	垂直运输	结构：混合结构，檐高：3.05m 地下室：0 建筑物层数：1 层	m²	40.92			

注：建筑物的檐口高度是指设计室外地坪至檐口滴水的高度（平屋顶的檐口高度是指屋面板底高度），突出主体建筑物屋顶的电梯机房、楼梯间、水箱间、瞭望塔、排烟机房等不计入檐口高度。

问题（2）：

外墙中心线长：$L=(6.3+6.8)\text{m}\times2=26.2\text{m}$

内墙基槽净长线：$L=(5-0.7-0.3\times2)\text{m}+(3-0.7-0.3\times2)\text{m}=5.4\text{m}$

考虑工作面和放坡后，挖沟槽的方案工程量：$V=[(0.7+0.3\times2+0.33\times2)\times2\times(26.2+5.4)]\text{m}^3=123.87\text{m}^3$

问题（3）：

1）清单综合单价=（方案挖土费用+方案运土费用）÷清单挖土量

其中，方案挖土费用=方案挖土量×挖土方案单价

方案挖土费用$=123.87\text{m}^3\times[0.661\times90\times(1+12\%)\times(1+4.5\%)]$元$/\text{m}^3=8624.71$元

方案运土费用$=123.87\text{m}^3\times[(0.016\times605.34)\times(1+12\%)\times(1+4.5\%)]$元$/\text{m}^3=1404.17$元

清单综合单价$=[(8624.71+1404.17)\div45.92]$元$/\text{m}^3=218.40$元$/\text{m}^3$

2）综合单价分析表，详见表3-38。

表3-38　人工挖基础土方综合单价分析表（结果）

项目编码	010101003001		项目名称	人工挖基槽土方		计量单位		m^3
清单综合单价组成明细								
定额编号	定额名称	定额单位	数量	单价（元）				合价（元）
				人工费	材料费	机械费	管理费和利润	人工费	材料费	机械费	管理费和利润

定额编号	定额名称	定额单位	数量	单价（元） 人工费	单价（元） 材料费	单价（元） 机械费	单价（元） 管理费和利润	合价（元） 人工费	合价（元） 材料费	合价（元） 机械费	合价（元） 管理费和利润
1-9	基础挖土	m^3	2.7=123.87÷45.92	59.49	0	0	10.14	160.62	0	0	27.38
1-54	土方运输	m^3	2.7	0	0	9.68	1.65	0	0	26.14	4.46
人工单价		小计						160.62	0	26.14	31.84
90元/工日		未计价材料（元）									
清单项目综合单价（元/m^3）								218.60			

材料费明细	主要材料名称、规格、型号	单位	数量	单价（元）	合价（元）	暂估单价（元）	暂估合价（元）
	其他材料费（元）						
	材料费小计（元）						

问题（4）：假定砌筑每立方米毛石护坡的工作延续时间为X，则

$X=7.9$工时$/\text{m}^3+(3\%+2\%+2\%+16\%)\times X$

$X=7.9$工时$/\text{m}^3+23\%\times X$

$X=7.9$工时$/\text{m}^3\div(1-23\%)=10.26$工时$/\text{m}^3$

每工日按 8 工时计算，则

砌筑每 $10m^3$ 毛石护坡的人工时间定额 $= X \div 8 \times 10 = 10.26 \div 8 \times 10$ 工日 $/10m^3 = 1.283 \times 10$ 工日 $/10m^3 = 12.83$ 工日 $/10m^3$

机械产量定额 $= (60 \div 6 \times 0.4 \times 0.65 \times 8 \times 0.8)m^3 /$ 台班 $= 16.64m^3 /$ 台班

砌筑每 $10m^3$ 毛石护坡的机械时间定额 $= 1 \div 16.64 \times 10 = 0.06 \times 10$ 台班 $/10m^3 = 0.6$ 台班 $/10m^3$

3.2 建筑给水排水及管道工程计量计价案例分析

3.2.1 相关理论与知识

安装工程包括机械设备安装工程、电气设备安装工程、热力设备安装工程、炉窑砌筑工程、静置设备与工艺金属结构制作安装工程、工业管道工程、消防工程、给水排水工程、（采暖）工程、燃气工程、通风空调工程、自动化控制仪表安装工程、通信设备及线路工程、建筑智能化系统设备安装工程、长距离输送管道工程。本节针对给水排水和工业管道进行讲解。

1. 给水排水（采暖）工程

（1）室内给水排水系统组成　室内给水系统主要由引入管、水表节点、室内管道、附件、升压储水设备、消防设备等组成。

室内生活污水排水系统主要由卫生器具，排水支、干、立管及透气管和排水管组成。

（2）工程量计算　室内给水排水工程量包括给水排水管道系统工程量计算、给水排水管道附件工程量计算、卫生器具工程量计算等。

1）工程量计算顺序：由入（出）口起，先主干，后支管；先进入，后排出；先设备，后附件。

2）计算要领：以管道系统（每一根立管即为一个系统）为单元计算，先小系统，后相加为全系统；以建筑平面特点划片计算。用管道平面图的建筑物轴线尺寸和设备位置尺寸为参考计算水平管长度；以管道系统图、剖面图的标高计算立管长度。

（3）给水排水工程相关知识表

给水排水工程相关知识表见表 3-39。

表 3-39　给水排水工程相关知识表

序号	项目名称		计量单位	工程量计算规则
1	管道、支架及管道附件	管道包括：镀锌钢管、不锈钢管、铸铁管、塑料管、复合管、直埋式预制保温管、承插陶瓷缸瓦管、承插水泥管、室外管道碰头	处、m	管道根据不同项目具体内容不同确定计量单位。管道长度按设计图示管道中心线以长度(m)计算，管道碰头按设计图示以"处"计算 　　工作内容包括：管道安装、管件安装、压力试验、吹扫、冲洗、警示带铺设等
		支架包括：管道支架和设备支架	kg、套	支架规定按设计图示质量(kg)计算或者以"套"计量

（续）

序号		项目名称	计量单位	工程量计算规则
1	管道、支架及管道附件	管道附件包括：各种材质阀门、法兰、减压器、仪表等	个、组、副、块	套管（制作安装、除锈、刷油）按图示数量计算 管道附件按设计图示数量计算（个、副、套、组）
		备注： 1. 安装部位，指管道安装在室内或室外 2. 管道工程量计算不扣除阀门、管件（包括减压器、疏水器、水表、伸缩器等组成安装）及附属构筑物所占长度；方形补偿器以其所占长度列入管道安装工程量 3. 压力试验按设计要求描述试验方法，如水压试验、气压试验、泄漏性试验、闭水试验、通球试验、真空试验等 4. 吹、洗按设计要求描述吹扫、冲洗方法，如水冲洗、消毒冲洗、空气吹扫等 5. 单件支架质量 100kg 以上的管道支吊架执行设备支吊架制作安装 6. 成品支架安装执行相应管道支架或设备支架项目，不再备注计取制作费，支架本身价值含在综合单价中 7. 套管制作安装，适用于穿越基础、墙、楼板等部位的防水套管、填料套管、无填料套管及防火套管等，应分别列项 8. 法兰阀门安装包括法兰连接，不得另计。当阀门安装仅为一侧法兰连接时，应在项目特征中描述 9. 塑料阀门连接形式需注明热熔连接、粘接、热风焊接等方式 10. 减压器规格按高压侧管道规格描述 11. 减压器、疏水器、倒流防止器等项目包括组成与安装工作内容，项目特征应根据设计要求描述附件配置情况，或根据相应图集或施工图做法描述		
2	采暖、给水排水设备	包括：给水排水设备：气压罐、集热装置、水处理器、热水器、开水炉、水箱	套、组、台、块	按设计图示数量计算
		备注： 1. 变频给水设备、稳压给水设备、无负压给水设备安装 1）压力容器包括气压罐、稳压罐、无负压罐 2）水泵包括主泵及备用泵，应注明数量 3）附件包括给水装置中配备的阀门、仪表、软接头，应注明数量，含设备、附件之间管路连接 4）泵组底座安装，不包括基础砌（浇）筑，应按现行国家标准《房屋建筑与装饰工程工程量计算规范》相关项目编码列项 2. 管道界限的划分 1）给水管道室内外界限划分：以建筑物外墙皮 1.5m 为界，入口处设阀门者以阀门为界 2）排水管道室内外界限划分：以出户第一个排水检查井为界 3）采暖管道室内外界限划分：以建筑物外墙皮 1.5m 为界，入口处设阀门者以阀门为界 4）燃气管道室内外界限划分：地下引入室内的管道以室内；第一个阀门为界，地上引入室内的管道以墙外三通为界		

2. 工业管道相关知识表

（1）工业管道的计算顺序　可按照管道、管件、阀门、法兰、管道压力试验、无损探伤及焊口热处理、管道支架制作安装、管口充氩气保护、套管制作安装、设备安装（泵、电机等）的顺序进行。

（2）工业管道相关知识列表

工业管道相关知识表见表 3-40。

表 3-40　工业管道相关知识表

序号	项目名称		计量单位	工程量计算规则
1	管道	低压管道(低压碳钢管、低压碳钢伴热管、低压衬里钢管、低压不锈钢伴热管、低压不锈钢管、低压合金钢管等)	m	按设计图示管道中心线以长度计算
		中压管道(中压碳钢管、中压螺旋卷管、中压不锈钢管、中压合金钢管、中压铜管及中压铜合金管等)		
		高压管道(高压碳钢管、高压合金钢管、高压不锈钢管)		
		备注: 1. 管道工程量计算不扣除阀门、管件所占长度;室外埋设管道不扣除附属构筑物(井)所占长度;方形补偿器以其所占长度列入管道安装工程量 2. 衬里钢管预制安装包括直管、管件及法兰的预安装及拆除 3. 压力试验按设计要求描述试验方法,如水压试验、气压试验、泄漏性试验、真空试验等 4. 吹扫与清洗按设计要求描述吹扫与清洗方法和介质,如水冲洗、空气吹扫、蒸汽吹扫、化学清洗、油清洗等 5. 按设计要求描述脱脂介质种类,如二氯乙烷、三氯乙烯、四氯化碳、动力苯、丙酮或酒精等			
2	管件、阀门、法兰	低压、中压、高压管件、阀门、法兰	个、副(片)	按设计图示数量计算
		备注: 1. 管件包括弯头、三通、四通、异径管、管接头、管帽、方形补偿器弯头、管道上仪表一次部件、仪表温度计扩大管制作安装等 2. 管件压力试验、吹扫、清洗、脱脂均包括在管道安装中 3. 在主管上挖眼接管的三通和摔制异径管,均以主管径按管件安装工程量计算,不另计制作费和主材费;挖眼接管的三通支管径小于主管径的1/2时,不计算管件安装工程量;在主管上挖眼接管的焊接接头、凸台等配件,按配件管径计算管件工程量 4. 三通、四通、异径管均按大管径计算 5. 管件用法兰连接时执行法兰安装项目,管件本身不再计算安装 6. 半加热外套管摔口后焊接在内套管上,每处焊口按一个管件计算;外套碳钢管如焊接不锈钢内套管上时,焊口间需加不锈钢短管衬垫,每处焊口按两个管件计算 7. 减压阀直径按高压侧计算 8. 电动阀门包括电动机安装 9. 操纵装置安装按规范或设计技术要求计算 10. 法兰焊接时,要在项目特征中描述法兰的连接形式(平焊法兰、对焊法兰、翻边活动法兰及焊环活动法兰等),不同连接形式应分别列项 11. 配法兰的盲板不计安装工程量 12. 焊接盲板(封头)按管件连接计算工程量			
3	板卷管与管件制作	碳钢板直管、不锈钢板直管、铝及铝合金板直管制作,各类材质管件、虾体弯制作和煨弯管道制作	t、个	板卷管制作按设计图示质量计算,各类材质管件制作按设计图示质量计算,虾体弯制作和煨弯管道制作按设计图示数量计算

　　具体计算规则详见 GB 50856—2013《通用安装工程工程量计算规范》、GB 50500—2013《建设工程工程量清单计价规范》。费用组成详见《建筑安装工程费用项目组成》(建标[2013]44号)、《住房城乡建设部办公厅关于做好建筑业营改增建设工程计价依据调整准备工作的通知》(建办标[2016]4号)、《财政部　国家税务总局关于全面推开营业税改征增值税试点的通知》(财税[2016]36号)。

3.2.2　案例分析

【案例 3-7】

背景：（1）根据招标文件和常规施工方案，按以下数据及要求编制某安装工程的工程量清单和招标控制价：该安装工程的各分部分项工程人、材、机费用合计为 6000 万元，其中人工费占 10%。单价措施项目中仅有脚手架项目，脚手架搭拆的人、材、机费用 48 万元，其中人工费占 25%。总价措施项目费中的安全文明施工费用（包括安全施工费、文明施工费、环境保护费、临时设施费）根据当地工程造价管理机构发布的规定按分部分项工程人工费的 20% 计取，夜间施工费、二次搬运费、冬雨期施工增加费、已完工程及设备保护费等其他总价措施项目费用合计按分部分项工程人工费的 12% 计取，其中人工费占 40%。企业管理费、利润分别按人工费的 60%、40% 计。暂列金额 200 万元，专业工程暂估价 500 万元（总承包服务费按分包价值的 3% 计取），不考虑计日工费用。规费按分部分项工程和措施项目费中全部人工费的 20% 计取。

上述费用均不包含增值税可抵扣进项税额。增值税税率按 11% 计取。

（2）该工程中某生产装置的部分工艺管道系统如图 3-19 和图 3-20 所示。

根据《通用安装工程工程量计算规范》的规定，管道系统各分部分项工程量清单项目统一编码见表 3-41。

表 3-41　工程量清单项目统一编码

项目编码	项目名称	项目编码	项目名称
030802001	中压碳钢管道	030816003	焊缝 X 光射线探伤
030805001	中压碳钢管件	030816005	焊缝超声波探伤
030808003	中压法兰阀门	031201001	管道刷油
030811002	中压碳钢焊接法兰	031201003	金属结构刷油
030815001	管架制作安装		

说明：

（1）图 3-19 所示为某工厂生产装置的部分工艺管道系统，该管道系统工作压力为 2.0MPa。图中标注尺寸标高以 m 计，其他均以 mm 计。

（2）管道均采用 20 号碳钢无缝钢管，弯头采用成品压制弯头，三通为现场挖眼连接，管道系统的焊接均为氩电联焊。

（3）所有法兰为碳钢对焊法兰；阀门型号：止回阀为 H41H-25，截止阀为 J41H-25，用对焊法兰连接。

（4）管道支架为普通支架，共耗用钢材 42.4kg，其中施工损耗为 6%。

（5）管道系统安装就位后，对 D76×4 的管线的焊口进行无损探伤。其中法兰处焊口采用超声波探伤；管道焊缝采用 X 光射线探伤，片子规格为 80mm×150mm，焊口按 36 个计。

（6）管道安装完毕后，进行水压试验和空气吹扫。管道、管道支架除锈后，均进行刷防锈漆、调和漆各两遍。

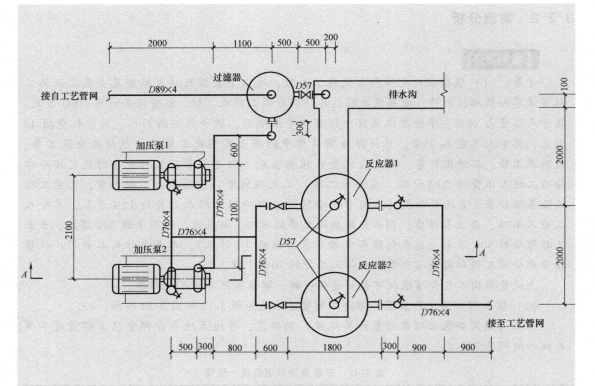

图 3-19　部分工艺管道系统

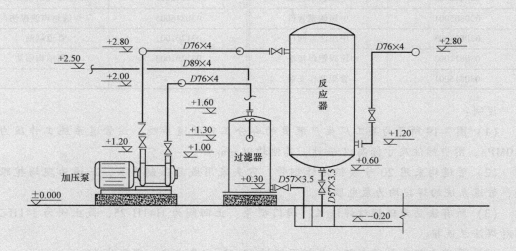

图 3-20　A—A 剖面图

问题：（1）按照《通用安装工程工程量计算规范》和《建设工程工程量清单计价规范》的规定，计算出该管道系统单位工程的招标控制价。将各项费用的计算结果填入单位工程招标控制价汇总表中，见表 3-42，并将计算过程写在表的下面。

表 3-42　单位工程招标控制价汇总表

序号	汇总内容	金额(万元)	其中:暂估价(万元)
1	分部分项工程		
1.1	略		
1.2			
……			
2	措施项目		
2.1	其中:安全文明施工费		
3	其他项目		
3.1	其中:暂列金额		
3.2	其中:专业工程暂估价		
3.3	其中:计日工		
3.4	其中:总包服务费		
4	规费		
5	税金		
	招标控制价合计(1+2+3+4+5)		

（2）根据《通用安装工程工程量计算规范》和《建设工程工程量清单计价规范》的规定，计算管道 D89×4、管道 D76×4、管道 D57×3.5、管架制作安装、焊缝 X 光射线探伤、焊缝超声波探伤六项工程量，并写出计算过程。编列出该管道系统（阀门、法兰安装除外）的分部分项工程量清单，将计算结果填入分部分项工程和单价措施项目清单与计价表中，见表 3-43。

表 3-43　分部分项工程和单价措施项目清单与计价表

序号	项目编码	项目名称	项目特征描述	计量单位	工程量	金额(元) 综合单价	合价	其中:暂估价
1	030802001001	中压碳钢管道	无缝钢管 D89×4 水压试验,空气吹扫	m				
2	030802001002	中压碳钢管道	无缝钢管 D76×4 同上	m				
3	030802001003	中压碳钢管道	无缝钢管 D57×3.5 同上	m				
4	030805001001	中压碳钢管件	DN80,冲压弯头,氩电联焊	个				
5	030805001002	中压碳钢管件	DN70,冲压弯头,氩电联焊	个				

（续）

序号	项目编码	项目名称	项目特征描述	计量单位	工程量	综合单价	合价	其中:暂估价
						金额（元）		
6	030805001003	中压碳钢管件	$DN70$，冲压弯头，氩电联焊	个				
7	030805001004	中压碳钢管件	$DN50$，冲压弯头，氩电联焊	个				
8	030805001005	管架制作安装	钢材，普通支架	kg				
9	030816003001	X光射线探伤	胶片 80mm×150mm，管壁 $\delta=4mm$	张				
10	030816005001	超声波探伤	$DN100$ 以内	口				
11	031201001001	管道刷油	除锈、刷防锈漆、调和漆两遍	m²				
12	031201003001	金属结构刷油	除锈、刷防锈漆、调和漆两遍	kg				

解析：

问题（1）：将各项费用的计算结果，填入单位工程招标控制价汇总表3-44中。

表3-44　单位工程招标控制价汇总表（结果）

序号	汇总内容	金额（万元）	其中:暂估价（万元）
1	分部分项工程	6600.00	
1.1	其中:人工费	600.00	
2	措施项目	328.80	
2.1	其中:安全文明施工费	168.00	
2.2	其中:脚手架搭拆费	60.00	
2.3	其中:其他措施项目费	100.80	
2.3.1	其中:人工费	28.80	
3	其他项目	715.00	
3.1	其中:暂列金额	200.00	
3.2	其中:专业工程暂估价	500.00	
3.3	其中:计日工		
3.4	其中:总包服务费	15.00	
4	规费	137.76	
5	税金	855.97	
	招标控制价合计(1+2+3+4+5)	8637.53	

各项费用的计算过程（计算式）：

1）分部分项工程费合计＝6000.00万元＋6000.00万元×10%×（40%＋60%）＝6600.00万元

其中人工费＝6000.00万元×10%＝600.00万元

2）措施项目清单费

脚手架搭拆费＝48.00万元＋48.00万元×25%×（40%＋60%）＝60.00万元

安全文明施工费＝600.00万元×20%＋600.00万元×20%×40%×（40%＋60%）＝168.00万元

其他措施项目费＝600.00万元×12%＋600.00万元×12%×40%×（40%＋60%）＝100.80万元

措施项目费合计＝（60.00＋168.00＋100.80）万元＝328.80万元

其中人工费＝48万元×25%＋（600.00万元×20%＋600.00万元×12%）×40%＝88.80万元

3）其他项目费＝（200.00＋500.00＋500.00×3%）万元＝715.00万元

4）规费＝（600.00＋88.80）万元×20%＝137.76万元

5）税金＝（6600.00＋328.80＋715.00＋137.76）万元×11%＝855.97万元

6）招标控制价合计＝（6600.00＋328.80＋715.00＋137.76＋855.97）万元＝8637.53万元

问题（2）：分部分项工程和单价措施项目清单与计价表见表3-45。

表3-45　分部分项工程和单价措施项目清单与计价表（结果）

序号	项目编码	项目名称	项目特征描述	计量单位	工程量	金额（元）		
						综合单价	合价	其中：暂估价
1	030802001001	中压碳钢管道	无缝钢管 D89×4 水压试验，空气吹扫	m	4			
2	030802001002	中压碳钢管道	无缝钢管 D76×4 同上	m	26			
3	030802001003	中压碳钢管道	无缝钢管 D57×3.5 同上	m	2.6			
4	030805001001	中压碳钢管件	$DN80$，冲压弯头，氩电联焊	个	1			
5	030805001002	中压碳钢管件	$DN70$，冲压弯头，氩电联焊	个	15			
6	030805001003	中压碳钢管件	$DN70$，冲压弯头，氩电联焊	个	4			
7	030805001004	中压碳钢管件	$DN50$，冲压弯头，氩电联焊	个	1			
8	030805001005	管架制作安装	钢材，普通支架	kg	40			
9	030816003001	X光射线探伤	胶片 80mm×150mm，管壁 $\delta=4mm$	张	108			
10	030816005001	超声波探伤	$DN100$ 以内	口	13			
11	031201001001	管道刷油	除锈、刷防锈漆、调和漆两遍	m²	7.79			
12	031201003001	金属结构刷油	除锈、刷防锈漆、调和漆两遍	kg	40			

分部分项工程清单工程量的计算过程：

1）无缝钢管 $D89×4$ 安装工程量 $=2m+1.1m+(2.5-1.6)$ m $=4m$

2）无缝钢管 $D76×4$ 安装工程量 $=[0.3+(2-1.3)+1.1+0.6+2.1+(0.3+2-1)×2]m+[2.1+(2.8-1.2)×2+0.5+0.3+0.8+2+(0.6×2)]m+[(0.3+0.9+2.8-1.2)×2+2+0.9]m=7.4m+10.1m+8.5m=26m$

3）无缝钢管 $D57×3.5$ 安装工程量 $=(0.3+0.2+0.5)m+(0.6+0.2)m×2=(1+1.6)m=2.6m$

4）管架制作安装工程量 $=42.4kg÷1.06kg=40kg$

5）$D76×4$ 管道焊缝 X 光射线探伤工程量

每个焊口的胶片数量 $=[0.076×3.14÷(0.15-0.025×2)]$ 张 $=2.39$ 张，取 3 张。36 个焊口的胶片数量 $=36×3$ 张 $=108$ 张

6）$D76×4(DN70)$ 法兰焊缝超声波探伤工程量 $=(1+2+2+2+2+4)$ 口 $=13$ 口

7）管道刷油的工程量 $=3.14m×(0.089×4+0.076×26+0.057×2.6)m=7.79m^2$

8）管道支架刷油的工程量 $=(42.4/1.06)kg=40kg$

【案例 3-8】 背景：某管道工程有关背景资料如下：

（1）成品油泵房管道系统施工图如图 3-21 所示。

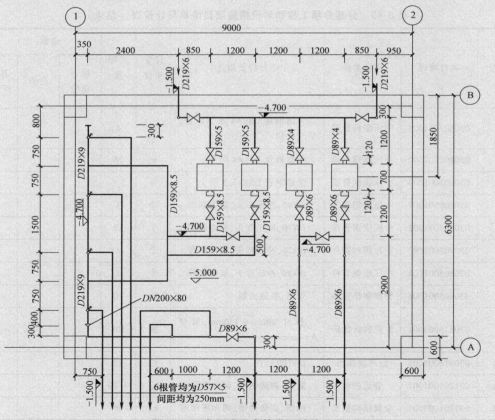

图 3-21 成品油泵房管道系统施工图

说明：

1）图中标注尺寸标高以 m 计，其他均以 mm 计。

2）建筑物现浇混凝土墙厚按 300mm 计，柱截面均为 600mm×600mm，设备基础平面尺寸均为 700mm×700mm。

3）管道均采用 20# 碳钢无缝钢管，关键均采用碳钢成品压制管件，成品油泵吸入管道系统介质工作压力为 1.2MPa，采用电弧焊焊接；截止阀为 J41H-16，配平焊碳钢法兰。成品油泵排出管道系统介质工作压力为 2.4MPa，采用氩电联焊焊接；截止阀为 J41H-40、止回阀为 H41H-40，配碳钢对焊法兰，成品油泵出口法兰超出设备基础长度均按 120mm，如图 3-21 所示。

4）管道系统中，法兰接连处焊缝采用超声波探伤，管道焊缝采用 X 光射线探伤。

5）管道系统安装就位，进行水压强度试验合格后，采用干燥空气进行吹扫。

6）未尽事宜均应符合相关工程建设技术标准规范要求。

油泵相关信息见表 3-46。

表 3-46 油泵相关信息表

序号	名称及规格型号	单位	数量
1	油泵 $H=40\text{m}, Q=20\text{m}^3/\text{h}$	台	2
2	油泵 $H=40\text{m}, Q=10\text{m}^3/\text{h}$	台	2

（2）假设成品油泵房的部分管道、阀门安装项目清单工程量如下：低压无缝钢管 $D89×42.1\text{m}$，$D159×53.0\text{m}$，$D219×615\text{m}$。中压无缝钢管 $D89×625\text{m}$，$D159×8.518\text{m}$，$D219×96\text{m}$，其他技术条件和要求与图 3-20 所示一致。

（3）工程相关分部分项工程量清单项目的统一编码见表 3-47。

表 3-47 相关分部分项工程量清单项目的统一编码表

项目编码	项目名称	项目编码	项目名称
031001002	钢管	030801001	低压碳钢管
031003001	螺纹阀门	030802001	中压碳钢管
031003002	螺纹法兰阀门	030807003	低压法兰阀门
031003007	焊接法兰阀门	030808003	中压法兰阀门

（4）管理费和利润分别按人工费的 60% 和 40% 计算，安装定额的相关数据资料见表 3-48（表内费用均不包含增值税可抵扣进项税额）。

（5）假设承包商购买材料时增值税进项税率为 17%，机械费增值税进项税率为 15%（综合），管理和利润增值税进项税率为 5%（综合）；当钢管由发包人采购时，中压管道 DN150 安装清单项目不含增值税可抵扣进项税额，综合单价的人工费、材料费、机械费分别为 38.00 元、30.00 元、25.00 元。

表 3-48　安装定额相关数据表

定额编号	项目名称	计量单位	安装基价（元）			未计价主材	
			人工费	材料费	机械费	单价（元/kg）	耗量/m
8-1-444	中压碳钢管（电弧焊）DN150	10m	226.20	140.00	180.00	4.50	8.845
8-1-463	中压碳钢管（氩电弧焊）DN150	10m	252.59	180.00	220.00	4.50	8.845
8-5-3	低中压管道液压试验 DN200 以内	10m	566.00	160.00	120.00		
8-5-60	空气吹扫 DN200 以内	10m	340.00	580.00	80.00		

问题：

（1）按照图 3-20 所示内容，分别列式计算管道和阀门（其中 DN50 管道、阀门除外）安装工程项目分部分项清单工程量。

（2）根据背景资料 2 和 3 及图 3-20 中所示要求，按 GB 50856—2013《通用安装工程工程量计算规范》的规定分别依次编列管道、阀门安装项目（其中 DN50 管道、阀门除外）的分部分项工程量清单，并填入表 3-49 分部分项工程量和单价措施项目清单与计价表中。

（3）按照背景资料 4 中的相关数据和图 3-20，根据《通用安装工程工程量计算规范》和 GB 50500—2013《建设工程工程量清单计价规范》的规定，编制中压管道 DN150 安装项目分部分项工程量清单的综合单价，并填入综合单价分析表中，中压管道 DN150 理论重量按 32kg/m 计，钢管由发包人采购（价格为暂估价）。

（4）按照背景资料 5 中的相关数据列式计算中压管道 DN150 管道安装清单项目综合单价对应的含增值税综合单价，以及承包商应承担的增值税应纳税额（单价）（计算结果保留两位小数）。

解析：

问题（1）：列式计算成品油泵房管道系统中的管道和阀门安装项目的分部分项清单工程量。

1）低压管路

低压碳钢管 D219×6：

进泵房管及立管的工程量 = [（4.7-1.5）+0.3+0.3]×2m = 7.6m

泵房内水平管的工程量 = (0.85×2+1.2×3)m = 5.3m

合计：7.6m+5.3m = 12.90m

低压碳钢管 D159×5 的工程量 = [（1.2-0.12）×2]m = 2.16m

低压碳钢管 D89×4 的工程量 = [（1.2-0.12）×2]m = 2.16m

2）中压管路

中压碳钢管 D219×9 的工程量 = (0.75×4+1.5+0.3+0.4)m = 5.20m

中压碳钢管 D159×8.5 的工程量 = [（1.2-0.12）×2+（0.75+1.5+0.75）+（2.4+0.85+1.2）×2]m = 14.06m

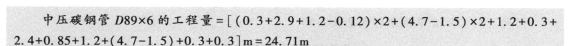

中压碳钢管 $D89\times6$ 的工程量 $=[(0.3+2.9+1.2-0.12)\times2+(4.7-1.5)\times2+1.2+0.3+2.4+0.85+1.2+(4.7-1.5)+0.3+0.3]m=24.71m$

　　3）低压阀门

　　低压法兰阀门安装 J41H-16 截止阀 $DN200$：2 个。

　　低压法兰阀门安装 J41H-16 截止阀 $DN150$：2 个。

　　低压法兰阀门安装 J41H-16 截止阀 $DN80$：2 个。

　　4）中压阀门

　　中压法兰阀门安装 J41H-40 截止阀 $DN80$：4 个。

　　中压法兰阀门安装 J41H-40 截止阀 $DN150$：3 个。

　　中压法兰阀门安装 H41H-40 止回阀 $DN150$：2 个。

　　中压法兰阀门安装 H4IH-40 止回阀 $DN80$：2 个。

问题（2）：分部分项工程和单价措施项目清单与计价表见表 3-49。

表 3-49　分部分项工程和单价措施项目清单与计价表

工程名称：成品油泵管道　　　　　　　　　　　　　　系统标段：部分管道、阀门安装项目

序号	项目编码	项目名称	项目特征描述	计量单位	工程量	金额（元）		
						综合单价	合价	其中：暂估价
1	030801001001	低压碳钢管	$DN80$：20# 无缝钢管；电弧焊；空气吹扫	m	2.1			
2	030801001002	低压碳钢管	$DN150$：20# 无缝钢管；电弧焊；空气吹扫	m	3			
3	030801001003	低压碳钢管	$DN200$：20# 无缝钢管；电弧焊；空气吹扫	m	15			
4	030802001001	中压碳钢管	$DN80$：20# 无缝钢管；氩电联焊；空气吹扫	m	25			
5	030802001002	中压碳钢管	$DN150$：20# 无缝钢管；氩电联焊；空气吹扫	m	18			
6	030802001003	中压碳钢管	$DN200$：20# 无缝钢管；氩电联焊；空气吹扫	m	6			
7	030807003001	低压法兰阀门	$DN80$：J41H-16 截止阀	个	2			
8	030807003002	低压法兰阀门	$DN150$：J41H-16 截止阀	个	2			
9	030807003003	低压法兰阀门	$DN200$：J41H-16 截止阀	个	2			
10	030808003001	中压法兰阀门	$DN80$：J41H-40 截止阀	个	4			
11	030808003002	中压法兰阀门	$DN150$：J41H-40 截止阀	个	3			
12	030808003003	中压法兰阀门	$DN80$：H41H-40 止回阀	个	2			
13	030808003004	中压法兰阀门	$DN150$：H41H-40 止回阀	个	2			

问题（3）：综合单价分析表见表3-50。

表3-50　综合单价分析表

工程名称：成品油泵房管道　　　　　　　　　　　　　　　系统标段：部分管道、阀门安装项目

项目编码	03802001002		项目名称	中压碳钢管	计量单位	m	工程量	14.06
清单综合单价组成明细								
定额编码	定额名称	定额单位	数量	单价（元）				
				人工费	材料费	机械费	管理费和利润	
8-1-463	中压碳钢管（氩电联焊）*DN*150	10m	0.1	252.59	180.00	220.00	252.59	
8-5-3	低中压管道液压试验*DN*200以内	100m	0.01	566.00	160.00	120.00	566.00	
8-5-60	空气吹扫*DN*200以内	100m	0.01	340.00	580.00	80.00	340.00	

（续表内容，合价列）

定额编码	合价（元）			
	人工费	材料费	机械费	管理费和利润
8-1-463	25.26	18.00	22.00	25.26
8-5-3	5.66	1.60	1.20	5.66
8-5-60	3.40	5.80	0.8	3.40

人工单价	小计				34.32	25.4	24.00	34.32
元/工日	未计价材料费				127.37			
清单项目综合单价					245.41			

材料费明细	主要材料名称、规格、型号	单位	数量	单价	合价	暂估单价（元）	暂估合价（元）
	中压碳钢管（电弧焊）*DN*150	m	28.304			4.5	127.37
	其他材料费				25.4		
	材料费小计				25.4		127.37

问题（4）：

含增值税综合单价＝（38＋30＋25＋38×100%）×（1＋11%）元＝145.41元

增值税成纳税额＝（38＋30＋25＋38×100%）×11%元－（30×17%＋25×15%＋38×5%）元＝3.66元

【案例3-9】　背景：管道工程有关背景资料如下：

（1）某厂区室外消防给水管网平面图如图3-22所示。

说明：

1）该图所示为某厂区室外消防给水管网平面图。管道系统工作压力为1.0MPa。图中平面尺寸均以相对坐标标注，单位以m计；详图中标高以m计，其他尺寸以mm计。

2）管道采用镀锌无缝钢管，管件采用碳钢成品法兰管件。各建筑物进户管入口处设有阀门的，其阀门距离建筑物外墙皮为2m，入口处没有设阀门的，其三通或弯头距离建筑物外墙皮为4.5m；其规格除注明外均为*DN*100。

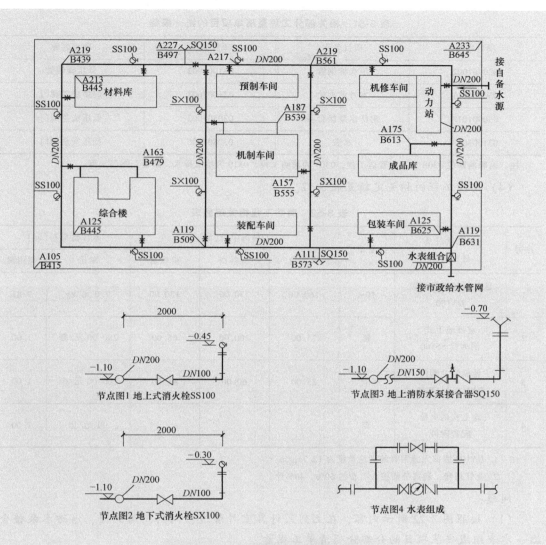

节点图1 地上式消火栓SS100

节点图3 地上消防水泵接合器SQ150

节点图2 地下式消火栓SX100

节点图4 水表组成

图 3-22 某厂区室外消防给水管网平面图

3）闸阀型号为 Z41T-16，止回阀型号为 H41T-16，安全阀型号为 A41H-16；地上式消火栓型号为 SS100-1.6，地下式消火栓型号为 SX100-1.6，消防水泵接合器型号为 SQ150-1.6；水表型号为 LXL-1.6。消火栓、消防水泵接合器安装及水表组成敷设连接形式详见节点图 1~节点图 4。

4）消防给水管网安装完毕进行水压试验和水冲洗。

（2）假设消防管网工程量如下：管道 $DN200$ 工程量为 800m、$DN150$ 工程量为 20m、$DN100$ 工程量为 18m，室外消火栓地上 8 套、地下 5 套，消防水泵接合器 3 套，水表一组，闸阀 Z41T-16DN200 为 12 个、止回阀 H41T-16DN200 为 2 个、闸阀 Z41T-16DN100 为 25 个。

（3）消防管道工程相关部分工程量清单项目的统一编码见表 3-51。

表 3-51　相关部分工程量清单项目的统一编码

项目编码	项目名称	项目编码	项目名称
030901002	消火栓钢管	031001002	低压碳钢管
030901011	室外消火栓	031003003	焊接法兰阀门
030901012	消防水泵接合器	030807003	低压法兰阀门
031003013	水表	030807005	低压安全阀门

注：编码前四位 0308 为工业管道工程，0309 为消防工程，0310 为给水排水、采暖、燃气工程。

（4）消防工程的相关定额见表 3-52。

表 3-52　消防工程相关定额表

序号	工程项目及材料名称	计量单位	工料机单价(元)			未计价材料(元)	
			人工费	材料费	机械费	单价	耗用量
1	法兰镀锌钢管安装 DN100	10m	160.00	330.00	130.00	7.0 元/kg	9.81
2	室外地上式消火栓 SS100	套	75.00	200.00	65.00	280.00 元/套	1.00
3	低压法兰阀门 DN100 Z41T-16	个	85.00	60.00	45.00	260.00 元/个	1.00
4	地上式消火栓配套附件	套				90 元/套	1.00

注：1. DN100 镀锌无缝钢管的理论重量为 12.7kg/m。

2. 业管理费、利润分别按人工费的 60%、40%计。

问题：

（1）按照图 3-22 所示内容，在上列式计算室外管道、阀门、消火栓、消防水泵接合器、水表组成安装项目的分部分项清单工程量。

（2）根据背景资料 2 和 3，以及图 3-22 规定的管道安装技术要求，编列出管道、阀门、消火栓、消防水泵接合器、水表组成安装项目的分部分项工程量清单，填入表 3-53 分部分项工程和单价措施项目清单与计价表中。

（3）根据《通用安装工程工程量计算规范》和《建设工程工程量清单计价规范》的规定，按照背景资料 4 中的相关定额数据，编制室外地上式消火栓 SS100 安装项目的"综合单价分析表"，填入表 3-54 中。

（4）厂区综合楼消防工程单位工程招标控制价中的分部分项工程费为 485000 元，中标人投标报价中的分部分项工程费为 446200 元。在施工过程中，发包人向承包人提出增加安装 2 台消防水泵的工程变更，消防水泵由发包方采购。合同约定：招标工程量清单中没有适用的类似项目，按照《建设工程工程量清单计价规范》的规定和消防工程的报价浮动率确定清单综合单价。经查当地工程造价管理机构发布的消防水泵安装定额价目表为 290 元，其中人工费 120 元；消防水泵安装定额未计价主要材料费为 420 元/台。列式计算消防水泵安装项目的清单综合单价（计算结果保留两位小数）。

解析：

问题（1）：

1）DN200管道

① 环网的工程量=4×（219-119）m+2×（631-439）m=784m

② 动力站进出管、接市政管网的工程量=（645-625-2）m+（631-625-2）m+（119-105）m=36m

小计：784m+36m=820m

2）DN150管道

地上式消防水泵接合器支管工程量=（227-219）m+（1.1+0.7）m+（119-111）m+（1.1+0.7）m=19.6m

3）DN100管道

① 材料库的工程量=（219-213-2）m+（445-439-2）m=4×2m

综合楼的工程量=（479-439）m+（4.5-1.5）×2m+（125-119-2）m=50m

预制管道的工程量=4m

机制管道的工程量=（539-509）m+（4.5-1.5）×2m+4m=40m

装配工程量=（561-555-2）m=4m

机修工程量=4m

成品库工程量=（631-613）m+（4.5-1.5）m=21m

包装工程量=4×2m=8m

（要考虑扣除1.5m）

小计：8m+50m+4m+40m+4m+4m+21m+8m=139m

② 地上式消火栓支管工程量=（2+0.45+1.1）m×10=35.5m

③ 地下式消火栓支管工程量=（2+1.1-0.3）m×4=11.2m

②~③小计：（139+35.5+11.2）m=185.7m

4）地上式消火栓SS100-1.6：（3×2+2×2）套=10套

5）地下式消火栓SX10-1.6：（2+2）套=4套

6）消防水泵接合器：2套

（包括：消防水泵接合器SQ150-1.6 2套，DN150闸阀2个，止回阀2个，安全阀2个及其配套附件）

7）水表组成

DN200：1组（包括：水表LXL-1.6 1个，DN150闸阀2个，止回阀1个，法兰及配套附件）

8）DN200阀门

主管线闸阀Z41T-16：7个，止回阀H41T-16：2个

9）DN100阀门

消火栓支管闸阀Z41T-16：（4+10）个=14个

各建筑物入口支管闸阀Z41T-16：12个

小计：（14+12）个＝26 个

问题（2）：

分部分项工程和单价措施项目清单与计价表

表 3-53　分部分项工程和单价措施项目清单与计价表

工程名称：某厂区　　　　　　　　　　　　　　　　　　标段：室外消防给水管网安装

序号	项目编码	项目名称	项目特征描述	计量单位	工程量	金额（元）		
						综合单价	合价	其中：暂估价
1	030901002001	消火栓钢管	室外，DN200 镀锌无缝钢管；焊接法兰连接；水压试验；水冲洗	m	800			
2	030901002002	消火栓钢管	室外，DN150 镀锌无缝钢管；焊接法兰连接；水压试验；水冲洗	m	20			
3	030901002003	消火栓钢管	室外，DN100 镀锌无缝钢管；焊接法兰连接；水压试验；水冲洗	m	18			
4	030901011001	室外消火栓	地上式消火栓 SS100-1.6（含弯管底座等附件）	套	8			
5	030901011002	室外消火栓	地下式消火栓 SX100-1.6（含弯管底座等附件）	套	5			
6	030901012001	消防水泵接合器	地上式消防水泵接合器 SQ150-1.6（包括 DN150 闸阀 Z41T-16，DN150 止回阀 H41T-16，DN150 安全阀 A41H-16，弯管底座等附件）	套	3			
7	030901013001	水表	DN200 水表 LXL-1.6（含 DN200 闸阀 Z41T-16，DN200 止回阀 H41T-16，DN200 平焊法兰）	组	1			
8	031003003001	低压法兰阀门	DN200 闸阀 Z41T-16	个	12			
9	031003003002	低压法兰阀门	DN200 止回阀 H41T-16	个	2			
10	031003003003	低压法兰阀门	DN100 闸阀 Z41T-16	个	25			
			本页合计					

问题（3）：综合单价分析表见表3-54。

表 3-54 综合单价分析表

工程名称：某厂区   标段：室外消防给水管网安装

项目编码	030901011001		项目名称		室外地上消火栓 SS100		计量单位	套	工程量	1
清单综合单价组成明细										
定额编号	定额名称	定额单位	数量	单价（元）				合价（元）			
				人工费	材料费	机械费	管理费和利润	人工费	材料费	机械费	管理费和利润
1	室外地上消火栓 SS100	套	1	75.00	200.00	65.00	75.00	75.00	200.00	65.00	75.00
人工单价		小计						75.00	200.00	65.00	75.00
元/工日		未计价材料费						370.00			
清单项目综合单价								785.00			
材料费明细	主要材料名称、规格、型号		单位	数量	单价（元）	合价（元）		暂估价			
	地上式消火栓 SS100		套	1	280.00	280.00					
	地上式消火栓 SS100 配套附件		套	1	90.00	90.00					
	其他材料费										
	材料费小计					370.00					

问题（4）：

报价浮动率=（1-446200÷485000）×100%=8%

综合单价为

[120+（290-120）+120]元/套×（1-8%）+420元/套=797.2元/套（含主材料）

[120+（290-120）+120]元/套×（1-8%）=377.2元/套（不含主材料）

■ 3.3 电气照明与动力工程计量计价案例分析

3.3.1 相关理论与方法

1. 电气照明及动力工程工程量计算方法

安装工程中的电气设备工程、通信设备及线路工程、建筑智能化系统设备安装工程等的计量内容一般包括：配管配线工程、设备器具安装工程以及其他附件安装工程。工程计量的一般步骤如下：

1）先看设计说明，把设计说明上的工程所用材料及安装说明全部记下来；设计说明一般都附有图例，把图例上所有的配电箱、灯具、插座、开关按不同规格分别统计出数量；再依据工程图计算管线的长度。

2）工程图包括系统图和平面图，看系统图时应对应平面图，了解管线的走向。如果附有系统图，系统图中垂直方向的线条表示立管，立管在平面图一般用点或圈表示；系统图上用斜线45°方向的线条表示平面图上的前后走向的水平管线；对于系统图，可用标高推算出立管长度，对于平面图，可以量出干管及支管的水平段长度。

3）计算流程和顺序为：首先室外，从建筑外墙起计算，到总配电箱，单元配电箱，户内配电箱，照明插座等。

4）计算步骤：先算管（槽）后算线（缆），管（槽）不进箱、线（缆）进箱。

2. 配管工程量计算规则及要领

配管工程按所配管的材质、敷设方式以及管的规格划分定额子目。

（1）计算规则及其要领

1）计算规则：各种配管工程量以管材质、规格和敷设方式不同，按"延长米"计量，不扣除接线盒（箱）、灯头盒、开关盒所占长度。

2）计算要领：从配电箱起按各个回路进行计算，按建筑物自然层划分计算，或按建筑平面形状特点及系统图的组成特点分片划块计算，然后汇总。不要"跳算"，防止混乱，以免影响工程量计算的正确性。

（2）计算方法：计算配管的工程量分两步，先算水平配管，再算垂直配管。

1）对于水平方向敷设的管，以施工平面布置图的管线走向和敷设部位为依据，并借用建筑物平面图所标注的墙、柱轴线尺寸进行线管长度的计算。

2）垂直方向敷设的管（沿墙、柱引上或引下），其工程量计算与楼层高度及与箱、柜、盘、板、开关等设备安装高度有关。无论配管是明敷还是暗敷，均按垂直管的实际敷设长度加上进入箱、柜、盘、板、开关等设备的预留长度计算线管长度。管线实际敷设长度可由建筑物的标高和相关电气设备的安装高度算出。

（3）配管工程量计算应注意的问题　配管工程量计算在电气施工图预算中所占比例较大，是预算编制中工程量计算的关键，因此除综合单价中的一些规定外，还有一些具体问题需进一步明确。

1）不论是明配管还是暗配管，其工程量均以管子轴线为理论长度计算。水平管长度可按平面图所示标注尺寸或量取后用比例尺计算，垂直管长度可根据楼层标高和安装高度计算。

2）在计算配管工程量时要重点考虑管路两端和中间的连接件：

① 两端应该预留的要计入工程量（如进、出户管端）。

② 中间应该扣除的必须扣除（如配电箱等所占长度）。

3）明配管工程量计算时，要考虑管轴线与墙的距离，当设计无要求时，一般可以墙皮作为量取计算的基准；当以设备、用电器具作为管路的连接终端时，可依其中心作为量取计算的基准。

4）暗配管工程量计算时，可依墙体轴线作为量取计算的基准；当以设备和用电器具作为管路的连接终端时，可依其中心线与墙体轴线的垂直交点作为量取计算的基准。

5）在钢索上配管时，另外计算钢索架设和钢索拉紧装置制作与安装两项。

6）当动力配管发生刨混凝土地面沟工作时，沟槽的工程量以"m"计量，按沟宽分档，套用相应定额。

7）在吊顶内配管敷设时，用相应管材明配线管定额。

8）电线管、钢管明配、暗配均已包括刷防锈漆，若图样设计要求作特殊防腐处理时，按刷油、防腐蚀、绝热工程定额规定计算，并用相应定额。

9）配管工程包括接地跨接，不包括支架制作、安装，支架制作安装应另外立项计算。

上述基准点的问题在实际工作中形式较多，应用要掌握一条原则，就是尽可能符合实际。一项工程的基准点一旦确定后，要严格遵守，不得随意改动，这样才能达到整体平衡，使电气工程配管工程量计算的误差降到最低。

3. 管内穿线工程量计算

（1）计算规则　管内穿线按"单线延长米"计量。导线截面超过 6mm² 以上的照明线路，按动力穿线定额计算。

（2）管内穿线长度　管内穿线长度可按下式计算

$$管内穿线长度 = (配管长度 + 导线预留长度) \times 同截面导线根数 \qquad (3\text{-}10)$$

管内穿线工程项目与预留长度见表 3-55。

表 3-55　管内穿线工程项目与预留长度

序号	项　目	预留长度/m	说明
1	各种配电箱、开关箱、柜、板	（高+宽）	盘面尺寸
2	单独安装(无箱、盘)的铁壳开关、闸刀开关、启动器、母线槽进出线盒等	0.3	以安装对象中心算起
3	由地坪管子出口引至动力接线箱	1.0	以管口计算
4	电源与管内导线连接(管内穿线与软、硬母线接头)	1.5	以管口计算
5	出户线	1.5	以管口计算

（3）管内穿线工程量计算应注意的问题

1）计算出管长以后，要具体分析管两端连接的是何种设备。

① 如果相连的是盒（接线盒、灯头盒、开关盒、插座盒）和接线箱，因为穿线项目中分别综合考虑了进入灯具及明暗开关、插座、按钮等预留导线的长度，因此穿线工程量不必考虑预留。

$$单线延长米 = 管长 \times 管内穿线的根数(型号、规格相同) \qquad (3\text{-}11)$$

② 如果相连的是设备，那么穿线工程量必须考虑预留。

$$单线延长米 = (管长 + 管两端所接设备的预留长度) \times 管内穿线根数 \qquad (3\text{-}12)$$

2）导线与设备相连时，需设焊（压）接线端子，以"个"计量单位，根据进出配电箱、设备的配线规格、根数计算，套用相应定额。

4. 电气工程常用计量规则

1）配管、线槽安装长度不扣除管路中间的接线箱（盒）、灯头盒、开关盒所占长度。

2）配管名称是指电线管、钢管、防爆管、塑料管、软管、波纹管等。

3）配管配置形式是指明配、暗配、吊顶内置、钢结构支架、钢索配管、埋地敷设、水下敷设、砌筑沟内敷设等。

4）配线名称是指管内穿线、瓷夹板配线、塑料夹板配线、绝缘子配线、槽板配线、塑料护套配线、线槽配线、车间带形母线等。

5）配线形式是指照明线路，动力线路，木结构配线，顶棚内，砖、混凝土结构配线，沿支架、钢索、屋架、梁、柱、墙配线，以及跨屋架、梁、柱配线。

6）配线保护管遇到下列情况之一时，应增设管路接线盒和拉线盒：①管长度每超过 30m，无弯曲；②管长度每超过 20m，有 1 个弯曲；③管长度每超过 15m，有 2 个弯曲；④管长度每超过 8m，有 3 个弯曲。垂直敷设的电线保护管遇到下列情况之一时，应增设固定导线用的拉线盒：①管内导线截面为 50mm 及以下，长度每超过 30m；②管内导线截面为尺寸 70mm×95mm，长度每超过 20m；③管内导线截面尺寸为 120mm×240mm，长度每超过 18m。

在配管清单项目计量时，设计无要求时上述规定可以作为计量接线盒、拉线盒的依据。

7）配管安装中不包括凿槽、刨沟，相关工作应按《通用安装工程工程量计算规范》附录 D.13 相关项目编码列项。

8）电缆敷设预留长度。

① 当电缆存在敷设弛度、波形弯度、交叉时，按电缆全长的 2.5% 计算预留长度。

② 电缆进入建筑物，预留 2.0m。

③ 电缆进入沟内或吊架时引上（下），预留 1.5m，规范规定最小值。

④ 变电所进线、出线，预留 1.5m。

⑤ 电力电缆终端头，预留 1.5m，检修余量最小值。

⑥ 电缆中间接头盒，两端各留 2.0m，检修余量最小值。

⑦ 电缆进控制、保护屏及模拟盘、配电箱等，电缆预留长度为：盘面尺寸的高+宽。

⑧ 高压开关柜及低压配电盘、箱，电缆预留长度为 2.0m，电缆按盘下进出线。

⑨ 电缆至电动机，电缆预留长度为 0.5m，从电动机接线盒算起。

9）盘、箱、柜的外部进出线预留长度。

① 各种开关箱、柜、板、盘、盒，电缆预留长度为：盘面尺寸的高+宽。

② 单独安装的铁壳开关、自动开关、刀开关、启动器、箱式电阻器、变阻器，从安装对象中心算起。

③ 继电器、控制开关、信号灯、按钮、熔断器等小电器，从安装对象中心算起。

10）接地母线、引下线、避雷网附加长度，按照其全长的 3.9% 计算。

5. 电气设备安装工程部分清单项目及工程量计算规则（部分）

（1）配管、配线

配管、配线的工程量清单项目设置及工程量计算规则见表 3-56。

表 3-56　配管、配线（编码 030212）

项目编码	项目名称	项目特征	计量单位	工程量计算规则	工程内容
030212001	电气配管	1. 名称 2. 材质 3. 规格 4. 配置形式及部位	m	按设计图示尺寸以延长米计算。不扣除管路中间的接线箱（盒）、灯头盒、开关盒所占长度	1. 刨沟槽 2. 钢索设置（拉紧装置安装） 3. 支架制作、安装 4. 管路敷设 5. 接线盒（箱）灯头盒、开关盒安装 6. 防腐油漆 7. 接地
030212002	线槽	1. 材质 2. 规格		按设计图示尺寸以延长米计算	1. 安装 2. 油漆
030212003	电气配线	1. 配线形式 2. 导线型号、材质、规格 3. 敷设部位或线制		按设计图示尺寸以单线延长米计算	1. 支持体（夹板、绝缘子、槽板等）安装 2. 支架制作、安装 3. 钢索设置（拉紧装置安装） 4. 配线 5. 管内穿线

（2）照明器具安装

照明器具安装的工程量清单项目设置及工程量计算规则见表3-57。

表3-57 照明器具安装（编码030213）

项目编码	项目名称	项目特征	计量单位	工程量计算规则	工程内容
030213001	普通吸顶灯及其他灯具	1. 名称、型号 2. 规格	套	按设计图示数量计算	1. 支架制作、安装 2. 组装 3. 油漆
030213002	工厂灯	1. 名称、安装 2. 规格 3. 安装形式、高度			1. 支架制作、安装 2. 安装 3. 油漆
030213003	装饰灯	1. 名称 2. 型号 3. 规格 4. 安装高度			1. 支架制作、安装 2. 安装
030213004	荧光灯	1. 名称 2. 型号 3. 规格 4. 安装形式			安装
030213005	医疗专用灯	1. 名称 2. 型号 3. 规格			安装
030213006	一般路灯	1. 名称 2. 型号 3. 灯杆材质及高度 4. 灯架形式及臂长 5. 灯杆形式（单、双）			1. 基础制作、安装 2. 立灯杆 3. 灯座安装 4. 灯架安装 5. 引下线支架制作、安装 6. 焊压接线端子 7. 铁构件制作、安装 8. 除锈、刷油漆 9. 灯杆编号 10. 接地
030213007	广场灯安装	1. 灯杆材质及高度 2. 灯架型号 3. 灯头数量 4. 基础形式及规格			1. 基础浇筑 2~10 同上
030213008	高杆灯安装	1. 灯杆高度 2. 灯头数量 3. 灯架形式（成套、组装、固定、升降） 4. 基础形式及规格			1. 基础浇筑 2~10 同上
030213009	桥栏杆灯	1. 名称 2. 型号 3. 规格 4. 安装形式			1. 支架、铁构件制作、安装、刷油漆
030213010	地道涵洞灯				2. 灯具安装

（3）防雷接地装置

防雷接地装置的工程量清单项目设置及工程量计算规则见表3-58。

表3-58　防雷接地装置（编码030209）

项目编码	项目名称	项目特征	计量单位	工程量计算规则	工程内容
030209001	接地装置	1. 接地母线材质、规格 2. 接地极材质、规格	项	按设计图示尺寸以长度计算	1. 接地极（板）制作、安装 2. 接地母线敷设 3. 接地跨接线 4. 构架接地 5. 换土或化学处理
030209002	避雷装置			按设计图示尺寸数量计算	1. 避雷针（网）制作、安装 2. 引下线敷设、断接卡子制作安装 3. 拉线制安 4. 接地极（板、桩）制作、安装 5. 基间连线 6. 油漆（防腐） 7. 换土或化学处理 8. 钢铝窗接地 9. 均压环敷设 10. 柱主筋与圈梁焊接
030209003	半导体少长针消雷装置	1. 型号 2. 高度	套		安装

（4）电缆安装

电缆安装的工程量清单项目及工程量计算规则见表3-59。

表3-59　电缆安装（编码030208）

项目编码	项目名称	项目特征	计量单位	工程量计算规则	工程内容
030208001	电力电缆	1. 型号 2. 规格 3. 敷设方式	m	按设计图示尺寸长度计算	1. 揭盖板 2. 电缆敷设 3. 电缆头制作、安装 4. 过路保护管敷设 5. 防火堵洞 6. 电缆保护 7. 电缆防火隔板 8. 电缆防火涂料
030208002	控制电缆				
030208003	电缆保护管	1. 材质 2. 规格			保护管敷设
030208004	电缆桥架	1. 型号 2. 材质 3. 类型			1. 制作、除锈、刷油漆 2. 安装
030208005	电缆支架	1. 材质 2. 规格	t	按设计图示尺寸重量计算	

3.3.2　案例分析

【案例3-10】　背景：某控制机房照明及火灾报警系统回路平面图如图3-23和图3-24所示。

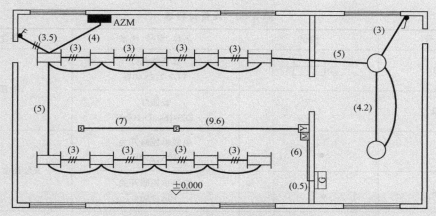

图3-23　控制机房照明系统回路平面图

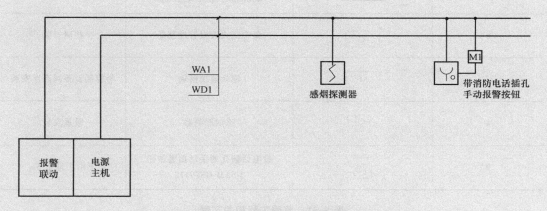

图3-24　控制机房火灾报警系统回路图

安装说明：

（1）照明配电箱AZM的电源由本层总配电箱引来，配电箱为嵌入式安装。

（2）管路均为镀锌钢管φ15mm沿墙、楼板暗配，顶管敷设标高4.50m，管内穿绝缘导线ZRBV-500截面面积为2.5mm²。

（3）火灾自动报警系统线路由一层保卫室消防集中报警主机引出，水平、垂直穿管敷设，焊接钢管沿墙内、顶板暗敷，敷设高度为距离地面3m。

（4）WA1为报警（联动）二总线，采用的电缆型号为NH-RVS-2×1.5，WD1为电源二总线，采用的电缆型号为NH-BV-2.5。

（5）控制模块和输入模块均安装在开关盒内。

（6）自动报警系统装置调试的点数按本图内容计算。

（7）消防报警主机集中式火灾报警控制器安装高度为距地1.5m，箱体尺寸：400mm×300mm×200mm（宽×高×厚）。

（8）配管水平长度如图3-23所示括号内容数字，单位为m。设备材料表见表3-60。照明工程相关定额见表3-61，工程量清单统一项目编码见表3-62。

表3-60 设备材料表

序号	图例	名称、型号、规格	备注
1		双管荧光灯 YG2-2,2×40W	吸顶
2		装饰灯 FZS-164,1×100W	
3		单联单控暗开关 10A,250V	安装高度1.4m
4		双联单控暗开关 10A,250V	
5		照明配电箱 AZM, 400mm×200mm×120mm	箱底高度1.6m
6	G	集中式火灾报警控制器	挂墙安装
7	M	输入监视模块	与控制设备同高度安装
8	S	感烟探测器	吸顶安装
9	Y	带电话插孔的手动报警按钮 J-SAM-GST9112	下沿距地1.5m

表3-61 照明工程相关定额

序号	项目名称	计量单位	安装费（元）			主材	
			人工费	材料费	机械使用费	单价	损耗率
1	镀锌钢管 φ15mm（暗配）	100m	344.18	64.22		4.10 元/m	3%
2	暗装接线盒	10个	18.48	9.76		1.8 元/个	2%
3	暗装开关盒	10个	19.72	4.52		1.5 元/个	2%

注：人工单价为41.80元/工日，管理费和利润分别按人工费的30%和10%计。

问题：

（1）根据图3-23和图3-24所示安装工程施工内容和《通用安装工程工程量计算规范》的规定，列式计算配管和配线的工程量。根据表3-62提供的统一项目编码，将工程量填入分部分项工程量清单计算表。

表 3-62 工程量清单统一项目编码

项目编码	项目名称	项目编码	项目编码
030404016	配电箱	030904003	按钮
030404019	控制开关	030904005	声光报警器
030404031	小电器	030904008	模块(模块箱)
030412001	电气配管	030904009	区域报警控制箱
030412004	电气配线	030904011	远程控制箱
030413001	普通吸顶灯及其他灯具	030905001	自动报警系统调试
030413004	装饰灯	030411001	配管
030413005	荧光灯		
030904001	点型探测器	030411004	配线
030904002	线型探测器	030411006	接线盒

（2）假设镀锌钢管φ15（暗配）的清单工程量为 50m，其余条件不变，依据表 3-61 中相关定额计算分析镀锌钢管φ15（暗配）项目的综合单价，填入表 3-64 工程量清单综合单价分析表中，并填写分部分项工程量清单与计价表。

（3）假设该安装工程计算出的各分部分项工程人、材、机费用合计为 120 万元，其中人工费占 10%。单价措施项目中仅有脚手架子目，脚手架搭拆的人、材、机费用为 0.8 万元，其中人工费占 25%。总价措施项目费中的安全文明施工费用（包括安全施工费、文明施工费、环境保护费、临时设施费）。根据当地工程造价管理机构发布的规定，按分部分项工程人工费的 20% 计取，夜间施工费、二次搬运费、冬雨期施工增加费、已完工程及设备保护费等其他总价措施项目费用合计按分部分项工程人工费的 12% 计取，其中人工费占 40%。企业管理费、利润分别按人工费的 54%、46% 计。暂列金额 2 万元，专业工程暂估价 4 万元（总承包服务费按 3% 计取），不考虑计日工费用。规费按分部分项工程和措施项目费中全部人工费的 30% 计取；上述费用均不包含增值税可抵扣进项税额。增值税税率按 11% 计取。

（4）编制分部分项工程和单价措施项目清单与计价表。

（5）编制单位工程招标控制价汇总表，并列出计算过程（金额保留两位小数，其余保留三位小数）。

分析要点：

本案例要求按《通用安装工程工程量计算规范》和《建设工程工程量清单计价规范》的规定，掌握编制电气照明工程和火灾报警系统工程分部分项工程和单价措施项目清单与计价表的方法。掌握编制安装工程的措施项目清单计价和脚手架工程及其他费用的计算方法；熟悉编制单位工程招标控制价汇总表的方法。在计算时应注意以下几点：

1）计算配管长度时，不扣除管路中间的接线箱（盒）、开关盒、灯头盒所占长度，但应扣除配电箱所占长度。

2）计算配线清单工程量时，按设计图示尺寸以单线长度计算（含预留长度），预留长度为配电箱盘面尺寸的高度加上宽度。

3）编制分部分项工程量清单与计价表时，应能列出火灾自动报警系统工程的分项子目，掌握工程量计算方法。

解析：

问题（1）：

1）火灾报警系统配管配线的工程量

WD1 回路：

Φ20 钢管暗配的工程量 =（3-1.5-0.3）m+0.5m+6m+（3-1.5）m+（3-1.5）m+1.2m+9.6m=21.50m

电源二总线 NH-BV-2.5 的工程量 =（21.5+0.30+0.40）m×2=44.40m

WA1 回路：

Φ20 钢管暗配的工程量 =7.00m

报警二总线 NH-RVS-2×1.5 的工程量 =21.50m+（7.00+0.30+0.40）m=29.20m

合计：Φ20 钢管暗配的工程量 =21.50m+7m=28.50m

电源二总线 NH-BV-2.5 的工程量 =44.40m

报警二总线 NH-RVS-2.5 的工程量 =29.20m

2）控制室照明系统配管配线的工程量

镀锌钢管Φ15 的工程量 =（4.5-1.6-0.2）m+4+（4.5-1.4）m+3.5m+5m+3×8m+5m+4.2m+3m+（4.5-1.4）m=57.60m

阻燃绝缘导线 ZRBV-500 2.5 的工程量 =｛（4.5-1.6-0.2）×2+4×2+（4.5-1.4）×3+3.5×3+5×2+3×8×3+5×2+4.2×2+[3+（4.5-1.4）]×2｝m=145.80m

填写分部分项工程量计算表，见表 3-63。

表 3-63　分部分项工程量计算表

项目编码	项目名称	计量单位	工程量	工作内容详细计算过程
030413004001	装饰灯具安装	套	2	
030413005001	荧光灯安装	套	10	
030404016001	配电箱安装	台	1	
030404019001	单联单控暗开关安装	个	1	
030404019002	双联单控暗开关安装	个	1	
030412001001	镀锌钢管Φ15 暗配	m	57.60	（4.5-1.6-0.2）+4+（4.5-1.4）+3.5+5+3×8+5+4.2+3+（4.5-1.4）
030412001002	配管Φ20	m	28.50	（3-1.5-0.3）+0.5+6+（3-1.5）+（3-1.5）+1.2+9.6+7
030412004001	管内穿线 ZRBV-500 2.5	m	145.80	（4.5-1.6-0.2）×2+4×2+（4.5-1.4）×3+3.5×3+5×2+3×8×3+5×2+4.2×2+[3+（4.5-1.4）]×2
030412004002	配线 NH-BV-2.5	m	44.40	（21.5+0.3+0.4）×2
030412004003	配线 NH-RVS-2×1.5	m	29.20	21.5+（7+0.3+0.4）

（续）

项目编码	项目名称	计量单位	工程量	工作内容详细计算过程
030904003001	按钮	只	1	
030904005001	感烟探测器	只	1	
030904008001	输入监视模块	只	1	
030904008002	控制模块	只	1	
030904009001	集中式火灾报警控制器	台	1	

问题（2）：填写综合单价分析表，见表3-64。

表3-64　工程量清单综合单价分析表

项目编码	略		项目名称	镀锌钢管φ15 暗配	计量单位	m

清单综合单价组成明细											
定额编号	定额项目名称	定额单位	数量	单价（元）				合价（元）			
				人工费	材料费	机械费	管理费和利润	人工费	材料费	机械费	管理费和利润
030412001	镀锌钢管φ15 暗配	100m	0.50	344.18	64.22		137.67	172.09	32.11		68.84
030411006	暗配接线盒	10 个	1.2	18.48	9.76		7.39	22.18	11.71		8.87
030404019	暗配开关盒	10 个	0.2	19.72	4.52		7.89	3.94	0.90		1.58
人工单价			小计					198.21	44.72		79.29
元/工日			未计价材料费					236.24			
清单项目综合单价								11.17			

材料费明细	主要材料名称、规格、型号	单位	数量	单价（元）	合价（元）	暂估单价（元）	暂估合价（元）
	镀锌钢管φ15	m	51.5	4.10	211.15		
	接线盒	个	12.24	1.80	22.03		
	开关盒	个	2.04	1.50	3.06		
	其他材料费						
	材料费小计				236.24		

问题（3）：编制分部分项工程和单价措施项目清单与计价表，见表 3-65。

表 3-65　分部分项工程量清单与计价

序号	项目编码	项目名称	项目特征描述	计量单位	工程量	综合单价	合价	其中：暂估价
1	030411001001	配管	φ20 焊接钢管暗配	m	28.50			
2	030411004001	配线	电源二总线，穿管敷设，NH-BV-2.5	m	44.40			
3	030411004002	配线	报警二总线，穿管敷设，NH-RVS-2×1.5	m	29.20			
4	030904001001	点型探测器	感烟探测器，吸顶安装	只	2			
5	030904003001	按钮	带电话插孔的手动报警按钮，J-SAM-GST9122，距地 1.5m 安装	只	1			
6	030904008001	模块	输入监视模块，与控制设备同高度安装	只	1			
7	030904008002	模块	控制模块，与控制设备同高度安装	只	1			
8	030904009001	区域报警控制箱	箱体尺寸：400mm×300mm×200mm（宽×高×厚）距地 1.5mm 挂墙安装，控制点数量：34 点	台	1			
9	030413004001	装饰灯具安装	FZS-164 1×100W 吸顶灯安装	套	2			
10	030413005001	荧光灯安装	YG2-2 双管 40W 吸顶灯安装	套	10			
11	030404016001	配电箱安装	AZM 嵌入式安装 400×200×120	台	1			
12	030404019001	单联单控暗开关安装	10A，250V	个	1			
13	030404019002	双联单控暗开关安装	10A，250V	个	1			
14	030412001001	镀锌钢管φ15 暗配	φ15 暗配	m	57.60	11.17	643.39	
15	030412004001	管内穿线 ZRBV-500 2.5	ZRBV-500 2.5	m	145.80			

问题（4）：各项费用的计算过程如下：

1）分部分项工程费 = 120.00 万元 + 120.00 万元×10%×（54% + 46%）= 132.00 万元

其中，人工费合计 = 120.00 万元×10% = 12.00 万元

2）单价措施项目脚手架搭拆费 = 0.80 万元 + 0.80 万元×25%×（54% + 46%）= 1.00 万元

总价措施项目费：

安全文明施工费 = 12.00 万元×20% + 12.00 万元×20%×40%×（54% + 46%）= 3.36 万元

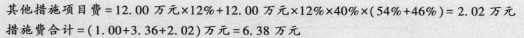

其他措施项目费=12.00万元×12%+12.00万元×12%×40%×(54%+46%)=2.02万元

措施费合计=(1.00+3.36+2.02)万元=6.38万元

其中人工费合计=[0.80×25%+(12.00×20%+12×12%)×40%]万元=1.74万元

3）其他项目清单计价合计=暂列金额+专业工程暂估价+总承包服务费=（2.00+4.00+4.00×3%）万元=6.12万元

4）规费=(12.00+1.74)万元×30%=4.12万元

5）税金=(132.00+6.38+6.12+4.12)万元×11%=16.35万元

6）招标控制价合计=(132.00+6.38+6.12+4.12+16.35)万元=164.97万元

该单位工程招标控制价汇总表见表3-66。

表3-66 单位工程招标控制价汇总表

序号	汇总内容	金额(万元)	其中:暂估价(万元)
1	分部分项工程	132.00	
1.1	其中:人工费	12.00	
2	措施项目	6.38	
2.1	其中:安全文明施工费	3.36	
2.2	其中:脚手架搭拆费	1.00	
2.2.1	其中:人工费	1.74	
3	其他项目	6.12	
3.1	其中:暂列金额	2.00	
3.2	其中:专业工程暂估价	4.00	
3.3	其中:计日工		
3.4	其中:总承包服务费	0.12	
4	规费	4.12	
5	税金	16.35	
招标控制价合计(1+2+3+4+5)		164.97	

【案例3-11】 背景：某企业制粉车间动力安装工程如图3-25所示，其他条件如下：

（1）PD1、PD2均为定型动力配电箱，落地式安装，基础型钢用10#槽钢制作，其重量为10kg/m。

（2）PD1至PD2电缆沿桥架敷设，其余电缆均穿钢管敷设，埋地钢管标准高为-0.2m。埋地钢管至动力配电箱出口处高出地坪+0.1m。

（3）4台设备基础标高均为+0.3m，至设备电机处的配管管口高出基础面0.2m，均连接1根长0.8m同管径的金属软管。

（4）计算电缆长度时，连接电机处的出管口后电缆的预留长度为1m，电缆头为户内干包式（计算时需要考虑附加长度1.5m）。

（5）电缆桥架（200mm×100mm）的水平长度为22m。

（6）接地母线采用40mm×4mm镀锌扁钢，埋深0.7m，由室外进入外墙皮后的水平长度为1m，进入配电箱PD2内长度为0.5m，室内外地坪无高差。

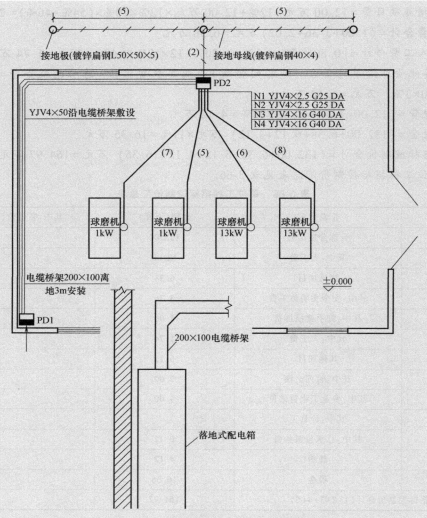

图 3-25　制粉车间动力安装工程平面图

（7）单联单控暗开关规格为 250V 10A，安装高度为下口离地 1.4m。

（8）接地电阻要求小于 4Ω。

（9）表 3-67 中数据为计算该动力安装工程的相关费用。

表 3-67　计算相关费用参考

序号	项目名称	单位	直接工程费			主材	
			人工费	材料费	机械费	损耗率	单价
1	成套配电箱安装（落地式）	台	69.66	31.83	0		
2	基础槽钢制作	kg	5.02	1.32	0.41	5%	3.50 元/m
3	基础槽钢安装	m	9.62	3.35	0.93		
4	铜芯电力电缆敷设（16mm²）	m	3.26	1.64	0.05	1%	81.79 元/m

（续）

序号	项目名称	单位	直接工程费			主材	
			人工费	材料费	机械费	损耗率	单价
5	户内干包式电力电缆 终端头制作安装（16mm²）	个	12.77	67.14	0		
6	镀锌角钢接地极制作安装	根	29.02	1.89	14.32	3%	42.40 元/根
7	接地母线敷设	10m	142.80	0.90	2.10	5%	6.30 元/m
8	接地电阻测试	系统	60.00	1.49	14.52		

注：管理费和利润分别按人工费的 55% 和 45% 计取。

说明：

（1）PD1、PD2 均为落地式安装，其尺寸为 900mm×2000mm×600mm （宽×高×厚），其重量为 10kg/m。

（2）配管长度见图示括号内数字，单位为 m。

问题：

（1）根据图 3-25 所示内容和《建设工程工程量清单计价规范》的规定，计算相关工程量和编制分部分项工程量清单。将配管、电缆敷设和电缆桥架工程量、接地母线的计算式填入表格中的相应位置，并填写表 3-68 分部分项工程量清单。

（2）假设电力电缆 YJV4×16 穿管敷设的清单工程量为 30m，依据上述相关费用数据计算配电箱（落地式安装）和电力电缆 YJV4×16 穿管敷设两个项目的综合单价，分别填入工程量清单综合单价分析表（表 3-69~表 3-71）。

（3）根据相关费用参考（表 3-67）和《建设工程工程量清单计价规范》的要求，编制接地母线、配管和配线工程的综合单价分析表，并填写汇总表 3-72 分部分项工程量清单与计价表。（以上计算过程和结果均保留 2 位小数）

分析要点：

本案例要求按《通用安装工程工程量计算规范》和《建设工程工程量清单计价规范》的规定，掌握编制电气照明工程分部分项工程和单价措施项目清单与计价表的方法。掌握工程量计算方法。在计算时应注意以下几点：

1）当电缆敷设弛度、波形弯度、交叉时，预留附加长度按电缆全长的 2.5% 计算；电力电缆终端头附加长度按照 1.5m 计算；电缆进控制、保护屏及模拟盘、配电箱等，按照高度加宽度计算附加长度。

2）计算接地母线工程量时，按清单工程量计算规则，按设计图示尺寸以长度计算（另加 3.9% 的附加长度）。

3）计算配线清单工程量时，按设计图示尺寸以单线长度计算（含预留长度），预留长度为配电箱盘面尺寸的高度加宽度。

解析：

问题（1）：

钢管暗配 SC25 的工程量 = [7+5+(0.2+0.1)×2+(0.2+0.3+0.2)×2]m = 14.00m

钢管暗配 SC40 的工程量 = [8+6+(0.2+0.1)×2+(0.2+0.3+0.2)×2]m = 16.00m

电缆 YJV4×2.5 的工程量=[7+5+(0.2+0.1)×2+(0.2+0.3+0.2)×2+(2+0.9)×2+(1+1)×2+1.5×2]m×1.025=27.47m

电缆 YJV4×16 的工程量=[8+6+(0.2+0.1)×2+(0.2+0.3+0.2)×2+(2+0.9)×2+(1+1)×2+1.5×2]m×1.025=29.52m

电缆桥架 200×100 的工程量=22m+[3-(2+0.1)]m×2=23.80m

电缆 YJV4×50 的工程量={22+[3-(2+0.1)]×2+(2+0.9)×2}m×1.025=30.34m

接地母线的工程量=(5+5+2+1+0.7+0.5)m×1.039=14.75m

填写分部分项工程量清单，见表3-68。

表 3-68 分部分项工程量清单

项目编码	项目名称	单位	工程量	工作内容详细计算过程
	成套配电箱安装(落地式)	台	2	
	钢管暗配 SC25	m	14.00	7+5+(0.2+0.1)×2+(0.2+0.3+0.2)×2=14
	钢管暗配 SC40	m	16.00	8+6+(0.2+0.1)×2+(0.2+0.3+0.2)×2=16
	电缆 YJV4×2.5	m	27.47	[7+5+(0.2+0.1)×2+(0.2+0.3+0.2)×2+(2+0.9)×2+(1+1)×2+1.5×2]×1.025=27.47
	电缆 YJV4×16	m	29.52	[8+6+(0.2+0.1)×2+(0.2+0.3+0.2)×2+(2+0.9)×2+(1+1)×2+1.5×2]×1.025=29.52
	电缆桥架 200×100	m	23.80	22+[3-(2+0.1)]×2=23.80
	电缆 YJV4×50	m	30.34	{22+[3-(2+0.1)]×2+(2+0.9)×2}×1.025=30.34
	电机检查接线及调试(低压交流异步电动机 1kW)	台	2	
	电机检查接线及调试(低压交流异步电动机 13kW)	台	2	
	接地极	根	3	
	接地母线	m	14.75	(5+5+2+1+0.7+0.5)×1.039=14.75
	接地装置电气调整实验	组	1	

问题（2）：填写工程量清单综合单价分析表，见表3-69~表3-71。

表 3-69 工程量清单综合单价分析表（一）

项目编码			项目名称	配电箱(落地式安装)	计量单位	台	工程量	2
清单综合单价组成明细								
定额编号	定额项目名称	定额单位	数量	单价(元)				合价(元)			
				人工费	材料费	机械费	管理费和利润	人工费	材料费	机械费	管理费和利润
	配电箱安装	台	1	69.66	31.83		69.66	69.66	31.83		69.66
	基础槽钢制作	kg	30	5.02	1.32	0.41	5.02	150.6	39.6	12.3	150.6

（续）

定额编号	定额项目名称	定额单位	数量	单价（元）				合价（元）			
				人工费	材料费	机械费	管理费和利润	人工费	材料费	机械费	管理费和利润
	基础槽钢安装	m	3	9.62	3.35	0.93	9.62	28.86	10.05	2.79	28.86
人工单价			小计					249.12	81.48	15.09	249.12
元/工日			未计价材料费					110.25			
	清单项目综合单价							705.06			

材料费明细	主要材料名称、规格、型号	单位	数量	单价（元）	合价（元）	暂估单价（元）	暂估合价（元）
	10#槽钢	kg	31.5	3.50	110.25		
	其他材料费						
	材料费小计						

表 3-70　工程量清单综合单价分析表（二）

项目编码		项目名称	电力电缆 YJV4×16	计量单位	m	工程量	30

清单综合单价组成明细

定额编号	定额项目名称	定额单位	数量	单价（元）				合价（元）			
				人工费	材料费	机械费	管理费和利润	人工费	材料费	机械费	管理费和利润
	铜芯电力电缆敷设 16mm^2	m	0.98	3.26	1.64	0.05	3.26	3.19	1.61	0.05	3.19
	户内干包式电力电缆终端头制作安装 16mm^2	个	0.13	12.77	67.14		12.77	1.66	8.73		1.66
人工单价			小计					4.85	10.34	0.05	4.85
元/工日			未计价材料费					80.97			
	清单项目综合单价							101.06			

材料费明细	主要材料名称、规格、型号	单位	数量	单价（元）	合价（元）	暂估单价（元）	暂估合价（元）
	电力电缆 YJV4×16	kg	0.99	81.79	80.97		
	其他材料费						
	材料费小计						

表 3-71　工程量清单综合单价分析表（三）

项目编码				项目名称	接地母线敷设		计量单位	m	工程量	14.75
清单综合单价组成明细										
定额编号	定额项目名称	定额单位	数量	单价(元)				合价(元)		
				人工费	材料费	机械费	管理费和利润	人工费	材料费	机械费	管理费和利润
	接地母线敷设	10m	0.1	142.80	0.90	2.10	142.80	14.28	0.09	0.21	14.28
人工单价			小计					14.28	0.09	0.21	14.28
元/工日			未计价材料费					6.62			
清单项目综合单价								35.48			
材料费明细	主要材料名称、规格、型号				单位	数量	单价(元)	合价(元)	暂估单价(元)	暂估合价(元)
	镀锌扁钢 40mm×4mm				m	1.05	6.3	6.62		
	其他材料费									
	材料费小计									

问题（3）：填写分部分项工程量清单与计价表，见表 3-72。

表 3-72　分部分项工程量清单与计价表

工程名称：　　　　　　　　　　　　　　　　　　　　　　　　　　　　　标段：

序号	项目编码	项目名称	项目特征描述	计量单位	工程量	金额(元)		其中：暂估价
						综合单价	合价	
1		配电箱(落地式安装)		台	2	705.06	1410.12	
2		电力电缆 YJV4×16		m	29.52	101.06	2983.29	
3		接地母线敷设		m	14.75	35.48	523.33	
4		接地极		根	3	117.92	353.76	
5		接地装置调试		系统	1	136.01	136.01	

接地极综合单价＝［29.02＋1.89＋14.32＋29.02×（55%＋45%）＋42.40×1.03］元＝117.92 元

接地装置调试综合单价＝［60.00＋1.49＋14.52＋60.00×（55%＋45%）］元＝136.01 元

■复习思考题

1. 有永久性顶盖无围护结构的架空通廊的建筑面积按结构底板水平面积的（　　）计算。

A. 0　　　　　　　　B. 1/2　　　　　　　　C. 1　　　　　　　　D. 1/4

2. 门厅、大厅内设有回廊时按其结构底板（　　　）计算建筑面积。

A. 水平投影面积　　　　　　　　　　B. 外围水平面积的 1/2

C. 外围水平面积　　　　　　　　　　D. 水平投影面积的 1/2

3. 有关下列叙述不正确的是（　　　）。

A. 坡地的建筑物吊脚架空层、深基础架空层，设计加以利用并有围护结构的，层高在 2.20m 及以上的部位应计算全面积

B. 坡地的建筑物吊脚架空层、深基础架空层，设计加以利用并有围护结构的，层高在 2.20m 及以上的部位计算 1/2 面积

C. 设计加以利用、无围护结构的建筑吊脚架空层按其利用部位水平面积的 1/2 计算

D. 设计不利用的深基础架空层、坡地吊脚架空层、多层建筑坡屋顶内、场馆看台下的空间不应计算面积

4. 瓦层面工程量按（　　　）计算。

A. 设计图尺寸以水平投影面积　　　　B. 设计图尺寸以斜面面积

C. 设计图尺寸以外墙外边水平面积　　D. 设计图尺寸以外墙轴线水平面积

5. 关于工程量清单，说法不正确的是（　　　）。

A. 工程量清单中的工程量是结算工程量的依据

B. 工程量清单中的工程量是投标报价的依据

C. 工程量清单一个最基本的功能是作为信息的载体

D. 工程量清单表是工程量清单的重要组成部分

6. 分部分项工程量清单中，项目编码的第三位、第四位表示（　　　）。

A. 附录顺序码　　　　　　　　　　　B. 分部工程顺序码

C. 分项工程项目名称顺序码　　　　　D. 专业工程顺序码

第 4 章

建设工程招标、投标与定标

本章知识要点与学习要求

序　号	知 识 要 点	学 习 要 求
1	工程招投标的范围和规模标准	熟悉
2	强制招标、公开招标以及邀请招标和可以不招标的工程范围	掌握
3	建筑工程施工招标投标的程序	熟悉
4	公开招标和邀请招标的含义及区别	掌握
5	投标策略与投标技巧的选择与运用	熟悉
6	决策树法在投标决策中的运用	掌握
7	开标、评标与定标的组织工作	了解
8	评标定标的方法和相关计算	掌握

■ 4.1 建设工程招标

4.1.1 建设工程招标方式

《中华人民共和国招标投标法》（简称《招标投标法》）第十条规定："招标分为公开招标和邀请招标。"招标项目应依据法律规定条件、项目的规模、技术、管理特点要求、投标人的选择空间以及实施的急迫程度等因素选择合适的招标方式。依法必须招标的项目一般应采用公开招标。如符合条件，确实需要采用邀请招标方式的，须经有关行政主管部门审核批准。

1. 公开招标

公开招标又称无限竞争性招标，是指招标人以招标公告的方式邀请非特定法人或者其他组织投标。招标人按照法定程序，在国内外公开出版的报刊或通过广播、电视、网络等公共媒体发布招标公告，凡有兴趣的并符合公告要求的供应商、承包商，不受地域、行业和数量的限制均可以申请投标，资格审查合格后，按规定时间参加投标竞争。

此种招标方式的优点是：为承包商提供公平竞争的平台，同时招标单位也有较大的选择余地，择优率更高，有利于降低工程造价、缩短工期和保证工程质量。

此种招标方式的缺点是：投标单位良莠不齐、招标工作量大、时间较长，费用高，容易被不负责任的单位抢标。

适用此种招标方式的项目包括：全部使用国有资金投资或者国有资金占控制地位或主导

地位的项目，应当实行公开招标；投资额大、工艺或者结构复杂的较大型建设项目。

2. 邀请招标

邀请招标又称有限竞争性招标，是指招标人用投标邀请书的方式邀请特定的法人或者其他组织投标。邀请招标又称有限竞争性招标，是一种由招标人选择若干符合招标条件的供应商或承包商，向其发出投标申请，由被邀请的供应商、承包商投标竞争，从中选定中标者的招标方式。

此种招标方式的特点是：

1）招标人在一定范围内邀请特定的法人或其他组织投标。与公开招标不同，邀请招标不须向不特定的人发出邀请，邀请招标的特定对象也有一定的范围，根据《招标投标法》规定，招标人应当向三个以上的潜在投标人发出邀请。

2）邀请招标不须发布公告，招标人只要向特定的潜在投标人发出投标邀请书即可。接受邀请的人才有资格参加投标，其他人无权索要招标文件，不得参加投标。

此种招标方式的优点是：所需时间较短，工作量小、目标集中，且招标花费较小；被邀请的投标单位中标率高；

此种招标方式的缺点是：不利于招标单位获得最优报价、取得最佳投资效益，投标单位的数量少，竞争性较差；招标单位在选择邀请人前所掌握的信息不可避免地存在一定的局限性，招标单位很难了解所有承包商的情况，常会忽略一些在技术、报价方面更具竞争力的企业，使招标单位不易获得最合理的报价，有可能找不到最合适的承包商。

此种招标方式适用于建设工程项目标的小，公开招标的费用与项目的价值相比不经济的项目；技术复杂、专业性强、潜在投标人少的项目；军事保密项目等。

4.1.2 工程招标范围和标准

1. 建设项目强制招标的范围和规模标准

我国《招标投标法》指出，在中华人民共和国境内进行下列工程建设项目包括项目的勘察、设计、施工、监理以及与工程建设有关的重要设备、材料等的采购必须进行招标：

1）大型基础设施、公用事业等关系社会公共利益、公共安全的项目。

2）全部或者部分使用国有资金投资或国家融资的项目。

3）使用国际组织或者外国政府贷款、援助资金的项目。

前款所列项目的具体范围和规模标准，由国务院发展计划部门制订，报国务院批准。

法律或国务院规定必须进行招标的其他项目的范围有规定的，依照其规定。

《必须招标的工程项目规定》第二条规定，全部或者部分使用国有资金投资或者国家融资的项目包括：

① 使用预算资金200万元人民币以上，并且该资金占投资额10%以上的项目。

② 使用国有企业事业单位资金，并且该资金占控股或者主导地位的项目。

《必须招标的工程项目规定》第三条规定，使用国际组织或者外国政府贷款、援助资金的项目包括：

① 使用世界银行、亚洲开发银行等国际组织贷款、援助资金的项目。

② 使用外国政府及其机构贷款、援助资金的项目。

《必须招标的工程项目规定》第四条规定，不属于本规定第二条、第三条规定情形的大型基础设施、公用事业等关系社会公共利益、公众安全的项目，必须招标的具体范围由国务院发展改革部门会同国务院有关部门按照确有必要、严格限定的原则制订，报国务院批准。

以上第二条至第四条规定范围内的项目，其勘察、设计、施工、监理以及与工程建设有关的重要设备、材料等的采购达到下列标准之一的，必须招标：

① 施工单项合同估算价在 400 万元人民币以上。

② 重要设备、材料等货物的采购，单项合同估算价在 200 万元人民币以上。

③ 勘察、设计、监理等服务的采购，单项合同估算价在 100 万元人民币以上。

同一项目中可以合并进行的勘察、设计、施工、监理以及与工程建设有关的重要设备、材料等的采购，合同估算价合计达到前款规定标准的，必须招标。

《中华人民共和国招标投标法实施条例》第七条规定，按照国家有关规定需要履行项目审批、核准手续的依法必须进行招标的项目，其招标范围、招标方式、招标组织形式应当报项目审批、核准部门审批、核准。项目审批、核准部门应当及时将审批、核准确定的招标范围、招标方式、招标组织形式通报有关行政监督部门。

必须招标的项目，还分为必须公开招标的项目或采用邀请招标的项目，还有一些项目经过主管部门批准，虽然达到了必须招标的规模范围但也可以不招标。

2. 经审批后可以进行邀请招标的项目

依据《招标投标法》第十一条的规定，国务院发展计划部门确定的国家重点项目和省、自治区、直辖市人民政府确定的地方重点项目不适宜公开招标的，经国务院发展计划部门或者省、自治区、直辖市人民政府批准，可以进行邀请招标。

依据《工程建设项目施工招标投标办法》，依法必须进行公开招标的项目，有下列情形之一的，可以邀请招标：①项目技术复杂或有特殊要求，或者受自然地域环境限制，只有少量潜在投标人可供选择。②涉及国家安全、国家秘密或者抢险救灾，适宜招标但不宜公开招标的。③采用公开招标方式的费用占项目合同金额的比例过大。有前款第二项所列情形，属于本办法第十条规定的项目，由项目审批、核准部门在审批、核准项目时作出认定。其他项目由招标人申请有关行政监督部门作出认定。全部使用国有资金投资或者国有资金投资占控股或者主导地位的并需要审批的工程建设项目的邀请招标，应当经项目审批部门批准，但项目审批部门只审批立项的，由有关行政监督部门批准。

依据《中华人民共和国招标投标法实施条例》第八条的规定，国有资金占控股或者主导地位的依法必须进行招标的项目，应当公开招标；但有下列情形之一的，可以邀请招标：

1）技术复杂、有特殊要求或者受自然环境限制，只有少量潜在投标人可供选择；

2）采用公开招标方式的费用占项目合同金额的比例过大。

3. 可不招标的项目

根据《招标投标法》以及《工程建设项目施工招标投标办法》的规定，有下列情形之一的，可以不进行施工招标：

1）涉及国家安全、国家秘密、抢险救灾或者属于利用扶贫资金实行以工代赈需要使用农民工等特殊情况，不适宜进行招标。

2）施工主要技术采用不可替代的专利或者专有技术。

3）已通过招标方式选定的特许经营项目投资人依法能够自行建设。

4）采购人依法能够自行建设。

5）在建工程追加的附属小型工程或者主体加层工程，原中标人仍具备承包能力，并且其他人承担将影响施工或者功能配套要求。

6）国家规定的其他情形。

根据《中华人民共和国招标投标法实施条例》第九条的规定，除招标投标法第六十六条规定的可以不进行招标的特殊情况外，有下列情形之一的，可以不进行招标：

1）需要采用不可替代的专利或者专有技术。

2）采购人依法能够自行建设、生产或者提供。

3）已通过招标方式选定的特许经营项目投资人依法能够自行建设、生产或者提供。

4）需要向原中标人采购工程、货物或者服务，否则将影响施工或者功能配套要求。

5）国家规定的其他特殊情形。

【案例4-1】 背景：根据国防需要，空军某部须在北部地区建设一雷达生产厂，军方原拟订在与其合作过的施工单位中通过招标方式选择一家进行合作，可是由于合作单位多达20家，军方为达到保密要求，决定在这20家施工单位内选择三家施工单位进行招标。

问题：上述招标人的做法是否符合《招标投标法》及相关行政法规的规定？

解析：

符合《招标投标法》及相关行政法规的规定。由于本工程涉及国家机密，不宜进行公开招标，可以采用邀请招标的方式选择施工单位。详见4.1.2节内容。

【案例4-2】 背景：某重点工程项目计划于2004年12月28日开工，由于工程复杂、技术难度高，一般施工队伍难以胜任，业主自行决定采取邀请招标方式，并于2004年9月8日向通过资格预审的A、B、C、D、E五家施工承包企业发出了投标邀请书。该五家企业均接受了邀请，并于规定时间2004年9月20日—22日购买了招标文件。

问题：企业自行决定采取邀请招标方式的做法是否妥当？说明理由。

解析：

根据《招标投标法》（第十一条）规定，国务院发展计划部门确定的国家重点项目和省、自治区、直辖市人民政府确定的地方重点项目不适宜公开招标的，经国务院发展计划部门或者省、自治区、直辖市人民政府批准，可以进行邀请招标。因此，本案业主自行对省重点工程项目决定采取邀请招标的做法是不妥的。

4.1.3 建设工程项目施工招标程序

我国《招标投标法》中规定的招标工作包括招标、投标、开标、评标和中标几个步骤。建设工程招标是由一系列前后衔接、层次分明的工作步骤构成的。

工程建设招标，可以分为整个建设过程各个阶段全部工作的招标（称为工程建设总承包招标或全过程总体招标）和其中某个阶段中某一专项的招标。

1. 招标备案

招标人自行办理招标的，招标人在发布招标公告或投标邀请书五日前，应向建设行政主管部门办理招标备案，建设行政主管部门自收到备案资料之日起五个工作日内没有异议的，招标人可以发布招标公告或投标邀请书；不具备招标条件的，责令其停止办理招标事宜。

2. 选择招标方式并发布公告

招标人应按照我国《招标投标法》、其他相关法律法规的规定以及建设项目特点确定招标方式。招标备案后可根据招标方式，发布招标公告或投标邀请书。招标公告的作用在于使潜在投标人获得招标信息，以便进行项目筛选，确定是否参与竞争。招标人采用邀请招标方式的，应当向三个以上具备承担招标项目的能力、资信良好的特定法人或其他组织发出投标邀请书。按照《招标投标法》的规定，招标公告应当载明招标人的名称和地址、招标项目的性质、数量、实施地点和时间以及获取招标文件的办法等事项。

3. 编制资格预审文件

资格预审是指招标人在招标开始之前或开始初期，由招标人对申请参加投标的潜在投标人进行资质条件、业绩、信誉、技术、资金等多方面情况进行资格审查。资格预审是合同双方的初次互相选择，业主为全面了解投标人的资信、企业各方面的情况以及工程经验，会发布统一内容和格式的资格预审文件。为了保证公开、公平竞争，业主在资格预审中不得以不合理条件限制或者排斥潜在投标人，不得对潜在投标人实行歧视待遇。

（1）资格预审的办法

1）合格制。就是凡符合初步评审标准和详细评审标准的申请人均通过资格预审。

2）有限数量制。就是审查委员会依据规定的审查标准和程序，对通过初步审查和详细审查的资格预审申请文件进行量化打分，按得分由高到低的顺序确定通过资格预审的申请人。通过资格预审的申请人不超过资格审查办法前附表规定的数量。

（2）资格预审的程序

1）发布资格预审通告。

2）发出资格预审文件。

3）对潜在投标人资格的审查和评定。

4）发出预审合格通知书。

目前建设项目施工招标常采用资格后审。资格后审是开标后、评标前对投标人资格进行审查，审查通过才能进行投标文件的评审，故资格预审文件可以不编制。

【案例4-3】 背景：某大型工程项目由政府投资建设，业主委托某招标代理公司代理施工招标。招标代理公司确定该项目采用公开招标方式招标。业主对招标代理公司提出以下要求：为了避免潜在的投标人过多，项目招标公告只在本市日报上发布，且采用邀请招标方式招标。

问题：业主对招标代理公司提出的要求是否正确？说明理由。

解析：

1）业主提出招标公告只在本市日报上发布的做法不正确。公开招标项目的招标公告，必须在指定媒介发布，任何单位和个人不得非法限制招标公告的发布地点和发布范围。

2）业主要求采用邀请招标的做法不正确。因该工程项目由政府投资建设，相关法规规定：全部使用国有资金投资或者国有资金投资占控股或者主导地位的项目，应当采用公开招标方式招标。如果采用邀请招标方式招标，应由有关部门批准。

4．编制招标文件

建设工程招标文件是建设工程招标单位阐述招标条件和具体要求的意思表示，是招标单位确定、修改和解释有关招标事项的书面表达形式的统称。从合同的订立过程来分析，工程招标文件属于一种要约邀请，其目的在于引起投标人的注意，希望投标人能按照招标人的要求向招标人发出要约。

招标文件的编制必须做到系统、完整、准确、明晰，即提出要求的目标明确，使投标者一目了然。建设单位也可以根据具体情况，委托具有相应资质的咨询、监理单位代理招标。《房屋建筑和市政基础设施工程施工招标投标管理办法》指出，招标人应当根据招标工程的特点和需要，自行或者委托工程招标代理机构编制招标文件。招标文件应当包括下列内容：①投标须知；②招标工程的技术要求和设计文件；③采用工程量清单招标的，应当提供工程量清单：④投标函的格式及附录；⑤拟签订合同的主要条款；⑥要求投标人提交的其他材料。

招标人编写的招标文件在向投标人发放的同时应向建设主管部门备案，建设主管部门发现招标文件有违反法律、法规内容的，责令其改正。

按照《房屋建筑和市政基础设施工程施工招标投标管理办法》，工程施工招标应当具备下列条件：①按照国家有关规定需要履行项目审批手续的，已经履行审批手续；②工程资金或者资金来源已经落实；③有满足施工招标需要的设计文件及其他技术资料；④法律、法规、规章规定的其他条件。

根据《招标投标法》和有关规定，施工招标文件编制中还应遵循如下规定。

1）说明评标原则和评标办法。

2）投标价格中，对于一般结构不太复杂或工期在 12 个月以内的工程，可以采用固定价格，考虑一定的风险系数；对于结构较复杂或大型工程或工期在 12 个月以上的，应采用调整价格的调整方法，并且调整范围应当在招标文件中明确。

3）在招标文件中应明确投标价格计算依据和类型选择。

4）质量标准必须达到国家施工验收规范合格标准，对于要求质量达到优良标准时，应计取补偿费用，补偿费用的计算方法应按国家或地方有关文件规定执行，并在招标文件中明确。

5）招标文件中的建设工期应当参照国家或地方颁发的工期定额来确定，对于要求的工期比工期定额缩短 20% 以上（含 20%）的，应计算赶工措施费。赶工措施费如何计取应在招标文件中明确。

6）由于施工单位原因造成不能按合同工期竣工时，计取赶工措施费的须扣除，同时还应赔偿由于误工给建设单位带来的损失。损失费用的计算方法或规定应在招标文件中明确。

7）如果建设单位要求按合同工期提前竣工交付使用，应考虑计取提前工期奖，提前工期奖的计算方法应在招标文件中明确。

8）招标文件中应明确投标准备时间，即从开始发放招标文件之日起，至投标截止时间的期限，最短不得少于 20 天，招标文件中还应载明投标有效期。

9）在招标文件中应明确投标保证金数额及支付方式。

10）中标单位应按规定向招标单位提交履约担保，履约担保可采用银行保函或履约担

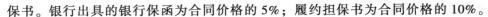

保书。银行出具的银行保函为合同价格的 5%；履约担保书为合同价格的 10%。

11）材料或设备采购、运输、保管的责任应在招标文件中明确。

12）工程量清单是招标单位按国家颁布的统一工程项目划分；统一计量单位和统一的工程量计算规则，根据施工图计算工程量，提供给投标单位作为投标报价的基础。

13）招标单位在编制招标文件时，应根据相关法律规定和工程具体情况确定"招标文件合同协议条款"的内容。

14）投标单位在收到招标文件后，若有问题需要澄清，应于收到招标文件后以书面形式向招标单位提出，招标单位将以书面形式或投标预备会的方式予以解答，答复将送给所有获得招标文件的投标单位。

5. 发售招标文件

（1）招标文件的发售　招标人向合格投标人发放招标文件，招标人对所发出的招标文件可以酌情收取工本费，但不得以此谋利，对于其中的设计文件，招标人可以酌情收取押金，在确定中标人后，对于设计文件退回的，招标人应当同时将其押金退还。

（2）招标文件澄清或修改　投标人收到招标文件、图样和有关资料后，若有疑问或问题需要解答、解释的，应当在招标文件规定的时间内以书面形式向招标人提出，招标人应以书面形式或投标预备会上予以解答。招标人对招标文件所做的任何澄清和修改，须报建设行政主管部门备案，并在投标截止日期 15 日前发给获得招标文件的所有投标人。投标人收到招标文件的澄清或修改内容后应以书面形式确认。招标文件的澄清或修改内容作为招标文件的组成部分，对招标人和投标人起约束作用。

6. 勘察现场和投标预备会

踏勘现场的目的在于使投标人了解工程场地和周围环境情况，以获取投标单位认为有必要的信息。投标预备会也称答疑会、标前会议，是指招标人为澄清或解答招标文件或现场踏勘中的问题，以便投标人更好地编制投标文件，并解答招标文件中的疑问而组织召开的会议。如果采用网上报名的建设项目施工招标，一般要求投标单位自行组织踏勘现场，投标预备会可以不开，可以在网上答疑。

7. 建设项目投标

按照《房屋建筑和市政基础设施工程施工招标投标管理办法》，投标人应当按照招标文件的要求编制投标文件，对招标文件提出的实质性要求和条件做出响应。招标文件允许投标人提供备选标的，投标人可以按照招标文件的要求提交替代方案，并做出相应报价作备选标。投标单位按招标文件所提供的表格格式，编制一份投标文件"正本"和"前附表"中提到的相应份数的"副本"，并由投标单位法定代表人亲自签署并加盖法人单位公章和法定代表人印鉴。投标单位应提供不少于"前附表"规定数额的投标保证金，此投标保证金是投标文件的组成部分。《房屋建筑和市政基础设施工程施工招标投标管理办法》规定，投标人应当在招标文件要求提交投标文件的截止时间前，将投标文件密封送达投标地点。招标人收到招标文件后，应当向投标人出具标明签收人和签收时间的凭证，并妥善保存投标文件。在开标前，任何单位和个人均不得开启投标文件。在招标文件要求提交投标文件的截止时间后送达的投标文件，为无效的投标文件，招标人应当拒收。提交投标文件的投标人少于三个的，招标人应当依照本法重新招标。

8. 开标、评标和定标

在建设项目招标投标中，开标、评标和定标是招标程序中极为重要的环节。我们将在"建设项目开标、评标和定标"中予以详述。

【案例4-4】 背景：某地政府投资工程采用委托招标的方式组织施工招标。依据相关规定，资格预审文件采用《中华人民共和国标准施工招标资格预审文件》（2007版）编制。招标人共收到了16份资格预审申请文件，其中两份资格申请文件是在资格预审申请截止时间后两分钟收到的。招标人按照以下程序组织了资格审查：

（1）组建资格审查委员会，由审查委员会对资格预审申请文件进行评审和比较。审查委员会由五人组成，其中招标人代表一人，招标代理机构代表一人，政府相关部门组建的专家库中抽取技术专家和经济专家三人。

（2）对资格预审申请文件外封装进行检查，发现两份申请文件的封装以及一份申请文件封套盖章不符合资格预审文件的要求，这三份资格预审申请文件为无效申请文件。审查委员会认为只要在资格审查会议开始前送达的申请文件均为有效。这样，两份在资格预审申请截止时间后送达的申请文件，由于其外封装和标识符合资格预审文件要求，被认为是有效资格预审申请文件。

（3）对资格预审申请文件进行初步审查。发现有一家申请人使用的施工资质为其子公司资质，还有一家申请人联合体申请人，其中一个成员又单独提交了一份资格预审申请文件。审查委员会认为这三家申请人不符合相关规定，不能通过初步审查。

（4）对通过初步审查的资格预审申请文件进行详细审查。审查委员会依照资格预审文件中确定的初步审查事项，发现有一家申请人的营业执照副本（复印件）已经超出了有效期，于是要求这家申请人提交营业执照的原件进行核查。在规定的时间内，该申请人将其重新申办的营业执照原件交给了审查委员会核查，确认合格。

（5）审查委员会经过上述审查程序，确认了通过以上第2、3两步的10份资格预审申请文件通过了审查，并向招标人提交了资格预审书面审查报告，确定了通过资格审查的申请人名单。

问题：

（1）招标人组织的上述资格审查程序是否正确？为什么？如果不正确，请写出正确的资格审查程序。

（2）审查过程中，审查委员会的做法是否正确？为什么？

（3）如果资格预审文件中规定确定七名资格审查合格的申请人参加投标，招标人是否可以在上述通过资格预审的10人中直接确定，或者采用抽签方式确定七人参加投标？为什么？

解析：

问题（1）：本案中，招标人组织资格审查的程序不正确。

参照《中华人民共和国标准施工招标资格预审文件》（2007版），审查委员会的职责是依据资格预审文件中的审查标准和方法，对招标人受理的资格预审申请文件进行审查。本案中，资格审查委员会对资格预审申请文件封装和标识进行检查，并据此判定申请文件是否有效的做法属于审查委员会越权。

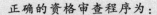

正确的资格审查程序为：

1) 招标人组建资格审查委员会。

2) 对资格预审申请文件进行初步审查。

3) 对资格预审申请文件进行详细审查。

4) 确定通过资格预审的申请人名单。

5) 完成书面资格审查报告。

问题（2）：审查过程中，审查委员会第1、2、4步的做法不正确。

第1步中资格审查委员会的构成比例不符合招标人代表不能超过1/3，政府相关部门组建的专家库专家不能少于2/3的规定，因为招标代理机构的代表参加评审，视同招标人代表。

第2步中对两份在资格预审申请截止时间后送达的申请文件评审为有效申请文件的结论不正确，不符合市场交易中的诚信原则，也不符合《中华人民共和国标准施工招标资格预审文件》（2007版）的精神。

第4步中查对原件的目的仅在于审查委员会进一步判定原申请文件中营业执照副本（复印件）的有效与否，而不是判断营业执照副本原件是否有效。

问题（3）：招标人不可以在上述通过资格预审的10人中直接确定，或者采用抽签方式确定七人参加投标，因为这些做法不符合评审活动中的择优原则，限制了申请人之间平等竞争，违反了公平竞争的招标原则。

【案例4-5】　背景：某市政协的综合办公楼进行施工招标，要求投标企业为房屋建筑施工总承包一级及以上资质。资格预审公告后，有15家单位报名参加。

（1）进行资格预审时，有招标人代表提出不能使用民营企业，应选择国有大中型企业。

（2）资格预审文件中规定资格审查采用合格制，评审过程中招标人发现合格的投标申请人达到12家之多，因此要求对他们进行综合评价和比较，并采用投票方式优选出七家作为最终的资格预审合格投标人。

（3）现场踏勘时，有两家单位因故未能参加，招标人按该两家单位放弃投标考虑。

（4）到投标截止时间有一家投标人因路上堵车迟到了五分钟（已事先电话告知招标人）招标人拒绝接收其投标文件。

（5）开标仪式上，有一家投标人未派代表出席，但其投标文件提前寄到了招标人处，招标人因该投标人代表未在场为由，没有开启其投标文件。

（6）发出中标通知书之前，招标人书面要求中标人做出了2%的让利。

问题：

（1）工程施工招标资格审查方法有哪两种？合格制的资格审查办法的优缺点是什么？

（2）上述程序中，有哪些不妥之处？试说明理由。

解析：

问题（1）：资格审查由资格预审和资格后审两种，合格制是设置一个门槛，达到要求就通过，其优点是投标竞争力强，比较客观公平，有利于获得更多、更好的投标人和投标方案；缺点是若资格审查条件设置不当，容易造成投标人过多，增加评标成本，或造成投标人不足三人。

问题（2）：第1条资格预审时，有招标人代表提出不能使用民营企业，应选择国有大中型企业的说法不妥，属于歧视性条件。

第2条的做法改变了在资格预审公告载明的资格预审办法，是错误的。

第3条的做法不妥，法规未要求投标人必须现场踏勘。

第4条的做法是正确的，符合招标投标法有关规定。

第5条的做法错误，法规未规定开标时投标人必须到开标现场，投标文件在规定时间送达到指定地点的都应当接收，密封完好都应当开启、唱标。

第6条的做法违反了有关法规要求的在中标前招标人不得同投标人就价格等实质性问题进行谈判的规定。

4.1.4　招标文件的编制

1. 招标文件的基本内容

进行项目招标首先要有一份内容明确、考虑细致周密、兼顾招标投标双方权益的招标文件。招标文件的作用，首先是向投标人提供招标信息，以指引承包人根据招标文件提供的资料，进行投标分析与决策；其次是承包商投标和业主评标的依据；再次是在招标投标成交后成为业主和承包商签订合同的主要组成部分。

1）招标文件的内容与篇幅大小与项目的规模和类型有关，但每个招标文件一般都有以下几个部分：

① 业主的名称、工程性质、资金来源等。

② 工程综合说明，包括工程名称、地址、规模、项目设计人、现场条件等。

③ 工程招标方式、发包范围。

④ 业主对工程与服务方面的要求，包括工期、所采取的技术规范、质量要求，要求提供的施工方案、进度计划等。

⑤ 工程款的支付、建材的供应与差价的处理。

⑥ 必要的设计图、技术资料、工程量清单（采用总价合同时可以不列出）。

⑦ 拟采用的合同通用条件、专用条件。

⑧ 投标书的编写，包括标书的语言、标书的组成文件等。

⑨ 标书的递交，包括投标书的密封和标志、投标的截止日期、投标书的更改与撤回等。

⑩ 现场勘察、标前会议、开标、评标、决标等活动日程安排。

⑪ 招标文件的更改与补充，评标、定标的规则等。

⑫ 投标保函或投标保证金的要求。

⑬ 中标的承包商应办理的有关事宜及有关文件的格式，包括中标通知书的发出、谈判及合同签署等事宜，以及履行担保、动员预付款担保等文件的格式。

⑭ 其他，如是否要求提交投标授权书等。

整个招标文件大体分为三大部分，即投标者为投标应了解并遵循的规定，承包商必须填报的投标书格式及应提交的文件，中标的承包商应办的事宜及有关文件格式。

我国有关工程招标投标的文件规定，招标者的招标文件应送到招标投标管理机构审批，批准后方可发给投标者。对招标文件的审查，主要为保证其内容必须全面、真实，不得有违

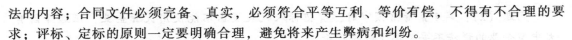

法的内容；合同文件必须完备、真实，必须符合平等互利、等价有偿，不得有不合理的要求；评标、定标的原则一定要明确合理，避免将来产生弊病和纠纷。

2）按照国际工程招标惯例，招标文件一般由以下几个部分内容组成：

① 投标人邀请书。

② 投标人须知。

③ 合同的通用条件及专用条件。

④ 技术规范。

⑤ 图样。

⑥ 工程量清单。

⑦ 补充资料表（需投标者应提交的补充资料明细表，如外汇需求、现金流动、分包商等）。

⑧ 投标书、投标保证书等格式。

⑨ 参考资料。

2. 招投标相关法规中关于招标文件的规定

根据我国《招标投标法》规定，招标文件应当包括招标项目的技术要求、对招标人资格审查的标准、投标报价要求和评标标准等所有实质性要求和条件以及签订合同的主要条款。

招标文件的内容大致分三类：

1）关于编写和提交投标文件的规定。载入这些内容的目的是尽量减少承包商或供应商由于不明确如何编写投标文件而处于不利单位或投标文件遭到拒绝的可能。

2）关于对投标人资格审查的标准及投标文件的评审标准和方法。这是为了提高招标工程的透明性和公平性，所以非常重要。

3）关于合同的主要条款，其中主要是商务性条款，有利于投标人了解中标后签订合同的主要内容，明确双方的权利义务。招标人应当在招标文件中规定实质性要求和条件，并用醒目的方式标明。

根据《招标投标法》和中华人民共和国住房和城乡建设部的有关规定，施工项目招标文件编制中还应遵守如下规定：

1）说明评标原则和评标办法。

2）施工招标项目工期超过 12 个月的，招标文件可以规定工程造价指数体系、价格调整因素和调整方法。

3）招标文件中建设工期比工期定额缩短 20% 以上的，投标报价中可以计算赶工措施费。

4）投标准备时间（即从开始发出招标文件之日起，至投标人提交投标文件之日止）最短不得少于 20 天。

5）在招标文件中应明确标明投标价格的计算依据，主要有以下几个方面：工程计价类别，执行的概预算定额及费用定额，执行的人工、材料、机械设备政策性调整文件等，工程量清单。

6）质量标准必须达到国家施工验收规范合格标准，对于要求质量达到优良标准时，应计取补偿费用，补偿费用的计算方法应按国家或地方有关文件的规定执行，并在招标文件中明确。

7）由于施工单位原因造成不能按合同工期竣工时，计取赶工措施费的需扣除，同时还应补偿由于误工给建设单位带来的损失。其损失费用的计算方法应在招标文件中标明。

8）如果建设单位要求按合同工期提前竣工交付使用，应考虑计取提前工期奖，提前工期奖的计算方法应在招标文件中明确。

9）在招标文件中应明确投标保证金的数额及支付方式。

10）关于工程量清单，招标单位需按国家颁布的统一的项目编码、项目名称、计量单位和工程量计算规则，根据施工图计算工程量，提供给投标单位作为投标报价的基础。

11）合同条款的编写，招标单位在编制招标文件时，应根据相关法律的规定和工程的具体情况确定合同条款的内容。

4.1.5 工程招标控制价的编制

1. 招标控制价的概念

GB 50500—2013《建设工程工程量清单计价规范》中的招标控制价是指招标人根据国家或省级、行业建设主管部门颁发的有关计价依据和办法，按设计施工图计算的，对招标工程的最高工程造价。

2. 招标控制价的编制原则与依据

（1）编制原则

1）国有资金投资的工程建设项目应实行工程量清单招标，并应编制招标控制价。

2）招标控制价超于批准的概算时，招标人应将其报送原概算部门审核。

3）投标人的投标价高于招标控制价的，其标准应给予拒绝。

（2）编制依据

1）《建设工程工程量清单计价规范》。

2）国家或省级、行业建设主管部门颁发的计价定额和计价办法。

3）建设工程设计文件及相关资料。

4）招标文件中的工程量清单及有关要求。

5）与建设项目相关的标准、规范、技术资料。

6）工程造价管理机构发布的工程造价信息；工程造价信息没有发布的参照市场价。

7）其他的相关资料。

3. 有关招标控制价的相关规定

1）招标控制价应由具有编制能力的招标人，或受其委托具有相应资质的工程造价咨询人编制。

2）招标控制价应在招标时公布，不应上调或下浮，招标人应将招标控制价及有关资料报送给工程所在地工程造价管理机构备查。

3）投标人经复核认为招标人公布的招标控制价未按照《建设工程工程量清单计价规范》的规定编制，应在开标前五天向招投标监督机构或（和）工程造价管理机构投诉。

4）招投标监督机构应会同工程造价机构投诉进行处理，发现有错误的，应责成招标人修改。

4. 招标控制价的作用

1）招标控制价作为招标人能够接受的最高交易价，可以使招标人有效控制投资，防止恶性投标带来的投资风险。

2）有利于增强招标过程的透明度。招标控制价的编制，淡化了标底的作用，避免工程招标中的弄虚作假、暗箱操作等违法行为，并消除因工程量不统一而引起的在标价上的误差，有利于正确评标。

3）由于招标控制价与招标文件同步编制并作为招标文件的一部分与招标文件一同公布，有利于引导投标方投标报价，避免了投标方无标底的无序竞争。

4）招标人在编制招标控制价时通常按照政府规定的标准，即招标控制价反映的是社会平均水平。招标人可以清楚地了解最低中标价同招标控制价相比能够下浮的幅度，可以为招标人判断最低投标价是否低于成本价提供参考依据。

5）招标控制价可以为工程变更新增项目确定单价提供计算依据。招标人可在招标文件中规定：当工程变更项目合同价中没有相同或类似项目时，可参照招标时招标控制价编制原则编制综合单价，再按原招标时中标价与招标控制价相比下浮相同比例确定工程变更新增项目的单价。

6）招标控制价可作为评标的参考依据，避免出现较大的偏离。招标控制价能反映工程项目和市场实际情况，而且反映的是社会平均水平，由于目前大多数施工企业尚未制定反映其实际生产水平的企业定额，不能用企业定额作为评标的依据，因而用招标控制价作为评标时参考依据，具有一定的科学性和较强的可操作性。

【案例 4-6】 背景：某事业单位（以下称招标单位）建设某工程项目，该项目受自然地域环境限制，拟采用公开招标的方式进行招标。该项目初步设计及概算应当履行的审批手续已经批准；资金来源尚未落实；有招标所需的设计图及技术资料。考虑到参加投标的施工企业来自各地，招标单位委托咨询单位编制了两个标底，分别用于对本市和外省市施工企业的评标。招标公告发布后，有10家施工企业做出响应。在资格预审阶段，招标单位对投标单位与机构和企业概况、近两年完成工程情况、目前正在履行的合同情况、资源方面的情况等进行了审查。其中一家本地公司提交的资质等材料齐全，有项目负责人签字、单位盖章。招标单位认定其具备投标资格。某投标单位收到招标文件后，分别于第五天和第10天对招标文件中的几处疑问以书面形式向招标单位提出。招标单位以提出疑问不及时为由拒绝做出说明。投标过程中，因了解到招标单位对本市和外省市的投标单位区别对待，八家投标单位退出了投标。招标单位经研究决定，招标继续进行。剩余的投标单位在招标文件要求提交投标文件的截止日期前，对投标文件进行了补充、修改。招标单位拒绝接受补充、修改的部分。

问题：该工程项目施工招投标程序存在哪些方面的不妥之处？应如何处理？请逐一说明。

解析：该工程项目施工招投标程序存在以下不妥之处：

不妥（1）：招标单位采用的招标方式不妥。受自然地域环境限制的工程项目，宜采用邀请招标的方式进行招标。

不妥（2）：该工程项目尚不具备招标条件。依法必须招标的工程建设项目，应当具备下列条件才能进行施工招标：

1) 招标人已经依法成立。

2) 初步设计及概算应当履行审批手续的，已经批准。

3) 招标范围、招标方式和招标组织形式等应当履行核准手续的，已经核准。

4) 有相应资金或资金来源已经落实。

5) 有招标所需的设计图及技术资料。

不妥（3）：招标单位编制两个标底不妥。标底由招标单位自行编制或委托中介机构编制。一个工程只能编制一个标底。

不妥（4）：资格预审的内容存在不妥。招标单位应对投标单位近三年完成工程情况进行审查。

不妥（5）：招标单位对上述提及的本地公司具备投标资格的认定不妥。投标单位提交的资质等资料应由法人代表签章。

不妥（6）：招标单位以提出疑问不及时为由拒绝做出说明不妥。投标单位对招标文件中的疑问，应在收到招标文件后的七日内以书面形式向招标单位提出。对于投标单位第10天提出的书面疑问，招标单位有权拒绝说明。

不妥（7）：招标单位决定招标继续进行不妥。提交投标文件的投标单位少于三个的，招标人应当依法重新招标。重新招标后投标人仍少于三个的，属于必须审批的工程建设项目，报经原审批部门批准后可以不再进行招标；其他工程建设项目，招标人可自行决定不再进行招标。

不妥（8）：招标单位对投标单位补充、修改投标文件拒绝接受不妥。投标单位在招标文件要求提交投标文件的截止日期前，可以对投标文件进行补充、修改。该补充、修改的内容，为投标文件的组成部分。

4.2 建设工程投标

4.2.1 建设工程投标概述

1. 工程项目投标的概念

投标是指承包商根据业主的要求或以招标文件为依据，在规定期限内向招标单位递交投标文件及报价，争取工程承包权的活动。投标是建筑企业取得工程施工合同的主要途径，又是建筑企业经营决策的重要组成部分，它是针对招标的工程项目，力求实现决策最优化的活动。属于要约与承诺特殊表现形式的招标与投标是合同的形成过程，投标文件是建筑企业对业主发出的要约。投标人一旦提交了投标文件，就必须在招标文件规定的期限内信守其承诺，不得随意退出投标竞争。因为投标是一种法律行为，投标人必须承担中途反悔撤出的经济和法律责任。

2. 投标人的资格要求

按照《招标投标法》的规定，投标人必须是响应招标，参加投标竞争的法人或者其他组织。投标人应按照下列要求进行：

1）投标人应具备承担招标项目的能力；国家有关规定对投标人资格条件或者招标文件对投标人资格条件有规定的，投标人应当具备规定的资格条件。

2）投标人应当按照投标文件的要求编制投标文件。投标文件应当对招标文件提出的实质性要求和条件做出响应。

3）两个以上法人或者其他组织可以组成一个联合体，以一个投标人的身份共同投标。联合体各方均应当具备承担招标项目的能力；国家有关规定或者招标文件对投标人资格条件有规定的，联合体各方均应当具备规定的相应资格条件。

4）投标人不得相互串通投标报价，不得排挤其他投标人的公平竞争，损害招标人或者他人的合法权益。投标人不得与招标人串通投标，损害国家利益，社会公共利益或者他人的合法利益。禁止投标人以向招标人或者评标委员会成员行贿的手段谋取中标。投标人不得以低于成本的报价竞标，也不得以他人名义投标或者以其他方式弄虚作假，骗取中标。

4.2.2　投标文件的编制

1. 投标文件的组成

根据《工程建设项目施工招标投标办法》第三十六条的规定，投标人应当按照招标文件的要求编制投标文件。投标文件应当对招标文件提出的实质性要求和条件做出响应。投标文件一般包括下列内容：投标函；投标报价；施工组织设计；商务和技术偏差表。投标人根据招标文件载明的项目实际情况，拟在中标后将中标项目的部分非主体、非关键性工作进行分包的，应当在投标文件中载明。

2. 联合体投标

《投标招标法》第三十一条规定，由同一专业的单位组成的联合体，按照资质等级较低的单位确定资质等级。联合体各方应当签订共同投标协议，明确约定各方拟承担的工作和责任，并将共同投标协议连同投标文件一并提交招标人。联合体中标的，联合体各方应当共同于招标人签订合同，就中标项目向招标人承担连带责任。招标人不得强制投标人组成联合体共同投标，不得限制投标人之间的竞争。《工程建设项目施工招标投标办法》中规定，两个以上法人或者其他组织可以组成一个联合体，以一个投标人的身份共同投标。联合体各方签订共同投标协议后，不得再以自己的名义单独投标，也不得组成新的联合体或参加其他联合体在同一项目中投标。联合体参加资格预审并获通过的，其组成的任何变化都必须在提交投标文件截止之日前征得招标人同意。如果变化后的联合体削弱了竞争，含有事先未经过资格预审或者资格预审不合格的法人或者其他组织，或者使联合体的资质降到资格预审文件中规定的最低标准以下，招标人有权拒绝。联合体各方必须指定牵头人，授权其代表所有联合体成员负责投标和合同实施阶段的主办、协调工作，并应当向招标人提交由所有联合体成员法定代表人签署的授权书。联合体投标的，应当以联合体各方或者联合体中牵头人的名义提交投标保证金。以联合体中牵头人名义提交的投标保证金，对联合体各成员具有约束力。

凡联合体参与投标的，均应签署并提交联合体协议书。联合体协议书的内容如下：

（1）联合体成员的数量　联合体协议书中首先必须明确联合体成员的数量。其数量必须符合招标文件的规定，否则将视为不响应招标文件规定，而作为废标。

（2）牵头人和成员单位名称　联合体协议书中应明确联合体牵头人，并规定牵头人的职责、权利及义务。

（3）联合体内部分工　联合体协议书一项重要内容是明确联合体各成员的职责分工和工程范围，以便招标人对联合体各成员专业资质进行审查，并防止中标后联合体成员产生纠纷。

（4）签署　联合体协议书应按招标文件规定进行签署和盖章。

【案例4-7】　背景：某政府投资项目主要分为建筑工程、安装工程和装修工程三部分，项目总投资额为5000万元，其中，估价为80万元的设备由招标人采购。

招标文件中，招标人对投标有关时限的规定如下：

（1）投标截止时间为自招标文件停止出售之日起第16日上午九时整。

（2）接受投标文件的最早时间为投标截止时间前72小时。

（3）若投标人要修改、撤回已提交的投标文件，须在投标截止时间24小时前提出。

（4）投标有效期从投标文件截止之日开始计算，共90天。

另外，建筑工程应由具有一级以上资质的企业承包，安装工程和装修工程应由具有二级以上资质的企业承包，招标人鼓励投标人组成联合体投标。

在参加投标的企业中，A、B、C、D、E、F为建筑公司，G、H、J、K为安装公司，L、N、P为装修公司，除了K公司为二级企业外，其余均为一级企业，上述企业分别组成联合体投标，各联合体具体组成见表4-1。

表4-1　各联合体的组成

联合体编号	I	II	III	IV	V	VI	VII
联合体组成	A、L	B、C	D、K	E、H	G、N	F、J、P	E、L

在上述联合体中，某个联合体协议中约定：若中标，由牵头人与招标人签订合同，然后将该联合体协议送交招标人；联合体所有与业主的联系工作以及内部协调工作均由牵头人负责；各成员单位按投入比例分享利润并向招标人承担责任，且需向牵头人支付各自所承担合同额部分的1%作为管理费。

问题：

（1）该项目估价为80万元的设备采购是否可以不招标？说明理由。

（2）分别指出招标人对投标有关时限的规定是否正确，说明理由。

（3）根据《招标投标法》的规定，按联合体的编号，判别各联合体的投标是否有效？若无效，说明原因。

（4）指出上述联合体协议内容中的错误之处，说明理由或写出正确做法。

解析：

问题（1）：该设备采购必须招标，因为该项目为政府投资项目，属于必须招标的范围，且总投资额在3000万元以上（总投资额达5000万元）。

问题（2）：

1）投标截止时间的规定正确，因为自招标文件开始出售至停止出售至少为五个工作日，故满足自招标文件开始出售至投标截止不得少于20日的规定。

2）接受投标文件最早时间的规定正确，因为有关法规对此没有限制性规定。

3）修改、撤回投标文件时限的规定不正确。因为在投标截止时间前均可修改、撤回投标文件。

4）投标有效期从发售招标文件之日开始计算的规定不正确，投标有效期应从投标截止时间开始计算。

问题 (3)：

1) 联合体 I 的投标无效，因为投标人不得参与同一项目下不同的联合体投标（L 公司既参加联合体 I 投标，又参加联合体 W 投标）。

2) 联合体 II 的投标有效。

3) 联合体 III 的投标有效。

4) 联合体 IV 的投标无效，因为投标人不得参与同一项目下不同的联合体投标（E 公司既参加联合体 IV 投标，又参加联合体 VII 投标）。

5) 联合体 V 的投标无效，因为缺少建筑公司（或 G、N 公司分别为安装公司和装修公司），若其中标，主体结构工程必然要分包，而主体结构工程分包是违法的。

6) 联合体 VI 的投标有效。

7) 联合体 VII 的投标无效，因为投标人不得参与同一项目下不同的联合体投标（E 公司和 L 公司均参加了两个联合体投标）。

问题 (4)：

1) 由牵头人与招标人签订合同错误，应由联合体各方共同与招标人签订合同。

2) 与招标人签订合同后才将联合体协议送交招标人错误，联合体协议应当与投标文件一同提交给招标人。

3) 各成员单位按投入比例向招标人承担责任错误，联合体各方应就中标项目向招标人承担连带责任。

3. 投标保证金

投标保证金是指投标人按照招标文件的要求向招标人出具的，以一定金额表示的投标责任担保。招标人为了防止因投标人撤销或者反悔投标的不正当行为而使其蒙受损失，因此要求投标人按规定形式和金额提交投标保证金，并作为投标文件的组成部分。投标人不按招标文件要求提交投标保证金的，其投标文件作为废标处理。投标保证金采用银行保函形式的，银行保函有效期应长于投标有效期，一般应超出投标有效期 30 天。

（1）投标保证金的形式　投标保证金的形式一般有现金、银行保函、银行汇票、银行电汇、信用证、支票或招标文件规定的其他形式。投标保证金具体提交的形式由招标人在招标文件中确定。

1）现金。对于数额较小的投标保证金而言，采用现金方式提交是一个不错的选择。但对于数额较大的采用现金方式提交就不太合适。因为现金不易携带，不方便递交，在开标会上清点大量的现金不仅浪费时间，操作手段也比较原始，既不符合我国的财务制度，也不符合现代的交易支付习惯。

2）银行保函。开具保函的银行性质及级别应满足招标文件的规定，并采用招标文件提供的格式。投标人应根据招标文件要求单独提交银行保函正本，并在投标文件中附上复印件或将银行保函正本装订在投标文件正本中。一般情况下，招标人会在招标文件中给出银行保函的格式和内容，且要求保函主要内容不能改变，否则将以不符合招标文件的要求作为废标处理。

3）银行汇票。银行汇票是汇款人将款项存入当地出票银行，由出票银行签发的票据，交由汇款人转交给异地收款人，异地收款人凭银行汇票在当地银行兑取汇款。投标人应在投标文件中附上银行汇票复印件，作为评标时对投标保证金评审的依据。

4）支票。支票是出票人签发的，委托办理支票存款业务的银行或者其他金融机构在见票时无条件支付确定的金额给收款人或者持票人的票据。投标保证金采用支票形式，投标人应确保招标人收到支票后在招标文件规定的截止时间之前，将投标保证金划拨到招标人指定账户，否则投标保证金无效。投标人应在投标文件中附上支票复印件，作为评标时对投标保证金评审的依据。

（2）投标保证金的额度　投标保证金金额通常有相对比例金额和固定金额两种方式。相对比例金额是以投标总价作为计算基数，投标保证金金额与投标报价有关；固定金额是招标文件规定投标人提交统一金额投标保证金，投标保证金与报价无关。为避免招标人设置过高的投标保证金额度，《工程建设项目施工招标投标办法》规定，投标保证金不得超过项目估算价的百分之二，但最高不得超过 80 万元人民币。投标保证金有效期应当超出投标有效期三十天。《工程建设项目勘察设计招标投标办法》规定，保证金数额不得超过勘察设计估算费用的百分之二。最多不超过十万元人民币。

（3）投标有效期与投标保证金的有效期　投标有效期是以递交投标文件的截止时间为起点，以招标文件中规定的时间为终点的一段时间。在这段时间内，投标人必须对其递交的投标文件负责，受其约束。而在投标有效期开始生效之前（即递交投标文件截止时间之前），投标人（潜在投标人）可以自主决定是否投标、对投标文件进行补充修改，甚至撤回已递交的投标文件；在投标有效期届满之后，投标人可以拒绝招标人的中标通知而不受任何约束或惩罚。如果在招标投标过程中出现特殊情况，在招标文件规定的投标有效期内，招标人无法完成评标并与中标人签订合同，则在原投标有效期期满之前招标人可以以书面形式要求所有投标人延长投标有效期。投标人同意延长的，不得要求或被允许修改其投标文件，但应当相应延长其投标保证金的有效期；投标人拒绝延长的，其投标在原投标有效期期满之后失效，投标人有权收回其投标保证金。投标保证金本身也有有效期的问题，如银行一般都会在投标保函中明确该保函在什么时间内保持有效，当然投标保证金的有效期必须大于等于投标有效期。《工程建设项目施工招标投标办法》规定，投标保证金有效期与投标有效期一致。

（4）投标保证金的作用

1）对投标人的投标行为产生约束作用，保证招标投标活动的严肃性。招标投标是一项严肃的法律活动，投标人的投标是一种要约行为，投标人作为要约人，向招标人（受要约人）递交投标文件之后，即意味着向招标人发出了要约。在投标文件递交截止时间至招标人确定中标人的这段时间内，投标人不能要求退出竞标或者修改投标文件；而一旦招标人发出中标通知书，做出承诺，则合同即告成立，中标的投标人必须接受，并受到约束，否则投标人就要承担合同订立过程中的缔约过失责任，就要承担投标保证金被招标人没收的法律后果。这实际上是对投标人违背诚实信用原则的一种惩罚。所以，投标保证金能够对投标人的投标行为产生约束作用，这是投标保证金最基本的功能。

2）在特殊情况下，可以弥补招标人的损失。投标保证金一般定为项目估算价的 2%，这是个经验数字。因为通过对实践中大量的工程招标投标的统计数据表明，通常最低标与次低标的价格相差在 2%左右。因此，如果发生最低标的投标人反悔而退出投标的情形，则招标人可以没收其投标保证金并授标给投标报价次低的投标人，用该投标保证金弥补最低价与次低价之间的价差，从而在一定程度上可以弥补或减少招标人所遭受的经济损失。

3）督促招标人尽快定标。投标保证金对投标人的约束作用是有一定时间限制的，这一时间即是投标有效期。如果超出了投标有效期，则投标人不对其投标的法律后果承担任何义务。所以，投标保证金只是在一个明确的期限内保持有效，从而可以防止招标人无限期地延长定标时间，影响投标人的经营决策和合理调配自己的资源。

4）从一个侧面反映和考察投标人的实力。投标保证金采用现金、支票、汇票等形式，实际上是对投标人流动资金的直接考验。投标保证金采用银行保函的形式，银行在出具投标保函之前一般都要对投标人的资信状况进行考察，信誉欠佳或资不抵债的投标人很难从银行获得经济担保。由于银行一般都对投标人进行动态的资信评价，掌握着大量投标人的资信信息，因此投标人能够获得银行保函，能够获得多大额度的银行保函，这也可以从一个侧面反映投标人的实力。

（5）投标保证金的没收与退还

1）投标保证金的没收。下列任何情况发生时，投标保证金将被没收：投标人在规定的投标有效期内撤回其投标；投标人在收到中标通知书后未按招标文件规定提交履约担保，或拒绝签订合同协议书。

2）投标保证金的退还。《工程建设项目施工招标投标办法》规定，招标人最迟应当在与中标人签订合同后 5 日内，向中标人和未中标的投标人退还投标保证金及银行同期存款利息。

【案例 4-8】　背景：某投资公司建造一幢办公楼，采用公开招标方式选择施工单位。招标文件要求：提交投标文件和投标保证金的截止时间为 2003 年 5 月 30 日。该投资公司于 2003 年 3 月 6 日发出招标公告，共有五家建筑施工单位参加了投标。第五家施工单位于 2003 年 6 月 2 日提交了投标保证金。第四家施工单位在开标前向投资公司要求撤回投标文件和投标保证金。经过综合评选，最终确定第二家施工单位中标。投资公司（甲方）与中标单位（乙方）双方按规定签订了施工承包合同。

问题：

（1）第五家施工单位提交投标保证金的时间对其投标文件产生什么影响？为什么？

（2）第四家施工单位撤回投标文件，招标方对其投标保证金应如何处理？为什么？

解析：

问题（1）：第五家施工单位提交的投标保证金的时间使其投标文件无效。因为招标文件要求，提交投标文件和投标保证金的截止时间为 2003 年 5 月 30 日。而第五家施工单位于 2003 年 6 月 2 日提交了投标保证金，超过了招标文件规定时间，没对实质性内容进行响应，而使投标文件变为废标。

问题（2）：招标方应没收其投标保证金。因为《招标投标法》明确规定，开标应当在招标文件确定的提交投标文件截止时间的同一时间公开进行。第四家施工单位在开标前向投资公司要求撤回投标文件和投标保证金，等同于在投标有效期撤回投标文件，所以应没收投标保证金。

【案例 4-9】　背景：某工程在招投标过程中，发生了如下事项：在招标阶段，招标代理机构采用公开招标方式代理招标，编制了标底（800 万元）和招标文件。要求工作总工期 365 天。按国家工期定额规定，该工程工期应为 400 天。通过资格预审参加投标的共有 A、B、C、D、E 五家施工单位。开标结果这五家投标单位的报价均高出标底价近 300 万元，这一异常引起了招标人的注意。为了避免招标失败，业主提出由代理机构重新复核标底。复核标底后，确认是由于工作失误，漏算了部分工程项目，致使标底偏低。在修正错误后代理机构重新确定了新的标底。A、B、C三家单位认为新的标底不合理，向招标人提出要求撤回投标文件。上述问题导致定标工作在原定的投标有效期内一直没有完成。为早日完工，该业主更改了原定工期和工程结算方式等条件，并确定其中一家施工单位中标。

问题：

（1）上述招标工作存在哪些问题？

（2）A、B、C三家投家单位要求撤回投标文件的做法是否正确？为什么？

（3）如果招标失败，招标人可否另行招标？投标单位的损失是否应由招标人赔偿？为什么？

解析：

问题（1）：招标工作存在以下问题：开标后，又重新确定标底；在投标有效期内没有完成定标工作；更改招标文件的合同工期和工程结算条件；直接指定中标单位。

问题（2）：A、B、C三家投标单位要求撤回投标文件的做法不正确。因为在投标有效期内，即投标文件截止至中标通知书发出这段时间，投标文件是不允许被撤回的，如果执意撤回将被没收投标保证金。

问题（3）：招标人可以重新招标，但不应给投标单位赔偿，因为招标属于要约邀请。

4.2.3　投标决策

1. 投标决策的概念

投标决策，就是投标人选择和确定投标项目与制定投标行动方案的决定。工程投标决策是指建设工程承包商为实现其生产经营目标，针对建设工程招标项目，而寻求并实现最优化的投标行动方案的活动。因为投标决策是公司经营决策的重要组成部分，并指导投标全过程，与公司经济效益紧密相关，所以必须及时、迅速、果断地进行投标决策。实践中，建设工程投标决策主要研究以下三个方面的内容：投标机会决策，即是否投标的机会研究。投标定位决策，即投标性质选择。投标方法性决策，即采用何种策略和技巧。投标决策问题，首先是要进行是否投标的机会决策研究和投标性质选择的投标报价决策研究；其次是研究投标中如何采用以长制短、以优胜劣的策略和技巧。投标决策分为两个阶段：前期投标机会决策阶段和后期报价决策阶段。前期投标机会决策阶段主要解决是否投标的机会问题，后期报价决策阶段主要解决投标性质选择及报价选择问题。

2. 投标机会决策

投标机会决策阶段，主要是投标人及其决策组织成员对是否参加投标进行研究、论证并做出决策的过程。一般是在投标人购买资格预审文件前后完成。在这一阶段当中，进行决策的主要依据包括招标人发布的招标公告，投标人对工程项目的跟踪调查情况，投标人对招标人情况进行的调查研究及了解资料。在针对国际项目的招标工程当中，进行决策的依据还应该包括投标人对工程所在国及所在地的调查研究及了解。对于下列项目，投标人可以根据实际情况的调查，放弃投标。工程资质要求超过本企业资质等级的项目；本企业业务范围和经营能力之外的项目；本企业承包任务比较饱满，而招标工程的风险较大或盈利水平较低的项目；本企业投标资源投入量过大时面临的项目；有在技术等级、信誉、水平和实力等方面具有明显优势的潜在竞争对手参加的项目。

3. 投标定位决策

如果投标人经过前期的投标机会研究决定进行投标，便进入投标的后期决策阶段，即投标定位决策阶段。该阶段是指从申报投标资格预审资料至投标报价为止期间的决策研究阶段，主要研究投什么样的标及怎样进行投标。在进行决策时，可以根据投标性质不同，考虑投风险标或保险标；或者根据效益情况不同，考虑投盈利标、保本标或亏损标。保险标是指承包商对基本上不存在技术、设备、资金和其他方面问题的，或虽有技术、设备、资金和其他方面问题，但可预见并已有了解决办法的工程项目而投的标。若企业经济实力较弱，经不起失误或风险的打击，投标人往往投保险标，尤其是在国际工程承包市场上承包商大多愿意投保险标。风险标是指承包商对存在技术、设备、资金或其他方面未解问题，承包难度比较大的招标工程而投的标。投标后若对于存在的问题解决得好，则可以取得较好的经济效益，同时可以得到更多的管理经验；若对于存在的问题解决得不好，则企业面临经济损失、信誉损害等问题。因此，这种情况下的投标决策必须谨慎。盈利标是指承包商为能获得丰厚利润回报而投的标。保本标是指承包商对不能获得很多利润但一般也不会出现亏损的招标工程而投的标。

4. 投标决策的具体方法

（1）定性决策　影响报价的因素很多，往往很难定量地测算，这就需要定性分析。定性选择投标项目主要依靠企业投标决策人员，也可以聘请有关专家，按之前确定的投标标准，根据个人的经验和科学的分析研究方法选择投标项目。这种方法虽然有一定的局限性，但具有方法简单，对相关资料的要求不高等优点，因而应用较为广泛。

（2）定量决策　定量决策的方法有很多，本章以决策树方法为例来介绍定量决策。决策树分析法是一种利用概率分析原理，并用树状图描述各阶段备选方案的内容、参数、状态及各阶段方案的相互关系，实现对方案进行系统分析和评价的方法。当投标项目较多，而施工能力有限时，承包商只能从中选择一些项目投标，而对另一些项目则放弃投标。分析时单纯从获利角度，从中选择期望利润最大的项目，作为投标项目。

【案例 4-10】　背景：某工业项目安装工程投资约占项目总投资的70%。该项目招标文件某项指标中规定：若由安装专业公司和土建专业公司组成联合体投标，得10分；若由安装专业公司作总包，土建专业公司作分包，得7分；若由安装公司独立投标，且全部工程均自己施工，得4分。某安装公司决定参与该项目投标，经分析，在其他条件（如报价、工期等）相同的情况下，上述评标标准使得三种承包方式的中标概率分别为0.6、0.5、0.4；经分析，三种承包方式评价表见表4-2。编制投标文件的费用均为5万元。

问题：

（1）投标人应当具备的条件有哪些？

（2）请运用决策树方法决定采用表4-2中的何种承包方式投标（注：各机会点的期望值应列式计算，计算结果取整数）。

解析：

问题（1）：投标人应具备的条件有：①应当具备相应招标和参与投标竞争的能力；②应当符合国家对投标人资格条件的规定；③应当符合招标文件规定或资格预审文件中规定的投标人资格条件。

表 4-2 承包方式评价表

承包方式	效果	概率	盈利(万元)
联合体承包	好	0.3	150
	中	0.4	100
	差	0.3	50
总分包	好	0.5	200
	中	0.3	150
	差	0.2	100
独立承包	好	0.2	300
	中	0.5	150
	差	0.3	−50

问题（2）：第一步，画出决策树，标明各方案的概率和盈利值，如图4-1所示。

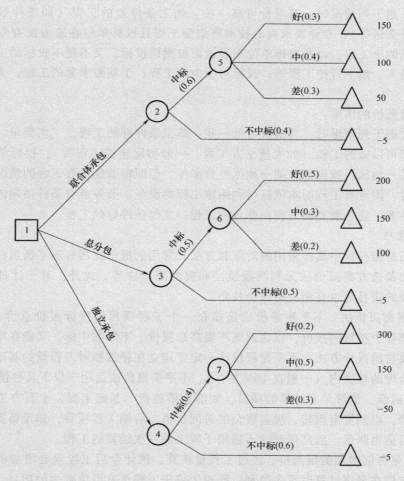

图 4-1 某工业项目决策树

第二步，计算图中各机会点的期望值。点⑤：150 万元×0.3+100 万元×0.4+50 万元×

0.3＝100 万元；点②：100 万元×0.6－5 万元×0.4＝58 万元；点⑥：200 万元×0.5＋150 万元×0.3＋100 万元×0.2＝165 万元；点③：165 万元×0.5－5 万元×0.5＝80 万元；点⑦：300 万元×0.2＋150 万元×0.5－50 万元×0.3＝120 万元；点④：120 万元×0.4－5 万元×0.6＝45 万元。

第三步，选择最优方案。因为点③期望值最大，故应以安装公司总包、土建公司分包的承包方式投标。

4.2.4　施工投标报价策略

投标报价策略是指投标单位在投标竞争中的系统工作部署及参与投标竞争的方式和手段。对投标单位而言，投标报价策略是投标取胜的重要方式、手段和艺术。投标单位应根据招标项目的不同特点，并考虑自身的优势和劣势，选择不同的报价。投标报价基本策略主要包含报高价策略和报低价策略。

1. 可选择报高价的情况

投标单位遇下列情况时，其报价可高一些：施工条件差的工程（如条件艰苦、场地狭小或地处交通要道等）；专业要求高的技术密集型工程且投标单位在这方面有专长，声望也较高；总价低的小工程，以及投标单位不愿做而被邀请投标，又不便不投标的工程；特殊工程，如港口码头、地下开挖工程等；投标对手少的工程；工期要求紧的工程；支付条件不理想的工程。

可选择报低价的情形：

投标单位遇下列情形时，其报价可低一些：施工条件好的工程，工作简单、工程量大而其他投标人都可以做的工程（如大量土方工程、一般房屋建筑工程等）；投标单位急于打入某一市场、某一地区，或虽已在某一地区经营多年，但即将面临没有工程的情况；机械设备无工地转移时，附近有工程而本项目可利用该工程的设备、劳务或有条件短期内突击完成的工程投标对手多，竞争激烈的工程；非急需工程；支付条件好的工程。

2. 报价技巧

报价技巧是指投标中具体采用的对策和方法，常用的报价技巧有不平衡报价法、多方案报价法、增加备选方案报价法无利润报价法和突然降价法等。此外，对于计日工、暂定金额、可供选择的项目等也有相应的报价技巧。

（1）不平衡报价法　不平衡报价法是指在一个工程项目的投标报价总价基本确定后，通过调整内部各个项目的报价，以达到既不提高总报价、不影响中标，又能在结算时得到更理想的经济效益的报价方法。不平衡报价法一定要建立在仔细核对工程量的基础上，同时一定要控制在合理的幅度内（一般在10%左右）。不平衡报价法适用于以下几种情况：

1）前高后低。能够早日结算的项目，如前期措施费、基础工程、土石方工程等，可以适当提高报价，以利资金周转，提高资金的时间价值。后期工程项目，如设备安装、装饰工程等的报价可适当降低。前高后低法不适用于竣工后一次结算的工程。

2）工程量可能增加的报高价。经过工程量核算，预计今后工程量会增加的项目，适当提高单价，这样在最终结算时可多盈利；而对于将来工程量有可能减少的项目，适当降低单价，这样在工程结算时不会有太大损失。但上述两点要统筹考虑。对于工程量数量有错误的早期工程，若不可能完成工程量表中规定的数量，则不能盲目抬高单价，需要具体分析后再确定。

3）设计图不明确、估计修改后工程量要增加的，可以提高单价；而工程内容说明不清楚的，则可降低单价，在工程实施阶段通过索赔再寻求提高单价的机会。

4）对暂定项目要做具体分析，因为这一类项目要在开工后由建设单位研究决定是否实施，以及由哪一家承包单位实施。如果工程不分标，不会另由一家承包单位施工，则其中肯定要施工的部分单价可报价高些，不一定要施工的部分则应报价低些。如果工程分标，该暂定项目也可能由其他承包单位施工时，则不宜报高价，以免抬高总报价。

5）单价与包干混合制合同中，招标人要求有些项目采用包干报价时，宜报高价。一则这类项目多半有风险，二则这类项目在完成后可全部按报价结算。对于其余单价项目，则可适当降低报价。

6）有时招标文件要求投标人对工程量大的项目提交"综合单价分析表"，投标时可将单价分析表中的人工费及机械设备费报高一些，而材料费报低一些。这主要是为了在今后补充项目报价时，可以参考选用"综合单价分析表"中较高的人工费和机械费，而材料则往往采用市场价，因而可获得较高的收益。

【案例 4-11】 背景：某承包商参与某高层商用办公楼土建工程的投标。为了既不影响中标，又能在中标后取得较好的收益，决定采用不平衡报价法对原估价做适当调整，报价调整前后对比表见表 4-3，现值系数见表 4-4。现假设桩基围护工程、主体结构工程、装饰工程的工期分别为 4 个月、12 个月、8 个月，贷款月利率为 1%，现值系数见表 4-4，并假设各分部工程每月完成的工程量相同且能按月度及时收到工程款（不考虑工程款结算所需要的时间）。

表 4-3　报价调整前后对比表　　　　　（单位：万元）

	桩基围护工程	主体结构工程	装饰工程	总价
调整前（投标估价）	1480	6600	7200	15280
调整后（正式报价）	1600	7200	6480	15280

表 4-4　现值系数表

n	4	8	12	16
$(P/A,1\%,n)$	3.9020	7.6517	11.2551	14.7179
$(P/F,1\%,n)$	0.9610	0.9235	0.8874	0.8528

问题：

（1）该承包商所运用的不平衡报价法是否恰当？为什么？

（2）采用不平衡报价法后，该承包商所得工程款的现值比原估价增加多少？（以开工日期为折现点）？

解析：

问题（1）：恰当。因为不平衡报价法的基本原理是在总价不变的前提下，调整分项工程的单价。通常对前期完成的工程、工程量可能增加的工程、计日工等项目，原估价的单价调高，反之则调低。该工程承包商是将属于前期工程的桩基围护工程和主体结构工程的单价调高，而将属于后期工程的装饰工程的单价调低，可以在施工的早期阶段收到较多

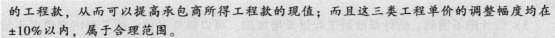

的工程款，从而可以提高承包商所得工程款的现值；而且这三类工程单价的调整幅度均在±10%以内，属于合理范围。

问题（2）：计算单价调整前后的工程款现值。

1）单价调整前的工程款现值：桩基围护工程每月工程款 A_1 = 1480 万元÷4 = 370 万元，主体结构工程每月工程款 A_2 = 6600 万元÷12 = 550 万元，装饰工程每月工程款 A_3 = 7200 万元÷8 = 900 万元，则单价调整前的工程款现值：

$$PV_0 = A_1(P/A, 1\%, 4) + A_2(P/A, 1\%, 12)(P/F, 1\%, 4) + A_3(P/A, 1\%, 8)(P/F, 1\%, 16)$$
$$= (370 \times 3.9020 + 550 \times 11.2551 \times 0.9610 + 900 \times 7.6517 \times 0.8528) 万元$$
$$= (1443.74 + 5948.88 + 5872.83) 万元$$
$$= 13265.45 万元$$

2）单价调整后的工程款现值。桩基围护工程每月工程款 A_1' = 1600 万元÷4 = 400 万元，主体结构工程每月工程款 A_2' = 7200 万元÷2 = 600 万元、装饰工程每月工程款 A_3' = 6480 万元÷8 = 810 万元，则单价调整后的工程款现值：

$$PV' = A_1'(P/A, 1\%, 4) + A_2'(P/A, 1\%, 12)(P/F, 1\%, 4) + A_3'(P/A, 1\%, 8)(P/F, 1\%, 16)$$
$$= (400 \times 3.9020 + 600 \times 11.2551 \times 0.9610 + 810 \times 7.6517 \times 0.8528) 万元$$
$$= (1560.80 + 6489.69 + 5285.55) 万元$$
$$= 13336.04 万元$$

3）两者的差额。$PV' - PV_0$ = （13336.04 - 13265.45）万元 = 70.59 万元

因此，采用不平衡报价法后，该承包商所得工程款的现值比原估价增加 70.59 万元。

（2）多方案报价法　多方案报价是投标人针对招标文件中的某些不足，提出有利于业主的替代方案（又称备选方案），用合理化建议吸引业主争取中标的一种投标技巧。多方案报价法适用情况是：对于一些招标文件，如果发现工程范围不很明确，条款不很清楚或很不公正，或技术规范要求过于苛刻时，则要在充分估计投标风险的基础上，采用多方案报价法报价，即按原招标文件报一个价，然后再提出如果某条款变动，报价可降低的数值，由此得出较低的报价。这样可降低总价，吸引业主。但这种方法的应用要根据招标文件的要求，如果招标文件中明确规定不允许报送多个方案和多个报价，则不可以采用此种方法。

（3）增加备选方案报价法　若招标文件中规定可以提一个建议方案，即可以修改原设计方案，提出一个备选方案，则投标人应抓住机会，组织一批有经验的设计和施工工程师，对原招标文件的设计和施工方案仔细研究，并提出更为合理的方案以吸引招标人，促成自己的方案中标。这种新建议方案可以降低总造价或缩短工期，或使工程运用更为合理。但需要注意的是，对原招标方案一定也要报价。建议方案不能写得太具体，要保留方案的关键技术部分，防止招标人将此方案交给其他投标人。同时要注意的是，建议方案一定要比较成熟，自己比较熟悉，有很好的可操作性。这种方法的应用要根据招标文件的要求，如果招标文件中明确规定不接受备选方案，则不可以采用此种方法。

【案例 4-12】　新加坡某局为一座集装箱仓库的屋盖进行工程招标，该工程为 60000m² 的仓库，上面为六组拼联的屋盖，每组约 10000m²。原招标方案用大跨度的普通钢屋架、檩条和彩色涂层压型钢板的传统式屋盖。招标文件规定除按原方案报价外，允许投标者提出新的建议方案和报价，但不能改变仓库的外形和下部结构。我国某公司参加了

投标，除严格按照新的建议方案报价外，提出了新建议：将普通钢屋架的檩条结构改为钢管构件的螺栓球接点空间网架结构。这个新建议方案不但节省大量钢材，而且可以在我国加工制作构件和接点后，用集装箱运到新加坡现场进行拼装，从而大大降低了工程造价，施工周期也可以缩短两个月。开标后，按原方案报价，该公司名列第五名；其可供选择的建议方案报价最低、工期最短且技术先进。招标人派专家到我国考察，看到大量的大跨度的飞机库和体育场馆均采用球接点空间网架结构，技术先进、可靠、美观，因而宣布将这个仓库的大型屋盖工程以 2000 万美元的承包价格授予该公司。在该案例中，该公司投标人不是对该项目投两份投标文件，而是对招标文件中允许提交的备选方案进行的相应报价。

（4）无利润报价法　对于缺乏竞争优势的承包单位，在不得已时可采用不考虑利润的报价方法，以获得中标机会。无利润报价法通常在下列情形时采用：

1）有可能在中标后，将大部分工程分包给索价较低的一些分包商。

2）对于分期建设的工程项目，先以低价获得首期工程，而后赢得机会创造第二期工程中的竞争优势，并在以后的工程实施中获得盈利。

3）较长时期内，投标单位没有在建工程项目，如果再不中标，就难以维持生存。因此，虽然本工程无利可图，但只要能有一定的管理费维持公司的日常运转，就可设法渡过暂时困难。

（5）突然降价法　突然降价法是指在投标最后截止时间内，采取突然降价的手段确定最终投标报价的方法。通常的做法是，在准备投标报价的过程中预先考虑好降价的幅度，然后有意散布一些假情报，到投标截止日期前，突然前往投标，并降低报价，以期战胜竞争对手。

【案例 4-13】　某水电站招标，某水电工程局于开标前一天带着高、中、低三个报价到达该地后，通过各种渠道了解投标者到达的情况及可能出现的竞争者的情况，直到截止投标前 10 分钟，他们发现主要的竞争者已放弃投标，立即决定不要最低报价，同时又考虑到第二竞争对手的竞争力，决定放弃最高报价，选择了"中报价"，结果成为最低标，为该项目中标打下基础。

（6）其他报价技巧

1）计日工单价的报价　如果是单纯的计日工单价的报价，且计日工单价不计入总报价中，则可报价高些，以便在建设单位额外用工或使用施工机械时多盈利。但如果计日工单价要计入总报价，则需要具体分析是否报高价，以免抬高总报价。总之，要分析建设单位在开工后可能使用的计日工数量，再确定报价策略。

2）暂定金额的报价　暂定金额的报价有以下三种情形：

① 招标单位规定了暂定金额的分项内容和暂定总价款，并规定所有投标单位都必须在总报价中加入这笔固定金额，但由于分项工程量不很准确，允许将来按投标单位所报单价和实际完成的工程量付款，这种情况下，由于暂定总价款是固定的，对各投标单位的总报价水平竞争力没有任何影响，因此投标时应适当提高暂定金额的单价。

② 招标单位列出了暂定金额的项目和数量，但并没有限制这些工程量的估算总价，要求投标单位既列出单价，又应按暂定项目的数量计算总价，将来结算付款时可按实际完成的

工程量和所报单价支付。这种情况下，投标单位必须慎重考虑。如果单价定得高，与其他工程量计价一样，将会增大总报价，影响投标报价的竞争力；如果单价定得低，将来这类工程量增大，会影响收益。一般来说，这类工程量可以采用正常价格。如果投标单位估计今后实际工程量肯定会增大，则可适当提高单价，以在将来增加额外收益。

③ 只有暂定金额的一笔固定总金额，将来这笔金额做什么用，由招标单位确定这种情况对投标竞争没有实际意义。这种情况下按招标文件要求将规定的暂定金额列入总报价即可。

3）可供选择项目的报价　有些工程项目的分项工程，招标单位可能要求按某一方案报价，而后再提供几种可供选择方案的比较报价。投标时，应对不同规格情况下的价格进行调查，对于将来有可能被选择使用的规格，应适当提高报价；对于技术难度大或其他原因导致的难以实现的规格，可将价格有意抬高，以阻碍招标单位选用。但是，可供选择项目是由招标单位进行选择的，并非由投标单位任意选择。因此，适当提高可供选择项目的报价并不意味着肯定可以取得较好的利润，而是提供了一种可能性，只有招标单位今后选用可供选择项目的报价，投标单位才可得到额外利益。

4）采用分包商的报价　总承包商通常应在投标前先取得分包商的报价，并增加总承包商摊入的管理费，将其作为自己投标总价的组成部分，并列入报价单中。应当注意，分包商在投标前可能同意接受总承包商压低报价的要求，但等总承包商中标后，他们常以种种理由要求提高分包价格，这将使总承包商处于十分被动的地位。为此，总承包商应在投标前找几家分包商分别报价，然后选择其中一家信誉较好、实力较强和报价合理的分包商签订协议，同意该分包商作为分包工程的唯一合作者，并将分包商的名称列到投标文件中，但要求该分包商相应地提交投标保函。如果该分包商认为总承包商确实有可能中标，也许愿意接受这一条件。这种将分包商的利益与投标单位捆在一起的做法，不但可以防止分包商事后反悔和涨价，还可能使分包商报出较合理的价格，以便共同争取中标。

5）许诺优惠条件　投标报价中附带优惠条件是一种行之有效的手段。招标单位在评标时，除了主要考虑报价和技术方案外，还要分析其他条件，如工期、支付条件等。因此，在投标时主动提出提前竣工、低息贷款、赠予施工设备、免费转让新技术或某种技术专利、免费技术协作、代为培训人员等，均是吸引招标单位、利于中标的辅助手段。

【案例4-14】　背景：某办公楼施工招标文件的合同条款中规定：预付款数额为合同价的30%，开工后3日内支付，全部结构工程完成一半时一次性全额扣回，工程款按季度支付。某承包商对该项目投标，经造价工程师估算，总价为9000万元，总工期为24个月，其中：基础工程估价为1200万元，工期为六个月；上部结构工程估价为4800万元，工期为12个月；装饰和安装工程估价为3000万元，工期为六个月。该承包商为了既不影响中标，又能在中标后取得较好的收益，决定采用不平衡报价法对造价工程师的原估价做适当调整，基础工程调整为1300万元，结构工程调整为5000万元，装饰和安装工程调整为2700万元。

另外，该承包商考虑到，该工程虽然有预付款，但平时工程款按季度支付不利于资金周转，决定除按上述调整后的数额报价外，还建议业主将支付条件改为：预付款为合同价的5%，工程款按月支付，其余条款不变。

问题：

（1）该承包商所运用的不平衡报价法是否恰当？为什么？

（2）除了不平衡报价法，该承包商还运用了哪一种报价技巧？运用是否得当？

解析：

问题（1）：恰当。因为该承包商是将属于前期工程的基础工程和主体结构工程的报价调高，而将属于后期工程的装饰和安装工程的报价调低，可以在施工的早期阶段收到较多的工程款，从而可以提高承包商所得工程款的现值；而且这三类工程单价的调整幅度均在±10%以内，属于合理范围。

问题（2）：该承包商运用的另一种投标技巧是多方案报价法，该报价技巧运用恰当，因为承包商的报价既适用于原付款条件也适用于建议的付款条件。

【案例 4-15】 背景：某投标人通过资格预审后，对招标文件进行了仔细分析，发现招标人所提出的工期要求过于苛刻，且合同条款中规定每拖延1天，逾期违约金为合同价的1‰。若要保证实现该工期要求，必须采取特殊措施，从而大大增加成本；还发现原设计结构方案采用框架剪力墙体系过于保守。因此，该投标人在投标文件中说明招标人的工期要求难以实现，因而按自己认为的合理工期（比招标人要求的工期增加6个月）编制施工进度计划并据此报价；还建议将框架剪力墙体系改为框架体系，并对这两种结构体系进行了技术经济分析和比较，证明框架体系不仅能保证工程结构的可靠性和安全性、增加使用面积、提高空间利用的灵活性，而且可降低造价约3%，并按照框架剪力墙体系和框架体系分别报价。该投标人将技术标和商务标分别封装，在封口处加盖本单位公章和项目经理签字后，在投标截止日期前一天上午将投标文件报送招标人。次日（即投标截止日当天）下午，在规定的开标时间前一小时，该投标人又递交了一份补充材料，其中声明将原报价降低4%。但是，招标人的有关工作人员认为，根据国际上"一标一投"的惯例，一个投标人不得递交两份投标文件，因而拒收该投标人的补充材料。

问题：

（1）该投标人运用了哪几种报价技巧？其运用是否得当？请逐一加以说明。

（2）从所介绍的背景资料来看，在该项目招标程序中存在哪些不妥之处？请分别简单说明。

解析：

问题（1）：该投标人运用了三种报价技巧，即多方案报价法、增加建议方案法和突然降价法。其中，多方案报价法运用不当，因为运用该报价技巧时，必须对原方案（本案例指招标人的工期要求）报价，而该投标人在投标时仅说明了该工期要求难以实现，却并未报出相应的投标价。增加建议方案法运用得当，通过对两个结构体系方案的技术经济分析和比较，论证了建议方案（框架体系）的技术可行性和经济合理性，对招标人有很强的说服力，并按照框架剪力墙和框架体系分别报价。突然降价法也运用得当，原投标文件的递交时间比规定的投标截止时间仅提一天，这既是符合常理的，又为竞争对手调整、确定最终报价留有一定的时间，起到了迷惑竞争对手的作用。若提前的时间过多，会引起竞争对手的怀疑，而在开标前一小时突然交一份补充文件，这时竞争对手已不可能再调整报价了。

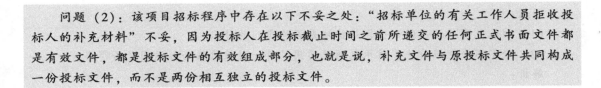

问题（2）：该项目招标程序中存在以下不妥之处："招标单位的有关工作人员拒收投标人的补充材料"不妥，因为投标人在投标截止时间之前所递交的任何正式书面文件都是有效文件，都是投标文件的有效组成部分，也就是说，补充文件与原投标文件共同构成一份投标文件，而不是两份相互独立的投标文件。

■ 4.3 建设项目开标、评标与定标

4.3.1 建设项目开标

1. 开标的概述

开标，即在招标投标活动中，由招标人主持，在招标文件预先载明的开标时间和开标地点，邀请所有投标人参加，公开宣布全部投标人的名称、投标价格及投标文件中其他主要内容，使招标投标当事人了解各个投标的关键信息，并将相关情况记录在案。开标是招标投标活动中"公开"原则的重要体现。

根据《招标投标法》第三十四条，开标应当在招标文件确定的提交投标文件截止时间的同一时间公开进行；开标地点应当为招标文件中预先确定的地点。

2. 开标准备工作

开标准备工作包括两个方面：

（1）投标文件接收　招标人应当安排专人，在招标文件指定地点接收投标人递交的投标文件（包括投标保证金），详细记录投标文件送达人、送达时间、份数、包装密封、标识等查验情况，经投标人确认后，出具投标文件和投标保证金的接收凭证。投标文件密封不符合招标文件要求的，招标人不予受理，在开标时间前，应当允许投标人在投标文件接收场地之外自行更正修补。在投标截止时间后递交的投标文件，招标人应当拒绝接收。至投标截止时间提交投标文件的投标人少于 3 家的，不得开标，招标人应将接收的投标文件退回投标人，并依法重新组织招标。

（2）开标现场及资料　招标人应保证受理的投标文件不丢失、不损坏、不泄密，并组织工作人员将投标截止时间前受理的投标文件运送到开标地点。招标人应准备好开标必备的现场条件。招标人应准备好开标资料，包括开标记录一览表、投标文件接收登记表等。

3. 开标程序

开标由招标人主持，负责开标过程的相关事宜，包括对开标全过程的会议记录。开标的主要程序如下述：

（1）宣布开标纪律　主持人宣布开标纪律，对参与开标会议的人员提出会场要求，主要包括开标过程中不得喧哗，通信工具调整到静音状态，说明约定的提问方式等。任何人不得干扰正常的开标程序。

（2）确认投标人代表身份　招标人可以按照招标文件的约定，当场校验参加开标会议的投标人授权代表的授权委托书和有效身份证件，确认授权代表的有效性，并留存授权委托书和身份证件的复印件。

（3）公布在投标截止日前接收投标文件的情况　招标人当场宣布投标截止时间前递交

投标文件的投标人名称、时间等。

（4）宣布有关人员姓名 开标会主持人介绍招标人代表、招标代理机构代表、监督人代表或公证人员等，依次宣布开标人、唱标人、记录人、监标人等有关人员姓名。

（5）检查标书的密封情况 标书密封情况的检查必须由投标人执行，若公证机关与会，也可以由公证机关对密封进行检查。标书密封情况的检查，是为了保障投标人的合法利益，有利于维护公平的竞争环境。按照《招标投标法》第五章法律责任第五十条规定："招标代理机构违反本法规定，泄露应当保密的与招标投标活动有关的情况和资料的，或者与招标人、投标人串通损害国家利益、社会公共利益或者他人合法权益的，处五万元以上二十五万元以下的罚款，对单位直接负责的主管人员和其他直接责任人员处单位罚款数额百分之五以上百分之十以下的罚款；有违法所得的，并处没收违法所得；情节严重的，禁止其一年至三年内代理依法必须进行招标的项目并予以公告，直至由工商行政管理机关吊销营业执照；构成犯罪的，依法追究刑事责任。给他人造成损失的，依法承担赔偿责任。前款所列行为影响中标结果的，中标无效。"

（6）宣布投标文件开标顺序 主持人宣布开标顺序。招标文件未约定开标顺序的，一般按照投标文件递交的顺序或倒序进行唱标。

（7）唱标 按照宣布的开标顺序当众开标。唱标人应按照招标文件约定的唱标内容，严格依据投标函（或包括投标函附录，或货物、服务投标一览表）进行唱标，并当即做好唱标记录。唱标内容一般包括投标函及投标函附录中的报价、备选方案报价、工期、质量目标、投标保证金等。招标人设有标底的，应公布标底。

（8）开标记录签字 开标会议应当做好书面记录，如实记录开标会的全部内容，包括开标时间、地点、程序，出席开标会的单位和代表，开标会程序、唱标记录、公证机构和公证结果等。投标人代表、招标人代表、监标人、记录人等应在开标记录上签字确认，存档备查。

（9）开标结束 完成开标会议全部程序和内容后，主持人宣布开标会议结束。

4．开标注意问题

（1）开标时间和地点 《招标投标法》第三十四条规定："开标应当在招标文件确定的提交投标文件截止时间的同一时间公开进行；开标地点应为招标文件中预先确定的地点。"开标时间和提交投标文件截止时间应为同一时间，应具体到某年某月某日的几时几分，并在招标文件中明示。开标地点可以是招标人的办公室或指定的其他地点。如果招标人需要修改开标时间和地点，应以书面形式通知所有招标文件的收受人。

（2）开标参与人 《招标投标法》第三十五条规定："开标由招标人主持，邀请所有投标人参加。"对于开标参与人，需要注意下列问题：开标由招标人主持，也可以委托招标代理机构主持；投标人自主决定是否参加开标。投标人或其授权代表有权出席开标会，也可以自主决定不参加开标会；根据项目的不同情况，招标人可以邀请除投标人以外的其他方面相关人员参加开标，如公证机关、行政监督部门等。

【案例 4-16】 背景：某院校计划建设新校区，校区内有一封闭式操场。为此，校方由后勤部门调动一部长及 4 名管理人员新组建了基建处，负责此项目的筹建工作。基建处对该工程进行公开招标，通过资格预审，共有 6 家承包商参与投标，各承包商均按规定在

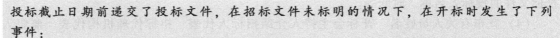

投标截止日期前递交了投标文件，在招标文件未标明的情况下，在开标时发生了下列事件：

1. 根据工程设计文件，基建处自行编制了招标文件和工程量清单。在开标时，由某地招标办公室的工作人员主持开标会议，按投标书到达的时间确定唱标顺序，以最后送达的投标文件为第一开标单位，最早送达的单位为最后唱标单位。

2. 招标文件中明确了有效标的条件，即投标单位的报价在招标单位编制的标底价±3%以内为有效标书，但是6家投标单位的报价均超过了上述要求。

3. 在此情况下，招标单位通过专家对各家投标单位的经济标和技术标进行综合评审打分，以低价中标为原则，选择了价格最低的投标单位为中标单位。

问题：

(1) 本工程由发包方自己编制招标文件是否符合有关法律规定？

(2) 在本工程的开标过程中有哪些不妥之处？请分别说明。

解析：

问题 (1)：不符合法律规定。根据《招标投标法》及住建部《房屋建筑和市政基础设施工程施工招标投标管理办法》，招标人自行办理施工招标事宜的，应当具有编制招标文件和组织评标的能力；有专门的施工招标组织机构；有与工程规模、复杂程度相适应并具有同类工程施工招标经验、熟悉有关工程施工招标法律法规的工程技术、概预算及工程管理的专业人员。该工程的发包人不具备自行招标条件，所以发包人自己编制招标文件不符合法律规定，应该委托具有相应资格的招标代理机构代理施工招标。

问题 (2)：本工程的开标过程存在下列不妥之处：开标会议由招标办公室的工作人员主持不妥，应由招标人主持；选择了价格最低的投标单位为中标单位不妥，因为六家投标单位的报价均超过了有效标的要求，招标人应当依照《招标投标法》重新招标，而不应该由专家从六家投标单位中选择一家作为中标单位。

4.3.2 建设项目评标

招标项目评标工作由招标人依法组建的评标委员会按照法律规定和招标文件约定的评标方法和具体评标标准，对开标中所有拆封并唱标的投标文件进行评审，根据评审情况出具评审报告，并向招标人推荐中标候选人，或者根据招标人的授权直接确定中标人的过程。评标是招标全过程的核心环节。高效的评标工作对于降低工程成本、提高经济效益和确保工程质量起着重要作用。

1. 评标原则与纪律

(1) 评标原则

1) 评标活动遵循公平、公正、科学、择优的原则。《评标委员会和评标办法暂行规定》第三条规定："评标活动遵循公平、公正、科学、择优的原则。"第十七条规定："招标文件中规定的评标标准和评标方法应当合理，不得含有倾向或者排斥潜在投标人的内容，不得妨碍或者限制投标人之间的竞争。"为了体现"公平"和"公正"的原则，招标人和招标代理机构应在制作招标文件时，依法选择科学的评标方法和标准；招标人应依法组建合格的评标委员会；评标委员会应依法评审所有投标文件，择优推荐中标候选人。

2)《招标投标法》第三十八条规定："任何单位和个人不得非法干预、影响评标的过程和结果"。评标是评标委员会受招标人的委托，由评标委员会成员依法运用其知识和技能，根据法律规定和招标文件的要求，独立对所有投标文件进行评审和比较。不论是招标人，还是主管部门，均不得非法干预、影响或者改变评标过程和结果。

3) 招标人应当采取必要措施，保证评标活动在严格保密的情况下进行。严格保密的措施涉及很多方面，包括评标地点保密；评标委员会成员的名单在中标结果确定之前保密；评标委员会成员在密闭状态下开展评标工作，评标期间不得与外界接触，对评标情况承担保密义务；招标人、招标代理机构或者相关主管部门等参与评标现场工作的人员，均应承担保密义务。

4) 严格遵守评标方法。评标委员会应当根据招标文件规定的评标标准和方法，对投标文件进行系统的评审和比较。招标文件中没有规定的标准和方法不得作为评标的依据。

（2）评标纪律　《招标投标法》第四十四条规定："评标委员会成员应当客观、公正地履行职务，遵守职业道德，对所提出的评审意见承担个人责任。评标委员会成员不得私下接触投标人，不得收受投标人的财物或者其他好处。评标委员会成员和参与评标的有关工作人员不得透露对投标文件的评审和比较、中标候选人的推荐情况以及与评标有关的其他情况。"

2. 评标委员会

评标委员会是由招标人依法组建，负责评标活动，向招标人推荐中标候选人或者根据招标人的授权直接确定中标人的临时组织。从定义可以看出，评标委员会的组成是否合法、规范、合理，将直接决定评标工作的成败。

（1）评标专家的资格　为规范评标活动，保证评标活动的公平、公正，提高评标质量，评标专家应当符合《招标投标法》和《评标委员会和评标方法暂行规定》规定的条件：从事相关专业领域工作满八年并具有高级职称或者同等专业水平；熟悉有关招标投标的法律法规，并具有与招标项目相关的实践经验；能够认真、公正、诚实、廉洁地履行职责；身体健康，能够承担评标工作。

（2）评标委员会的组成　评标委员会由招标人或其委托的招标代理机构熟悉相关业务的代表，以及有关技术、经济等方面的专家组成，成员人数为五人以上单数，其中技术、经济等方面的专家不得少于成员总数的三分之二。委员会组成人员，由招标人从省级以上人民政府有关部门提供的专家名册或者招标代理机构的专家库内的相关专家名单中确定。确定方式可以采取随机抽取或者直接确定的方式。一般项目，可以采取随机抽取的方式；技术特别复杂、专业性要求特别高或者国家有特殊要求的招标项目，采取随机抽取方式确定的专家难以胜任的，可以由招标人直接确定。专家有下列情形之一的，不得担任评标委员会成员：投标人或者投标人主要负责人的近亲属；项目主管部门或者行政监督部门的人员；与投标人有经济利益关系，可能影响对投标公正评审的；曾因在招标、评标以及其他与招标投标有关活动中从事违法行为而受过行政处罚或刑事处罚的。

评标委员会成员有上述规定情形之一的，应当主动提出回避。评标委员会成员应当客观、公正地履行职责，遵守职业道德，对所提出的评审意见承担个人责任。评标委员会成员不得与任何投标人或者与招标结果有利害关系的人进行私下接触，不得收受投标人、中介人、其他利害关系人的财物或者其他好处。评标委员会成员和与评标活动有关的工作人员不得透露对投标文件的评审和比较、中标候选人的推荐情况以及与评标有关的其他情况。

（3）组织评标委员会需要注意的问题 招标人组织评标委员会评标，应注意以下问题：

1）评标委员会的职责是依据招标文件确定的评标标准和方法，对进入开标程序的投标文件进行系统评审和比较，无权修改招标文件中已经公布的评标标准和方法。

2）评标委员会对招标文件中的评标标准和方法产生疑义时，招标人或其委托的招标代理机构要进行解释。

3）招标人接受评标报告时，应核对评标委员会是否遵守招标文件确定的评标标准和方法，评标报告是否有算术性错误，签字是否齐全等内容，发现问题应要求评标委员会及时改正。

4）评标委员会及招标人或其委托的招标代理机构参与评标的人员应严格保密，不得泄露任何信息。评标结束后，招标人应将评标的各种文件资料、记录表、草稿纸收回归档。

【案例 4-17】 背景：某项工程的评标委员会成员共有七人，其中招标人代表三人（包括 E 公司总经理一人、D 公司副总经理一人、业主代表一人）、技术经济方面专家四人。招标文件中规定的评标标准：能够最大限度地满足招标文件中规定的各项综合评价标准。评标委员会于 10 月 28 日提出了书面评标报告。B 企业和 A 企业的综合得分列第一名和第二名。招标人考虑到 B 企业投标报价高于 A 企业，要求评标委员会按照投标价格标准将 A 企业排名第一、B 企业排名第二。11 月 10 日招标人向 A 企业发出了中标通知书，并于 12 月 12 日签订了书面合同。

问题：

（1）请指出评标委员会成员组成的不妥之处，说明理由。

（2）招标人要求按照价格标准评标是否违法？说明理由。

解析：

问题（1）：评委委员会成员组成有两处不妥之处。

1）《招标投标法》第三十七条规定，与投标人有利害关系的人不得进入评标委员会。本案由 E 公司总经理、D 公司副总经理担任评标委员会成员是不妥的。

2）《招标投标法》还规定评标委员技术、经济等方面的专家不得少于成员总数的三分之二。本案技术经济方面专家比例为七分之四，低于规定的比例要求。

问题（2）：违法。《招标投标法》第四十条规定，评标委员会应当按照招标文件确定的评标标准和方法，对投标文件进行评审和比较。招标文件规定的评标标准是：能够最大限度地满足招标文件中规定的各项综合评价标准。按照投标价格评标不符合招标文件的要求，属于违法行为。

【案例 4-18】 背景：2008 年 10 月，杭州市某建设工程在市建设工程交易中心公开评标。洪某、范某、吴某、周某等四位专家，在对投标文件商务标的评审过程中，未按招标文件的要求进行评审，以"投标文件中投标函和标书封面没有盖投标单位及法人代表章"为由，将两家投标单位随意废标，导致评标结果出现重大偏差，该项目因而不得不重新评审，严重影响了正常招标流程和整个项目的进度。为严肃评标纪律，端正评标态度，维护招标投标评审工作的科学性与公正性，杭州市建设委员会，做出了"给予洪某、范某、吴某、周某等四位专家警告，并进行通报批评"的行政处理决定。

　　解析：

　　上述案例中，有一个重要的事实是：两家投标单位的投标函和标书封面均已加盖投标单位及法人代表章、相关造价专业人员也已签字盖章。根据《建设工程工程量清单计价规范》和杭州市招标投标的相关规定，投标函和标书封面已盖投标单位及法人代表章、相关造价专业人员也已签字盖章的投标文件，实质上已经响应了招标文件"投标文件封面、投标函均应加盖投标人印章并经法定代表人或其委托代理人签字或盖章"的要求，属于有效标书。评审过程中两位商务专家未能仔细领会招标文件的相关规定，在明知投标文件的投标函和标书封面均已盖投标单位及法人代表章、相关造价专业人员也已签字盖章的前提下，仍随意将两家投标单位废标的行为是草率和不负责任的。由此导致的项目重评，既影响了项目的正常开工，给招标单位带来了损失，也引发了多家投标单位的质疑和投诉，在社会上产生了一些负面影响。《招标投标法》第四十四条规定："评标委员会成员应当客观、公正地履行职务，遵守职业道德，对所提出的评审意见承担个人责任"。作为评标专家这一特殊的群体，洪某等四人的行为已违反了《招标投标法》第四十四条的相关规定，应该为自己的行为承担责任。

　　3. 评标程序

　　根据《评标委员会和评标办法暂行规定》的内容，投标文件评审包括评标的准备、初步评审、详细评审、推荐中标候选人或者接确定中标人和提交评标报告，具体如下：

　　（1）评标准备　评标委员会成员应当编制供评标使用的相应表格，研究招标文件，熟悉招标文件中规定的主要技术要求、标准和商务条款、评标标准、评标办法和在评标过程中考虑的相关因素。招标单位或其委托的招标代理机构应当向评标委员会提供评标所需的相关信息和数据。招标项目设有标底的，标底应保密，并在开标时公布。

　　（2）初步评审　初步评审会根据评审标准对投标文件进行初评，在评审过程中需要投标人对投标文件做出澄清和修改。

　　1）评审标准。

　　① 形式评审标准。形式评审标准包括投标人名称、投标函签字签章、投标文件格式、联合体协议牵头人等项内容。

　　② 资格评审标准。资格评审标准包括营业执照、安全生产许可证、资质等级、财务状况、与招标项目类似项目的完成情况及业绩、项目经理能力与业绩等内容。响应性评审标准：包括投标人对招标文件中招标内容、工期、质量、投标有效期、投标保证金、已报价清单等实质性内容的响应性评审。

　　③ 施工组织设计和项目管理机构评审标准。施工组织设计和项目管理机构评审标准包括施工方案、技术措施、施工设计、质量、安全、环境管理体系、资源配备、施工设备及装备情况和项目部主要技术负责人和相关人员情况。

　　2）评标委员会应当按照投标报价的高低或者招标文件规定的其他方法对投标文件排序。

　　3）评标委员会可以书面方式要求投标人对投标文件中含义不明确、对同类问题表述不一致或者有明显文字和计算错误的内容进行必要的澄清、说明或者补正。澄清、说明或者补正应以书面方式进行，并不得超出投标文件的范围或者改变投标文件的实质性内容。投标文件中的大写金额和小写金额不一致，以大写金额为准；总价金额与单价金额不一致的，以单价金额为准，但单价金额有明显错误的除外；对不同文字文本投标文件的解释有异议的，以中文文本为准。

4）在评标过程中，评标委员会发现投标人以他人的名义投标、串通投标、以行贿手段谋取中标或者以其他弄虚作假方式投标的，该投标人的投标应作为废标处理。

5）在评标过程中，评标委员会发现投标人的报价明显低于其他投标报价或者在设有标底时明显低于标底，使得其投标报价可能低于其个别成本的，应当要求该投标人做出书面说明并提供相关证明材料。投标人不能合理说明或者不能提供相关证明材料的，由评标委员会认定该投标人以低于成本的报价竞标，应当否决其投标。

6）投标人资格条件不符合国家有关规定和招标文件要求的，或者不按照要求对投标文件进行澄清、说明或者补正的，评标委员会可以否决其投标。

7）评标委员会应当审查每个投标文件是否对招标文件提出的所有实质性要求和条件做出响应。未能在实质上响应的投标，应作为废标处理。评标委员会应当根据招标文件审查并逐项列出投标文件的全部投标偏差。投标偏差分为重大偏差和细微偏差。

下列情况属于重大偏差：没有按照招标文件的要求提供投标担保或者所提供的投标担保有瑕疵；投标文件没有投标人授权代表签字或没有加盖公章；投标文件载明的招标项目完成期限超过招标文件规定的期限；明显不符合技术规格、技术标准的要求；投标文件载明的货物包装方式、检验标准和方法等不符合招标文件的要求；投标文件附有招标人不能接受的条件；不符合招标文件中规定的其他实质性要求。

细微偏差是指投标文件在实质上响应招标文件的要求，但在个别地方存在漏项或者提供了不完整的技术信息和数据等情况，并且补正这些遗漏或者不完整不会对其他投标人造成不公平的结果，细微偏差不影响投标文件的有效性；评标委员会否决不合格投标后，因有效投标不足三个使得投标明显缺乏竞争的，评标委员会可以否决全部投标。

（3）详细评审　经初步评审合格的投标文件，评标委员会应当根据投标时确定的评标标准和方法对其计算部分和商务部分做进一步评审、比较。

经评审的最低投标价法的详细评审流程如下：

1）通过价格折算，计算评标价。

2）判断投标报价是否低于成本。

3）澄清、说明或补正。

综合评估法的详细评审流程如下：施工组织设计评审和评分；项目管理机构评审和评分；投标报价评审和评分；其他因素的评审和评分；澄清、说明或补正；汇总评分结果。

（4）推荐中标候选人或直接确定中标人和提交评标报告　评标委员会对评标结果汇总，并取得一致意见，确定中标人顺序，形成评标报告。评标报告由评标委员会全体成员签字。对评标结论持有异议的评标委员会成员可以书面方式阐述其不同意见和理由。评标委员会成员拒绝在评标报告上签字且不陈述其不同意见和理由的，视为同意评标结论。评标委员会应当对此做出书面说明并记录在案。评标委员会推荐的中标候选人应当限定在 1~3 名，并标明排列顺序。

4. 评标办法

评标办法一般包括经评审的最低投标价法、综合评估法或者法律、行政法规允许的其他评标办法。招标人应选择适宜招标项目特点的评标办法。下面重点介绍经评审的最低投标价法和综合评估法。

(1) 经评审的最低投标价法 经评审的最低投标价法与最低价中标法有着本质的区别。经评审的最低投标价法是指投标者的自主报价不能够作为最终报价，评标委员会根据招标文件中规定的评标价格调整方法，对所有投标人的投标报价以及投标文件的商务部分做必要的价格调整，确定出评标价格最低的投标。在该方法中，以评审价格作为衡量标准，选取最低评标价者作为推荐中标人。应注意：评标价并非投标价，它将一些因素折算为价格，然后再计算其评标价。常见的评标价的折算因素主要包括：工期的提前量、投标书中的优惠幅度、技术建议导致的经济效益等。经评审的最低投标价法一般适用于具有通用技术、性能标准或者招标人对其技术、性能没有特殊要求的招标项目，如一般的住宅工程项目。采用经评审的最低投标价法的，中标人的投标应当符合招标文件规定的技术要求和标准，但评标委员会无需对投标文件的技术部分进行价格折算。

【案例 4-19】 背景：某工程施工项目采用资格预审方式招标，并采用经评审的最低投标价法进行评标。共有 4 个投标人进行投标，且 4 个投标人均通过了初步评审，评标委员会对经算术修正后的投标报价进行详细评审。招标文件规定工期为 30 个月，工期每提前一个月给招标人带来的预期收益是 50 万元，招标人提供临时用地 500 亩（1 亩 = 666.6m²），临时用地每亩用地费 6000 元，评标价的折算考虑以下两个因素：投标人所报的租用临时用地数量；提前竣工的效益。投标人 A：算术修正后的投标报价为 6200 万元，提出需要临时用地 400 亩，承诺的工期为 28 个月。投标人 B：算术修正后的投标报价为 5800 万元，提出需要临时用地 480 亩，承诺的工期为 31 个月。投标人 C：算术修正后的投标报价为 5500 万元，提出需要临时用地 500 亩，承诺的工期为 28 个月。投标人 D：算术修正后的投标报价为 5400 万元，提出需要临时用地 550 亩，承诺的工期为 30 个月。

问题：根据经评审的最低投标价法确定中标人。

解析：临时用地调整因素如下：

投标人 A：(400−500) 亩 × 6000 元/亩 = −60 万元

投标人 B：(480−500) 亩 × 6000 元/亩 = −12 万元

投标人 C：(500−500) 亩 × 6000 元/亩 = 0 万元

投标人 D：(550−500) 亩 × 6000 元/亩 = 30 万元

提前竣工因素的调整：

投标人 A：(28−30) 月 × 50 万元/月 = −100 万元

投标人 B：(31−30) 月 × 50 万元/月 = 50 万元

投标人 C：(28−30) 月 × 50 万元/月 = −100 万元

投标人 D：(30−30) 月 × 50 万元/月 = 0 万元。

评标价格比较表见表 4-5。

表 4-5　评标价格比较表

项目	投标人 A	投标人 B	投标人 C	投标人 D
算术性修正后的报价(万元)	6200	5800	5500	5400
临时用地导致报价调整(万元)	−60	−12	0	30
提前竣工导致报价调整(万元)	−100	50	−100	0
评标价(万元)	6040	5838	5400	5430
排序	4	3	1	2

投标人 C 是经评审的投标价最低，评标委员会推荐其为第一中标候选人。

（2）综合评估法　不宜采用经评审的最低投标价法的招标项目，一般应当采取综合评估法进行评审。根据综合评估法，最大限度地满足招标文件中规定的各项综合评价标准的投标，应当推荐为中标候选人。衡量投标文件是否最大限度地满足招标文件中规定的各项评价标准，可以采取折算为货币的方法、打分的方法或者其他方法。需量化的因素及其权重应当在招标文件中明确规定。评标委会对各个评审因素进行量化时，应当将量化指标建立在同一基础或者同一标准上，使各投标文件具有可比性。对技术部分和商务部分进行量化后，评标委员会应当对这两部分的量化结果进行加权，计算出每个投标文件的综合评估法或者综合评估分。

【案例 4-20】　背景：某市重点工程项目计划投资 4000 万元，采用工程量清单方式公开招标。经资格预审后，确定 A、B、C 共 3 家合格投标人。该 3 家投标人分别于 10 月 13 日—14 日领取了招标文件，同时按要求递交投标保证金 50 万元、购买招标文件费 500 元。

招标文件规定，投标截止时间 10 月 31 日，投标有效期截止时间为 12 月 30 日，投标保证金有效期截止时间为次年 1 月 30 日。招标人对开标前的主要工作安排为：10 月 16 日—17 日，由招标人分别安排各投标人踏勘现场；10 月 20 日，举行投标预备会，会上主要对招标文件和招标人能提供的施工条件等内容进行签疑，考虑各投标人所拟定的施工方案和技术措施不同，将不对施工图做任何解释。各投标人按时递交了投标文件，所有投标文件均有效。

评标办法规定，商务标 60 分（包括总报价 20 分、分部分项工程综合单价 10 分、其他内容 30 分），技术标 40 分。

（1）总报价的评标方法是，评标基准价等于各有效投标总报价的算术平均值下浮 2%。当投标人的投标总价等于评标基准价时得满分，投标总价每高于评标基准价 1% 扣 2 分，每低于评标基准价 1% 扣 1 分。

（2）分部分项工程综合单价的评标办法是，在清单报价中按合价大小抽取 5 项（每项权重 2 分），分别计算投标人综合单价报价平均值，投标人所报综合单价在平均值的 95%～102% 内得满分，超出该范围，每超出 1% 扣 0.2 分。

各投标人总报价和抽取的异形梁 C30 混凝土综合单价见表 4-6。

表 4-6 各投标人总报价和抽取的异形梁 C30 混凝土综合单价

投 标 人	A	B	C
总报价(万元)	3179.00	2988.00	3213.00
异形梁 C30 混凝土综合单价(元/m³)	456.20	451.50	485.80

除总报价之外的其他商务标和技术标指标评标得分见表 4-7。

表 4-7 投标人部分指标得分表

投标人	A	B	C
商务标(除总报价之外)得分	32	29	28
技术标得分	30	35	37

问题:

(1) 在该工程开标之前所进行的招标工作有哪些不妥之处?说明理由。

(2) 列示计算总报价和异形梁 C30 混凝土综合单价的报价平均值,并计算各投标人得分(计算结果保留两位小数)。

(3) 列式计算各投标人的总得分,根据总得分确定第一中标候选人。

(4) 评标工作于 11 月 1 日结束并于当天确定中标人。11 月 2 日招标人向当地主管部门提交了评标报告;11 月 10 日招标人向中标人发出中标通知书;12 月 1 日双方签订了施工合同;12 月 3 日招标人将未中标结果通知给另两家投标人,并于 12 月 9 日将投标保证金退还给未中标人。请指出评标结束后招标人的工作有哪些不妥之处并说明理由。

解析:

问题 (1):要求投标人领取招标文件时递交投标保证金不妥,应在投标截止前递交。

投标截止时间不妥,从招标文件发出到投标截止时间不能少于 20 日。

踏勘现场安排不妥,招标人不得单独或者分别组织任何一个投标人进行现场踏勘。

投标预备会上对施工图不做任何解释不妥,因为招标人应就图样进行交底和解释。

问题 (2):总报价平均值 = (3179+2998+3213)万元÷3 = 3130 万元

评分基准价 = 3130 万元×(1-2%) = 3067.4 万元。

异形梁 C30 混凝土综合单价报价平均值 = (456.20+451.50+485.80)元/m³÷3 = 464.50 元/m³

总报价和 C30 混凝土综合单价评分见表 4-8。

问题 (3):投标人 A 的总得分 = (30+12.72+32)分 = 74.72 分

投标人 B 的总得分 = (35+17.74+29)分 = 81.74 分

投标人 C 的总得分 = (37+10.50+28)分 = 75.50 分

所以,第一中标候选人为 B 投标人。

问题 (4):招标人向主管部门提交的书面报告内容不妥,应提交招标投标活动的书面报告,而不仅仅是评标报告。

招标人仅向中标人发出中标通知书不妥,还应同时将中标结果通知未中标人。

招标人通知未中标人时间不妥,应在向中标人发出中标通知书的同时通知未中标人。

表 4-8　总报价和 C30 混凝土综合单价评分

评标项目		投标人		
		A	B	C
总报价评分	总报价 (万元)	3179.00	2998.00	3213.00
	总报价占评分基准价的百分比	103.64%	97.74%	104.75%
	扣分	7.28	2.26	9.50
	得分	12.72	17.74	10.50
C30 混凝土综合单价评分	综合单价 (元/m³)	456.20	451.50	485.80
	综合单价占平均值的百分比	98.21%	97.20%	104.59%
	扣分	0	0	0.52
	得分	2.00	2.00	1.48

退还未中标人的投标保证金时间不妥，招标人应在与中标人签订合同后 5 个工作日内向未中标人退还投标保证金。

5. 评标期限的有关规定

涉及评标的时间问题包括投标有效期、定标期限、签订合同的期限、退还投标保证金的期限等。

（1）投标有效期　投标有效期是针对投标保证金或投标保函的有效期间所做的规定，投标有效期从提交投标文件截止日起计算，一般到发出中标通知书或签订承包合同为止。招标文件应当载明投标有效期。《评标委员会和评标方法暂行规定》第四十条规定："评标和定标应当在投标有效期内完成。不能在投标有效期内完成评标和定标的，招标人应当通知所有投标人延长投标有效期。拒绝延长投标有效期的投标人有权收回投标保证金。同意延长投标有效期的投标人应当相应延长其投标担保的有效期，但不得修改投标文件的实质性内容。因延长投标有效期造成投标人损失的，招标人应当给予补偿，但因不可抗力需延长投标有效期的除外。"中标人确定后，招标人应当向中标人发出中标通知书，同时通知未中标人，并与中标人在 30 个工作日之内签订合同。招标人与中标人签订合同后 5 个工作日内，应当向中标人和未中标的投标人退还投标保证金。

（2）定标期限　评标结束应当产生出定标结果。招标人根据评标委员会提出的书面评标报告和推荐的中标候选人确定中标人，也可以授权评标委员会直接确定中标人。定标应当择优，经评标能当场定标的，应当场宣布中标人；不能当场定标的，中小型项目应在开标之后 7 天内定标，大型项目应在开标之后 14 天内定标；特殊情况需要延长定标期限的，应经招标投标管理机构同意。招标人应当自定标之日起 15 天内向招标投标管理机构提交招标投标情况的书面报告。

（3）签订合同的期限　中标人确定后，招标人应当向中标人发出中标通知书，同时通知未中标人，并与中标人在 30 个工作日之内签订合同。中标通知书对招标人和中标人具有法律效力。中标通知书发出后，招标人改变中标结果的，或者中标人放弃中标项目的，应当承担法律责任。

（4）退还投标保证金的期限　招标人与中标人签订合同 5 日内，招标人应当向未中标的投标人退还投标保证金或投标保函，对中标者可以将投标保证金或投标保函转为履约保证金或履约保函。

【案例4-21】 背景：某建设工程的建设单位自行办理招标事宜。由于该工程技术复杂且需采用大型专用施工设备，经有关主管部门批准，建设单位决定采用邀请招标，共邀请A、B、C三家国有特级施工企业参加投标。投标邀请书中规定：6月1日至6月3日9：00—17：00在该单位总经济师办公室出售招标文件。招标文件中规定：6月30日为投标截止日；投标有效期到7月30日为止；招标控制价为4000万元；投标保证金统一定为100万元；评标采用综合评估法，技术标和商务标各50%。在评标过程中，鉴于各投标人的技术方案大同小异，建设单位决定将评标方法改为经评审的最低投标价法。评标委员会根据修改后的评标方法，确定的评标结果排名顺序为A公司、C公司、B公司。建设单位于7月8日确定A公司中标，于7月15日向A公司发出中标通知书，并于7月18日与A公司签订了合同。在签订合同过程中，经审查，A公司所选择的设备安装分包单位不符合要求，建设单位遂指定国有一级安装企业D公司作为A公司的分包单位。建设单位于7月28日将中标结果通知了B、C两家公司，并将投标保证金退还给B、C两家公司。建设单位于7月31日向当地招标投标管理部门提交了该工程招标投标情况的书面报告。

问题：

(1) 招标人自行组织招标需具备什么条件？要注意什么问题？

(2) 对于必须招标的项目，在哪些情况下经有关主管部门批准可以采用邀请招标？

(3) 该建设单位在招标工作中有哪些不妥之处？请逐一说明理由。

解析：

问题(1)：招标人具有编制招标文件和组织评标能力的，可以自行办理招标事宜。依法必须进行招标的项目，招标人自行办理招标事宜的，应当向有关行政监督部门备案。

问题(2)：《招标投标法实施条例》规定，国有资金占控股地位或者主导地位的依法必须进行招标的项目，应当公开招标；但有下列情形之一的，可以邀请招标：①技术复杂、有特殊要求或者受自然环境限制，只有少量潜在投标人可供选择；②采用公开招标方式的费用占项目合同金额的比例过大。

问题(3)：该建设单位在招标工作中有下列不妥之处：

1) 停止出售招标文件的时间不妥，因为自招标文件出售之日起至停止出售之日止，最短不得少于5日。

2) 规定的投标有效期截止时间不妥，因为评标委员会提出书面评标报告后，招标人最迟应当在投标有效期结束日30个工作日（而不是日历日）前确定中标人。确定投标有效期应考虑评标、定标和签订合同所需的时间，一般项目的投标有效期宜为60~90天。

3) "投标保证金统一定为100万元"不妥，因为投标保证金一般不得超过招标项目估算价（本题中即为招标控制价4000万元）的2%。

4) "在评标过程中，建设单位决定将评标方法改为经评审的最低投标价法"不妥，因为评标委员会应当按照招标文件确定的评标标准和方法进行评标。

5) "评标委员会根据修改后的评标方法，确定评标结果的排名顺序"不妥，因为评标委员会应当按照招标文件确定的评标标准和方法（即综合评估法）进行评标。

6) "建设单位指定D公司作为A公司的分包单位"不妥，因为招标人不得直接指定分包人。

7)"建设单位于 7 月 28 日将中标结果通知 B、C 两家公司（未中标人）"不妥，因为中标人确定后，招标人应当在向中标人发出中标通知的同时将中标结果通知所有未中标的投标人。

8)"建设单位于 7 月 28 日将投标保证金退还给 B、C 两家公司"不妥，因为招标人与中标人签订合同后 5 日内，应当向未中标的投标人退还投标保证金。

9)"建设单位于 7 月 31 日向当地招标投标管理部门提交该工程招标投标情况的书面报告"不妥，因为招标人应当自确定中标人之日起 15 日内，向有关行政监督部门提交招标投标情况的书面报告。

【案例 4-22】 背景：政府投资的某工程，监理单位承担了施工招标代理和施工监理任务。该工程采用无标底公开招标方式选定施工单位。工程招标过程中发生了下列事件：

事件 1：工程招标时，A、B、C、D、E、F、G 共 7 家投标单位通过资格预审，并在投标截止时间前提交了投标文件。评标时，发现 A 投标单位的投标文件虽然加盖了公章，但没有投标单位法定代表人的签字，只有法定代表人授权书中被授权人的签字（招标文件中对是否可由被授权人签字没有具体规定）；B 投标单位的投标报价明显高于其他投标单位的投标报价，分析其原因是施工工艺落后造成的；C 投标单位以招标文件规定的工期380 天作为投标工期，但在投标文件中明确表示如果中标，合同工期按定额工期 400 天签订；D 投标单位投标文件中的总价金额汇总有误。

事件 2：经评标委员会评审，推荐 G、F、E 投标单位为前 3 名中标候选人。在中标通知书发出前，建设单位要求监理单位分别找 G、F、E 投标单位重新报价，以价格低者为中标单位，按原投标报价签订施工合同后，建设单位与中标单位再以新报价签订协议书作为实际履行合同的依据。监理单位认为建设单位的要求不妥，并提出了不同意见，建设单位最终接受了监理单位的意见，确定 G 投标单位为中标单位。

问题：

(1) 分别指出事件 1 中 A、B、C、D 投标单位的投标文件是否有效？说明理由。

(2) 事件 2 中，建设单位的要求违反了招标投标有关法规的哪些具体规定？

解析：

问题 (1)：A 单位的投标文件有效。招标文件对此没有具体规定，签字人有法定代表人的授权书。

B 单位的投标文件有效。招标文件中对高报价没有限制。

C 单位的投标文件无效。没有响应招标文件的实质性要求（或：附有招标人无法接受的条件）。

D 单位的投标文件有效。总价金额汇总有误属于细微偏差（或：明显的计算错误允许补正）。

问题 (2)：确定中标人前，招标人不得与投标人就投标文件实质性内容进行协商；招标人与中标人必须按照招标文件和中标人的投标文件订立合同，不得再行订立背离合同实质性内容的其他协议。

【案例4-23】 背景：某大型工程项目由政府投资建设，业主委托某招标代理公司代理施工招标。招标代理公司确定该项目采用公开招标方式招标，招标公告在当地政府规定的招标信息网上发布。招标文件中规定：投标担保可采用投标保证金或投标保函方式担保。评标方法采用经评审的最低投标价法。投标有效期为60日。

业主对招标代理公司提出以下要求：为了避免潜在的投标人过多，项目招标公告只在本市日报上发布，且采用邀请招标方式招标。项目施工招标信息发布以后，共有12家潜在的投标人报名参加投标。业主认为报名参加投标的人数太多，为减少评标工作量，要求招标代理公司仅对报名的潜在投标人的资质条件、业绩进行资格审查。开标后发现：

（1）A投标人的投标报价为8000万元，为最低投标价。

（2）B投标人在开标后又提交了一份补充说明，提出可以降价5%。

（3）C投标人提交的银行投标保函有效期为70日。

（4）D投标人投标文件的投标函盖有企业及企业法定代表人的印章，但没有加盖项目负责人的印章。

（5）E投标人与其他投标人组成了联合体投标，附有各方资质证书，但没有联合体共同投标协议书。

（6）F投标人投标报价最高，故F投标人在开标后第二天撤回其投标文件。经过标书评审，A投标人被确定为中标候选人。发出中标通知书后，招标人和A投标人进行合同谈判，希望A投标人能再压缩工期、降低费用。经谈判后双方达到一致：不压缩工期，降价3%。

问题：

（1）业主对招标代理公司提出的要求是否正确？说明理由。

（2）分析A、B、C、D、E投标人的投标文件是否有效？说明理由。

（3）F投标人的投标文件是否有效？对其撤回投标文件的行为应如何处理？

（4）该项目施工合同应该如何签订？合同价格应是多少？

解析：

问题：（1）：有三个要求不正确。

1）"业主提出招标公告只在本市日报上发布"不正确，理由：公开招标项目的招标公告，必须在指定媒介发布，任何单位和个人不得非法限制招标公告的发布地点和发布范围。

2）业主要求采用邀请招标不正确。理由：因该工程项目由政府投资建设，相关法规规定，全部使用国有资金或者国有资金投资占控股或者主导地位的项目，应当采用公开招标方式招标，如果采用邀请招标方式招标，应由有关部门批准。

3）业主提出的仅对潜在投标人的资质条件、业绩进行资格审查不正确，理由：资格审查的内容还应包含：信誉、技术、拟投入人员、拟投入机械、财务状况等。

问题（2）：A投标人的投标文件有效。B投标人的投标文件（或原投标文件）有效。但补充说明无效，因开标后投标人不能变更或更改投标文件的实质性内容。C投标人的投标文件有效。《招投标法实施条例》第二十六条规定："投标保证金有效期应当与投标有效期一致。"C投标人的投标保函的有效期超过了投标有效期10天，是满足要求的。D投标人的投标文件有效。没有要求必须有项目负责人的印章。E 投标人的投标文件无效。因为组成联合体投标的，投标文件应附联合体各方共同投标协议书。

问题（3）：F 投标人的投标文件有效。招标人可以没收其投标保证金，给招标人造成损失超过投标保证金的，招标人可以要求其赔偿。

问题（4）：1）该项目应自中标通知书发出后 30 日内按招标文件和 A 投标人的投标文件签订书面合同，双方不得再签订背离合同实质性内容的其他协议。

2）合同价格应为 8000 万元。

【案例 4-24】 背景：某国有资金建设项目，采用公开招标方式进行施工招标，业主委托具有相应招标代理和造价咨询资质的中介机构编制了招标文件和招标控制价。该项目招标文件包括如下规定：

1）招标人不组织项目现场勘查活动。

2）投标人对招标文件有异议的，应当在投标截止时间 10 日前提出，否则招标人拒绝回复。

3）投标人报价时必须采用当地建设行政管理部门造价管理机构发布的计价定额中分部分项工程人工、材料、机械台班消耗量标准。

4）招标人将聘请第三方造价咨询机构在开标后评标前开展清标活动。

5）投标人报价低于招标控制价幅度超过 30% 的，投标人在评标时须向评标委员会说明报价较低的理由，并提供证据；投标人不能说明理由，提供证据的，将认定为废标。

在项目的投标及评标过程中发生以下事件：

事件 1：投标人 A 为外地企业，对项目所在区域不熟悉，向招标人申请希望招标人安排一名工作人员陪同勘察现场。招标人同意安排一位普通工作人员陪同投标。

事件 2：清标发现，投标人 A 和投标人 B 的总价和所有分部分项工程综合单价相差相同的比例。

事件 3：通过市场调查，工程清单中某材料暂估单价与市场调查价格有较大偏差，为规避风险，投标人 C 在投标报价计算相关分部分项工程项目综合单价时采用了该材料市场调查的实际价格。

事件 4：评标委员会某成员认为投标人 D 与招标人曾经在多个项目上合作过，从有利于招标人的角度，建议优先选择投标人 D 为中标候选人。

问题：

（1）请逐一分析项目招标文件包括的 1）~5）项规定是否妥当，并分别说明理由。

（2）事件 1 中，招标人的做法是否妥当？并说明理由。

（3）针对事件 2，评标委员会应该如何处理？并说明理由。

（4）事件 3 中，投标人 C 的做法是否妥当？并说明理由。

（5）事件 4 中，该评标委员会成员的做法是否妥当？并说明理由。

解析：

问题（1）：

1）妥当，《招标投标法》第二十一条规定，招标人根据招标项目的具体情况，可以组织潜在投标人踏勘项目现场。《招标投标法实施条例》第二十八条规定，招标人不得组织单人或部分潜在投标人踏勘项目现场。因此，招标人可以不组织项目现场踏勘。

2) 妥当，《招标投标法实施条例》第二十二条规定，潜在投标人或者其他利害关系人对资格预审文件有异议的，应当在提交资格预审申请文件截止时间 2 日前提出；对招标文件有异议的，应当在投标截止时间 10 日前提出。招标人应当自收到异议之日起 3 日内做出答复；做出答复前，应当暂停招标投标活动。

3) 不妥当，投标报价由投标人自主确定，招标人不能要求投标人采用指定的人、材、机消耗量标准。

4) 妥当，清标工作组应该由招标人选派或者邀请熟悉招标工程项目情况和招标投标程序、专业水平和职业素质较高的专业人员组成，招标人也可以委托工程招标代理单位、工程造价咨询单位或者监理单位组织具备相应条件的人员组成清标工作组。

5) 不妥当，不是低于招标控制价而是适用于低于其他投标报价或者标底、成本的情况。《评标委员会和评标方法暂行规定》第二十一条规定，在评标过程中，评标委员会发现投标人的报价明显低于其他投标报价或者在设有标底时明显低于标底，使得其投标报价可能低于其个别成本的，应当要求该投标人做出书面说明并提供相关证明材料。投标人不能合理说明或者不能提供相关证明材料的，由评标委员会认定该投标人以低于成本报价竞标，应当否决其投标。

问题（2）：事件 1 中，招标人的做法不妥当。根据《招标投标法实施条例》第二十八条规定，招标人不得组织单人或部分潜在投标人踏勘项目现场。因此，招标人不能安排一名工作人员陪同勘察现场。

问题（3）：评标委员会应该把投标人 A 和 B 的投标文件作为废标处理。有下列情形之一的，视为投标人相互串通投标：不同投标人的投标文件由同一单位或者个人编制；不同投标人委托同一单位或者个人办理投标事宜；不同投标人的投标文件载明的项目管理成员为同一人；不同投标人的投标文件异常一致或者投标报价呈规律性差异；不同投标人的投标文件相互混装；不同投标人的投标保证金从同一单位或者个人的账户转出。

问题（4）：不妥当，暂估价不变动和更改。当招标人提供的其他项目清单中列示了材料暂估价时，应根据招标人提供的价格计算材料费，并在分部分项工程量清单与计价表中表现出来。

问题（5）：不妥当，《招标投标法实施条例》第四十九条规定，评标委员会成员应当依照招标投标法和本条例的规定，按照招标文件规定的评标标准和方法，客观、公正地对投标文件提出评审意见。招标文件没有规定的评标标准和方法不得作为评标的依据。评标委员会成员不得私下接触投标人，不得收受投标人给予的财物或者其他好处，不得向招标人征询确定中标人的意向，不得接受任何单位或者个人明示或者暗示提出的倾向或者排斥特定投标人的要求，不得有其他不客观、不公正履行职务的行为。

4.3.3　建设工程定标

定标是指招标人根据评标委员会的评标报告，在推荐的中标候选人（一般为 1~3 人）中最后确定中标人；在某些情况下，招标人也可以直接授权评标委员会直接确定中标人。

1. 定标依据

评标委员会根据招标文件提交评标报告，推荐的中标候选人应当限定在 1～3 人，并标明排列顺序。招标人根据报告确定中标人。中标人的投标应当符合下列条件之一：

1）能够最大限度满足招标文件中规定的各项综合评价标准。

2）能够满足招标文件的实质性要求，并且经评审的投标价格最低；但是投标价格低于成本的除外。

在确定中标人之前，招标人不得与投标人就投标价格、投标方案等实质性内容进行谈判。使用国有资金投资或者国家融资的项目，招标人应当确定排名第一的中标候选人为中标人。排名第一的中标候选人放弃中标、因不可抗力提出不能履行合同，或者招标文件规定应当提交履约保证金而在规定的期限内未能提交的，招标人可以确定排名第二的中标候选人为中标人。排名第二的中标候选人因前款规定的同样原因不能签订合同的，招标人可以确定排名第三的中标候选人为中标人。招标人可以授权评标委员会直接确定中标人。招标人按照有关规定确定中标人后，自确定中标人的 15 日内，向工程所在地建设行政主管部门提交招标投标的书面报告，发出中标通知书。对于未中标的投标人，招标人也应当下发通知，说明本工程的中标人，不得遗漏。

2. 中标通知书

（1）中标通知书的性质　我国法学界一般认为，建设工程招标公告和投标邀请书是要约邀请，而投标文件是要约，中标通知书是承诺。我国《合同法》也明确规定，招标公告是要约邀请。也就是说，招标实际上是邀请投标人对其提出要约（即报价），属于要约邀请。投标则是一种要约，它符合要约的所有条件，如具有缔结合同的主观目的；一旦中标，投标人将受投标书的约束；投标书的内容具有足以使合同成立的主要条件等。招标人向中标的投标人发出的中标通知书，则是招标人同意接受中标的投标人的投标条件，即同意接受该投标人的要约的表示，应属于承诺。

（2）中标通知书的法律效力　中标通知书对招标人和中标人具有法律效力。中标通知书发出后，招标人改变中标结果的，或者中标人放弃中标项目的，应当依法承担法律责任。

3. 合同签订

（1）合同的签订　招标人和中标人应当自中标通知书发出之日起 30 日内，按照招标文件和中标人的投标文件订立书面合同。招标人和中标人不得再订立背离合同实质性内容的其他协议。如果投标书内提出的某些非实质性偏离的不同意见而发包人也同意接受时，双方应就这些内容通过谈判达成书面协议。通常的做法是，不改动招标文件中的通用条件和专用条件，将某些条款协商一致后改动的部分在合同协议书中予以明确。

（2）投标保证金的退还和履约担保

1）投标保证金的退还。招标人与中标人签订合同后 5 日内，应当向中标人和未中标的投标人一次性退还投标保证金。中标通知书发出后，中标人放弃中标项目的，无正当理由不与招标人签订合同的，在签订合同时向招标人提出附加条件或者更改合同实质性内容的，或者不提交所要求的履约保证金的，招标人可以取消其中标资格，并没收其投标保证金；给招标人的损失超过投标保证金数额的，中标人应当对超过部分予以赔偿；没有提交投标保证金的，应当对招标人的损失承担赔偿责任。

2）提交履约担保。招标文件要求中标人提交履约保证金或者其他形式履约担保的，中标人应当提交；拒绝提交的，视为放弃中标项目。招标人要求中标人提供履约保证金或其他形式履约担保的，招标人应当同时向中标人提供工程款支付担保。招标人不得擅自提高履约保证金，不得强制要求中标人垫付中标项目建设资金。

4. 招标人与中标人的违法行为及应负的责任

1）招标人在评标委员会依法推荐的中标候选人以外确定中标人的，依法必须进行招标的项目在所有投标被评标委员会否决后自行确定中标人的，中标无效。责令改正，可以处中标项目金额千分之五以上千分之十以下的罚款；对单位直接负责的主管人员和其他直接责任人员依法给予处分。

2）《招标投标法》规定：中标人将中标项目转让给他人的，将中标项目肢解后分别转让给他人的，违反本法规定将中标项目的部分主体、关键性工作分包给他人的，或者分包人再次分包的，转让、分包无效。处转让、分包项目金额千分之五以上千分之十以下的罚款；有违法所得的，并处没收违法所得；可以责令停业整顿；情节严重的，由工商行政管理机关吊销营业执照。

3）招标人与中标人不按照招标文件和中标人的投标文件订立合同的，或者招标人、中标人订立背离合同实质性内容的协议的，责令改正；可以处中标项目金额千分之五以上千分之十以下的罚款。

4）中标人不履行与招标人订立的合同的，履约保证金不予退还，给招标人造成的损失超过履约保证金数额的，还应当对超过部分予以赔偿；没有提交履约保证金的，应当对招标人的损失承担赔偿责任。

5）中标人不按照与招标人订立的合同履行义务，情节严重的，取消其二年至五年内参加依法必须进行招标的项目的投标资格并予以公告，直至由工商行政管理机关吊销营业执照。

【案例4-25】　背景：某国有资金参股的办公楼建设工程项目，经过相关部门批准拟采用邀请招标方进行施工招标。招标人于2016年10月8日向具备承担该项目能力的A、B、C、D、E五家投标人发出投标邀请书，其中说明，10月12日~18日9至16时在该招标人办公室领取招标文件，11月8日14时为投标截止时间。该五家投标人均接受邀请，并按规定时间提交了投标文件。但投标人A在送出投标文件后发现报价估算有较严重的失误，遂赶在投标截止时间前10分钟递交了一份书面声明，撤回已提交的投标文件。开标时，由招标人委托的市公证处人员检查投标文件的密封情况，确认无误后，由工作人员当众拆封。由于投标人A已撤回投标文件，故招标人宣布有B、C、D、E四家投标人投标，并宣读该四家投标人的投标价格、工期和其他主要内容。评标委员会委员全部由招标人直接确定，共由7人组成，其中招标人代表2人，本系统技术专家2人、经济专家1人，外系统技术专家1人、经济专家1人。在评标过程中，评标委员会要求B、D两投标人分别对其施工方案做出详细说明，并对若干技术要点和难点提出问题，要求其提出具体、可靠的实施措施。作为评标委员的招标人代表希望投标人B再适当考虑一下降低报价的可能性。按照招标文件中确定的综合评标标准，4个投标人综合得分从高到低的顺序依次为B、D、C、E，故评标委员会确定投标人B为中标人。投标人B为外地企业，招标人于11月20日将中标通知书以挂号方式寄出，投标人B于11月24日收到中标通知书。

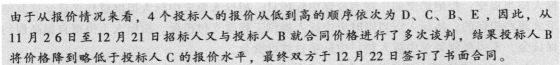

由于从报价情况来看，4 个投标人的报价从低到高的顺序依次为 D、C、B、E，因此，从 11 月 26 日至 12 月 21 日招标人又与投标人 B 就合同价格进行了多次谈判，结果投标人 B 将价格降到略低于投标人 C 的报价水平，最终双方于 12 月 22 日签订了书面合同。

问题：

（1）从招标投标的性质来看，本案例中的要约邀请、要约和承诺的具体表现是什么？

（2）从所介绍的背景资料来看，在该项目的招标投标程序中有哪些不妥之处？请逐一列出。

解析：

问题（1）：在本案例中，要约邀请是招标人的投标邀请书，要约是投标人的投标文件，承诺是招标人发出的中标通知书。

问题（2）：在该项目招标投标程序中有以下不妥之处：

1）"招标人宣布 B、C、D、E 四家投标人参加投标"不妥，因为投标人 A 虽然已撤回投标文件，但仍应将其作为投标人加以宣布。

2）"评标委员会委员全部由招标人直接确定"不妥，因为在 7 名评标委员中招标人只可选派 2 名相当专家资质人员参加评标委员会；对于智能化办公楼项目，除了有特殊要求的专家可由招标人直接确定之外，其他专家均应采取（从专家库中）随机抽取的方式确定评标委员会委员。

3）"评标委员会要求投标人提出具体、可靠的实施措施"不妥，因为按规定，评标委员会可以要求投标人对投标文件中含义不明确的内容进行必要的澄清或者说明，但是澄清或者说明不得超出投标文件的范围或者改变投标文件的实质性内容，因此不能要求投标人就实质性内容进行补充。

4）"作为评标委员的招标人代表希望投标人 B 再适当考虑一下降低报价的可能性"不妥，因为在确定中标人前，招标人不得与投标人就投标价格、投标方案的实质性内容进行谈判。

5）对"评标委员会确定投标人 B 为中标人"要进行分析。如果招标人授权评标委员会直接确定中标人，由评标委员会定标是对的，否则就是错误的。

6）"中标通知书发出后招标人与中标人就合同价格进行谈判"不妥，因为招标人和中标人应按照招标文件和投标文件订立书面合同，不得再行订立背离合同实质性内容的其他协议。

7）订立书面合同的时间不妥，因为招标人和中标人应当自中标通知书发出之日（不是中标人收到中标通知书之日）起 30 日内订立书面合同，而本案例为 32 日。

■ 4.4 综合案例分析

【案例 4-26】　背景：某市政府投资一项建设项目，投资估算 4000 万元，法人单位委托招标代理机构采用公开招标方式代理招标，并委托有资质的工程造价咨询企业编制了招标控制价。招投标过程中发生了如下事件：

事件 1：招标信息在招标信息网上发布后，招标人考虑到该项目建设工期紧，为缩短招标时间，而改为邀请招标方式，并要求在当地承包商中选择中标人。

事件2：招标代理机构设定投标人必须为国有一级总承包企业，且近3年内至少获得过1项该项目所在省优质工程奖。

事件3：招标代理机构设定招标文件出售的起止时间为3日；要求投标保证金120万元。

事件4：开标后，招标代理机构组建了评标委员会，由技术专家2人、经济专家3人、招标人代表1人、该项目主管部门主要负责人1人组成。

事件5：招标人向中标人发出中标通知书后，向其提出降价要求，双方经多次谈判，签订了书面合同，合同价比中标价降低2%。招标人在与中标人签订合同3周后，退还了未中标的其他投标人的投标保证金。

问题：

（1）说明编制招标控制价的主要依据。

（2）指出事件1中招标人行为的不妥之处，说明理由。

（3）指出事件2中招标代理机构行为的不妥之处，说明理由。

（4）指出事件3、事件4中招标代理机构行为的不妥之处，说明理由。

（5）指出事件5中招标人行为的不妥之处，说明理由。

（6）假设某施工单位决定参与此工程的投标。其方案与工期有关费用为 $C = 150 + 3T$，工期T以周为单位，费用以万元为单位。若该工程的合理工期为60周，该施工单位相应的估价为1653万元。招标文件规定，评标采用"经评审的最低投标价法"，且规定，施工单位自报工期小于60周时，工期每提前1周，其总报价降低2万元作为经评审的报价，则施工单位的自报工期应为多少？相应的经评审的报价为多少？若该施工单位中标，则合同价为多少？计算结果均保留两位小数。

各个关键工作可压缩的时间及相应增加的费用见表4-9，假定所有关键工作压缩后不改变关键线路。

表4-9 各个关键工作可压缩的时间及相应增加的费用

关键工作	A	C	E	H	M
可压缩时间(周)	1	2	1	3	2
压缩单位时间增加的费用(万元/周)	3.5	2.5	4.5	6.0	2.0

解析：

问题（1）：编制招标控制价的主要依据有：现行国家标准 GB 50500—2013《建设工程工程量清单计价规范》与专业工程量计算规范；

国家或省级、行业建设主管部门颁发的计价定额和计价办法；

建设工程设计文件及相关资料；

拟定的招标文件及招标工程量清单；

与建设项目相关的标准、规范、技术资料；

施工现场情况、工程特点及常规施工方案；

工程造价管理机构发布的工程造价信息，工程造价信息没有发布的，参照市场价；

其他相关资料。

问题 (2)："改为邀请招标方式"不妥，因政府投资的建设项目应当公开招标，如果项目技术复杂，经有关主管部门批准，才能进行邀请招标；

"要求在当地承包商中选择中标人"不妥，因招标人不得对投标人实行歧视待遇。

问题 (3)：招标代理机构不得以所有制形式限制投标人，不得以获得该省优质工程奖限制投标人。

问题 (4)："招标文件出售的起止时间为 3 日"不妥，因招标文件自出售之日起至停止出售之日止不得少于 5 日；"要求投标保证金为 120 万元"不妥，因投标保证金不得超过招标项目估算价的 2%，但最高不得超过 80 万元人民币；"开标后组建评标委员会"不妥，因评标委员会应于开标前组建；"该项目主管部门主要负责人"不妥，因项目主管部门的人员不得担任评委。

问题 (5)："向其提出降价要求""双方经多次谈判，签订了书面合同，合同价比中标价降低 2%"不妥，因确定中标人后，不得就报价、工期等实质性内容进行变更。中标通知书发出后的 30 日内，招标人与中标人依据招标文件与中标人的投标文件签订合同，不得再行订立背离合同实质内容的其他协议；"招标人在与中标人签订合同 3 周后，退还了未中标的其他投标人的投标保证金"不妥，因应在签订合同后的 5 日内，退还中标人和未中标的其他投标人的投标保证金。

问题 (6)：由于工期每提前 1 周，可降低经评审的报价为 2 万元，所以对每压缩 1 周时间所增加的费用小于 5 万元的关键工作均可压缩，即应对关键工作 A、C、E、M 进行压缩。则自报工期应为：$(60-1-2-1-2)$ 周$=54$ 周，相应的经评审的报价为：$[1653-(60-54)\times(3+2)+3.5+2.5\times2+4.5+2.0\times2]$ 万元 $=1640$ 万元，则合同价为：1640 万元 $+(60-54)\times2$ 万元 $=1652$ 万元。

【案例 4-27】　背景：某开发区国有资金投资办公楼建设项目，业主委托具有相应招标代理和造价咨询资质的机构编制了招标文件和招标控制价，并采用公开招标方式进行项目施工招标。该项目招标公告和招标文件中的部分规定如下：

(1) 招标人不接受联合体投标。

(2) 投标人必须是国有企业或进入开发区合格承包商信息库的企业。

(3) 投标人报价高于最高投标限价和低于最低投标限价的，均按废标处理。

(4) 投标保证金的有效期应当超出投标有效期 30 天。

在项目投标及评标过程中发生了以下事件：

事件 1：投标人 A 在对设计图和工程量清单复核时发现分部分项工程量清单中某分项工程的特征描述与设计图不符。

事件 2：投标人 B 采用不平衡报价的策略，对前期工程和工程量可能减少的工程适度提高了报价；对暂估价材料采用了与招标控制价中相同材料的单价计入了综合单价。

事件 3：投标人 C 结合自身情况，并根据过去类似工程投标经验数据，认为该工程投标报价高的中标概率为 0.3，投标报价低的中标概率为 0.6；投标报价高中标后，经营效果可分为好、中、差三种可能，其概率分别为 0.3、0.6、0.1，对应的损益值分别为 500万元、400 万元、250 万元；投标报价低中标后，经营效果同样可分为好、中、差三种可能，其概率分别为 0.2、0.6、0.2，对应的损益值分别为 300 万元、200 万元、100 万元。编制投标文件以及参加投标的相关费用为 3 万元。经过评估，投标人 C 最终选择了投标报价低的方案。

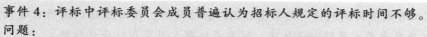

事件4：评标中评标委员会成员普遍认为招标人规定的评标时间不够。

问题：

（1）根据《招标投标法》及《招标投标法实施条例》，逐一分析项目招标公告和招标文件中（1）～（4）项的规定是否妥当，并分别说明理由。

（2）事件1中，投标人A应当如何处理？

（3）事件2中，投标人B的做法是否妥当？说明理由。

（4）事件3中，投标人C选择投标报价低的方案是否合理？通过计算说明理由。

（5）针对事件4，招标人应当如何处理？说明理由。

解析：

问题（1）：（1）项规定妥当。招标人可以在招标公告中载明是否接受联合体投标。（2）项规定不妥。因为招标人不得以不合理的条件（必须是国有企业）限制、排斥潜在的投标人。（3）项规定不妥。招标人不得规定最低投标限价。（4）项规定不妥。投标保证金的有效期应当与投标有效期一致。

问题（2）：投标人A可在规定时间内以书面形式要求招标人澄清；若投标人未按时向招标人澄清，或招标人不予澄清或者修改，投标人应以分项工程量清单的项目特征描述为准，确定分部分项工程综合单价。

问题（3）："投标人B对前期工程适度提高报价"妥当。因为这样有利于投标人中标后在工程建设早期阶段收到较多的工程价款（或这样有利于提高资金时间价值）。"投标人B对工程量可能减少的工程适度提高报价"不妥当，因为提高工程量减少的工程报价将可能会导致工程量减少时承包商有更大的损失。"对暂估价材料采用了和招标控制价中相同材料的单价计入了综合单价"不妥当，投标报价中应采用招标工程量清单中给定的相应材料暂估价计入综合单价。

问题（4）：投标报价高的期望损益值为：（500×0.3+400×0.6+250×0.1）万元×0.3+（-3）万元×0.7=122.4万元，投标报价低的期望损益值为：（300×0.2+200×0.6+100×0.2）万元×0.6+（-3）万元×0.4=118.8万元，投标报价低的期望损益值＜投标报价高的期望损益值，所以投标人C选择投标报价低不合理，应选择投标报价高。

问题（5）：招标人应当延长评标时间。因为根据《招标投标法实施条例》的规定，超过三分之一的评标委员会成员认为评标时间不够的，招标人应当适当延长。

【案例4-28】 背景：某省属高校投资建设一幢建筑面积为30000m^{2}的普通教学楼，拟采用工程量清单以公开招标方式进行施工招标。业主委托具有相应招标代理和造价咨询资质的某咨询企业编制招标文件和最高投标限价（该项目的最高投标限价为5000万元）。咨询企业编制招标文件和最高投标限价过程中，发生如下事件：

事件1：为了响应业主对潜在投标人择优选择的要求，咨询企业的项目经理在招标文件中设置了以下几项内容：

（1）投标人资格条件之一为：投标人近5年必须承担过高校教学楼工程。

（2）投标人近5年获得过鲁班奖、本省省级质量奖等奖项作为加分条件。

（3）项目的投标保证金为75万元，且投标保证金必须从投标企业的基本账户转出。

（4）中标人的履约保证金为最高投标限价的10%。

事件2：项目经理认为招标文件中的合同条款是基本的粗略条款，只需将政府有关管理部门出台的施工合同示范文本添加项目基本信息后附在招标文件中即可。

事件3：在招标文件编制人员研究本项目的评标办法时，项目经理认为所在咨询企业以往代理的招标项目更常采用综合评估法，遂要求编制人员采用综合评估法。

事件4：该咨询企业技术负责人在审核项目成果文件时发现项目工程量清单中存在漏项，要求做出修改。项目经理认为第二天需要向委托人提交成果文件且合同条款中已有关于漏项的处理约定，故不用修改。

事件5：该咨询企业的负责人认为最高投标限价不需保密，因此又接受了某拟投标人的委托，为其提供该项目的投标报价咨询。

事件6：为控制投标报价的价格水平，咨询企业和业主商定，以代表省内先进水平的A施工企业的企业定额作为依据，编制了本项目的最高投标限价。

问题：

（1）针对事件1，逐一指出咨询企业项目经理为响应业主要求提出的（1）~（4）项内容是否妥当，并说明理由。

（2）针对事件2~事件6，分别指出相关人员的行为或观点是否正确或妥当，并说明理由。

分析：

问题（1）：内容（1）不妥当，普通教学楼工程不属于技术复杂、有特殊要求的工程，要求特定行业的业绩（要求有高校教学楼工程业绩）作为资格条件属于以不合理条件限制、排斥潜在投标人。内容（2）对获得过鲁班奖的企业加分妥当，鲁班奖属于全国性奖项，获得该奖可反映企业的实力。内容（2）对获得过本省省级质量奖项的企业加分不妥当，因为以特定区域的奖项作为加分条件属于以不合理条件限制、排斥潜在投标人或投标人。内容（3）妥当，项目保证金75万元未超过招标项目估算价（最高投标限价）的2%，"投标保证金必须从投标企业的基本账户转出"有利于防止投标人以他人名义投标。内容（4）不妥当，履约保证金不得超过中标合同金额的10%。

问题（2）：事件2：项目经理的观点错误，合同条款是投标人报价的依据，咨询机构应参照示范文本并结合该项目特点、业主的要求及实际情况等编制项目合同条款，招标文件应附完整的合同条款（或咨询机构应参照示范文本并结合该项目特点、业主的要求及实际情况等编制项目完整的合同条款）。事件3：项目经理的要求不妥，项目采用何种评标方法应结合项目的特点、目标要求等条件确定。事件4：咨询企业技术负责人做法妥当，工程量清单的准确性和完整性由招标人负责。项目经理的观点不妥，漏项可能造成合同履行期间的价款、工期等方面的调整或纠纷，发现漏项时项目经理应及时组织修改。事件5："又接受某拟投标人的委托"的做法错误，咨询企业接受招标人委托编制某项目招标文件和最高投标限价后，不得再就同一项目接受拟投标人委托编制投标报价或提供咨询。事件6：以A施工企业的企业定额为依据编制项目的最高投标限价不妥，编制最高投标限价应依据国家或省级、行业建设主管部门颁发的计价定额（编制最高投标限价应依据反映社会平均水平的计价定额）。

【案例4-29】 背景：国有资金投资依法必须公开招标的某建设项目，采用工程量清单计价方式进行施工招标，招标控制价为3568万元，其中暂列金额280万元。招标文件中规定：

（1）投标有效期90天，投标保证金有效期与其一致。

（2）投标报价不得低于企业平均成本。

（3）近三年施工完成或在建的合同价超过2000万元的类似工程项目不少于3个。

（4）合同履行期间，综合单价在任何市场波动和政策变化下均不得调整。

（5）缺陷责任期为3年，期满后退还预留的质量保证金。

投标过程中，投标人F在开标前一小时口头告知招标人，撤回了已提交的投标文件，要求招标人3日内退还其投标保证金。除F外还有A、B、C、D、E五个投标人参加了投标，其总报价万元分别为：3489万元、3470万元、3358万元、3209万元、3542万元。评标过程中，评标委员会发现投标人B的暂列金额按260万元计取，且对招标清单中的材料暂估单价均下调5%后计入报价；投标人E报价中混凝土梁的综合单价为700元/m^3，招标清单工程量为520m^3，合价为36400元。其他投标人的投标文件均符合要求。

招标文件中规定的评分标准如下：商务标中的总报价评分60分，有效报价的算术平均数为评标基准价，报价等于评标基准价者得满分（60分），在此基础上，报价比评标基准价每下降1%，扣1分；每上升1%，扣2分。

问题：

（1）请逐一分析招标文件中规定的（1）～（5）项内容是否妥当，并对不妥之处分别说明理由。

（2）请指出投标人F行为的不妥之处，并说明理由。

（3）针对投标人B、投标人E的报价，评标委员会应分别如何处理？并说明理由。

（4）计算各有效报价投标人的总报价得分（计算结果保留两位小数）。

解析：

问题（1）：1）妥当；2）不妥，投标报价不得低于企业个别成本；3）妥当；4）不妥，应当约定综合单价调整因素及幅度，还有调整办法；5）不妥，缺陷责任期最长不超24个月。

问题（2）："口头告知招标人，撤回了已提交的投标文件"不妥，"要求招标人3日内退还其投标保证金"不妥。撤回已提交的投标文件应当采用书面形式，招标人5日内退还其投标保证金。

问题（3）：将B投标人按照废标处理，暂列金额应按280万元计取，材料暂估价应当按照招标清单中的材料暂估单价计入综合单价。将E投标人按照废标处理，E报价中混凝土梁的综合单价为700元/m^3合理，招标清单合价为36400元计算错误，应当以单价为准修改总价。混凝土梁的总价为700元/m^3×520m^3=364000元，漏算差值为（364000−36400）元=327600元=32.76万元，修正后E投标人报价为（3542+32.76）万元=3574.76万元。让E投标人书面签字确认，不签字按照废标处理，签字后超过了招标控制价3568万元，按照废标处理。

问题（4）：评标基准价=（3489+3358+3209）万元÷3=3352万元

A投标人：3489万元÷3352万元×100%=104.09%，得分：60−（104.09−100）×2=51.82

C投标人：3358万元÷3352万元×100%=100.18%，得分：60−（100.18−100）×2=59.64

D投标人：3209万元÷3352万元×100%=95.73%，得分：60−（100−95.73）×1=55.73

【案例 4-30】　背景：某工程建设项目拟采用公开招标、资格后审的方式组织工程施工招标，招标人对招标过程的时间及内容安排如下：

（1）2012 年 12 月 11 日（星期二）发布招标公告，并规定 12 月 12 日—17 日发售招标文件。

（2）2012 年 12 月 18 日 16：00 为投标人提出澄清问题的截止时间。

（3）2012 年 12 月 19 日 9：00 组织现场考察。

（4）2012 年 12 月 19 日 16：00 发出招标文件的澄清与修改的书面通知，修改了几个关键技术参数。

（5）2012 年 12 月 30 日 15：00 为投标人递交投标保证金截止时间。

（6）2012 年 12 月 31 日 16：00 为提交投标文件截止时间。

（7）2013 年 1 月 1 日 9：00—11：00 举行投标预备会议，说明投标注意事项。

（8）2013 年 1 月 1 日 11：00，招标人与资格审查委员会共同审查投标人的营业执照、生产许可证、合同业绩等文件。

（9）2013 年 1 月 1 日 8：00—12：00，从专家库中抽取 3 名专家，与招标人代表、招标代理代表组建 5 人构成的评标委员会。

（10）2013 年 1 月 1 日 13：30 开标。

（11）2013 年 1 月 1 日 13：30—2 日 17：30，评标委员会评标。

（12）2013 年 1 月 8 日—10 日，定标。

（13）2013 年 1 月 11 日 19：00，发出中标通知书。

（14）2013 年 1 月 12 日—13 日，签订施工合同并签订一份调减中标价格的补充协议。

（15）2013 年 1 月 19 日，开始退还投标保证金。

问题：指出该招标过程中安排的时间、程序及内容中的不妥之处，并说明理由。

解析：

招标人组织本次招标的时间、程序及内容存在的不妥之处及理由具体如下：

（1）不妥之处：规定 12 月 12 日—17 日发售招标文件。理由：《招标投标法实施条例》第十六条规定，招标人应当按照资格预审公告、招标公告或者投标邀请书规定的时间、地点发售资格预审文件或者招标文件。资格预审文件或者招标文件的发售期不得少于 5 日。本案例中，2012 年 12 月 11 日为星期二，12 月 15 日、16 日是星期六、星期日，为法定休息日，不包括在发售时间内，发售时间只有 4 日，不满足不少于 5 日的规定。

（2）不妥之处：规定 12 月 18 日 16：00 为投标人提出澄清问题的截止时间。理由：投标人提出澄清问题的目的在于对编写投标文件有重要影响的问题，如组织项目实施过程中可能存在的问题、设计图、施工环境等以及招标文件中的不明确之处，要求招标人进行澄清，该步骤应安排在现场踏勘之后、发出招标文件的澄清与修改的书面通知之前进行，以便招标人统一对招标文件进行澄清与修改。本案例中，现场踏勘的时间是 2012 年 12 月 19 日，而投标人提出的澄清问题的截止时间为 12 月 18 日 16：00，不符合招标组织基本程序。

（3）不妥之处：规定 12 月 30 日 15：00 为投标人递交投标保证金截止时间。理由：《招标投标法实施条例》第二十六条规定，招标人在招标文件中要求投标人提交投标保证

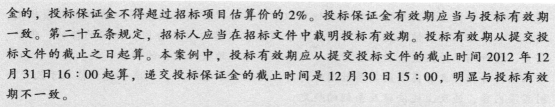

金的，投标保证金不得超过招标项目估算价的 2%。投标保证金有效期应当与投标有效期一致。第二十五条规定，招标人应当在招标文件中载明投标有效期。投标有效期从提交投标文件的截止之日起算。本案例中，投标有效期应从提交投标文件的截止时间 2012 年 12 月 31 日 16：00 起算，递交投标保证金的截止时间是 12 月 30 日 15：00，明显与投标有效期不一致。

（4）不妥之处：发出招标文件的澄清与修改的书面通知时间与提交投标文件截止时间之间间隔不足 15 天。理由：《招标投标法实施条例》第二十一条规定，招标人可以对已发出的资格预审文件或者招标文件进行必要的澄清或者修改。澄清或者修改的内容可能影响资格预审申请文件或者投标文件编制的，招标人应当在提交资格预审申请文件截止时间至少 3 日前，或者投标截止时间至少 15 日前，以书面形式通知所有获取资格预审文件或者招标文件的潜在投标人；不足 3 日或者 15 日的，招标人应当顺延提交资格预审申请文件或者投标文件的截止时间。本案例中，澄清与修改的书面通知时间为 2012 年 12 月 19 日 16：00，投标截止的时间为 2012 年 12 月 31 日 16：00，两者之间时间间隔不足 15 天。

（5）不妥之处：规定 2013 年 1 月 1 日上午 9：00—11：00 组织投标预备会议，说明投标注意事项。理由：投标预备会是招标人对投标人在阅读招标文件和现场踏勘中提出的疑问进行解答的一种方式，应安排在现场踏勘后发出招标文件的澄清与修改书面通知之前。本案例中，发出澄清与修改的书面通知时间为 2012 年 12 月 19 日 16：00，而预备会的时间是 2013 年 1 月 1 日 9：00~11：00，不符合招标组织的基本程序。

（6）不妥之处：2013 年 1 月 1 日招标人与资格审查委员会共同审查投标人的营业执照、生产许可证、合同业绩等原件。理由：①本次招标采用资格后审方式无须组建资格审查委员会；②审查投标人的营业执照、生产许可证、合同业绩等是评标委员会的工作，至于是否需要审查原件也是评标委员会的职权，招标人不能越权参与；③资格后审，指开标后评标委员会对投标人进行的资格审查，其进行的时间应在组建评标委员会和开标之后。本案例中，由招标人和资格审查委员会审查评标人的相关资格，而且时间在组建评标委员会和开标之前，不符合招标的基本组织程序。

（7）不妥之处：2013 年 1 月 1 日 8：00~12：00 从专家库中抽取三名专家，与招标人代表、招标代理代表组建五人构成的评标委员会。理由：《招标投标法》第三十七条规定，依法必须进行招标的项目，其评标委员会由招标人的代表和有关技术、经济等方面的专家组成，成员人数为五人以上单数，其中技术、经济等方面的专家不得少于成员总数的三分之二。本案例中，成员人数是五人，只有三名专家，不足成员总数的三分之二。

（8）不妥之处：开标时间与提交投标文件的截止时间不同。理由：《招标投标法》第三十四条规定，开标应当在招标文件确定的提交投标文件截止时间的同一时间公开进行；开标地点应当为招标文件中预先确定的地点。本案例中，开标时间是 2013 年 1 月 1 日，提交投标文件的截止时间是 2012 年 12 月 31 日，两者时间相差一天，不符合法律规定。

（9）不妥之处：2012 年 1 月 12 日—13 日，签订施工合同并签订一份调减中标价格的补充协议。理由：《招标投标法》第四十六条规定，招标人和中标人应当自中标通知书发出之日起三十日内，按照招标文件和中标人的投标文件订立书面合同。招标人和中标人不得再行订立背离合同实质性内容的其他协议。《招标投标法实施条例》第五十七条规定，招标人和中标人应当依照招标投标法和本条例的规定签订书面合同，合同的标的、价款、质量、履行期限等主要条款应当与招标文件和中标人的投标文件的内容一致。招标人和中标人不得再行订立背离合同实质性内容的其他协议。本案例中，调减中标价格属于改变合同实质内容，违反上述法律及条例的规定。

（10）不妥之处：2013年1月19日开始退还投标保证金。理由：《招标投标法实施条例》第五十七条规定，招标人最迟应当在书面合同签订后5日内向中标人和未中标的投标人退还投标保证金及银行同期存款利息。本案例中，2013年1月12日—13日签订施工合同，2013年1月19日开始退还投标保证金，超过合同签订后5天的时间限制。

复习思考题

1. 某工程采用公开招标方式，招标人3月1日在指定媒体上发布了招标公告，3月6日—3月12日发售了招标文件，共有A、B、C、D四家投标人购买了招标文件。在招标文件规定的投标截止日（4月5日）前，四家投标人都递交了投标文件。开标时投标人D因其投标文件的签署人没有法定代表人的授权委托书而被招标管理机构宣布为无效投标。该工程评标委员会于4月15日经评标确定投标人A为中标人，并于4月26日向中标人和其他投标人分别发出中标通知书和中标结果通知，同时通知了招标人。

问题：指出该工程在招标过程中的不妥之处，并说明理由。

2. 某电器设备厂筹资新建一生产流水线，该工程设计已完成，施工图齐备，施工现场已完成"三通一平"工作，已具备开工条件。工程施工招标委托招标代理机构采用公开招标方式代理招标。招标代理机构编制了标底（800万元）和招标文件。招标文件中要求工程总工期为365天。按国家工期定额规定，该工程的工期应为460天。通过资格预审并参加投标的共有A、B、C、D、E 5家施工单位。开标会议由招标代理机构主持，开标结果是这5家投标单位的报价均高出标底近300万元，这一异常引起了业主的注意，为了避免招标失败，业主提出由招标代理机构重新复核和制订新的标底。招标代理机构复核标底后，确认是由于工作失误，漏算了部分工程项目，使标底偏低。在修正错误后，招标代理机构重新确定了新的标底。A、B、C 3家投标单位认为新的标底不合理，向招标人要求撤回投标文件。由于上述问题纠纷导致定标工作在原定的投标有效期内一直没有完成。为早日开工，该业主更改了原定工期和工程结算方式等条件，指定了其中一家施工单位中标。

问题：

（1）上述招标工作存在哪些问题？

（2）A、B、C三家投标单位要求撤回投标文件的做法是否正确？为什么？

3. 某工程建设项目，拟采用公开招标、资格后审方式组织工程施工招标，招标人对招标过程的时间及内容安排如下：

（1）2012年12月3日（星期二）发布招标公告，并规定12月12日—17日发售招标文件。

（2）2012年12月18日16：00为投标人提出澄清问题的截止时间。

（3）2012年12月19日9：00组织现场考察。

（4）2012年12月19日16：00发出招标文件的澄清与修改的书面通知，修改了几个关键技术参数。

（5）2012年12月30日15：00为投标人递交投标保证金截止时间。

（6）2012年12月31日16：00为提交投标文件截止时间。

（7）2013年1月1日9：00—11：00投标预备会议，说明投标注意事项。

（8）2013年1月1日11：00，招标人与资格审查委员会共同审查投标人的营业执照、生产许可证、合同业绩等文件。

（9）2013年1月1日8：00—12：00，从专家库中抽取3名专家，与招标人代表、招标代理代表组建5人构成的评标委员会。

（10）2013年1月1日13：30开标。

（11）2013年1月1日13：30—2日17：30，评标委员会评标。

（12）2013年1月8日—10日，定标。

（13）2013年1月11日19：00，发出中标通知书。

（14）2013年1月12日—13日，签订施工合同并签订一份调减中标价格的补充协议。

（15）2013年1月19日开始退还投标保证金。

问题：指出该招标过程中安排的时间、程序及内容的不妥之处，并说明理由。

4. 某个具有相应资质的承包商经研究决定参与某项工程投标。经造价工程师估价，该工程估算成本为1500万元，其中材料费占60%。经研究有高、中、低三个报价方案，其利润率分别为10%、7%、4%，根据过去类似工程的投标经验，相应的中标概率分别为0.3、0.6、0.9。编制投标文件的费用为5万元。该工程业主在招标文件中明确规定采用固定总价合同。据估计，在施工过程中材料费可能平均上涨3%，其发生概率为0.4。

问题：试运用决策树法进行投标决策。相应的不含税报价为多少？

5. 某建设工程招标公告中，对投标人资格条件要求为：① 本次招标的资质要求是主项资质为房屋建筑工程施工总承包二级及以上资质；②有3个及以上同类工程业绩，并在人员、设备、资金等方面具有相应的施工能力；③本次招标接受联合体投标。在招标公告发出后，一些建筑公司包括A、B两家公司都想参加此次投标。A建筑公司具有房屋建筑工程施工总承包一级资质，且具有多个同类工程业绩；B建筑公司具有房屋建筑工程施工总承包二级资质，但同类工程业绩少。A建筑公司目前资金比较紧张，而B建筑公司担心由于自己的业绩一般，在投标中会处于劣势，因此两家公司协商组成联合体进行投标。在评标过程中，该联合体的资质等级被确定为房屋建筑工程施工总承包二级；评标办法中将资质等级列为一项计算得分的项目。根据评标办法中的计算方法，该联合体得分略低于另外一家一级资质的投标人，遗憾地失去了中标机会。该联合体不服，就资质等级问题提出异议，特别是A公司认为中标的那家公司在以往业绩和业内影响等均不如本公司。

问题：

（1）什么是联合体投标？A、B两家公司组成的联合体双方的权利义务是什么？

（2）法律对联合体投标的资格有何规定？联合体的资质等级如何确定？

6. 某房地产公司计划在北京开发某住宅项目，采用公开招标的形式，有A、B、C、D、E、F六家施工单位领取了招标文件。本工程招标文件规定：2010年10月20日17：30为投标文件接收终止时间。在提交投标文件的同时，需投标单位提供投标保证金 20 万元。在 2010 年 10 月 20 日，A、B、C、D、F 五家投标单位在 17∶30 前将投标文件送达，E 单位在次日 8∶00 送达。各单位均按招标文件的规定提供了投标保证金。在 2010 年 10 月 20 日 10∶25 时，B 单位向招标人递交了一份投标价格下降 5% 的书面说明。

问题：B 单位向招标人递交的书面说明是否有效？

7. 某医院决定投资一亿余元，兴建一幢现代化的住院综合楼。其中土建工程采用公开招标的方式选定施工单位，但招标文件对省内的投标人与省外的投标人提出了不同的要求，也明确了投标保证金的数额。该院委托某建筑事务所为该项工程编制标底。2000 年 10 月 6 日招标公告发出后，共有 A、B、C、D、E、F 等 6 家省内的建筑单位参加了投标。投标文件规定 2000 年 10 月 30 日为提交投标文件的截止时间，2000 年 11 月 13 日举行开标会。其中，E 单位在 2000 年 10 月 30 日提交了投标文件，但 2000 年 11 月 1 日才提交投标保证金。开标会由该省建委主持。结果，该院委托的建筑事务所编制的标底高达 6200 多万元，A、B、C、D 等 4 个投标人的投标报价均在 5200 万元以下，与标底相差 1000 万余元，这引起了投标人的异议。这 4 家投标单位向该省建委投诉，称该建筑事务所擅自更改招标文件中的有关规定，多计、漏算多项材料价格。为此，该院请求省建委对原标底进行复核。2001 年 1 月 28 日，被指定进行标底复核的省建设工程造价总站（以下简称总站）拿出了复核报告，证明某建筑事务所在编制标底的过程中确实存在上述 4 家投标单位所提出的问题，复核标底额与原标底额相差近 1000 万元。

由于上述问题久拖不决，导致中标书在开标三个月后一直未能发出。为了能早日开工，该院在获得了省建委的同意后，更改了中标金额和工程结算方式，确定某省公司为中标单位。

问题：

（1）上述招标程序中，有哪些不妥之处？请说明理由。

（2）E 单位的投标文件应当如何处理？为什么？

（3）问题久拖不决后，某医院能否要求重新招标？为什么？

（4）如果重新招标，给投标人造成的损失能否要求该医院赔偿？为什么？

8. 某公路大桥引桥和接线工程招标全过程分析

某公路大桥为某高速公路跨越长江的一座特大型公路桥梁，其引桥和接线一期土建工程招标划分了多个标段，且招标人首先对投标人进行了资格预审。资格预审评审后，各标段通过投标人个数均为 8 家，且均为具有良好履约信誉和施工管理综合能力的大型国有施工企业。

受招标人委托，某招标代理单位编制了该项目的招标文件，并根据国家相关法规的规定在招标文件中约定该项目评标采用合理低价法评标。招标人将于开标前 7 日以书面形式通知各投标人本项目的招标人最高限价，但在开标前 7 日，招标人出于某些考虑和对通过资格预审各投标人在投标市场会遵守公平竞争规则的信任，发出书面通知告知投标人取消本项目的投标最高限价。

开标后，各标段投标人的投标报价均远远超出批准的概算，且经过评审，从投标人报价文件可以明显看出存在投标人串通投标、哄抬标价的行为，为此评标委员会否决了所有投标。

问题：

（1）指出本案中做法不妥当之处，并说明理由。

（2）评标委员会否决所有投标的理由是否充分？为什么？招标人应怎样处理后续事项？

9. 某高速公路项目招标采用经评审的最低投标价法评标，招标文件规定对同时投标多个标段的评标修正率为4%。现有投标人甲同时投标1号、2号标段，其报价依次为6300万元、5000万元。

问题：若甲在1号标段确定为中标，则其在2号标段的评标价是多少？

10. 某大型工程由于技术难度大，对施工单位的施工设备和同类工程施工经验要求高，而且对工期的要求也比较紧迫。业主在对有关单位和在建工程考察的基础上，仅邀请3家国有一级施工资质的企业参加投标，并预先与咨询单位和该3家施工单位共同研究确定了施工方案。业主要求投标单位将技术标和商务标分别装订报送。经招标领导小组研究确定的评标规定如下：

（1）技术标共30分，其中施工方案10分（因已经确定施工方案，各投标单位均得10分）、施工总工期10分、工程质量10分；满足业主总工期要求（36个月）者得4分，每提前一个月加1分，不满足者不得分；自报工程质量合格者得4分，自报工程质量优良者得6分（若实际工程质量未达到优良将扣罚合同价的2%），近三年内获鲁班工程奖每项加2分，获省优工程奖每项加1分。

（2）商务标共70分。报价不超过标底（35500万元）的±5%者为有效标，超过者为废标；报价为标底的98%者得满分（70分），在此基础上，报价比标底每下降1%，扣1分，每上升1%，扣2分（计分按四舍五入取整）。各个投标单位的投标参数表见表4-10。

表4-10　投标参数表

投标单位	报价（万元）	总工期（月）	自报工程质量	鲁班工程奖	省优工程奖
A	35642	33	优良	1	1
B	34364	31	优良	0	2
C	33867	32	合格	0	1

问题：请按综合得分最高者中标的原则确定中标单位。

第5章

工程合同价款管理

本章知识要点与学习要求

序　号	知　识　要　点	学习要求
1	索赔的定义及分类	了解
2	索赔的依据和条件	熟悉
3	费用和工期索赔的计算方法	掌握
4	普通双代号网络图背景下的索赔计算	掌握
5	时标网络计划背景下的索赔计算	掌握

■ 5.1　工程索赔处理及计算

5.1.1　索赔的定义及分类

1. 索赔的定义

GB 50500—2013《建设工程工程量清单计价规范》规定，索赔是在合同履行过程中，对于非己方的过错而应由对方承担责任的情况造成的损失，向对方提出补偿的要求。索赔是双向的，但在工程实践中，发包人索赔数量较小，而且处理方便，可以通过冲账、扣拨工程款、扣保证金等实现对承包人的索赔；而承包人对发包人的索赔则比较困难一些。索赔有较广泛的含义，可以概括为以下三个方面：

1）一方严重违约使另一方蒙受损失，受损方向对方提出补偿损失的要求。

2）发生一方应承担责任的特殊风险或遇到不利的自然、物质条件等情况，而使另一方蒙受较大损失而提出补偿损失要求。

3）一方本应当获得的正当利益，由于没能及时得到监理人的确认和另一方应给予的支持，而以正式函件向另一方索赔。

2. 索赔产生的原因

（1）当事人违约　当事人违约常表现为没有按照合同约定履行自己的义务。发包人违约常表现为没有为承包人提供合同约定的施工条件、未按照合同约定的期限和数额付款等。监理人未能按照合同约定完成工作，如未能及时发出图样、指令等也视为发包人违约。承包人违约的情况则主要是没有按照合同约定的质量、期限完成施工，或者由于不当行为给发包人造成其他损害。

（2）不可抗力或不利的物质条件　不可抗力又可以分为自然事件和社会事件。自然事件主要是工程施工过程中不可避免发生并不能克服的自然灾害，包括地震、海啸、瘟疫、水灾等。社会事件包括国家政策、法律、法令的变更，战争、罢工等。不利的物质条件通常是指承包人在施工现场遇到的不可预见的自然物质条件、非自然的物质障碍和污染物，包括地下和水文条件。

（3）合同缺陷　合同缺陷表现为合同文件规定不严谨甚至矛盾、合同中的遗漏或错误。在这种情况下，工程师应当给予解释，如果这种解释将导致成本增加或工期延长，发包人应当给予补偿。

（4）合同变更　合同变更表现为设计变更、施工方法变更、追加或者取消某些工作、合同规定的其他变更等。

（5）监理人指令　监理人指令有时也会产生索赔，如监理人指令承包人加速施工、进行某项工作、更换某些材料、采取某些措施等，并且这些指令不是由于承包人的原因造成的。

（6）其他第三方原因　其他第三方原因常表现为与工程有关的第三方的问题而引起的对工程的不利影响。

3. 索赔的分类

（1）按索赔的当事人分类　根据索赔的当事人不同，可以将工程索赔分为：

1）承包人与发包人之间的索赔。该类索赔发生在建设工程施工合同的双方当事人之间，既包括承包人向发包人的索赔，也包括发包人向承包人的索赔。但是在工程实践中，经常发生的索赔事件，大都是承包人向发包人提出的，本书中所提及的索赔，如果未作特别说明，即指此类情形。

2）总承包人和分包人之间的索赔。在建设工程分包合同履行过程中，索赔事件发生后，无论是发包人的原因还是总承包人的原因所致，分包人都只能向总承包人提出索赔要求，而不能直接向发包人提出。

（2）按索赔的目的和要求分类　根据索赔目的和要求不同，可以将工程索赔分为工期索赔和费用索赔。

1）工期索赔。工期索赔一般是指工程合同履行过程中，由于非因自身原因造成工期延误，按照合同规定或法律规定，承包人向发包人提出合同工期补偿要求的行为。工期顺延的要求获得批准后，不仅可以免除承包人承担逾期违约赔偿金的责任，而且承包人还有可能因工期提前获得赶工补偿（或奖励）。

2）费用索赔。费用索赔一般是指工程承包合同履行中，当事人一方因非己方原因遭受费用损失，按照合同约定或法律规定应由对方承担责任，而向对方提出增加费用要求的行为。

（3）按索赔事件的性质分类　根据索赔事件的性质不同，可以将工程索赔分为：

1）工程延误索赔。因发包人未按合同要求提供施工条件，或因发包人指令工程暂停或不可抗力事件等原因造成工期拖延的，承包人可以向发包人提出索赔；如果由于承包人原因导致工期拖延，发包人可以向承包人提出索赔。

2）加速施工索赔。由于发包人指令承包人加快施工速度、缩短工期，引起承包人的人力、物力、财力的额外开支，承包人提出的索赔。

3）工程变更索赔。由于发包人指令增加或减少工程量或增加附加工程、修改设计、变更工程顺序等，造成工期延长和（或）费用增加，承包人就此提出索赔。

4）合同终止的索赔。由于发包人违约或发生不可抗力事件等原因造成合同非正常终止，承包人因其遭受经济损失而提出索赔。如果由于承包人的原因导致合同非正常终止，或者合同无法继续履行，发包人可以就此提出索赔。

5）不可预见的不利条件索赔。承包人在工程施工期间，施工现场遇到有经验的承包人通常不能合理预见的不利施工条件或外界障碍，例如地质条件与发包人提供的资料不符，出现不可预见的地下水、地质断层、溶洞、地下障碍物等，承包人可以就因此遭受的损失提出索赔。

6）不可抗力事件的索赔。工程施工期间，因不可抗力事件的发生而受损失的一方，可以根据合同中对不可抗力风险分担的约定，向对方当事人提出索赔。

7）其他索赔。如因货币贬值、汇率变化、物价上涨、政策法令变化等原因引起的索赔。《标准施工招标文件》（2007 年版）的通用合同条款中，按照引起索赔事件的原因不同，对方当事人提出的索赔可能给予合理补偿工期、费用和（或）利润的情况，分别做出了相应的规定。其中，《标准施工招标文件》中承包人的索赔事件及可补偿内容见表 5-1。

表 5-1 《标准施工招标文件》中承包人的索赔事件及可补偿内容

序号	条款号	索赔事件	可补偿内容		
			工期	费用	利润
1	1.6.1	迟延提供图样	√	√	√
2	1.10.1	施工中发现文物、古迹	√	√	
3	2.3	迟延提供施工场地	√	√	√
4	4.11	施工中遇到不利物质条件	√	√	
5	5.2.4	提前向承包人提供材料、工程设备		√	
6	5.2.6	发包人提供材料、工程设备不合格或迟延提供或变更交货地点	√	√	√
7	8.3	承包人依据发包人提供的错误资料导致测量放线错误	√	√	√
8	9.2.6	因发包人原因造成承包人人员工伤事故		√	
9	11.3	因发包人原因造成工期延误	√	√	√
10	11.4	异常恶劣气候条件导致工期延误	√		
11	11.6	承包人提前竣工		√	
12	12.2	发包人暂停施工造成工期延误	√	√	√
13	12.4.2	工程暂停后因发包人原因无法按时复工	√	√	√
14	13.1.3	因发包人原因导致承包人工程返工	√	√	√
15	13.5.3	监理人对已经覆盖的隐蔽工程要求重新检查且检查结果合格	√	√	√
16	13.6.2	因发包人提供的材料、工程设备造成工程不合格	√	√	√
17	14.1.3	承包人应监理人要求对材料、工程设备和工程重新检验且检验结果合格	√	√	
18	16.2	基准日后法律的变化	√	√	
19	18.4.2	发包人在工程竣工前提前占用工程	√	√	√
20	18.6.2	因发包人的原因导致工程试运行失败		√	√

5.1.2 索赔的依据及成立提的条件

1. 索赔的依据

提出索赔和处理索赔依据文件或凭证如下：

（1）工程施工合同文件 工程施工合同是工程索赔中最关键和最主要的依据，工程施工期间，发承包双方关于工程的洽商、变更等书面协议或文件，也是索赔的重要依据。

（2）国家法律、法规 国家制定的相关法律、行政法规，是工程索赔的法律依据。工程项目所在地的地方性法规或地方政府规章，也可以作为工程索赔的依据，但应当在施工合同专用条款中约定为工程合同的适用法律。

（3）国家、部门和地方的有关标准、规范和定额 工程建设的强制性标准是合同双方必须严格执行的；对于非强制性标准，必须在合同中有明确规定的情况下，才能作为索赔的依据。

（4）工程施工合同履行过程中与索赔事件有关的各种凭证 这是承包人因索赔事件所遭受费用或工期损失的事实依据，它反映了工程的计划情况和实际情况。

2. 索赔成立的条件

承包人工程索赔成立的基本条件包括以下几点：

1）索赔事件已造成了承包人直接经济损失或工期延误。

2）造成费用增加或工期延误的索赔事件是因非承包人的原因发生的。

3）承包人已经按照工程施工合同规定的期限和程序提交了索赔意向通知、索赔报告及相关证明材料。

5.1.3 索赔的计算

1. 索赔费用的计算

（1）索赔费用的组成 对于不同原因引起的索赔，承包人可索赔的具体费用内容是不完全一样的。但归纳起来，索赔费用的要素与工程造价的构成要素基本类似，一般可归结为人工费、材料费、施工机具使用费、分包费、现场管理费、总部（企业）管理费、保险费、保函手续费、利息、利润、分包费用等。

1）人工费。人工费的索赔包括：由于完成合同之外的额外工作所花费的人工费用；超过法定工作时间加班劳动；法定人工费增长；因非承包商原因导致工效降低所增加的人工费用；因非承包商原因导致工程停工的人员窝工费和工资上涨费等。在计算停工损失中的人工费时，通常采取人工单价乘以折算系数计算。

2）材料费。材料费的索赔包括：由于索赔事件的发生造成材料实际用量超过计划用量而增加的材料费；由于发包人原因导致工程延期期间的材料价格上涨和超期储存费用。材料费中应包括运输费，仓储费，以及合理的损耗费用。如果由于承包商管理不善造成材料损坏失效，则不能列入索赔款项内。

3）施工机具使用费。施工机械使用费的索赔包括：由于完成合同之外的额外工作所增加的机械使用费；非因承包人原因导致工效降低所增加的机械使用费；由于发包人或工程师指令错误或迟延导致机械停工的台班停滞费。在计算机械设备台班停滞费时，不能按机械设备台班费计算，因为台班费中包括设备使用费。如果机械设备是承包人自有设备，一般按台班折旧费、人工费与其他费之和计算；如果是承包人租赁的设备，一般按台班租金加上每台班分摊的施工机械进出场费计算。

4）现场管理费。现场管理费的索赔包括承包人完成合同之外的额外工作以及由于发包人原因导致工期延期期间的现场管理费，包括管理人员工资、办公费、通信费、交通费等。

现场管理费索赔金额的计算公式为

$$现场管理费索赔金额=索赔的直接成本费用×现场管理费率 \qquad (5-1)$$

其中，现场管理费率的确定可以选用下面的方法：①合同百分比法（管理费率在合同中规定）；②行业平均水平法（采用公开认可的行业标准费率）；③原始估价法（采用投标报价时确定的费率）；④历史数据法（采用以往相似工程的管理费率）。

5）总部（企业）管理费。总部（企业）管理费的索赔主要指的是由于发包人原因导致工程延期间所增加的承包人向公司总部提交的管理费，包括总部职工工资、办公大楼折旧、办公用品、财务管理、通信设施以及总部领导人员赴工地检查指导工作等开支。总部管理费索赔金额的计算，目前还没有统一的方法，通常可采用以下几种方法：

① 按总部管理费的比率计算

$$总部管理费索赔金额=（直接费索赔金额+现场管理费索赔金额）×总部管理费比率（\%）$$
$$(5-2)$$

其中，总部管理费的比率可以按照投标书中的总部管理费比率计算（一般为3%~8%），也可以按照承包人公司总部统一规定的管理费比率计算。

② 按已获补偿的工程延期天数为基础计算。该公式是在承包人已经获得工程延期索赔的批准后，进一步获得总部管理费索赔的计算方法，计算步骤如下：

A. 计算被延期工程应当分摊的总部管理费

$$延期工程的应分摊的总部管理费=同期公司计划总部管理费×\frac{延期工程合同价格}{延期工程计划工期} \quad (5-3)$$

B. 计算被延期工程的日平均总部管理费

$$延期工程的日平均总部管理费=\frac{延期工程应分摊的总部管理费}{延期工程计划工期} \qquad (5-4)$$

C. 计算索赔的总部管理费

$$索赔的总部管理费=延期工程的日平均总部管理费×工程延期的天数 \qquad (5-5)$$

6）保险费。因发包人原因导致工程延期时，承包人必须办理工程保险、施工人员意外伤害保险等各项保险的延期手续，对于由此而增加的费用，承包人可以提出索赔。

7）保函手续费。因发包人原因导致工程延期时，承包人必须办理相关履约保函的延期手续，对于由此而增加的手续费，承包人可以提出索赔。

8）利息。利息的索赔包括：发包人拖延支付工程款利息；发包人延迟退还工程质量保证金的利息；承包人垫资施工的垫资利息；发包人错误扣款的利息等。至于具体的利率标准，双方可以在合同中明确约定，没有约定或约定不明的，可以按照中国人民银行发布的同期同类贷款利率计算。

9）利润。一般来说，由于工程范围的变更、发包人提供的文件有缺陷或错误、发包人未能提供施工场地以及因发包人违约导致的合同终止等事件引起的索赔，承包人都可以列入利润。比较特殊的是，根据《标准施工招标文件》（2007年版）通用合同条款第11.3款的规定，对于因发包人原因暂停施工导致的工期延误，承包人有权要求发包人延长工期和（或）增加费用，并支付合理利润。索赔利润的计算通常是与原报价单中的利润率保持一致。但是应当注意的是，由于工程量清单中的单价是综合单价，已经包含了人工费、材料费、施工机具使用费、企业管理费、利润以及一定范围内的风险费用，在索赔计算中不应重复计算。

另外，由于一些引起索赔的事件同时也可能是合同中约定的合同价款调整因素（如工程变更、法律法规的变化以及物价波动等），因此承包人在费用索赔的计算时，不能重复计算已经进行了合同价款调整的索赔事件。

10）分包费用。由于发包人的原因导致分包工程费用增加时，分包人只能向总承包人提出索赔，但分包人的索赔款项应当列入总承包人对发包人的索赔款项中。分包费用索赔指的是分包人的索赔费用，一般也包括与上述费用类似的内容索赔。

（2）索赔费用的计算方法　索赔费用的计算应以赔偿实际损失为原则，包括直接损失和间接损失。索赔费用的计算方法通常有三种，即实际费用法、总费用法和修正的总费用法。

1）实际费用法。实际费用法又称分项法，即根据索赔事件所造成的损失或成本增加，按费用项目逐项进行分析、计算索赔金额的方法。这种方法比较复杂，但能客观地反映施工单位的实际损失，比较合理，易于被当事人接受，在国际工程中被广泛采用。由于索赔费用组成的多样化，对于不同原因引起的索赔，承包人可索赔的具体费用内容有所不同，必须具体问题具体分析。由于实际费用法所依据的是实际发生的成本记录或单据，因此在施工过程中，系统而准确地积累记录资料是非常重要的。

2）总费用法。总费用法也被称为总成本法，当发生多次索赔事件后，重新计算工程的实际总费用，再从该实际总费用中减去投标报价时的估算总费用，即为索赔金额。总费用法计算索赔金额的公式如下

$$索赔金额 = 实际总费用 - 投标报价估算总费用 \qquad (5\text{-}6)$$

但是，在总费用法的计算方法中，没有考虑实际总费用中可能包括由于承包商的原因（如施工组织不善）而增加的费用，投标报价估算总费用也可能由于承包人为谋取中标而导致过低的报价，因此总费用法并不十分精确。只有在难于精确地确定某些索赔事件导致的各项费用增加额时，总费用法才得以采用。

3）修正的总费用法。修正的总费用法是对总费用法的改进，即在总费用计算的原则上去掉不合理的因素，使其更为合理。修正的内容如下：

① 将计算索赔款的时段局限于受到索赔事件影响的时间，而不是整个施工期。

② 只计算受到索赔事件影响时段内的某项工作所受影响的损失，而不是计算该时段内所有施工工作所受的损失。

③ 与该项工作无关的费用不列入总费用中。

④ 对投标报价费用重新进行核算，即按受影响时段内该项工作的实际单价乘以实际完成的该项工作的工程量进行核算，得出调整后的报价费用。

按修正后的总费用计算索赔金额的公式如下

$$索赔金额 = 某项工作调整后的实际总费用 - 该项工作的报价费用 \qquad (5\text{-}7)$$

修正的总费用法与总费用法相比，有了实质性的改进，它的准确程度已接近于实际费

用法。

2. 工期索赔的计算

工期索赔，一般是指承包人依据合同对由于因非自身原因导致的工期延误向发包人提出的工期顺延要求。

（1）工期索赔中应当注意的问题　在工期索赔中特别应当注意以下问题：

1）划清施工进度拖延的责任。因承包人的原因造成施工进度滞后，属于不可原谅的延期；只有承包人不应承担任何责任的延误，才是可原谅的延期。有时工程延期的原因中包含双方责任，此时监理人应进行详细分析，分清责任比例，有可原谅延期部分才能批准顺延合同工期。可原谅延期，又可细分为可原谅并给予补偿费用的延期和可原谅但不给予补偿费用的延期；后者是指非承包人责任事件的影响并未导致施工成本的额外支出，大多属于发包人应承担风险责任事件的影响，如异常恶劣的气候条件影响的停工等。

2）被延误的工作应是处于施工进度计划关键线路上的施工内容。只有位于关键线路上的工作内容的滞后，才会影响到竣工日期。但有时也应注意，既要看被延误的工作是否在批准进度计划的关键路线上，又要详细分析这一延误对后续工作的可能影响。因为若对非关键路线工作的影响时间较长，超过了该工作用于自由支配的时间，也会导致进度计划中非关键路线转化为关键路线，其滞后将导致总工期的拖延。此时，应充分考虑该工作的自由支配时间，给予相应的工期顺延，并要求承包人修改施工进度计划。

（2）工期索赔的具体依据　承包人向发包人提出工期索赔的具体依据主要包括以下几点：

1）合同约定或双方认可的施工总进度规划。

2）合同双方认可的详细进度计划。

3）合同双方认可的对工期的修改文件。

4）施工日志、气象资料。

5）业主或工程师的变更指令。

6）影响工期的干扰事件。

7）受干扰后的实际工程进度等。

（3）工期索赔的计算方法

1）直接法。如果某干扰事件直接发生在关键线路上，造成总工期的延误，可以直接将该干扰事件的实际干扰时间（延误时间）作为工期索赔值。

2）比例计算法。如果某干扰事件仅仅影响某单项工程、单位工程或分部分项工程的工期，要分析其对总工期的影响，可以采用比例计算法。

已知受干扰部分工程的延期时间

$$工期索赔值 = 受干扰部分工期拖延时间 \times \frac{受干扰部分工程的合同价格}{原合同总价} \qquad (5\text{-}8)$$

已知额外增加工程量的价格

$$工期索赔值 = 原合同总工期 \times \frac{额外增加的工程量的价格}{原合同总价} \qquad (5\text{-}9)$$

比例计算法虽然简单方便，但有时不符合实际情况，而且比例计算法不适用于变更施工顺序、加速施工、删减工程量等事件的索赔。

3）网络图分析法。网络图分析法是利用进度计划的网络图，分析其关键线路，如果延误的工作为关键工作，则延误的时间为索赔的工期；如果延误的工作为非关键工作，当该工作由于延误超过时差限制而成为关键工作时，可以索赔延误时间与时差的差值；若该工作延误后仍为非关键工作，则不存在工期索赔问题。

该方法通过分析干扰事件发生前和发生后网络计划的计算工期之差来计算工期索赔值，可以用于各种干扰事件和多种干扰事件共同作用所引起的工期索赔。

（4）共同延误的处理　　在实际施工中，拖期很少是只由一方造成的，往往是两三种原因同时发生（或相互作用）而形成的，故称为"共同延误"。在这种情况下，要具体分析哪一种情况延误是有效的，应依据以下原则：

1）首先判断造成拖期的哪种原因是最先发生的，即确定"初始延误"者，它应对工程拖期负责。在初始延误发生作用期间，其他并发的延误者不承担拖期责任。

2）如果初始延误是发包人原因，则在发包人原因造成的延误期内，承包人既可得到工期延长，又可得到经济补偿。

3）如果初始延误是客观原因，则在客观因素发生影响的延误期内，承包人可以得到工期延长，但很难得到费用补偿。

4）如果初始延误是承包人原因，则在承包人原因造成的延误期内，承包人既不能得到工期补偿，也不能得到费用补偿。

■ 5.2　基于普通双代号网络图的索赔问题

5.2.1　双代号网络图的基本概念

双代号网络图是以箭线及其两端节点的编号表示工作的网络图，如图5-1所示。

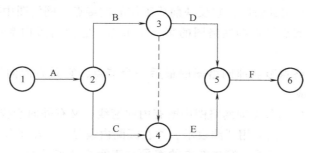

图 5-1　双代号网络图

1. 箭线（工作）

工作是泛指一项需要消耗人力、物力和时间的具体活动过程，也称工序、活动、作业。双代号网络图中，每一条箭线表示一项工作。如图5-2所示，箭线的箭尾节点 i 表示该工作的开始，箭线的箭头节点 j 表示该工作的完成，工作名称标注在箭线的上方，完成该项工作所需要的持续时间标注在箭线的下方。由于一项工作需要用一条箭线以及其箭尾和箭头处两个圆圈中的号码来表示，故称为双代号表示法。

在双代号网络图中，任意一条实箭线都要占用时间、消耗资源（有时只占时间、不消耗资

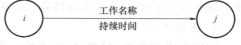

图 5-2　双代号网络图工作的表示方法

源，如混凝土养护）。在建筑工程中，一条箭线表示项目中的一个施工过程，它可以是一道工序、一个分项工程、一个分部工程或一个单位工程，其粗细程度、大小范围根据计划任务的需要来确定。

在双代号网络图中，为了正确地表达图中工作之间的逻辑关系，往往需要应用虚箭线。虚箭线是实际工作中并不存在的一项虚拟工作，故它们既不占用时间，也不消耗资源，一般起着工作之间的联系、区分和断路的作用。

1）联系作用是指应用虚箭线正确表达工作之间相互依存的关系。

2）区分作用是指双代号网络图中每一项工作都必须用一条箭线和两个代号表示，若两项工作的代号相同时，应使用虚工作加以区分，如图5-3所示。

3）断路作用是用虚箭线断掉多余联系，即在网络图中把无联系的工作连接上时，应加上虚工作将其断开。

在无时间坐标限制的网络图中，箭线的长度原则上可以为任意值，其占用的时间以下方标注的时间参数为准。箭线可以为直线、折线或斜线，但其行进方向均应从左向右。在有时间坐标限制的网络图中，箭线的长度必须根据完成该工作所需持续时间的长短按比例绘制。

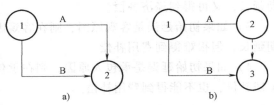

图5-3　虚箭线的区分作用

在双代号网络图中，通常将被研究的工作用 $i\text{-}j$ 工作表示。紧排在本工作之前的工作称为紧前工作；紧排在本工作之后的工作称为紧后工作；与之平行进行的工作称为平行工作。

2. 节点（又称结点、事件）

节点是网络图中箭线之间的连接点。在时间上节点表示指向某节点的工作全部完成后该节点后面的工作才能开始的瞬间，它反映前后工作的交接点。网络图中有三个类型的节点。

（1）起点节点　起点结点即网络图的第一个节点，它只有外向箭线，一般表示一项任务或一个项目的开始。

（2）终点节点　终点节点即网络图的最后一个节点，它只有内向箭线，一般表示一项任务或一个项目的完成。

（3）中间节点　中间节点即网络图中既有内向箭线，又有外向箭线的节点。

双代号网络图中，节点应用圆圈表示，并在圆圈内编号。一项工作应当只有唯一的一条箭线和相应的一对节点，且要求箭尾节点的编号小于箭头节点的编号，即 $i<j$。网络图节点的编号顺序应从小到大，可不连续，但不允许重复。

3. 线路

网络图中从起始节点开始，沿箭头方向顺序通过一系列箭线与节点，最后达到终点节点的通路称为线路。在一个网络图中可能有很多条线路，线路中各项工作持续时间之和就是该线路的长度，即线路所需要的时间。一般网络图有多条线路，可依次用该线路上的节点代号来记述。

在各条线路中，有一条或几条线路的总时间最长，称为关键路线，一般用双线或粗线标注。其他线路长度均小于关键路线，称为非关键路线。

4. 逻辑关系

网络图中工作之间相互制约或相互依赖的关系称为逻辑关系，它包括工艺关系和组织关系，在网络中均应表现为工作之间的先后顺序。

（1）工艺关系 生产性工作之间由工艺过程决定的，非生产性工作之间由工作程序决定的先后顺序称为工艺关系。

（2）组织关系 工作之间由于组织安排需要或资源（人力、材料、机械设备和资金等）调配需要而规定的先后顺序关系称为组织关系。

网络图必须正确地表达整个工程或任务的工艺流程和各个工作开展的先后顺序及它们之间相互依赖、相互制约的逻辑关系。因此，绘制网络图时必须遵循一定的基本规则和要求。

5.2.2 双代号网络图的绘图规则

1）双代号网络图必须正确表达已定的逻辑关系。网络图中常见的各种工作逻辑关系的表示方法见表5-2。

表5-2 网络图中常见的各种工作逻辑关系表示方法

序号	工作之间的逻辑关系	网络图中的表示方法
1	A 完成后进行 B 和 C	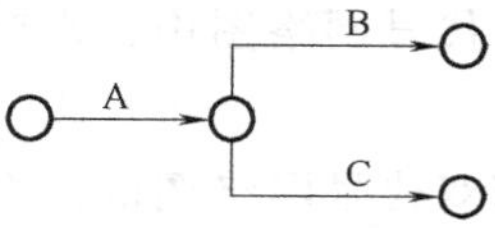
2	A、B 均完成后进行 C	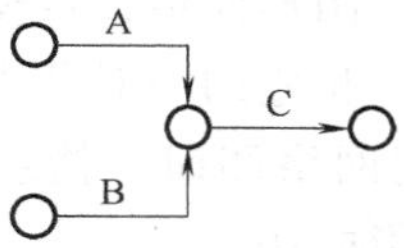
3	A、B 均完成后同时进行 C 和 D	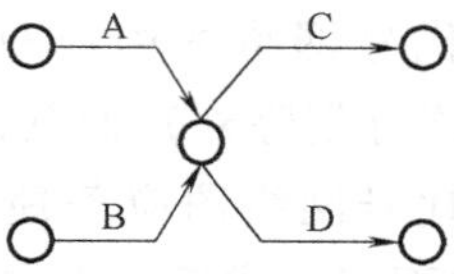
4	A 完成后进行 C A、B 均完成后进行 D	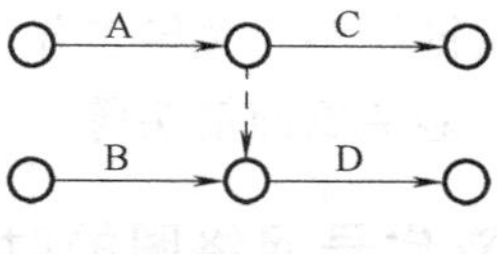
5	A、B 均完成后进行 D A、B、C 均完成后进行 E D、E 均完成后进行 F	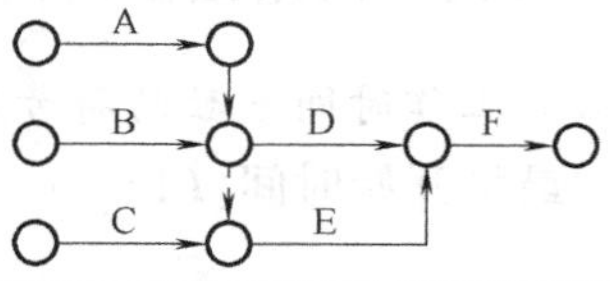
6	A、B 均完成后进行 C B、D 均完成后进行 E	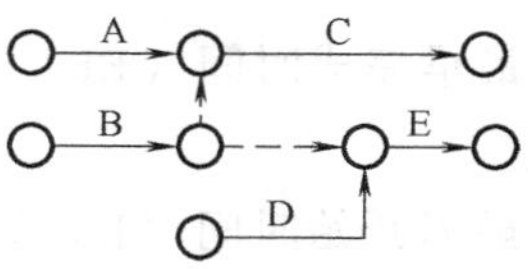
7	A、B、C 均完成后进行 D B、C 均完成后进行 E	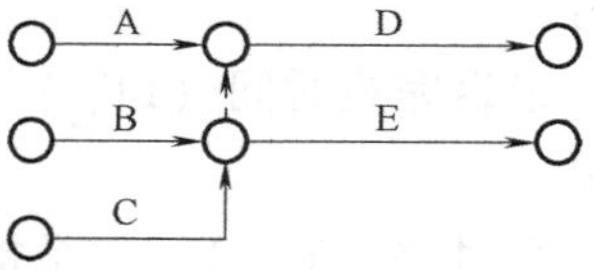

（续）

序号	工作之间的逻辑关系	网络图中的表示方法
8	A 完成后进行 C A、B 均完成后进行 D B 完成后进行 E	
9	A、B 两项工作分成三个施工段， 分段流水施工； A1 完成后进行 A2、B1， A2 完成后进行 A3、B2， A2、B1 完成后进行 B2， A3、B2 完成后进行 B3	

2）双代号网络图中，严禁出现循环回路。所谓循环回路是指从网络图中的某一个节点出发，顺着箭线方向又回到了原来出发点的线路。

3）双代号网络图中，在节点之间严禁出现带双向箭头或无箭头的连线。

4）双代号网络图中，严禁出现没有箭头节点或没有箭尾节点的箭线。

5）当双代号网络图的某些节点有多条外向箭线或多条内向箭线时，为使图形简洁，可使用母线法绘图（但应满足一项工作用一条箭线和相应的一对节点表示），如图 5-4 所示。

6）绘制网络图时，箭线不宜交叉。当交叉不可避免时，可用过桥法或指向法。

7）双代号网络图中应只有一个起点节点和一个终点节点（多目标网络计划除外）而其他所有节点均应是中间节点。

8）双代号网络图应条理清楚，布局合理。例如，网络图中的工作箭线不宜画成任意方向或曲线形状，尽可能用直线、折线或斜线；关键线路、关键工作安排在图面中心位置，其他工作分散在两边；避免倒回箭头等。

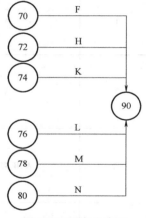

图 5-4 母线法绘图

5.2.3 双代号网络图的时间参数

1. 六大工作时间参数的符号及概念

（1）最早开始时间（ES_{i-j}） 它是指在各紧前工作全部完成后，工作 i-j 有可能开始的最早时刻。

（2）最早完成时间（EF_{i-j}） 它是指在各紧前工作全部完成后，工作 i-j 有可能完成的最早时刻。

（3）最迟开始时间（LS_{i-j}） 它是指在整个任务按期完成的前提下，工作 i-j 必须开始的最迟时刻。

（4）最迟完成时间（LF_{i-j}） 它是指在整个任务按期完成的前提下，工作 i-j 必须完成的最迟时刻。

（5）总时差（TF_{i-j}） 它是指在不影响总工期的前提下，工作 i-j 可以利用的机动时间。

（6）自由时差（FF_{i-j}）　它是指在不影响其紧后工作最早开始的前提下，工作 i-j 可以利用的机动时间。

按工作计算法计算网络计划中各时间参数，其计算结果应标注在箭线之上，如图5-5所示。

图5-5　按工作计算法的标注内容

2. 其他时间参数的符号及概念

（1）工作持续时间（D_{i-j}）　工作持续时间是一项工作从开始到完成的时间。

（2）工期（T）　工期泛指完成任务所需要的时间，一般有计算工期、要求工期、计划工期三种。

1）计算工期，根据网络计划时间参数计算出来的工期，用 T_c 表示。

2）要求工期，任务委托人所要求的工期，用 T_r 表示。

3）计划工期，根据要求工期和计算工期所确定的作为实施目标的工期，用 T_p 表示网络计划的计划工期，T_p 应按下列情况分别确定：

当已规定了要求工期 T_r 时，$T_p \leqslant T_r$；

当未规定要求工期时，可令计划工期等于计算工期，$T_p = T_c$。

3. 双代号网络图时间参数计算

双代号网络计划时间参数计算的目的在于通过计算各项工作的时间参数，确定网络计划的关键工作、关键线路和计算工期，为网络计划的优化、调整和执行提供依据。双代号网络计划时间参数的计算方法很多，一般常用的有工作计算法和节点计算法。以下只讨论工作计算法。

按工作计算法在网络图上计算六个工作时间参数，必须在清楚计算顺序和计算步骤的基础上，列出必要的公式，以加深对时间参数计算的理解。时间参数的计算步骤如下：

（1）最早开始时间和最早完成时间的计算　工作最早时间参数受到紧前工作的约束，故其计算顺序应从起点节点开始，沿着箭线方向依次逐项计算。

以网络计划的起点节点为开始节点的工作最早开始时间为零。如网络计划起点节点的编号为1，则

$$ES_{i-j} = 0 \quad (i = 1)$$

最早完成时间等于最早开始时间加上其持续时间。

$$EF_{i-j} = ES_{i-j} + D_{i-j}$$

最早开始时间等于各紧前工作的最早完成时间 EF_{h-i} 的最大值。

$$ES_{i-j} = \max\{EF_{h-i}\}$$

或

$$ES_{i-j} = \max\{ES_{h-i} + D_{h-i}\}$$

（2）确定计算工期 T_c　计算工期等于以网络计划的终点节点为箭头节点的各个工作的最早完成时间的最大值。当网络计划终点节点的编号为 n 时，计算工期

$$T_c = \max\{EF_{i-n}\}$$

当无要求工期的限制时，取计划工期等于计算工期，即取 $T_p=T_c$。

（3）最迟开始时间和最迟完成时间的计算

工作最迟时间参数受到紧后工作的约束，故其计算顺序应从终点节点起，逆着箭线方向依次逐项计算。

以网络计划的终点节点（$j=n$）为箭头节点的工作的最迟完成时间等于计划工期，即

$$LF_{i-n}=T_p$$

最迟开始时间等于最迟完成时间减去其持续时间

$$LS_{i-j}=LF_{i-j}-D_{i-j}$$

最迟完成时间等于各紧后工作的最迟开始时间 LS_{j-k} 的最小值

$$LF_{i-j}=\min\{LS_{j-k}\} \quad 或 \quad LF_{i-j}=\min\{LF_{j-k}-D_{j-k}\}$$

（4）计算工作总时差　总时差等于其最迟开始时间减去最早开始时间，或等于最迟完成时间减去最早完成时间，即

$$TF_{i-j}=LS_{i-j}-ES_{i-j}$$

$$TF_{i-j}=LF_{i-j}-EF_{i-j}$$

（5）计算工作自由时差　当工作 $i-j$ 有紧后工作 $j-k$ 时，其自由时差应为

$$FF_{i-j}=ES_{j-k}-EF_{i-j} \quad 或 \quad FF_{i-j}=ES_{j-k}-ES_{i-j}-D_{i-j}$$

以网络计划的终点节点（$j=n$）为箭头节点的工作，其自由时差 FF_{i-n} 应按网络计划的计划工期 T_p 确定，即

$$FF_{i-n}=T_p-EF_{i-n}$$

4. 关键工作和关键线路的确定

（1）关键工作　网络计划中总时差最小的工作是关键工作。

（2）关键线路　自始至终全部由关键工作组成的线路为关键线路，或线路上总的工作持续时间最长的线路为关键线路。网络图上的关键线路可用双线或粗线标注。

5.2.4 基于普通双代号网络图的索赔计算

1. 费用索赔的分析

（1）索赔原因分析　承包人费用索赔成立的基本条件包括以下几点：

1）索赔事件已造成承包人直接经济损失。

2）造成费用增加的索赔事件是因非承包人的原因发生的。

3）承包人已经按照工程施工合同规定的期限和程序提交了索赔意向通知、索赔报告及相关证明材料。

（2）索赔费用确定　索赔费用的计算方法见表 5-3。

表 5-3　索赔费用的计算方法

类别	费用构成	增加工程量的费用补偿	窝工补偿
人工费	人工费包括基本工资、工资性质津贴、加班费、奖金、法定安全福利等。索赔人工费是指完成合同之外增加额外工作所增加的人工费，由于非承包商责任工效降低所增加的人工费，以及超过法定工作时间加班，法定人工费增长的人工费	增加的工程量×人工费预算定额	窝工时间×降效系数×人工费预算定额
			按窝工费标准计算

（续）

类别	费用构成	增加工程量的费用补偿	窝工补偿
材料费	实际用量超过计划用量而增加的材料费；客观原因材料价格大幅度上涨，非承包商责任工程延误导致的材料价格上涨和超期储存的费用	增加的工程量×材料费预算定额	按实际消耗增加值确定
机械台班费	由于完成额外工作增加的机械使用费，非承包商责任工效降低增加的机械使用费，由于业主或工程师原因导致机械停工的窝工费	增加的工程量×机械台班费预算定额	（自有）按台班折旧费计算 （租赁）按租金数额计算
管理费	管理费包括承包商为完成额外工作、工期延长、其他可以索赔的事项工作的现场管理费和索赔事件发生而涉及的总部、公司管理费	可以采用基数法、总量法、完成比例法计算	不考虑
利润	由于工程变更、设计文件缺陷、业主未能提供现场等原因引起的工程索赔		
其他规定	（清单计价前提下） 措施项目费用：因分部分项工程量清单漏项或非承包人原因的工程变更引起措施项目发生变化，造成施工组织设计或施工方案变更，造成措施费中发生变化时，已有措施项目按原有组价方法调整；原措施费中没有的措施项目，由承包人根据措施项目变更情况，提出适当措施费变更，发包人确认调整 其他项目费：所涉及的人工费、材料费等按合同约定计算 规费与税金：工程内容的变更增加，承包人可以列入相应增加的规费税金。索赔规费与税金的款项计算通常与原报价单中的百分率一致		
备注	费用索赔可采取基数法：费用索赔值＝费用计算基数（根据合同约定）×费用比率 总量法：费用索赔值＝增加工程量/原合同约定工程量总量×原合同价款费率 或　费用索赔值＝应增加的施工时间/原合同约定工期×原合同价款×费率 保函费索赔值按实际增加天数计算保函费增加部分，并区分发包方、承包方责任分别计算 利息索赔值计算方法按合同专用条款的约定计算 采用 FIDIC 合同形式索赔时，综合单价＝工料单价×（1+综合费率） 综合费率＝（1+单项费率）−1		

2. 工期索赔的分析

（1）索赔原因分析

1）索赔事件是由非承包人原因造成的。

2）关键工序延误的，可索赔工期；非关键工序延误且在总时差以内的，不可索赔工期；非关键工序延误且超过总时差的，可索赔工期。

（2）索赔工期确定　索赔工期的计算方法见表 5-4。

表 5-4　索赔工期的计算方法

	主要内容
甲方责任前提	甲方责任前提下，确定工期索赔应注意由于非承包方原因的延误时间 T 与延误事件所在工序的总时差 TF 关系 若 $T>TF=0$，即工序为关键工序，T 为总工期改变量，即为工期索赔值 若 $TF \geqslant T>0$，即工序为非关键工序，总工期不改变，无工期索赔 若 $T>TF>0$，即延误时间超过非关键工序总时差，应根据总工期改变量（$T-TF$）讨论对工期索赔值
多方责任前提	多工序出现索赔事件（包含甲方责任和乙方责任）讨论总工期改变与工期索赔关系，应利用网络分析。首先按各工序计划工作时间确定计划工期 A；然后计算包含甲方责任延误时间的甲方延误责任工期 B；最后计算包含双方延误责任时间的双方责任工期 C。则 $B-A$ 为乙方可以对甲方索赔的工期时间，$C-B>0$ 为乙方原因延误计划工期的误工时间

（续）

	主要内容
多工序共用 设备索赔	多工序共用设备的正常在场时间为 E，E＝最后使用共用设备工序 TEF－最先使用共用设备工序 TEF。出现非承包方责任延误条件下共用设备在场时间为 F，$F-E$ 为由于共用设备在场时间延长的索赔时间。多工序共用设备在场合理时间为共用设备在场最短时间
	多工序共用设备索赔工期的计算中首先要根据背景材料对原网络计划进行调整，调整后才能进行上述计算。调整时，若原网络图中先用共用设备的工序与后用共用设备的工序没有关联的逻辑关系，在网络图中由先使用共用设备工序的结束节点向后使用设备工序的开始节点加入虚工序表示线；加入后注意保持网络图的序号规则；调整后不能破坏网络图中原有工序间的逻辑关系，出现矛盾时对网络中部分节点采取分离画法
共同事件发生 工期索赔	同时段内发生包含不同方责任造成的工期延误事件，分析事件发生责任时可采取"横道图"分析方法。应注意： 1. 首先判别造成工期拖期的"初始延误"责任者，在"初始延误"发生作用期间，其他并发延误者不承担责任（用横道图分析时，每种延误责任发生过程单独用一横道线表示）。 2. 若"初始延误"者为业主，则在业主造成的延误期内，承包商可得到工期补偿，费用补偿应注意区分延误后果为增加工程量和窝工的区别。 3. 若"初始延误"者为不可抗力因素时，工期相应顺延，费用由业主和承包商共担
不可抗力事件 发生前提	需注意不可抗力的影响分为全场影响和局部工序影响，其后果分别为影响总工期和局部工序工期，当后者发生时，要将对局部工序时间影响值利用多方责任前提下工期索赔方法进行处理
备注	工期索赔一般要涉及双代号网络图和双代号时标网络计划（见第5.3节）的时间参数计算。特别应注意下述考核要求： 背景材料给出具体延误事件应分析责任和影响时间。在给定的网络进度计划中标注相关事件的实际进度前锋线，分析总工期的改变量并确定工期索赔值。读者应掌握将网络图转换为横道图后进行工程量分解的解题方法
	双代号网络图确定前提下，若给出的工程量变动时，应同时考虑费用增加调整和对应工序工期改变与工序在网络图中的位置和工序总时差的关系

（3）索赔结果分析　在索赔已经成立的情况下，根据业主是否对工期有特殊要求，分析工期索赔的可能结果。

3．案例分析

【案例 5-1】　背景：某大型工业项目的主厂房工程，发包人通过公开招标选定了承包人；并依据招标文件和投标文件与承包人签订了施工合同。合同中部分内容如下：

（1）合同工期160天，承包人编制的初始网络进度计划如图5-6所示。

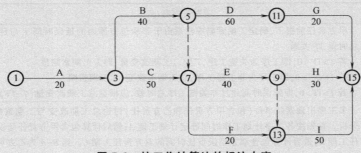

图 5-6　按工作计算法的标注内容

由于施工工艺要求，该计划中C、E、I三项工作施工时需要使用同一台运输机械；B、D、H三项工作施工时需要使用同一台吊装机械。上述工作由于施工机械的限制只能按顺序施工，不能同时平行进行。

（2）承包人在投标报价中填报的部分相关内容如下：

1）完成A、B、C、D、E、F、G、H、I九项工作的人工工日消耗量分别为：100、400、400、300、200、60、60、90、1000个工日。

2）人工日工资单价为50元/工日，运输机械台班单价为2400元/台班；吊装机械台班单价为1200元/台班。

3）分项工程项目和措施项目均采用以人工费、材料费和机械费为计算基础的工料单价法，其中的管理费费率为18%（以人、材、机费为基数）；利润率为7%（以人、材、机费和管理费为基数）；规费和税金综合税率为10%。

（3）合同中规定：人员窝工费补偿25元/工日；运输机械折旧费1000元/台班；吊装机械折旧费500元/台班。

在施工过程中，由于设计变更使工作E增加了工程量，作业时间延长了20天，增加用工100个工日，增加材料费2.5万元，增加机械台班20个。相应的措施人、材、机费增加1.2万元，同时，E、H、I的工人分别属于不同工种，H、I工作分别推迟20天。

问题：

（1）对承包人的初始网络进度计划进行调整，以满足施工工艺和施工机械对施工作业顺序的制约要求。

（2）调整后的网络进度计划总工期为多少天？关键工作有哪些？

（3）分项列式计算承包商在工作E上可以索赔的人、材、机费、管理费、利润、规费和税金。

（4）在因设计变更使工作E增加工程量的事件中，承包商除在工作E上可以索赔的费用外，是否还可以索赔其他费用？如果有可以索赔的其他费用，请分项列式计算可以索赔的费用，如果没有，请说明原因（计算结果均保留两位小数）。

解析：

问题（1）：在⑨节点和⑮节点之间增加一个⑫节点，从⑨节点到⑫节点用虚箭线连接；再从⑪节点到⑫节点用虚箭线连接，这样就可以保证C、E、I三项工作使用同一台运输机械；B、D、H三项工作使用同一台吊装机械，如图5-7所示。

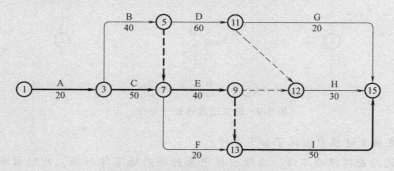

图5-7　按工作计算法的标注内容

问题（2）：调整后的网络进度计划总工期仍为160天，关键工作有A工作、C工作、E工作和I工作，如图5-8所示。

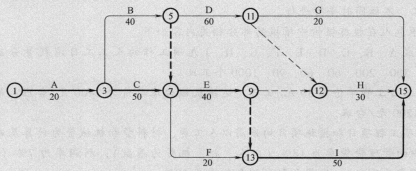

图5-8　按工作计算法的标注内容

问题（3）：承包商可索赔人、材、机费=（100×50+25×1000+20×2400）元=78000元

单价措施项目人、材、机费=12000元

管理费=（78000+12000）元×18%=16200元

利润=（78000+12000）元×（1+18%）×7%=7434元

规费和税金=（78000+12000）元×（1+18%）×（1+7%）×10%=11363.4元

问题（4）：可以索赔其他费用。

H工作可以索赔人员窝工和机械闲置时间10天。

窝工工日=（90÷30）工日=3工日

索赔费用=（3×10×25+10×500）元×1.1=6325元

I工作是关键工作，可以索赔人工窝工时间20天

窝工工日=1000÷50工日=20工日

索赔费用=（20×25×20×1.1）元=11000元

【案例5-2】　背景：某施工单位与建设单位按《建设工程施工合同（示范文本）》签订了固定总价施工承包合同，合同工期390天，合同总价5000万元。施工前施工单位向工程师提交了施工组织设计和施工进度计划（图5-9）。

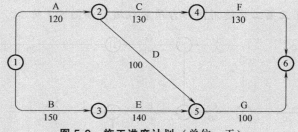

图5-9　施工进度计划（单位：天）

该工程在施工过程中出现了如下事件：

（1）因地质勘探报告不详，出现图样中未标明的地下障碍物，处理该障碍物导致工作A持续时间延长10天，增加人工费2万元、材料费4万元、机械费3万元。

（2）基坑开挖时因边坡支撑失稳坍塌，造成工作 B 持续时间延长 15 天，增加人工费 1 万元、材料费 1 万元、机械费 2 万元。

（3）因不可抗力而引起施工单位的供电设施发生火灾，使工作 C 持续时间延长 10 天，增加人工费 1.5 万元，其他损失费用 5 万元。

（4）结构施工阶段因建设单位提出工程变更，导致施工单位增加人工费 4 万元、材料费 6 万元、机械费 5 万元，工作 E 持续时间延长 30 天。

（5）施工期间钢材涨价而增加材料费 7 万元。

针对上述事件，施工单位按程序提出了工期索赔和费用索赔。

问题：

（1）按照图 5-9 的施工进度计划，确定该工程的关键线路和计算工期，并说明按此计划该工程是否能按合同工期完工？

（2）对于施工过程中发生的事件，施工单位是否可以获得工期和费用补偿？分别说明理由。

（3）施工单位可以获得的工期补偿是多少天？说明理由。

（4）施工单位租赁土方施工机械用于工作 A、B。日租金为 1500 元/天，则施工单位可以得到的土方租赁机械的租金补偿费用是多少？为什么？

解析：

问题（1）：关键线路：①→③→⑤→⑥（或关键工作为 B、E、G）

计算工期：390 天，按此计划该工程可以按合同工期要求完工。

问题（2）：事件 1：不能获得工期补偿，因为工作 A 的延期没有超过其总时差。可以获得费用补偿，因为图样未标明的地下障碍物属于建设单位风险的范畴。

事件 2：不能获得工期和费用补偿，因为基坑边坡支撑失稳属施工单位施工方案有误，应由承包商承担该风险。

事件 3：因为由建设单位承担不可抗力的工期风险，能获得工期补偿，不能获得费用补偿，因不可抗力发生的费用应由双方分别承担各自的费用损失。

事件 4：能获得工期和费用补偿，因为建设单位工程变更属于建设单位的责任。

事件 5：不能获得费用补偿，因该工程是固定总价合同，物价上涨风险应由施工单位承担。

问题（3）：施工单位可获得的总工期延期补偿为 30 天，因为考虑建设单位应承担责任或风险的事件 1 工作 A 延长 10 天，事件 3 工作 C 延长 10 天，事件 4 工作 E 延长 30 天，新的计算工期为 420 天，（420－390）天＝30 天。

问题（4）：施工单位应得到 10 天的租金补偿，补偿费用为 10 天×1500 元/天＝1.5 万元，因为工作 A 的延长导致该租赁机械在现场的滞留时间增加了 10 天，工作 B 不予补偿。

【案例 5-3】　背景：某工程合同工期 37 天，合同价 360 万元，采用清单计价模式下的单价合同，分部分项工程量清单项目单价、措施项目单价均采用承包商的报价，规费为人、材、机费和管理费与利润之和的 3.3%，增值税税率为 11%，业主草拟的部分施工合同条款内容如下：

(1) 当分部分项工程量清单项目中工程量的变化幅度在15%以上时，可以调整综合单价，调整方式是由监理工程师提出新的综合单价，经业主批准后调整合同价格。

(2) 安全文明施工措施费根据分部分项工程量清单项目工程量的变化幅度按比例调整，专业工程措施费不予调整。

(3) 材料实际购买价格与招标文件中列出的材料暂估价相比，变化幅度不超过10%时，价格不予调整，超过10%时，可以按实际价格调整。

(4) 如果施工过程中发生极其恶劣的不利自然条件，工期可以顺延，损失费用均由承包商承担。

在工程开工前，承包商提交了施工网络进度计划，如图5-10所示，并得到监理工程师的批准。

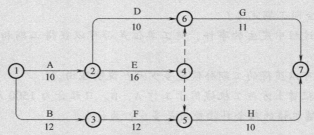

图5-10　施工网络进度计划（单位：天）

施工过程中发生了如下事件：

事件1：清单中D工作的综合单价为450元/m^3。在D工作开始之前，设计单位修改了设计，D工作的工程量由清单工程量4000m^3增加到4800m^3。D工作工程量的增加导致相应措施项目费用增加2500元。

事件2：在E工作施工中，承包商采购了业主推荐的某设备制造厂生产的工程设备，设备到场后检验发现缺少一关键配件，使该设备无法正常安装，导致E工作作业时间拖延2天，窝工人工费损失2000元，窝工机械费损失1500元。

事件3：H工作是一项装饰工程，其饰面石材由业主从外地采购，由石材厂家供货至现场。但因石材厂所在地连续多天遭遇季节性大雨，使得石材运至现场的时间拖延，造成H工作晚开始5天，窝工人工费损失8000元，窝工机械费损失3000元。

问题：

(1) 该施工网络进度计划的关键工作有哪些？H工作的总时差为几天？

(2) 指出业主草拟的合同条款中有哪些不妥之处，简要说明如何修改。

(3) 对于事件1，经业主与承包商协商确定，全部工程量（实际工程量）未超过清单工程量（计划工程量）部分按450元/m^3计算，超过部分调价系数为0.9。D工作应得工程价款是多少？可增加的工期是多少？

(4) 对于事件2，承包商是否可向业主进行工期和费用索赔？若可以索赔，工期和费用索赔各是多少？

(5) 对于事件3，承包商是否可向业主进行工期和费用索赔？若可以索赔，工期和费用索赔各是多少？

解析：

问题（1）：关键工作有 A、E、G、H 工作的总时差为 1 天。

问题（2）：1）第 1 款中，仅约定分部分项工程量清单项目工程量的变化幅度在 10% 以上时调整综合单价不妥，还应增加相应措施项目费。

2）第 1 款中，由监理工程师提出新的综合单价不妥，应由承包人提出新的综合单价和相应的措施项目费。

3）第 2 款中，专业工程措施项目费不予调整不妥，对于专业工程措施项目费，原措施项目费中已有的措施项目，应按原措施项目费的组价方法调整；原措施项目费中没有的措施项目，由承包人根据措施项目变更情况，提出适当的措施项目费变更，经发包人确认后调整。

4）第 3 款中，暂估的材料价在实际购买中价格的变化幅度不超过 10% 时，价格不予调整不妥，应按发、承包双方最终确认价在综合单价中调整。

5）第 4 款中，损失费用均由承包商承担不妥，应由合同双方各自承担自己的损失费用。

问题（3）：1）D 工作应得工程价款：

$[（4800-4000×1.15）×450×0.9+4000×1.15×450+2500]$ 元 $×（1+3.3\%）×（1+11\%）$

$=（81000+2070000+2500）$ 元 $×1.147=2470064.5$ 元

2）可增加的工期：0 天，因为 D 工作增加工程量 $800m^3$，使作业时间延长 2 天，但 D 工作为非关键工作，且未超过该工作的总时差。

问题（4）：不可以向业主进行工期和费用索赔。因设备由承包商采购，设备缺少配件不能按计划安装不是业主的责任。

问题（5）：1）可以向业主进行工期和费用索赔，因为石材由业主购买，供料不及时而导致承包商的工期和费用损失应由业主承担。

2）可索赔工期：（5-1）天 = 4 天。

3）可索赔费用：（8000+3000）元 $×（1+3.3\%）×（1+11\%）= 12617$ 元。

【案例 5-4】　背景：某项目发包人采用工程量清单计价方式，分别与甲、乙施工单位签订了土建施工合同和设备安装合同。设备安装合同约定：项目的成套设备由发包人采购，管理费和利润均以人工费为基础，费率分别为 65%、45%，规费和税金为人、材、机费用与管理费和利润之和的 15%，合同工期 35 天。土建施工合同约定管理费为人、材、机费之和的 10%，利润为人、材、机费用与管理费之和的 7.5%，规费和税金为人、材、机费用与管理费和利润之和的 15%，合同工期为 160 天。设备安装合同和土建施工合同都约定人工工日单价为 100 元/工日，窝工补偿按人工工日单价的 60% 计算，机械台班费 600 元/台班，闲置补偿按机械台班费的 50% 计算。甲、乙施工单位编制了施工进度计划（图 5-11），获得了监理工程师的批准。

A 工作需要 45 天，B 工作需要 75 天，C 工作需要 30 天，D 工作需要 28 天，E 工作需要 65 天，F 工作需要 45 天，G 工作需要 35 天（设备安装），H 工作需要 50 天，I 工作需要 30 天。

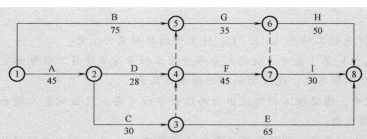

图 5-11 甲、乙施工单位施工进度计划（单位：天）

该工程实施过程中发生如下事件：

事件1：在进行基础工程A工作时发现文物，为配合保护文物工作，甲施工单位增加用工50个工日，机械台班增加10个，A工作时间延长3天，甲施工单位及时向业主提出费用索赔和工程索赔。

事件2：设备基础C工作的预埋件完毕后，甲施工单位报监理工程师进行隐蔽工程验收，监理工程未按合同约定的时限到现场验收，也未通知甲施工单位推迟验收事件，在此情况下，甲施工单位进行了隐蔽工序的施工，业主代表得知该情况后要求施工单位剥露重新检验，检验发现预埋尺寸不足，位置偏差过大，不符合设计要求。该重新检验导致甲施工单位增加人工30工日，材料费1.2万元，C工作时间延长2天，甲施工单位及时向业主提供了费用索赔和工期索赔。

事件3：设备安装G工作开始后，乙施工单位发现的业主采购设备配件缺失，业主要求乙施工单位自行采购缺失配件。为此，乙施工单位发生材料费2.5万元、人工费0.5万元，G工作时间延长2天。乙施工单位向业主提出费用索赔和工期延长2天的索赔，向甲施工单位提出受事件1和事件2影响工期延长5天的索赔。

事件4：设备安装过程中，由于乙施工单位安装设备故障和调试设备损坏，使G工作延长施工工期6天，窝工24个工作日，增加安装、调试设备修理费1.6万元，并影响了甲施工单位后续工作的开工时间，造成甲施工单位窝工36个工日，机械闲置6个台班。为此，甲施工单位分别向业主和乙施工单位及时提出了费用和工期索赔。

问题：

（1）按照图5-11的施工进度计划，确定该工程的关键线路和计算工期，并说明按此计划该工程是否能按合同工期要求完工。

（2）分别说明各事件工期，费用索赔能否成立？分别说明理由。

（3）事件2中，业主代表的做法是否妥当？说明理由。

（4）事件1~事件4发生后，图中H工作和I工作实际开始时间分别为第几天？说明理由。

（5）计算业主应补偿甲、乙施工单位的费用分别是多少元，可批准延长的工期分别为多少天？

解析：

问题（1）：关键线路两条：B→S→E，计算工期：160天，按此计划能按合同工期要求完工；A→C→G→H，计算工期：160天，按此计划能按合同工期要求完工。

问题（2）：事件1：工期、费用索赔成立。因为地下发现文物，为配合保护文物工作而发生的费用由业主承担，且A工作为关键工作，所以工程地质资料不符导致的工期、费用可以索赔。

事件2：工期、费用索赔不成立。剥露后重新检验发现预埋尺寸、位置偏差过大，不符合设计要求，施工单位要对施工质量负责，属于施工单位应当承担的责任，所以工期、费用不可以索赔。

事件3：乙单位向业主索赔工期、费用成立。I工作为关键工作且发生延误是业主采购设备配件缺失造成，属于业主应当承担的责任，所以工期、费用可以索赔，乙施工单位向业主提出的工期延长2天的索赔成立。乙施工单位向甲施工单位索赔工期不成立。事件1、2对乙施工单位的工期没影响，且甲、乙无直接的合同关系，所以不能向甲施工单位索赔工期。

事件4：乙施工单位向业主索赔工期、费用不成立。由于乙施工单位安装设备故障和调试设备损坏，属于施工单位应当承担的责任，所以工期、费用不可以索赔。甲施工单位向业主索赔工期、费用成立。由于乙施工单位安装设备故障和调试设备损坏，属于乙施工单位应当承担的责任，由于甲、乙无直接的合同关系，所以甲施工单位可以向业主索赔工期以及甲施工单位的窝工和机械闲置费用索赔。甲施工单位向乙施工单位索赔工期、费用不成立。甲、乙无直接的合同关系，甲施工单位可以向业主索赔，业主再向乙施工单位索赔。

问题（3）：业主代表的做法妥当。经监理人检查质量合格或监理人未按约定的时间进行检查，施工单位进行了隐蔽工序的覆盖，对质量有疑问的，可要求施工单位对已覆盖的隐蔽工序进行钻孔探测或揭开重新检验，施工单位应遵照执行，并在检验后重新覆盖恢复原状。

问题（4）：事件1~事件4发生后，实际工期为（45+3+30+2+35+2+6+50）天＝173天，其中H为关键工作，所以H的开始时间为第124天（123天末）。由于A工作延长3天，C工作延长2天，所以I工作最早为第126天（125天末）。

问题（5）：业主应补偿甲施工单位的费用＝［（50×100+10×600）×（1+10%）×（1+7.5%）+36×100×60%+6×600×50%］元×（1+15%）＝19512.63元

业主应补偿乙施工单位的费用＝［2.5+0.5×（1+65%+45%）］元×（1+15%）×10000＝40825元

业主可批准甲施工单位的顺延时间＝(3+2+6)天＝11天

业主可批准乙施工单位的顺延时间＝(3+2+2)天＝7天

■ 5.3 基于时标网络计划的索赔问题

5.3.1 时标网络计划的基本概念

1. 时标网络计划的基本概念

双代号时标网络计划是以时间坐标为尺度编制的网络计划。时标网络计划中应以实箭线表示工作，以虚箭线表示虚工作，以波形线表示工作的自由时差。

2. 双代号时标网络计划的特点

双代号时标网络计划是以水平时间坐标为尺度编制的双代号网络图，其主要特点如下：

1）时标网络计划兼有网络计划与横道计划的优点，它能够清楚地表明计划的时间进程，使用方便。

2）时标网络计划能在图上直接显示出各项工作的开始与完成时间，工作的自由时差及关键线路。

3）在时标网络计划中可以统计每一个单位时间对资源的需要量，以便进行资源优化和调整。

4）由于箭线受到时间坐标的限制，当情况发生变化时，对网络计划的修改比较麻烦，往往要重新绘图。但在使用计算机以后绘图，这一问题已较容易解决。

3. 双代号时标网络计划的一般规定

1）双代号时标网络计划必须以水平时间坐标为尺度表示工作时间。时标的时间单位应根据需要在编制网络计划之前确定，可为时、天、周、月或季。

2）时标网络计划应以实箭线表示工作，以虚箭线表示虚工作，以波形线表示工作的自由时差。

3）时标网络计划中所有符号在时间坐标上的水平投影位置，都必须与其时间参数对应。节点中心必须对准相应的时标位置。

4）时标网络计划中虚工作必须以垂直方向的虚箭线表示，有自由时差时加波形线表示。

4. 双代号时标网络计划的编制

时标网络计划宜按各个工作的最早开始时间编制。在编制时标网络计划之前，应先按已确定的时间单位绘制出时标计划表，见表5-5。

表5-5 时标计划表

日历（时间单位）	1	2	3	4	5	6	7	8	9	10	11	12	13	14	15	16	17
网络计划																	
（时间单位）																	

双代号时标网络计划的编制方法有两种。

（1）间接法绘制　先绘制出时标网络计划，计算各工作的最早时间参数，再根据最早时间参数在时标计划表上确定节点位置，连线完成，某些工作箭线长度不足以到达该工作的完成节点时，用波形线补足。

（2）直接法绘制　根据网络计划中工作之间的逻辑关系及各工作的持续时间，直接在时标计划表上绘制时标网络计划。绘制步骤如下：

1）将起点节点定位在时标表的起始刻度线上。

2）按工作持续时间在时标计划表上绘制起点节点的外向箭线。

3）其他工作的开始节点必须在其所有紧前工作都绘出以后，定位在这些紧前工作最早完成时间最大值的时间刻度上，某些工作的箭线长度不足以到达该节点时，用波形线补足，箭头画在波形线与节点连接处。

用上述方法从左至右依次确定其他节点位置，直至网络计划终点节点定位，绘图完成。

5.3.2 关键工作、关键路线和时差

关键工作指的是网络计划中总时差最小的工作。当计划工期等于计算工期时，总时差为零的工作就是关键工作。

在双代号网络图和单代号网络计划中，关键路线是总的工作持续时间最长的线路。一个网络计划可能有一条，或几条关键路线，在网络计划执行过程中，关键路线有可能转移。

当计算工期不能满足要求工期时，可通过压缩关键工作的持续时间以满足工期要求。在选择缩短持续时间的关键工作时，宜考虑下列因素：

1）缩短持续时间对质量和安全影响不大的工作。

2）有充足备用资源的工作。

3）缩短持续时间所需增加的费用最少的工作等。

总时差指的是在不影响总工期的前提下，可以利用的机动时间。自由时差指的是在不影响其紧后工作最早开始时间的前提下，本工作可以利用的机动时间。

5.3.3 基于时标网络图的索赔计算

费用索赔的分析和工期索赔的分析详见 5.2 节内容。

【**案例5-5**】 某项目业主采用清单招标选定某施工企业为承包人，并签订了工程合同，工期为15天。该承包人在开工前提交的时标网络施工进度计划表如图5-12所示，并得到项目监理人的批准。

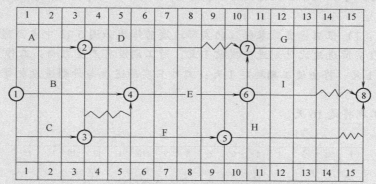

图5-12 时标网络施工进度计划表（单位：天）

时标网络施工进度计划表中箭线上方字母为工作名称。根据专业化作业要求，工作A、D、G由同一工作队（每天20人）使用甲施工机械作业，工作B、E、I由同一工作队（每天10人）使用乙施工机械作业，工作C、F、H由同一工作队（每天15人）使用丙施工机械作业。

清单计价有关数据资料为：人工日工资50.00元/工日；甲施工机械台班费800元/台班；乙施工机械台班费600元/台班；丙施工机械台班费500元/台班；管理费为人、材、机费之和的7%；利润为人、材、机费与管理费之和的4.5%；规费为人、材、机费，管理费与利润之和的3.32%；税金（增值税）为人、材、机费，管理费，利润与规费之和的10%。合同约定窝工不计取管理费和利润。

问题：

（1）如果每项工作均以最早开始时间开始作业，哪种施工机械在现场有闲置时间？闲置时间为多长？若使其既在现场不发生闲置又不影响工期，该种施工机械可以安排在哪天进场作业？相应的各项工作开始作业时间是哪天？

（2）假设各项工作按图 5-12 的时间安排投入作业，当进行到第 7 天结束时，经理人对实际进度情况进行了全面检查，结果为：工作 D 刚刚完成；工作 E 完成 1/5 的工作量；工作 F 完成 2/3 的工作量。试在图 5-12 中标注检查时间点绘制实际进度前锋线，并分析工作 D、E、F 进度状况；该进度状况对工期是否产生了影响？预计工期将是多少天？

（3）当工作 E、F（均为隐蔽工程）按原计划时间完成后，监理人要求承包人对该两项工作进行局部重新剥露检查，结果为：工作 E 的偏差超过了规范允许范围；工作 F 的质量符合规范要求。承包人对工作 E 剥露、处理、覆盖用工 12 工日，材料等费用 3000元，使工作 E 完工时间比原计划拖延 1 天；承包人对工作 F 剥露、覆盖用工 10 工日，材料等费用 2000 元，使工作 F 完工时间比原计划拖延 1 天。承包人就该两项拖延分别提出工期和费用索赔。试分别说明该两项索赔能否被批准？为什么？

（4）如果可以被批准的人工窝工索赔、机械窝工索赔的标准均为人工日工资和机械台班费的 60%，试计算费用索赔总额（假定该索赔不涉及措施项目费调整问题）。

解析：

问题（1）：1）甲施工机械在现场有闲置时间，闲置时间为 2 天。

2）该施工机械可以安排在第 3 天进场作业；

3）相应的工作 A 在第 3 天开始作业；工作 D 在第 6 天开始作业；工作 G 在第 11 天开始作业。

问题（2）：1）根据检查结果标注的实际进度前锋线如图 5-13 中点画线所示。

2）工作 D 实际进度比计划进度提前 1 天，对工期没有产生影响；工作 E 实际进度与计划进度拖延 1 天，将会使工期拖延 1 天；工作 F 实际进度与计划进度相等，对工期没有产生影响。

3）预期工期将是 16 天。

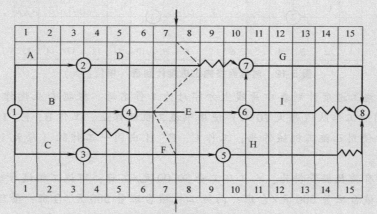

图 5-13　时标网络施工进度计划表（单位：天）

问题（3）：1）工作 E 的工期和费用索赔均不能被批准，因为检查结果质量偏差超过了规范允许范围，是承包人责任，其工期和费用损失由承包人承担。

2）工作F的工期索赔不能被批准，费用索赔能够被批准，因为检查结果质量符合规范要求，其工期和费用损失应由业主承担，但拖延的时间（1天）没有超过该工作的总时差（1天）。

问题（4）：1）工作F剥露、覆盖费用索赔

（10×50.00+2000）元×（1+7%）×（1+4.5%）×（1+3.32%）×（1+10%）= 3177.00元

2）人工、机械窝工费用索赔

（15×50.00×60%+1×500×60%）元×（1+3.32%）×（1+10%）= 852.39元

合计：（3177.00+852.39）元=4029.39元

【案例5-6】　背景：某单位（甲方）与施工公司（乙方）签订了厂房施工合同，合同签订后乙方将厂房钢架结构吊装分包给安装公司（丙方，网络图中为I子项工作），甲方与乙方共同确定了施工方案与进度计划其时标网络计划图如图5-14所示（合同中规定，窝工降效系数为50%，本例中各项费用均含规费和税金）。

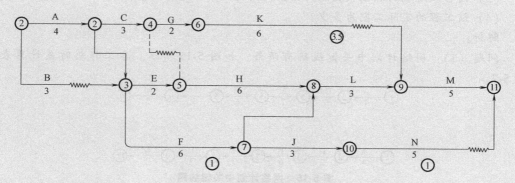

图5-14　某工程时标网络计划图

在施工过程中发生了以下事件：

事件1：按进度计划K工作施工0.5个月后，业主方要求修改设计新增工程量300m³，K工作停工2.5个月（混凝土工程），乙方向甲方提出索赔清单见表5-6。

事件2：乙方自备施工机械未按时到达施工现场，致使H工作实际进度在12月底时拖延1个月，乙方要求合同工期顺延1个月，并补偿费用2万元。

事件3：施工第9个月，F工作在施工现场发现文物，为保护文物现场停工，乙方向甲方提出补偿工期1个月，费用1万元的要求。由于事件3、事件4，F工作延误致使钢架结构安装施工向后拖延，丙方就事件3、事件4分别向乙方提出索赔费用1万元，工期共顺延2个月的要求。

事件4：F工作施工时，因项目经理部确定的施工工艺不合理出现质量事故，监理工程师要求返工，工作实际进度在12月底时拖后1个月，乙方要求顺延合同工期1个月，补偿费用2万元。

表5-6 索赔清单表

内容	数量	费用计算	备　注
新增工程量	300m³	300m³×200 元/m³=6000 元	混凝土工程量单价200元/m³,原计划工程量为600m³
机械闲置	60 台班	60 台班×100 元/台班=6000 元	台班费100元/台班,自有设备台班折旧费为60元
人工窝工	1800 工日	1800 工日×28 元/工日=50400 元	工日费:28 元/日
机上人工费	60 工日	50 元/工日×60 工日=3000 元	机上人工费:50 元/工日

事件5：开工后第19工作月出现台风，现场工作全部停止，为此乙方要求补偿：因台风破坏施工现场的现场清理时间1个月，并补偿费用4万元；堆放料场损失的建筑材料8万元（其中甲供材料3万元），乙方施工机械损失折合人民币2万元，M、N工作停工损失费用8万元，乙方人员伤亡事故、医疗费用合计6万元。

问题：

（1）确定施工进度计划（时标网络图）的关键线路，计算各项工作总时差（TF）。

（2）K、H、F三项工作施工过程中出现上述事件如何处理？

（3）因台风造成的工程损失费用应如何向施工单位进行补偿？

（4）该工程的实际工期为多少？

解析：

问题（1）：网络计划中关键线路有两条，如图5-15所示。各工作总时差计算表见表5-7。

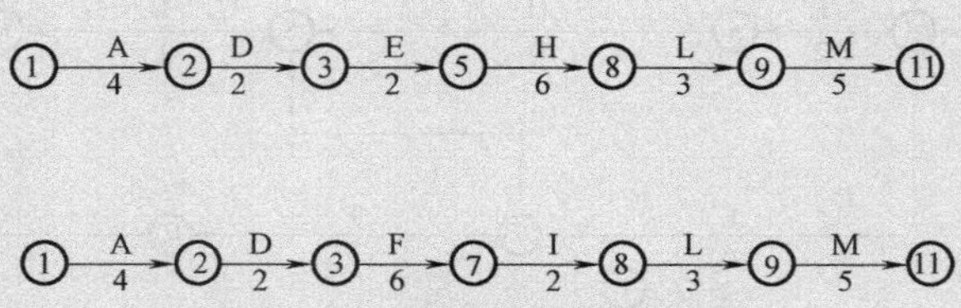

图5-15 网络计划中关键线路

表5-7 各工作总时差计算表　　　　　　　　　　　（单位：月）

工作代号	A	B	C	D	E	F	G	H	J	K	L	M	N
TF	0	3	1	0	0	0	2	0	1	2	0	0	1

问题（2）：事件1：甲方责任，发生在非关键工作，该工序总时差为2天。新增工程量增加费用60000元应补偿。由于新增工程量300m³实际需增加工作时间3天，由于TF=2月，所以应补偿工期1个月。机械闲置属于窝工，不应按台班费计算，应按折旧费计算，计算公式为60元/日×60日=3600元。人工窝工应按降效处理，不应按原人工费单价计算，计算公式为（50400×0.5）元=25200元。机上工作人员人工费已完全含在台班费内，不应单独索赔。综合计算应补偿工期3.5个月，补偿费用88800元。

事件2：属于乙方责任，工期与费用均不补偿。

事件3：按目前有关规定，发现文物时甲方应补偿相关费用1万元，顺延工期1个月。按照因果关系递推，丙方可以向乙方就事件3、事件4提出索赔要求，应由乙方向丙方补偿费用2万元，顺延合同工期2个月（F、I工作均为关键工作）。

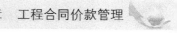

事件4：属于乙方责任，工期与费用均不补偿，乙方应向丙方补偿费用1万元，并同意其工期顺延1个月。

问题（3）：台风属于不可抗力责任，按规定甲方应同意补偿合同工期1个月，而应补偿现场清理费用4万元（M为关键工序，N为非关键工作TF＝2月），现场材料费5万元，合计9万元。乙方施工机械损失费、停工损失费、伤亡医疗费不予补偿。

问题（4）：工程的实际工期是在原合同工期上考虑甲方责任、乙方责任、不可抗力责任对工期影响的新工期。经推算，实际工期由原计划工期22个月增加为26.5个月。

【案例5-7】 背景：某工程的主体厂房项目施工进度计划已确定，各项工作均为匀速施工。合同价款采取单项工程结束后单独结算的方式。工程开工日期为2004年2月1日。主体工程施工进度计划表见表5-8，施工单位报价单见表5-9。

表5-8　主体工程施工进度计划表　　　　　　　　（单位：周）

工序	A	B	C	D	E	G	H	J	L	N	K
紧后工序	B、C、D	G、H	H	E、G	L	J、L、N	J	K	K	K	—
计划工期	2	4	5	4	4	3	2	2	3	2	3

表5-9　施工单位报价单

序号	工作名称	估算工程量	全费用综合单价(元/m³)	合价
1	A	800m³	300	24
2	B	1200m³	320	38.4
3	C	20次	招标文件中列项施工单位无报价	
4	D	1600m³	280	44.8

（1）主体厂房项目施工过程发生以下事件：工程施工到第4周时：①A工作已完成，由于设计图局部修改实际完成工程量为840m³，工作时间未变；②B工作受到沙尘暴影响造成施工单位施工机械损坏和人员窝工损失1万元，实际只完成估算工程量的25%；③C工作因配合检验工作只完成了工程量的20%，施工单位配合检验工作发生的费用为5000元；④施工中发现文物，D工作尚未开始，造成施工单位自有设备闲置4个台班（台班单价为300元，台班折旧费为100元），施工单位为保护文物，发生文物保护费1200元，开工时间推迟2个月。

（2）E工作根据估算工程量确定的工程款为50万元，实际工程量没有发生变化。按正常进度完工（相关数据见表5-10）。

表5-10　相关数据表

项目	人工费	材料费	机械使用费	不可调值费用
比例	28%	47%	10%	15%
2004.2.1造价指数	110	101	105	
2004.11.1造价指数	112	109	115	

（3）该工程配套工程——成品仓库项目包括土建工程和安装工程。甲方与主体厂房承包商签订了土建工程合同，与外地的安装公司签订了仓库设备安装工程合同。土建工程承包商将桩基础部分分包给本市的某基础工程公司，双方约定预制混凝土桩由甲方供应（1200 根，每根价格 350 元）。每根混凝土工程量为 $0.8m^3$，土建承包商报价 500 元/m^3。按照施工进度计划，7 月 10 日开工。因为甲方供应的预制桩由于运输问题迟于 7 月 14 日运到，7 月 13 日基础公司打桩设备出现故障，直至 7 月 18 日晚修复。7 月 19 日—22 日出现了多年不遇的海啸及热带风暴，无法施工。由于打桩工作延误影响了安装公司施工。合同约定业主违约一应补偿承包方 5000 元/天，承包方违约罚款 5000 元/天。

问题：

（1）根据背景材料中施工进度计划绘制主体工程施工双代号时标网络图，在图中按照主体施工中出现的相关事件标入第 4 周结束时的实际进度前锋线，并说明事件发生对总工期的影响。说明关键线路的位置。

（2）分析对 A、B、C、D 工作发生事件后甲方应向土建公司的费用补偿、工期补偿和工程结算款。

（3）计算 E 工作实际结算工程款。

（4）确定配套工程中各方责任，确定土建承包商、分包商（基础公司）、安装公司应得到的工期补偿、费用补偿。

解析：

问题（1）：实际进度前锋线如图 5-16 所示。

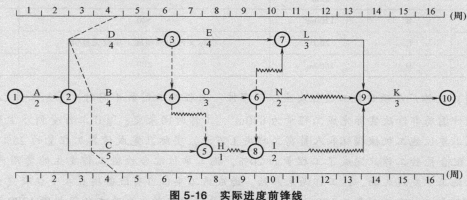

图 5-16 实际进度前锋线

经计算关键线路为：$①\xrightarrow{A}②\xrightarrow{D}③\xrightarrow{E}⑦\xrightarrow{L}⑨\xrightarrow{K}⑩$，计划工期 16 个月。

问题（2）：1）工期索赔分析：A 工作进度正常，不影响总工期；（甲方责任）；B 工作拖后 1 周，虽然 B 工作总时差为 1 个月，但因拖后系不可抗力原因造成，其工作时间应延长 1 个月；C 工作拖后 1 周，因为 C 工作总时差为 3 个月，故不影响总工期（乙方责任）；D 工作拖后 2 个月，因为 D 为关键工作（总时差为 0），故使总工期推迟 2 个月（非承包方责任）。

2）费用索赔分析：B 工作拖延属不可抗力责任，按规定：不可抗力事件发生时，施工机械损失、人员窝工损失甲方不予补偿；C 工作对施工费用未进行报价，可以认为其报价已包含在其他分项工程报价中；D 工作发现文物可得到费用补偿＝100 元/台班×4 台班＋1200 元＝1600 元。（注：发现文物对施工单位影响为造成窝工，机械使用费索赔计算基数为台班折旧费）施工单位可以得到的工程结算款为：

A 工作：$840m^3×300$ 元/$m^3＝252000$ 元

B 工作：$1200m^3×25\%×320$ 元/$m^3＝96000$ 元

D 工作：4 台班×100 元/台班＋1200 元＝1600 元

小计：（252000＋96000＋1600）元＝349600 元

问题（3）：E 工作结算工程款＝[50×（0.15＋0.28×112÷110＋0.47×109÷101＋0.10×115÷105）]万元＝[50×（0.15＋0.29＋0.51＋0.11）]万元＝53 万元

问题（4）：7 月 10 日—14 日共 5 天，属于业主原因所致，应向承包商进行费用补偿 2.5 万元，工期补偿 5 天；7 月 15 日—18 日共 4 天，属分包商责任所致，业主应向承包商罚款 2 万元；7 月 19 日—22 日共 4 天，属不可抗力原因，工期补偿 4 天；承包方在桩基础施工中价格＝（1200×0.8×500）元＝48 万元；甲方负责供应预制桩费用＝1200×0.035＝42 万元；土建承包商应得款＝（48－42＋2.5－2）万元＝6.5 万元，应得工期补偿 9 天；分包商应向承包商支付罚款 2 万元；设备安装商应由甲方负责对其工期补偿 13 天，费用补偿 6.5 万元。

■ 5.4　综合案例分析

【案例 5-8】　背景：某建筑公司（乙方）与某建设单位（甲方）签订了建筑面积为 2100m² 的单层工业厂房的施工合同，合同工期为 20 周。乙方按时提交了施工方案和施工网络计划，如图 5-17 和表 5-11 所示，并获得工程师代表的批准。该项工程中各项工作的计划资金需用量由乙方提交，经工程师代表审查批准后，作为施工阶段投资控制的依据。

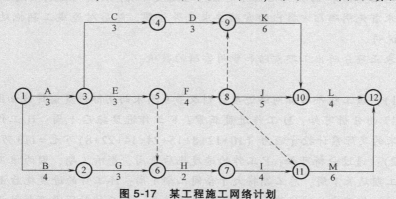

图 5-17　某工程施工网络计划

表 5-11　网络计划工作时间及费用

工作名称	A	B	C	D	E	F	G	H	I	J	K	L	M
持续时间（周）	3	4	3	3	3	4	3	2	4	5	6	4	6
资金用量（万元）	10	12	8	15	24	28	22	16	12	26	30	23	24

实际施工过程中发生了如下几项事件：

事件1：在工程进行到第9周结束时，检查发现A、B、C、D、E、G工作均全部完成，F工作和H工作实际完成的资金用量分别为14万元和8万元，且前9周各项工作已完工程的实际投资与计划投资均相符。

事件2：在随后的施工过程中，J工作由于施工质量问题，工程师代表下达了停工令使其暂停施工，并进行返工处理1周，造成返工费用2万元；M工作因甲方要求的设计变更，使该工作因施工图晚到，推迟2周施工，并造成乙方因停工和机械闲置而损失1.2万元。为此乙方向发包方提出了3周工期索赔和3.2万元的费用索赔。

问题：

(1) 试绘制该工程的早时标网络进度计划，根据第9周末的检查结果标出实际进度前锋线，分析D、F和H三项工作的进度偏差；到第9周末的实际累计资金用量是多少？

(2) 如果后续施工按计划进行，试分析发生的进度偏差对计划工期产生什么影响？其总工期是否大于合同工期？

(3) 试重新绘制第10周开始至完工的早时标网络进度计划。

(4) 乙方提出的索赔要求是否合理？说明原因。

(5) 合理的工期索赔、费用索赔是多少？

分析：

本案例主要考核网络进度计划的编制与应用，分析进度偏差对工期的影响以及由此引起的工期索赔和费用索赔。

(1) 要求掌握时标网络计划的绘制和实际进度前锋线的标注方法，借助实际进度前锋线分析确定D、F、H三项工作是否产生了进度偏差和计算到第9周末时实际累计资金用量。

(2) 要求将D、F、H三项工作的进度偏差代入网络计划中，并计算出考虑上述偏差情况下的工期；将该工期与原计划工期和合同工期对比，即可做出判断。

(3) 要求绘制出第10周以后的早时标网络进度计划，并作为分析问题5的依据。

(4) 要求首先明确乙方提出的索赔要求是否合理，然后对造成工期拖延和费用损失的责任加以说明。

(5) 要求正确分析出工期索赔和费用索赔的数值。

解析：

问题 (1)：该工程早时标网络进度计划及第9周末的实际进度前锋线如图5-18所示。通过对图5-17的分析可知：D工作进度正常；F工作进度拖后1周；H工作进度拖后1周。第9周末的实际累计投资额为 (10+12+8+15+24+14+22+8)万元＝113万元。

问题 (2)：通过分析可知：F工作的进度拖后1周，影响工期，因为该工作在关键线路上，导致工期延长1周，总工期将大于合同工期1周；H工作的进度拖后1周，不影响工期，因为该工作不在关键线路上，有1周的总时差，拖后的时间没有超过总时差。

问题 (3)：重新绘制的第10周开始至完工的早时标网络进度计划，如图5-19所示。

问题 (4)：乙方提出的索赔要求不合理。因为J工作由于施工质量问题造成返工，其责任在乙方；而M工作造成的损失属于非乙方的责任，故乙方仅能就设计变更使M工作造成的损失向甲方提出索赔。

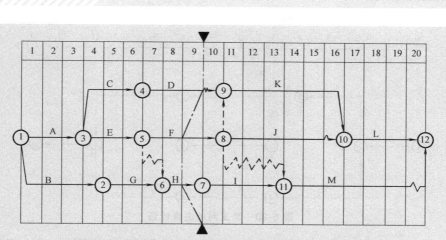

图 5-18　早时标网络进度计划及第 9 周末的实际进度前锋线

注：图中粗箭线表示关键路线。

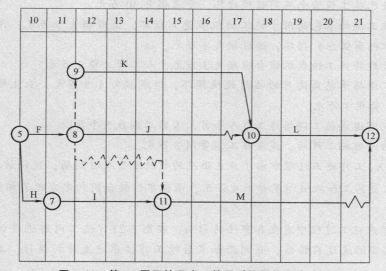

图 5-19　第 10 周开始至完工的早时标网络进度计划

问题（5）：（1）M 工作本身拖延时间为 2 周，而根据图 5-19 的分析 M 工作的总时差 1 周，由此可知 M 工作的拖延使计划工期又延长 1 周，实际工期达到 22 周，可索赔工期为 1 周。（2）费用索赔为 M 工作因停工和机械闲置造成的损失 1.2 万元。

【案例 5-9】　背景：某工程施工合同工期为 13 个月。在工程开工之前，承包单位向总监理工程师提交了施工网络进度计划，各工作均匀进行（图 5-20）。该计划得到总监理工程师的批准。

工程实施到第 5 个月末检查时，A_2 工作刚好完成，B_1 工作已进行了 1 个月。

在施工过程中发生了如下事件：

事件 1：A_1 工作施工半个月发现业主提供的地质资料不准确，经与业主、设计单位协商确认，将原设计进行变更，设计变更后工程量没有增加，但承包商提出以下索赔：设计变更使 A_1 工作施工时间增加 1 个月，故要求将原合同工期延长 1 个月。

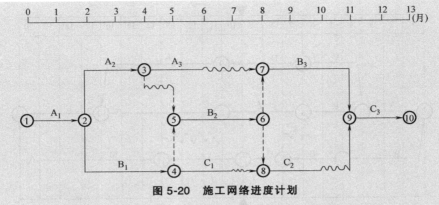

图 5-20　施工网络进度计划

事件 2：工程施工到第 6 个月，遭受飓风袭击，造成了相应的损失，承包商及时向业主提出费用索赔和工期索赔，经业主工程师审核后的内容如下：

（1）部分已建工程遭受不同程度破坏，费用损失 30 万元。

（2）在施工现场承包商用于施工的机械受到损坏，造成损失 5 万元；用于工程上待安装设备（承包商供应）损坏，造成损失 1 万元。

（3）由于现场停工造成机械台班损失 3 万元，人工窝工费 2 万元。

（4）施工现场承包商使用的临时设施损坏，造成损失 1.5 万元；业主使用的临时用房破坏，修复费用 1 万元。

（5）因灾害造成施工现场停工 0.5 个月，索赔工期 0.5 个月。

（6）灾后清理施工现场，恢复施工需费用 3 万元。

事件 3：A_3 工作施工过程中由于业主供应的材料没有及时到场，致使该工作延长 1.5 个月，发生人员窝工和机械闲置费用 4 万元，承包单位按合同约定办理了相关签证。

问题：

（1）不考虑施工过程中发生各事件的影响，在图 5-21（施工网络进度计划）中标出第 5 个月末的实际进度前锋线，并判断如果后续工作按原进度计划执行，工期将是多少个月？

（2）分别指出事件 1 中承包商的索赔是否成立并说明理由。

（3）分别指出事件 2 中承包商的索赔是否成立并说明理由。

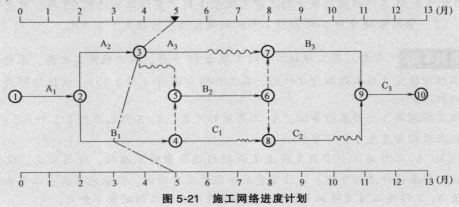

图 5-21　施工网络进度计划

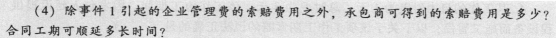

（4）除事件1引起的企业管理费的索赔费用之外，承包商可得到的索赔费用是多少？合同工期可顺延多长时间？

解析：

问题（1）：如果后续工作按原进度计划执行，该工程项目将被推迟两个月完成，工期为15个月。

问题（2）：工期索赔成立。因地质资料不准确属业主的责任，且A_1工作是关键工作。

问题（3）：1）索赔成立。因不可抗力造成的部分已建工程费用损失，应由业主支付。2）承包商用于施工的机械损坏索赔不成立，因不可抗力造成各方的损失由各方承担。用于工程上待安装设备损坏、索赔成立，虽然用于工程的设备是承包商供应，但将形成业主资产，所以业主应支付相应费用。3）索赔不成立，因不可抗力给承包商造成的该类费用损失不予补偿。4）承包商使用的临时设施损坏的损失索赔不成立，业主使用的临时用房修复索赔成立，因不可抗力造成各方损失由各方分别承担。5）索赔成立，因不可抗力造成工期延误，经业主签证，可顺延合同工期。6）索赔成立，清理和修复费用应由业主承担。

问题（4）：1）索赔费用：（30+1+1+3+4）万元＝39万元。2）合同工期可顺延1.5个月。

复习思考题

一、单项选择题

1. 以下关于索赔特点说法错误的是（　　　）。

A. 索赔作为一种合同赋予双方的具有法律意义的权利主张，其主体是双向的。

B. 索赔必须以法律或合同为依据。

C. 索赔应采用明示的方式，即索赔应该有书面文件，索赔的内容和要求应该明确而肯定。

D. 索赔是一种双方行为。

2. 在出现"共同延误"的情况下，承担拖期责任的是（　　　）。

A. 造成拖期最长者

B. 最先发生者

C. 最后发生者

D. 按造成拖期的长短，在各共同延误者之间分担

3. 根据《标准施工招标文件》，下列事件中，既可索赔工期又可索赔费用的是（　　　）。

A. 发包人要求承包人提前竣工

B. 发包人要求向承包人提前交付工程设备

C. 承包人遇到不利物质条件

D. 承包人遇到异常恶劣的气候条件

4. 某工作的自由时差为 1 天，总时差为 4 天。该工作施工期间，因发包人延迟提供工程设备而施工暂停，以下关于该项工作工期索赔的说法正确的是（　　　　）。

A. 若施工暂停 2 天，则承包人可获得工期补偿 1 天

B. 若施工暂停 3 天，则承包人可获得工期补偿 1 天

C. 若施工暂停 4 天，则承包人可获得工期补偿 3 天

D. 若施工暂停 5 天，则承包人可获得工期补偿 1 天

5. 某工程网络计划有三条独立路线：A→D、B→E、C→F，其中 B→E 为关键线路，$TF_A = TF_D = 2$ 天，$TF_C = TF_F = 4$ 天，承发包双方已签订施工合同，合同履行过程中，因业主原因使 B 工作延误 4 天，因施工方案原因使 D 工作延误 8 天，因不可抗力使 D、E、F 工作延误 10 天，则施工方就上述事件可向业主提出工期索赔的总天数为（　　　　）天。

A. 42　　　　　　　　B. 24　　　　　　　　C. 14　　　　　　　　D. 4

二、多项选择题

1. 下列对工期索赔的说法正确的有（　　　　）。

A. 因承包人的原因造成施工进度滞后，属于不可原谅的延期

B. 因承包人的原因造成某项工作施工进度延误，才是可原谅的延期

C. 只有承包人不应承担任何责任的延误，才是可原谅的延期

D. 只有位于关键线路上工作内容的滞后，才会影响到竣工日期

E. 异常恶劣的气候条件影响的停工，可原谅并给予补偿费用的延期

2. 工程施工合同是工程索赔中最关键和最主要的依据，工程施工期间，（　　　　）也是索赔的重要依据。

A. 发承包双方关于工程的洽商书面协议或文件

B. 国家制定的行政法规

C. 国家、部门和地方有关的标准

D. 发承包双方关于工程的变更书面协议或文件

E. 国家制定的相关法律

3. 在《标准施工招标文件》中，可索赔工期和费用，但不可以索赔利润的索赔事件包括（　　　　）。

A. 业主延误移交施工现场　　　　　　　　B. 业主提前占用工程

C. 工程师延误发放图样　　　　　　　　　D. 施工中遇到不利物质条件

E. 施工中遇到文物

4. 工程索赔中按索赔目的分类可分为（　　　　）。

A. 工期索赔　　　　　　　　　　　　　　B. 费用索赔

C. 加速施工索赔　　　　　　　　　　　　D. 工程延误索赔

E. 合同终止索赔

5. 下列索赔事件引起的费用索赔中，可以获得利润补偿的有（　　　　）。

A. 施工中发现文物　　　　　　　　　　　B. 延迟提供施工场地

C. 承包人提前竣工　　　　　　　　　　　D. 延迟提供图样

E. 基准日后法律的变化

三、案例分析题

案例一：某建筑公司（乙方）于某年3月10日与某建设单位（甲方）签订工程施工合同。合同中有关工程价款及其交付的条款摘要如下：合同总价为600万元，其中工程主要材料和结构件总值占合同总价的60%；预付备料款为合同总价的25%，于3月20日前拨付给乙方；工程进度款由乙方逐月（每月末）申报，经审核后于下月10日前支付；工程竣工并交付竣工结算报告后30日内，支付工程总价款的95%，留5%作为工程保修金，保修期满后全部结清。合同中有关工程工期的规定为：4月1日开工，9月20日竣工。工程款若逾期支付，按每日3‰的利率计息。若逾期竣工，则按每日1000元罚款。根据经甲方代表批准的施工进度，各月计划完成产值（合同价）见表5-12。

表5-12 各项计划完成产值表

月份	4	5	6	7	8	9
计划完成产值(万元)	80	100	120	120	100	80

工程施工至8月16日，因施工设备出现故障停工两天，造成窝工50工日（每工日窝工补偿12.50元），8月份实际完成产值比原计划少3万元；工程施工至9月6日，因甲方提供的某种室外饰面板材质量不合格，粘贴后效果差，甲方决定更换板材，拆除用工60工日（每工日工资19.50元），机械多闲置3个台班（每闲置台班按400元补偿），预算外材料费损失5万元，其他费用损失1万元，重新粘贴预算价10万元，因拆除、重新粘贴使工期延长6天。最终工程于9月29日竣工。

问题：

1. 请按原施工进度计划为甲方制定拨款计划。

2. 乙方分别于8月20日和9月20日提出延长工期和费用补偿要求。请问该两项索赔能否成立？应批准的延长工期为几天？费用补偿为多少万元？

案例二：某工程项目施工合同已签订，采用清单单价合同方式，其中规定分项工程的工程量增加（或减少）超过15%时，该项工程的清单综合单价可按0.95（或1.05）的系数进行调整，该项目的规费费率为7%，增值税税率按11%计，合同工期为39天。双方对施工进度网络计划已达成一致意见，如图5-22所示。

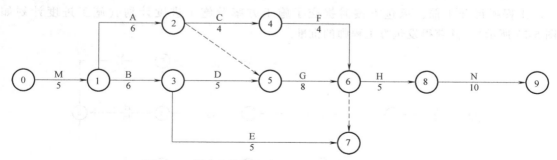

图5-22 某工程施工进度网络进度计划（单位：天）

工程施工中发生如下几项事件：

事件1：甲方提供的水源出故障造成施工现场停水，使工作A和工作B的作业时间分别拖延 2 天和 1 天；人员窝工分别为 8 个工日和 10 个工日；工作 A 租赁的施工机械每天租赁费为 600 元，工作 B 的自有机械每台班折旧费 300 元，工作台班 500 元。

事件 2：为保证施工质量，乙方在施工中将工作 C 原设计尺寸扩大，增加工程量 16m³，作业时间增加 3 天。

事件 3：因设计变更，工作 B 工程量由 300m³ 增至 350m³。已知 B 工作的清单综合单价为 100 元/m³。

事件 4：当工作进行到 D 工作时，现场下了一场 50 年罕见的暴雨，造成现场停工 2 天。施工单位人员、机械窝工费 2 万元，主体部分工作 D 刚浇筑的混凝土墙坍塌，重新施工增加了 1 天的工期，增加混凝土量 15m³（综合单价按 450 元/m³ 计）。

事件 5：鉴于该工程工期较紧，经甲方代表同意，乙方在工作 G 和工作 I 作业过程中采取了加快施工的技术组织措施，使这两项工作作业时间均缩短 3 天，该两项加快施工的技术组织措施费分别为 3000 元和 4000 元，其余各项工作实际作业时间和费用均与原计划相符。

问题：

（1）根据双方商定的计划网络图，确定计划工期、关键路线。

（2）乙方对上述哪些事件可以提出工期和费用补偿要求？简述理由。

（3）假定各专业工作均衡施工，每项事件的工期补偿是多少天？总工期补偿多少天？

（4）工作 B 结算价为多少？

（5）假设人工工日单价为 50 元/工日，增加工作的管理费按增加人、材、机之和的 12% 计，利润按人、材、机、管理费之和的 3% 计。人工窝工考虑降效，按 30 元/工日计，窝工不予补偿管理费和利润。试计算甲方可同意的除事件 3 外的索赔费用。（1）实际工期为多少天？（2）如该工程约定有奖罚标准，实际工期提前或延误 1 天奖或罚 2000 元（含税）。乙方奖（罚）多少元？

案例三：某政府投资建设工程项目，采用《建设工程工程量清单》进行招标，发包方与承包方签订了施工合同，合同工期为 110 天。施工合同中约定：

1. 工期每提前（或拖延）1 天，奖励（或罚款）3000 元（含税金）。

2. 发包方原因造成机械闲置，其补偿单价按照机械台班单价的 50% 计算；人员窝工补偿单价，按照 50 元/工日计算。

3. 规费综合费率为 3.55%，税金率为 3.41%。

工程项目开工前，承包方按时提交了施工方案及施工进度计划（施工进度计划如图 5-23 所示），并获得发包方工程师的批准。

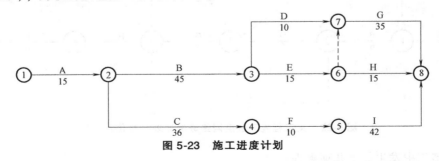

图 5-23　施工进度计划

根据施工方案及施工进度计划，工作 B 和工作 I 需要使用同一台机械施工。该机械的台班单价为 1000 元/台班。该工程项目按合同约定正常开工，施工中依次发生如下事件：

事件 1：C 工作施工中，因设计方案调整，导致 C 工作持续时间延长 10 天，造成承包方人员窝工 50 个工日。

事件 2：I 工作施工开始前，承包方为了获得工期提前奖励，拟订了 I 工作缩短 2 天作业时间的技术组织措施方案，发包方批准了该调整方案。为了保证质量，I 工作时间在压缩 2 天后不能再压缩。该项技术组织措施产生费用 3500 元。

事件 3：H 工作施工中，因劳动力供应不足，使该工作拖延 5 天。承包方强调劳动力供应不足是天气过于炎热所致。

事件 4：招标文件中 G 工作的清单工程量为 $1750m^3$（综合单价为 300 元/m^3），与施工图不符，实际工程量为 $1900m^3$。经承发包双方商定，在 G 工作工程量增加但不影响因事件 1~事件 3 而调整的项目总工期的前提下，每完成 $1m^3$ 增加的赶工工程量按综合单价 60 元计算赶工费（不考虑其他措施费）。

上述事件发生后，承包方及时向发包方提出了索赔并得到了相应的处理。

问题：

（1）承包方是否可以分别就事件 1~事件 4 提出工期索赔？说明理由。

（2）事件 1~事件 4 发生后，承包方可得到的合理工期补偿为多少天？该工程项目的实际工期是多少天（计算过程和结果均以元为单位，结果取整）？

第6章

工程价款结算与竣工决算

本章知识要点与学习要求

序 号	知 识 要 点	学 习 要 求
1	工程价款主要计算方式	掌握
2	签约合同价的确定	掌握
3	工程预付款及工程进度款的计算	掌握
4	工程价款的动态结算	掌握
5	资金使用计划编制及投资数据统计	了解
6	投资偏差、进度偏差分析	熟悉
7	工程利润水平分析	了解
8	新增资产构成	了解
9	工程竣工决算的概念及编制依据	了解

■ 6.1 工程价款结算预支付

6.1.1 基本概念

1. 工程价款主要结算方式

按规定，现行工程价款的结算，可根据不同的情况采取不同的形式。

1）按月结算。这是一种以分部分项工程为对象，实行旬末或月中预交、月终结算、竣工后清算的结算办法。按月结算是案例分析中重点要掌握的结算办法。

2）竣工后一次结算。对于规模较小的项目，可实行工程价款每月预支，竣工后一次结算的方式。

3）分段结算。这是指对于当年开工但当年不能竣工的项目，按照其工程形象进度划分不同阶段进行结算，其工程价款可以在每月预支。

4）目标结算方式。目标结算方式即将合同中的工程内容分解为若干个单元，完成并验收一个单元，就支付该单元的工程价款。

5）结算双方约定的其他结算方式。

2. 签约合同价的确定

签约合同价（合同价款）：发承包双方在工程合同中约定的工程造价，即包括了分部分项工程费、措施项目费、其他项目费、规费和税金的合同总金额。其具体计算方法见表6-1。

表6-1　签约合同价计算方法

序号	价款构成项目	计算公式
①	分部分项工程费	$=\sum$（分部分项工程量×综合单价）
②	措施项目费	$=\sum$（措施项目工程量×综合单价）+总价措施项目
③	其他项目费	=暂列金额+暂估价+计日工+总承包服务费
④	规费	=（①+②+③）×（1+规费费率）
⑤	税金	=（①+②+③+④）×（1+税金率）
合同价款		$=\sum$计价项目费用×（1+规费费率）×（1+税金率） =分部分项工程费+措施项目费+其他项目费+规费+税金 $=\sum$（分部分项工程费+措施项目费+其他项目）×（1+规费费率）×（1+税金率）

注：综合单价包括人工费、材料费、施工机具使用费、企业管理费和利润以及一定范围的风险费用。

3. 工程预付款

1）按合同规定，在开工前，业主要预付一笔工程材料、预制构件的备料款给承包商。在实际工作中，工程预付款的额度通常由各地区根据工程类型、施工工期、材料供应状况确定，一般为当年建筑安装工程产值的25%左右，对于大量采用预制构件的工程可以适当增加。

2）工程预付款的扣还。由于工程预付款是按所需占用的储备材料款与建筑安装工程产值的比例计算的，所以随着工程的进展，材料储备减少，相应的材料储备款也减少，因此预付款应当陆续扣回，直到工程竣工之前扣完。将施工工程尚需的主要材料及构件的价值相当于预付款时作为起扣点。达到起扣点时，从每次结算工程价款中按材料费的比例抵扣预付款。预付款的起扣点可按下列公式计算

预付款起扣点=承包工程价格总额−预付款÷主要材料费占工程价款总额的比例　（6-1）

需要说明的是，在实际工程中情况比较复杂，有的工程工期比较短，只有几个月，预付款无须分期扣还；有的工程工期较长，需要跨年度建设，其预付款占用时间较长，可根据需要少扣或多扣。在一般情况下，在工程进度达到65%后开始抵扣预付款。

4. 中间结算

承包单位在项目建设过程中，按逐月完成的分部分项工程量计算各项费用，在月末提出工程价款结算账单和已完工程月报表，向发包单位办理中间结算，收取当月的工程价款。当工程价款拨付累计额达到该项目工程造价的95%时，停止支付剩余的5%，作为尾款和保修期费用，在办理竣工决算时一并清算。

中间结算的具体步骤如下：

1）根据每月所完成的工程量计算工程款。

2）计算累计工程款。若累计工程款没有超过起扣点，则根据当月工程量计算出的工程款即为该月应支付的工程款；若累计工程款已超过起扣点，则应支付工程款的计算公式分别为

累计工程款超过起扣点的以后各月应支付工程款=当月完成的工程量−（截止当月累计工程款−
起扣点）×主要材料所占比例　　　（6-2）

累计工程款超过起扣点的当月应支付工程款＝当月完成工程量×（1－主要材料所占比例）

$$(6\text{-}3)$$

3）工程尾款的扣除，应按题目中所给的条件或要求计算。一般有两种方式，最后一次扣清和从第一次支付开始按月逐步扣除。

5. 竣工结算

竣工结算是指承包单位按照合同规定的内容全部完成所承包的工程，并经质量验收合格，达到合同要求后，向发包单位进行的最终工程价款结算。

在办理竣工结算时，应准备下列资料：

1）工程竣工报告和竣工验收单。

2）工程施工合同或施工协议书。

3）施工图预算书、经过审批的补充修正预算书以及施工过程中的中间结算账单。

4）工程中因增减设计变更、材料代用而引起的工程量增减账单。

5）其他有关工程经济方面的资料。

办理工程竣工结算的一般公式为

竣工结算工程价款＝工程合同总价＋工程或费用变更调整金额－预付款及已结算工程款－保留金

＝合同价款额＋施工过程中合同价款调整额－预付及已经结算工程价款

$$(6\text{-}4)$$

6. 工程价款的动态结算

现行的工程价款的结算方法一般是静态的，没有反映价格等因素的变化影响。因此，要全面反映工程价款结算，应实行工程价款的动态结算。所谓动态结算，就是要把各种动态因素渗透到结算过程中，使结算价大体能反映实际的消耗费用。常用的动态结算方法有以下几种。

（1）按竣工调价系数办理结算　当采用某地区政府指导价作为承包合同的计价依据时，竣工时可以根据合理的工期和当地工程造价管理部门发布的竣工调价系数调整人工、材料、机械台班等费用。

（2）按实际价格计算　在建筑材料市场比较完善的条件下，材料采购的范围和选择余地越来越大。为了合理降低工程成本，工程发生的主要材料费可按当地工程造价管理部门定期发布的最高限价结算，也可由合同双方根据市场供应情况共同定价。

（3）采用调值公式法结算　用调值公式法计算工程结算价款，主要调整工程造价中有变化的部分。采用该方法，要将工程造价划分为固定不变的部分和变化的部分。

调值公式表达式为

$$P = P_0 \left(a_0 + a_1 \frac{A}{A_0} + a_2 \frac{B}{B_0} + a_3 \frac{C}{C_0} + a_4 \frac{D}{D_0} + \cdots \right) \tag{6-5}$$

式中　　　　　　　P——调值后的实际工程结算价款；

　　　　　　　　　P_0——调值前的合同价或工程进度款；

　　　　　　　　　a_0——固定不变的费用，不需要调整的部分在合同总价中的权重；

a_1，a_2，a_3，a_4，…——各有关费用在合同总价中的权重；

A_0，B_0，C_0，D_0，…——与 a_1，a_2，a_3，a_4，…对应的各项费用的基期价格或价格指数；

　A，B，C，D，…——在工程结算月份与 a_1，a_2，a_3，a_4，…对应的各项费用的现行价格或价格指数。

上述各部分费用占合同总价的比例，应在投标时要求承包方提出，并在价格分析中予以论证；也可以由业主在招标文件中规定一个范围，由投标人在此范围内选定。

6.1.2　案例分析

【案例6-1】　背景：某综合楼工程承包合同规定，工程预付款按当年建筑安装工程产值的26%支付，该工程当年预计总产值325万元。

问题：该工程预付款应该为多少？

解析：工程预付款＝325万元×26%＝84.5万元

【案例6-2】　背景：某施工单位承包某工程项目，甲乙双方签订的关于工程价款的合同内容有：

(1) 建筑安装工程造价660万元，建筑材料及设备费占施工产值的比例为60%。

(2) 工程预付款为建筑安装工程造价的20%。工程实施后，工程预付款从未施工工程尚需的建筑材料及设备费相当于工程预付款数额时起扣，从每次结算工程价款中按材料和设备占施工产值的比例扣抵工程预付款，竣工前全部扣清。

(3) 工程进度款逐月计算。

(4) 工程质量保证金为建筑安装工程造价的3%，竣工结算月一次扣留。

(5) 建筑材料和设备价差调整按当地工程造价管理部门有关规定执行（当地工程造价管理部门有关规定，上半年材料和设备价差上调10%，在6月份一次调增）。工程各月实际完成产值（不包括调整部分），见表6-2。

表6-2　各月实际完成产值　　　　　　　　　　（单位：万元）

月	2	3	4	5	6	合计
完成产值	55	110	165	220	110	660

问题：

(1) 通常工程竣工结算的前提是什么？

(2) 工程价款结算的方式有哪几种？

(3) 该工程的工程预付款、起扣点为多少？

(4) 该工程2月至5月每月拨付工程款为多少？累计工程款为多少？

(5) 6月份办理竣工结算，该工程结算造价为多少？甲方应付工程结算款为多少？

(6) 该工程在保修期间发生屋面漏水，甲方多次催促乙方修理，乙方一再拖延，最后甲方另请施工单位修理，修理费1.5万元，该项费用如何处理？

分析要点：本案例主要考核工程价款结算方式，按月结算工程进度款的计算方法，工程预付款及其起扣点的计算；通过本案例使学员全面、系统地熟悉和掌握工程款按月结算方式、工程预付款及其理论起扣点的计算、工程质量保证金、工程价款调整、工程竣工结算等内容。

解析：

问题(1)：工程竣工结算的前提条件是承包商按照合同规定的内容全部完成所承包

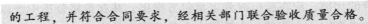

的工程，并符合合同要求，经相关部门联合验收质量合格。

问题（2）：工程价款的结算方式分为：按月结算、按形象进度分段结算、竣工后一次结算和双方约定的其他结算方式。

问题（3）：工程预付款：660 万元×20% = 132 万元；起扣点：（660 - 132÷60%）万元 = 440 万元

问题（4）：各月拨付工程款为：

2 月：工程款 55 万元，累计工程款 55 万元

3 月：工程款 110 万元，累计工程款 =（55 + 110）万元 = 165 万元

4 月：工程款 165 万元，累计工程款 =（165 + 165）万元 = 330 万元

5 月：工程款 220 万元 -（220 + 330 - 440）万元×60% = 154 万元

累计工程款 =（330 + 154）万元 = 484 万元

问题（5）：工程结算总造价：（660 + 660×60%×10%）万元 = 699.6 万元；甲方应付工程结算款：［699.6 - 484 -（699.6×3%）- 132］万元 = 62.612 万元

问题（6）：1.5 万元维修费应从扣留的质量保证金中支付。

【案例 6-3】 背景：某项工程，业主与承包商签订了工程承包合同，合同中含有两个子项工程，估算工程量甲项为 2300m³，乙项为 3200m³。经协商，甲项工程单价为 180 元/m³，乙项工程单价为 160 元/m³。承包合同规定：

（1）开工前业主应向承包商支付工程合同价 20% 的预付款。

（2）业主自第一个月起，从承包商的工程款中按 5% 的比例扣留质量保修金。

（3）当子项工程累计实际工程量超过估算工程量 15% 时，可进行调价，调价系数为 0.9。

（4）造价工程师每月签发付款凭证，最低金额为 25 万元。

（5）预付款在最后两个月平均扣除。

承包商每月实际完成并经签证确认的工程量见表 6-3。

表 6-3　每月实际完成并经签证确认的工程量　　　　　　　（单位：m³）

项目	月			
	1	2	3	4
甲项	500	800	800	600
乙项	700	900	800	600

问题：

（1）工程预付款是多少？

（2）每月工程价款是多少？造价工程师应签证的工程款是多少？实际应签发的付款凭证金额是多少？

分析：在计算前两个月的工程价款、造价工程师应签证的工程款、实际应签发的付款凭证时，应注意签发付款凭证最低金额的问题；在计算后两个月的工程价款、造价工程师应签证的工程款、实际应签发的付款凭证时，还应注意实际工程量是否超出计划工程量以及预付款的扣回。

解析：

问题（1）：预付款金额为：（2300×180+3200×160）元×20%=18.52万元

问题（2）：第一个月的工程量价款为：（500×180+700×160）元=20.2万元，应签证的工程款为：20.2万元×0.95=19.19万元<25万元，第一个月不予签发付款凭证。

第二个月的工程量价款为：（800×180+900×160）元=28.8万元，应签证的工程款为：28.8万元×0.95=27.36万元，（19.19+27.36）万元=46.55万元>25万元，实际应签发的付款凭证金额为46.55万元。

第三个月工程量价款为：（800×180+800×160）元=27.2万元，应签证的工程款为：27.2万元×0.95=25.84万元>25万元，应扣预付款为：18.52万元×50%=9.26万元，应付款为：（25.84-9.26）万元=16.58万元<25万元，第三个月不予签发付款凭证。

第四个月甲项工程累计完成工程量为2700m³，比原估算工程量超出400m³，已超出估算工程量的15%，超出部分其单价应进行调整。

超出估算工程量15%的工程量为：2700m³-2300m³×（1+15%）=55m³

这部分工程量单价应调整为：180元/m²×0.9=162元/m²

甲项工程的工程量价款为：[（600-55）×180+55×162]元=10.70万元

乙项工程累积工程量为3000m³，没有超出原估算工程量。

没超出原估算工程量，其单价不予调整。

乙项工程的工程量价款为：（600×160）元=96000元=9.6万元

本月完成甲、乙两项工程量价款为：（10.70+9.6）万元=20.30万元

应签证的工程款为：20.30万元×0.95=19.29万元，本月实际应签发的付款凭证金额为：（16.58+19.29-18.52×50%）万元=26.61万元

【案例6-4】 背景：某工程项目由A、B、C三个分项工程组成，采用工程量清单招标确定中标人，合同工期5个月。各月计划（实际）完成工程量及综合单价见表6-4，承包合同规定：

（1）开工前发包方向承包方支付合同价（扣除暂列金额）的20%作为材料预付款。预付款从工程开工后的第2月开始分3个月均摊抵扣。

（2）工程进度款按月结算，发包方每月支付承包方应得工程款的90%。

（3）措施项目工程款在开工前和开工后第1月末分两次平均支付。

（4）分项工程累计实际完成工程量超过（或减少）计划完成工程量的15%时，该分项工程超出部分的工程量的综合单价调整系数为0.95（或1.05）。

（5）措施项目费以分部分项工程费用的2%计取，其他项目费20.86万元，其中暂列金额100000元，规费综合费率7.5%（以分部分项工程费、措施项目费、其他项目费之和为基数），税金率3.48%。

表6-4 各月计划（实际）完成工程量及综合单价表

工程名称	第1月	第2月	第3月	第4月	第5月	综合单价（元/m²）
分项工程名称A	500(630)	600(600)				180
分项工程名称B		700(750)	800(1000)			480
分项工程名称C			950(950)	1100(1100)	1000(500)	375

问题：

（1）工程合同价为多少万元？

（2）列式计算材料预付款、开工前承包商应得措施项目工程款。

（3）计算第1月、第2月造价工程师应确认的工程支付款各为多少万元？

（4）假定该工程实际发生的措施费与计划一致，暂列金额中只在第4月支付了承包商索赔款6万元，其他费用均与计划一致，计算该工程的实际总造价及质量保证金。

分析：在计算前两个月的工程价款时，注意清单综合单价是包括规费和税金的，因此在计算时要将规费和税金考虑进去。

解析：

问题（1）：工程合同价＝（分部分项工程费＋措施费＋其他项目费）×（1+规费费率）×（1+税率）＝[（1100×180+1550×480+3050×375）×（1+2%）+208600]元×（1+7.5%）×（1+3.48%）＝（208.58+4.17+20.86）万元×1.11241＝259.87万元

问题（2）：材料预付款：（208.58+4.17+20.86-10）万元×1.11241×20%＝49.75万元

或（259.87-10×1.11241）万元×20%＝49.75万元

开工前措施款：4.17万元×1.11241×50%×90%＝2.09万元

问题（3）：第1月、第2月工程进度款计算：

第1月：（630×180×1.11241×90%÷10000+4.17×1.11241×50%×90%）万元＝13.44万元

第2月：A分项：（630+600）m^3＝1230m^3<（500+600）m^3×（1+15%）＝1265m^3

则（600×180）元÷10000×1.11241＝12.01万元；

B分项：（750×480）元×1.11241÷10000＝40.05万元；

A与B分项小计：（12.01+40.05）万元＝52.06万元；

进度款：（52.06×90%-49.75÷3）万元＝30.27万元

问题（4）：工程实际总造价＝（分部分项工程费＋措施费＋其他项目费）×（1+规费费率）×（1+税率）＝[（1230×180+1750×480+2550×375×1.05）÷10000+4.17+10.86+6]万元×（1+7.5%）×（1+3.48%）＝253.16万元；

工程质量保证金＝253.16万元×5%＝12.66万元

【案例6-5】　背景：某承包商于某年承包某外资工程项目施工任务，该工程施工时间从当年5月开始至9月，与造价相关的合同内容有：

（1）工程合同价2000万元，工程价款采用调值公式动态结算。该工程的不调值部分价款占合同价的15%，5项可调值部分价款分别占合同价的35%、23%、12%、8%、7%。调值公式如下

$$P=P_0\left[A+\left(B_1\times\frac{F_{t1}}{F_{01}}+B_2\times\frac{F_{t2}}{F_{02}}+B_3\times\frac{F_{t3}}{F_{03}}+B_4\times\frac{F_{t4}}{F_{04}}+B_5\times\frac{F_{t5}}{F_{05}}\right)\right]\qquad(6\text{-}6)$$

式中　　　　　　　　P——结算期已完工程调值后结算价款；

P_0——结算期已完工程未调值合同价款；

A——合同价中不调值部分权重；

B_1、B_2、B_3、B_4、B_5——合同价中5项可调值部分的权重；

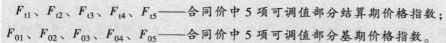

F_{t1}、F_{t2}、F_{t3}、F_{t4}、F_{t5}——合同价中5项可调值部分结算期价格指数；

F_{01}、F_{02}、F_{03}、F_{04}、F_{05}——合同价中5项可调值部分基期价格指数。

（2）开工前业主向承包商支付合同价20%的工程预付款，在工程最后两个月平均扣回。

（3）工程款逐月结算。

（4）业主自第1月起，从给承包商的工程款中按5%的比例扣留质量保证金。工程质量缺陷责任期为12个月。

该合同的原始报价日期为当年3月1日。结算各月可调值部分的价格指数见表6-5。

表6-5 可调值部分的价格指数表

代号	F_{01}	F_{02}	F_{03}	F_{04}	F_{05}
3月指数	100	153.4	154.4	160.3	144.4
代号	F_{t1}	F_{t2}	F_{t3}	F_{t4}	F_{t5}
5月指数	110	156.2	154.4	162.2	160.2
6月指数	108	158.2	156.2	162.2	162.2
7月指数	108	158.4	158.4	162.2	164.2
8月指数	110	160.2	158.4	164.2	162.4
9月指数	110	160.2	160.2	164.2	162.8

未调值前各月完成工程量情况为：

5月完成工程200万元，本月业主供料部分材料费为5万元。

6月完成工程300万元。

7月完成工程400万元，另外由于业主方设计变更，导致工程局部返工，造成拆除材料费损失0.15万元，人工费损失0.10万元，重新施工费用合计1.5万元。

8月完成工程600万元，另外由于施工中采用的模板形式与定额不同，造成模板增加费用0.30万元。

9月完成工程500万元，另有批准的工程索赔款1万元。

问题：

（1）工程预付款是多少？工程预付款从哪个月开始起扣，每月扣留多少？

（2）确定每月业主应支付给承包商的工程款。

（3）工程在竣工半年后，发生屋顶漏水，业主应如何处理此事？

分析：

建设工程价款调整方法有：工程造价指数调整法、实际价格调整法、调价文件计算法和调值公式法（又称动态结算公式法）。本案例主要考核工程价款调整的调值公式法的应用。因此，在求解该案例之前，对上述内容要进行系统的学习，尤其是关于动态结算方法及其计算，工程质量保证金和预付款的处理，要能够熟练地应用动态结算公式进行计算。

解析：

问题（1）：解：工程预付款＝2000万元×20%＝400万元；工程预付款从8月开始起扣，每月扣400万元/2＝200万元

问题（2）：解：每月业主应支付的工程款：

5月工程量价款＝200万元×$\left[0.15+\left(0.35\times\frac{110}{100}+0.23\times\frac{156.2}{153.4}+0.12\times\frac{154.4}{154.4}+0.08\times\frac{162.2}{160.3}+0.07\times\frac{160.2}{144.4} \right) \right]$＝209.56万元

业主应支付工程款＝209.56万元×（1-5%）-5＝194.08万元

6月工程量价款＝300万元×$\left[0.15+\left(0.35\times\frac{108}{100}+0.23\times\frac{158.2}{153.4}+0.12\times\frac{156.2}{154.4}+0.08\times\frac{162.2}{160.3}+0.07\times\frac{160.2}{144.4} \right) \right]$＝313.85万元

业主应支付工程款＝313.85万元×（1-5%）＝298.16万元

7月工程量价款＝400万元×$\left[0.15+\left(0.35\times\frac{108}{100}+0.23\times\frac{158.4}{153.4}+0.12\times\frac{158.4}{154.4}+0.08\times\frac{162.2}{160.3}+0.07\times\frac{160.2}{144.4} \right) \right]$+0.15+0.1+1.5＝421.41万元

业主应支付工程款＝421.41万元×（1-5%）＝400.34万元

8月工程量价款＝600万元×$\left[0.35+\left(0.35\times\frac{110}{100}+0.23\times\frac{160.2}{153.4}+0.12\times\frac{158.4}{154.4}+0.08\times\frac{164.2}{160.3}+0.07\times\frac{160.2}{144.4} \right) \right]$＝635.39万元

业主应支付工程款＝635.39万元×（1-5%）-200万元＝403.62万元

9月工程量价款＝500万元×$\left[0.15+\left(0.35\times\frac{110}{100}+0.23\times\frac{160.2}{153.4}+0.12\times\frac{160.2}{154.4}+0.08\times\frac{164.2}{160.3}+0.07\times\frac{162.8}{144.4} \right) \right]$+1万元＝531.28万元

业主应支付工程款＝531.28万元×（1-5%）-200万元＝304.72万元

问题（3）：在工程竣工半年后发生屋面漏水，由于在保修期内，业主应首先通知原承包商进行维修。如果原承包商不能在约定的时限内派人维修，业主也可委托他人进行修理，费用从质量保证金中支付。

【案例6-6】 背景：某工程项目业主通过工程量清单招标方式确定某投标人为中标人，并与其签订了工程承包合同，工期4个月。有关工程价款与支付约定如下：

（1）工程价款

1）分项工程清单，含有甲、乙两项混凝土分项工程，工程量分别为：2300m³、3200m³，综合单价分别为：580元/m³、560元/m³。除甲、乙两项混凝土分项工程外的其余分项工程费用为50万元。当某一分项工程实际工程量比清单工程量增加（或减少）15%以上时，应进行调价，调价系数为0.9（1.08）。

2）单价措施项目清单，含有甲、乙两项混凝土分项工程模板及支撑费、脚手架费用、垂直运输费用、大型机械设备进出场费用及安装和拆除费5项，总费用66万元，其中甲、乙两项混凝土分项工程模板及支撑费用分别为12万元、13万元，结算时，该两项费用按相应混凝土分项工程工程量变化比例调整，其余单价措施项目费用不予调整。

3）总价措施项目清单，含有安全文明施工费、雨期施工费、二次搬运费和已完工程及设备保护费四项，总费用54万元，其中安全文明施工费、已完工程及设备保护费分别为18万元、5万元。结算时，安全文明施工费按分项工程项目、单价措施项目费用变化额的2%调整，已完工程及设备保护费按分项工程项目费用变化额的0.5%调整，其余总价措施项目费用不予调整。

4）其他项目清单，含有暂列金额和专业工程暂估价两项，费用分别为10万元、20万元（另计总承包服务费5%）。

5）规费费率为不含税的人、材、机费、管理费、利润之和的6.5%；增值税税率为不含税的人、材、机费、管理费、利润、规费之和的11%。

（2）工程预付款与进度款

1）开工之日7天之前，业主向承包商支付材料预付款和安全文明施工费预付款。材料预付款为分项工程合同价的20%，在最后两个月平均扣除；安全文明施工费预付款为其合同价的70%。

2）甲、乙分项工程项目进度款按每月已完工程量计算支付，其余分项工程项目进度款和单价措施项目进度款在施工期内每月平均支付；总价措施项目价款除预付部分外，其余部分在施工期内第2月、第3月平均支付。

3）专业工程费用、现场签证费用在发生当月按实结算。

4）业主按每次承包商应得工程款的90%支付。

（3）竣工结算

1）竣工验收通过30天后开始结算。

2）措施项目费用在结算时根据取费基数的变化调整。

3）业主按实际总造价的5%扣留工程质量保证金，其余工程尾款在收到承包商结清支付申请后14天内支付。

承包商每月实际完成并经签证确认的分项工程项目工程量见表6-6。

表6-6　每月实际完成工程量表　　　　　　　　　　　（单位：m³）

分项工程	月				
	1	2	3	4	合计
甲	500	800	800	600	2700
乙	700	900	800	300	2700

施工期间，第2月发生现场签证费用2.6万元；专业工程分包在第3月进行，实际费用为21万元。

问题：

（1）该工程预计不含税、含税合同价为多少万元？材料预付款为多少万元？安全文明施工费预付款为多少万元？

（2）每月承包商已完工程款为多少万元？每月业主应向承包商支付工程款为多少万元？到每月底累计支付工程款为多少万元？

（3）分项工程项目、单价和总价措施项目费用调整额为多少万元？实际工程含税总造价为多少万元？

（4）工程质量保证金为多少万元？竣工结算最终付款为多少万元？

分析：

本案例是根据工程量清单计价模式进行工程价款结算与支付的案例。在分析计算过程中应注意的问题如下：

（1）基本计算方法

工程量清单计价模式的工程价款基本计算方法可用下式表达

$$工程价款 = \sum 计价项目费用 \times (1+规费费率) \times (1+税率) \qquad (6-7)$$

其中，计价项目费用应包括分部分项工程项目费用、措施项目费用和其他项目费用。

分项工程项目费用计算方法为：首先，确定每个分项工程量清单项目（子目）的工程量和综合单价。其次，以工程量和综合单价的乘积作为每个分部分项工程量清单项目（子目）的费用，最后，汇总形成分项工程项目费用合计。

措施项目根据计价方式不同，分为单价措施项目和总价措施项目。单价措施项目，包括与分部分项工程量清单项目直接相关的措施项目（如模板、压力容器的检验等）和与分部分项工程项目类似的独立措施项目（如护坡桩、降水等），是可以计算工程量的措施项目。单价措施项目费用的计算与分部分项工程项目计价方式相同：首先计算工程量和制定综合单价，然后以量价相乘的结果作为相应费用。总价措施项目，包括安全文明施工、夜间施工、冬雨期施工、二次搬运、已完工程及设备保护等，是不能计算工程量的措施项目。总价措施项目费用，应按规定的计取基数乘以取费系数计算。其他项目费用，包括暂列金额、暂估价、计日工、总承包服务费等，应按下列规定计价：暂列金额应根据工程特点，按有关计价规定估算；暂估价中的材料单价应根据工程造价信息或参考市场价格估算；暂估价中专业工程金额应分不同专业，按有关计价规定估算；计日工应根据工程特点和实际情况及有关计价依据计算；总承包服务费应根据招标人列出的内容和要求估算。规费和增值税应按有关规定计算，不得作为竞争性费用。

（2）应注意的问题

1）分部分项工程项目、单价措施项目的工程量计算，应执行相应的专业工程工程量计价规范的计算规则。

2）综合单价，包括人工费、材料费、机械使用费、管理费、利润，并考虑一定的风险。

3）材料预付款与安全文明施工费预付款不同。前者属于预支，需要在后期承包商应得工程款中扣除，后者属于工程款提前支付。

4）竣工结算最终支付金额是实际工程总造价扣除已支付的预付款、进度款和质量保证金后的剩余部分工程款。

解析：

问题（1）：1）预计不含税合同价、含税合同价

不含税合同价 $=\sum$ 计价项目费用 $\times(1+$ 规费费率 $)=[(2300\times580+3200\times560)\div10000+50+66+54+10+20\times(1+5\%)]$ 万元 $\times(1+6.5\%)=546.984$ 万元

含税合同价 $=$ 不含税合同价 $\times(1+$ 税率 $)=546.984$ 万元 $\times(1+11\%)=607.152$ 万元

2）材料预付款 $=\sum($ 分项工程项目工程量 $\times$ 综合单价 $)\times(1+$ 规费费率 $)\times(1+$ 税率 $)\times$ 预付率 $=[362.6$ 万元 $\times(1+6.5\%)\times(1+11\%)\times20\%]=85.73$ 万元

3）安全文明施工费预付款 $=$ 费用额 $\times(1+$ 规费费率 $)\times(1+$ 税率 $)\times$ 预付率 $\times90\%=18$ 万元 $\times1.182\times70\%\times90\%=13.404$ 万元

问题（2）：每月承包商已完工程款 $=\sum($ 分项工程项目费用 $+$ 单价措施项目费用 $+$ 总价措施项目费用 $+$ 其他项目费用 $)\times(1+$ 规费费率 $)\times(1+$ 税金率 $)$

第1月：承包商已完工程款 $=[(500\times580+700\times560)\div10000+(50+66)\div4]$ 万元 $\times1.182=114.890$ 万元

业主应支付工程款 $=114.890$ 万元 $\times90\%=103.401$ 万元

累计已支付工程款 $(13.404+103.401)$ 万元 $=116.805$ 万元

第2月：承包商已完工程款 $=[(800\times580+900\times560)\div10000+(50+66)\div4+(54-18\times70\%)\div2+2.6]$ 万元 $\times1.182=176.236$ 万元

业主应支付工程款 $=176.236$ 万元 $\times90\%=158.613$ 万元

累计已支付工程款 $=(116.805+158.613)$ 万元 $=275.418$ 万元

第3月：承包商已完工程款 $=[(800\times580+800\times560)\div10000+(50+66)\div4+(54-18\times70\%)\div2+21\times(1+5\%)]$ 万元 $\times1.182=192.607$ 万元

业主应支付工程款 $=(192.607\times90\%-85.73\div2)$ 万元 $=130.481$ 万元

累计已支付工程款 $=(275.418+130.481)$ 万元 $=405.899$ 万元

第4月：1）分项工程综合单价调整，甲分项工程累计完成工程量的增加数量超过清单工程量的15%，超过部分工程量：$2700\mathrm{m}^3-2300\mathrm{m}^3\times(1+15\%)=55\mathrm{m}^3$，其综合单价调整为：$580\mathrm{m}^3\times0.9=522$ 元 $/\mathrm{m}^3$；乙分项工程累计工程量的减少数量超过清单工程量的15%，其全部工程量的综合单价调整为：560 元 $/\mathrm{m}^3\times1.08=604.8$ 元 $/\mathrm{m}^3$

2）承包商已完工程价款 $=\{[(600-55)\times580+55\times522+2700\times604.8-(700+900+800)\times560]\div10000+(50+66)\div4\}\times1.182=109.19$ 万元

3）业主应支付工程款 $=(109.19\times90\%-85.73\div2)$ 万元 $=55.406$ 万元

4）累计已支付工程款 $(405.899+55.406)$ 万元 $=461.305$ 万元

问题（3）：1）分项工程项目费用调整

甲分项工程费用增加 $=(2300\times15\%\times580+55\times522)$ 元 $\div10000=22.881$ 万元

乙分项工程费用减少 $=(2700\times604.8-3200\times560)$ 元 $\div10000=-15.904$ 万元

小计：$(22.8811-15.904)$ 万元 $=6.977$ 万元

2）单价措施项目费用调整

甲分项工程模板及支撑费用增加 $=[12\times(2700-2300)\div2300]$ 万元 $=2.087$ 万元

乙分项工程模板及支撑费用增加 $=[13\times(2700-3200)\div3200]$ 万元 $=-2.031$ 万元

小计：（2.087−2.031）万元＝0.056 万元

3）总价措施项目费用调整

（6.977＋0.056）万元×2%＋6.977 万元×0.5%＝0.176 万元

4）实际工程总造价

$[（362.6＋6.977）＋（66＋0.056）＋（54＋0.176）＋2.6＋21×（1＋5%）]$ 万元×1.182＝608.091 万元

问题（4）：工程质量保证金＝608.091 万元×5%＝30.405 万元

竣工结算最终支付工程款＝（608.091−85.73−13.404−461.305）万元＝47.652 万元

【案例 6-7】 背景：某工程项目业主采用《建设工程工程量清单计价规范》规定的计价方法，通过公开招标确定了承包人，双方签订了工程承包合同，合同工期为 6 个月。合同中的清单项目及费用包括：分项工程项目 3 项，总费用 180 万元，相应专业措施费用为 15 万元，安全文明施工措施费用为 4 万元，计日工费用为 2 万元，暂列金额为 10 万元，专业分包工程暂估价为 20 万元，总承包服务费为专业分包工程费用的 4%，规费和税金综合税率为 10%。各个分项工程项目费用及相应专业措施费用、施工进度见表 6-7。

表 6-7 各个分项工程项目费用及相应专业措施费用、施工进度表

分项工程项目名称	分项工程项目费用及相应专业措施费用（万元）		施工进度（月）					
	项目费用	措施费用	1	2	3	4	5	6
A	50	3.8	——	——				
B	70	6.4			——	——		
C	60	4.8					——	——

合同中有关付款条款约定如下：

安全文明施工措施费用在开工之日前 7 天全部支付。工程预付款为签约合同价（扣除暂列金额）的 15%，于开工之日前 7 天支付，在工期最后 3 个月的工程款中（扣除安全文明施工措施费）平均扣回。业主按每月工程款的 70% 给承包商付款。竣工结算时扣留工程实际总造价的 3% 作为质保金。

问题：

（1）该工程签约合同价是多少万元？工程预付款为多少万元？

（2）分项工程项目费用及相应专业措施费用按实际进度逐月均匀结算。计日工费用、专业工程费用发生在第 4 月，并在当月结算。列式计算第 4 月业主应支付给承包商的工程款为多少万元？

（3）在第 6 月发生的工程变更、现场签证等费用为 13 万元，其他费用均与原合同价相同，总承包服务费、暂列金额按实际发生额在竣工结算时一次性结算。列式计算该工程实际总造价和扣除质保金后承包商应获得的工程价款总额（费用计算以万元为单位，结果保留 3 位小数）。

解析：

问题（1）：分部分项工程费=180万元

措施费=（15+4）万元=19万元

其他项目费=[2+10+20×（1+4%）]万元=32.8万元

合同价=（分部分项工程费+措施费+其他项目费）×规费和税金费率=（180+19+32.8）万元×1.1=254.980万元

预付款=[（180+15+22.8）×1.1×15%+4×1.1]万元=（35.937+4.4）万元=40.337万元

问题（2）：第4月B项工程完成工程款=[（70+6.4）÷3+（2+20×1.04）]万元×1.1=53.093万元

第4月C项工程完成工程款=[（60+4.8）÷3]万元×1.1=23.760万元

第4个月扣回预付款=（35.937÷3）万元=11.979万元

第4个月业主实际支付承包商工程款=[（53.093+23.760）]万元×70%-11.979万元=41.818万元

问题（3）：工程实际总造价=[254.980+13×（1+10%）-10×（1+10%）]万元=258.280万元

扣除质保金后承包商应获得的工程价款总额=258.280万元×（1-3%）=250.532万元

6.2　投资偏差分析

6.2.1　基本概念

1. 投资偏差分析基本要素及计算公式

投资偏差分析基本要素及计算公式见表6-8。

表6-8　投资偏差分析基本要素及计算公式

项目	计算公式	说明
三个投资值	拟完工程计划投资（BCWS）=∑拟完工程量（计划工程量）×计划单价 已完工程计划投资（BCWP）=∑已完工程量（实际工程量）×计划单价 已完工程实际投资（ACWP）=∑已完工程量（实际工程量）×实际单价	BCWS 计划值 ACWP 实际值 BCWP 挣值
四个评价指标	投资偏差（CV）=已完工程计划投资（BCWP）-已完工程实际投资（ACWP） 进度偏差（SV）=已完工程计划投资（BCWP）-拟完工程计划投资（BCWS）	CV>0,工程投资节约 CV<0,工程投资超支 SV>0,工程进度超前 SV<0,工程进度拖后
	投资绩效指数（CPI）=$\dfrac{已完工程计划投资（BCWP）}{已完工程实际投资（ACWP）}$ 进度绩效指数（SPI）=$\dfrac{已完工程计划投资（BCWP）}{拟完工程计划投资（BCWS）}$	CPI>0,工程投资节约 CPI<0,工程投资超支 SPI>1,工程进度超前 SPI<1,工程进度拖后

2. 投资偏差分析的主要内容

投资偏差分析的主要内容及计算公式见表 6-9。偏差分析可采用不同的方法，常用的有横道图、表格法和曲线法。

表 6-9　投资偏差分析的主要内容及计算公式

		主要内容
偏差类型	由公式求得	投资偏差=已完工程计划投资-已完工程实际投资 进度偏差=已完工程计划投资-拟完工程计划投资 进度偏差=已完工程实际时间-已完工程计划时间
	由三条投资参数曲线求得	已完工程实际投资曲线和已完工程计划投资曲线的竖向距离表示投资偏差 拟完工程计划投资曲线和已完工程计划投资曲线的水平距离是用时间表示的进度偏差,两者的竖向距离是用投资额表示的进度偏差

6.2.2　案例分析

【案例 6-8】　背景：某工程项目业主采用工程量清单计价方式公开招标确定了承包人，双方签订了工程承包合同，合同工期为 6 个月。合同中的清单项目及费用包括分项工程项目 4 项，总费用为 200 万元，相关专业措施费用为 16 万元，安全文明施工措施费用为 6 万元，计日工费用为 3 万元，暂列金额为 12 万元，特种门窗工程（专业分包）暂估价为 30 万元，总承包服务费为专业分包工程费用的 5%，规费和税金综合税率为 7%。各个分项工程项目费用及相关专业措施费用、施工进度见表 6-10。

表 6-10　各个分项工程项目费用及相关专业措施费用、施工进度表

分项工程项目名称	分项工程项目费用及相关专业措施费用(万元)		施工进度(月)					
	项目费用	措施费用	1	2	3	4	5	6
A	40	2.2	----					
B	60	5.4		----	----	----		
C	60	4.8			----	----	----	
D	40	3.6					----	----

合同中有关付款条款约定如下：

（1）工程预付款为签约合同价（扣除暂列金额）的 20%，于开工之日前 10 天支付，在工期最后 2 个月的工程款中平均扣回。

（2）分项工程项目费用及相应专业措施费用按实际进度逐月结算。

（3）安全文明施工措施费用在开工后的前 2 个月平均支付。

（4）计日工费用、特种门窗专业费用预计发生在第 5 个月，并在当月结算。

（5）总承包服务费、暂列金额按实际发生额在竣工结算时一次性结算。

（6）业主按每月工程款的90%给承包商付款。

（7）竣工结算时扣留工程实际总造价的5%作为质保金。

问题：

（1）该工程签约合同价为多少万元？工程预付款为多少万元？

（2）列式计算第3月末时的工程进度偏差，并分析工程进度情况（以投资额表示）。

（3）计日工费用、特种门窗专业费用均按原合同价发生在第5月，列式计算第5月末业主应支付给承包商的工程款为多少万元？

（4）在第6月发生的工程变更、现场签证等费用为10万元，其他费用均与原合同价相同。列式计算该工程实际总造价和扣除质保金后承包商应获得的工程款总额（费用计算以万元为单位，结果保留3位小数）。

解析：

问题（1）：

1）签约合同价 = （200+16+6+3+12+30+30×5%）万元×（1+7%）= 287.295 万元

2）工程预付款 = （200+16+6+3+30+30×5%）万元×（1+7%）×20% = 54.891 万元

问题（2）：第3月末拟完工程计划投资 = [40+2.2+（60+5.4）×2÷3+（60+4.8）×1÷3+6]万元×（1+7%）= 121.338 万元

第3月末已完工程计划投资 = [40+2.2+（60+5.4）×1÷2+6]万元×（1+7%）= 86.563 万元

第3月末进度偏差 = 已完工程计划投资−拟完工程计划投资 = （86.563−121.338）万元 = −34.775 万元。所以，进度拖后 34.775 万元。

问题（3）：第5月末业主应支付给承包商的工程款 = [（60+5.4）×1÷4+（60+4.8）×1÷3+（40+3.6）×1÷2+3+30]万元×（1+7%）×90%−54.891÷2 万元 = 61.873 万元

问题（4）：工程实际总造价 = 287.295+10×（1+7%）−12×（1+7%）= 285.155 万元

扣除质保金后承包商应得工程款 = 285.155 万元×（1−5%）= 270.897 万元

【案例6-9】　背景：某工程项目施工合同于2010年12月签订，约定的合同工期为20个月，2011年1月开始正式施工，施工单位按合同工期要求编制了混凝土结构工程施工进度时标网络计划（图6-1）并经审核批准。

该项目的各项工作均按最早开始时间安排，且各工作每月所完成的工程量相等。各工作的计划工程量和实际工程量见表6-11。工作D、E、F的实际工作持续时间与计划持续时间相同。

合同约定，混凝土结构工程综合单价为1000元/m³，按月结算。结算价按项目所在地混凝土结构工程价格指数进行调整，项目实施期间各月的混凝土结构工程价格指数见表6-12。施工期间，由于建设单位原因使工作H的开始时间比计划的开始时间推迟1个月，并由于工作H工作量的增加使该工作的工作持续时间延长了1个月。

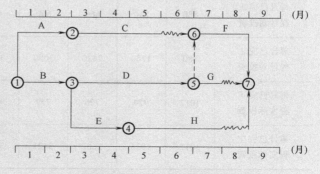

图6-1　工程施工进度时标网络计划图

表 6-11　各工作计划工程量和实际工程量　　　　　　（单位：m³）

工作	A	B	C	D	E	F	G	H
计划工程量	8600	9000	5400	10000	5200	6200	1000	3600
实际工程量	8600	9000	5400	9200	5000	5800	1000	5000

表 6-12　各月的混凝土结构工程价格指数

时间	2009 年 12 月	2010 年 1 月	2010 年 2 月	2010 年 3 月	2010 年 4 月	2010 年 5 月	2010 年 6 月	2010 年 7 月	2010 年 8 月	2010 年 9 月
混凝土结构工程价格指数(%)	100	115	105	110	115	110	110	120	110	110

问题：

（1）按施工进度计划编制资金使用计划，计算每月和累计拟完工程计划投资、已完工程计划投资以及已完工程实际投资。

（2）计算工作 H 各月的已完工程计划投资和已完工程实际投资。

（3）列式计算 8 月末的投资偏差和进度偏差（用投资额表示）。

解析：

问题（1）：每月和累计拟完工程计划投资、已完工程计划投资以及已完工程实际投资见表 6-13。

表 6-13　每月和累计拟完工程计划投资、已完工程计划投资以及已完工程实际投资

（单位：万元）

项目	投资数据								
	1 月	2 月	3 月	4 月	5 月	6 月	7 月	8 月	9 月
每月拟完工程计划投资	880	880	690	690	550	370	530	310	
累计拟完工程计划投资	880	1760	2450	3140	3690	4060	4590	4900	
每月已完工程计划投资	880	880	660	660	410	355	515	415	125
累计已完工程计划投资	880	1760	2420	3080	3490	3845	4360	4775	4900
每月已完工程实际投资	1012	924	726	759	451	390.5	618	456.5	137.5
累计已完工程实际投资	1012	1936	2662	3421	3872	4262.5	4880.5	5337	5474.5

以 2010 年 1 月为例：1 月实际完成和计划完成的工作均为 $\frac{1}{2}$ 的 A 工作和 $\frac{1}{2}$ 的 B 工作。

对于 $\frac{1}{2}$ 的 A 工作：

已完工程计划投资＝拟完工程计划投资＝(8600÷2×1000)元＝430 万元

已完工程实际投资＝430 万元×115%＝494.5 万元

对于 $\frac{1}{2}$ 的 B 工作：

已完工程计划投资＝拟完工程计划投资＝9000÷2×1000 元＝450 万元

已完工程实际投资＝450 万元×115%＝517.5 万元

故 1 月份的拟完工程计划投资＝(430+450) 万元＝880 万元，已完工程计划投资＝880 万元，已完工程实际投资＝(494.5+517.5) 万元＝1012 万元。

问题（2）：

H 工作 6—9 月每月完成工程量＝(5000÷4)m^3/月＝1250m^3/月

H 工作 6—9 月已完工程计划投资额＝(1250×1000)元＝125 万元

H 工作已完工程实际投资：

6 月：125 万元×110%＝137.5 万元

7 月：125 万元×120%＝150.0 万元

8 月：125 万元×110%＝137.5 万元

9 月：125 万元×110%＝137.5 万元

问题（3）：投资偏差＝已完工程实际投资−已完工程计划投资＝5337−4775＝562 万元（投资超支）

进度偏差＝拟完工程计划投资−已完工程计划投资＝4900−4775＝125 万元（进度拖延）

【案例 6-10】 背景：某工程的时标网络计划如图 6-2 所示。工程进展到第 5 月、第 10 月和第 15 月底时，分别检查了工程进度，相应绘制了三条实际进度前锋线，如图 6-2 中的点画线所示。

问题：

（1）计算第 5 月和第 10 月底的已完工程计划投资（累计值）各为多少？

（2）分析第 5 月和第 10 月底的投资偏差。

（3）试用投资概念分析进度偏差。

（4）根据第 5 月和第 10 月底实际进度前锋线分析工程进度情况。

（5）第 15 个月底检查时，工作⑦→⑨因为特殊恶劣天气造成工期拖延 1 个月，施工单位损失 3 万元。因此，施工单位提出要求工期延长 1 个月和费用索赔 3 万元。造价工程师应批准工期、费用索赔多少？为什么？

分析：

本案例要求对工程网络计划技术部分的有关内容要达到一定的熟练程度，尤其是对工程的时标网络计划和实际进度前锋线，要能够灵活运用；并掌握投资偏差、进度偏差的基本概念和计算方法，掌握工程索赔的条件、索赔内容及相应的计算方法。

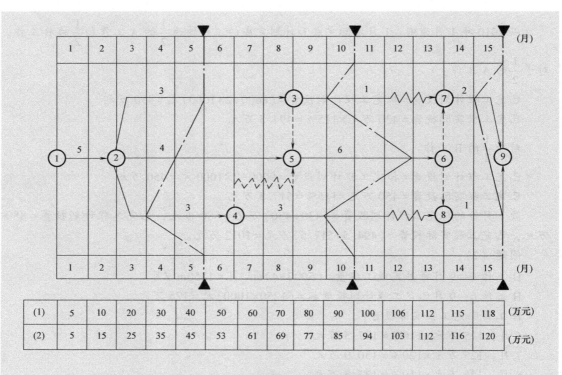

图 6-2　某工程时标网络计划和投资数据

注：1. 图中每根箭线上方数值为该项工作每月计划投资。
　　2. 方格内（1）栏数值为该工程计划投资累计值，（2）栏数值为该工程已完工程实际投资累计值。

解析：

问题（1）：第 5 月底，已完工程计划投资＝（20+6+4）万元＝30 万元

第 10 月底，已完工程计划投资＝（80+6×3）万元＝98 万元

问题（2）：第 5 月底的投资偏差＝已完工程计划投资－已完工程实际投资＝（30−45）万元＝−15 万元（投资增加 15 万元）

第 10 月底，投资偏差＝（98−85）万元＝13 万元（投资节约 13 万元）

问题（3）：根据投资概念分析进度偏差为：进度偏差＝已完工程计划投资－拟完工程计划投资。

第 5 个月底进度偏差＝（30−40）万元＝−10 万元（进度拖延 10 万元）

第 10 个月底进度偏差＝（98−90）万元＝8 万元（进度提前 8 万元）

问题（4）：第 5 月底，工程进度情况为：②→③工作进度正常；②→⑤工作拖延 1 个月，因为其是关键工作，故将影响工期 1 个月；②→④工作拖延 2 个月，因为有 2 个月总时差，故不影响工期。从第 5 月底的工程进度来看，受②→⑤工作拖延 1 个月的影响，工期将延长 1 个月。

第 10 月底，工程进度情况为：③→⑦工作拖延 1 个月，因为有 2 个月总时差，故不影响工期；⑤→⑥工作提前 2 个月，因为是关键工作，有可能缩短工期 2 个月；④→⑧工作拖延 1 个月，因为有 2 个月的机动时间，故不影响工程进度。从第 10 月底的工程进度来看，受③→⑦工作拖延 1 个月和⑤→⑥工作提前 2 个月的共同影响，工期将缩短 1 个月。

问题（5）：造价工程师应批准延长工期1个月，费用索赔不应批准。因为，特殊恶劣的气候条件应按不可抗力处理，造成的工期拖延，可以要求顺延，但不能要求赔偿经济损失。

【案例6-11】　背景：某工程项目发包人与承包人签订了施工合同，工期5个月。工程内容包括A，B两项分项工程，综合单价分别为400.00元/m³，280.00元/m³；管理费和利润为人、材、机费用之和的20%，规费和税金为人、材、机费用、管理费和利润之和的15%，总价措施项目费用10万元（其中安全文明施工费5.8万元），暂列金额20万元。各个分项工程每月计划和实际完成工程量及单价措施项目费用见表6-14。

表6-14　分项工程每月计划和实际完成工程量及单价措施项目费用表

工程量和费用名称表		月					合计
		1	2	3	4	5	
A分项工程/m³	计划工程量	200	300	300	200	400	1400
	实际工程量	200	320	360	300	460	1640
B分项工程/m³	计划工程量	180	200	200	120	300	1000
	实际工程量	180	210	220	90	340	1040
单价措施项目费用（万元）		2	2	2	1	3	7

合同中有关工程价款结算与支付约定如下：

（1）开工日7天前，发包人应向承包人支付合同价款（扣除暂列金额和安全文明施工费）的15%作为工程预付款，工程预付款在第2、3、4月的工程价款中平均扣回。

（2）开工后7日内，发包人应向承包人支付安全文明施工费的60%，剩余部分和其他总价措施项目费用在第2、3、4月平均支付。

（3）发包人按每月承包人应得工程进度款的90%支付。

（4）当分项工程工程量增加（或减少）幅度超过15%时，应调整综合单价，调整系数为0.9（或1.1）；措施项目费按无变化考虑。

（5）B分项工程所用的两种材料采用动态结算方法结算，该两种材料在B分析工程费用中所占比例分别为12%和10%，基期价格指数为100。

施工期间，经监理工程师核实及发包人确认的有关事项如下：

（1）第2月发生现场计日工的人、材、机费用6.8万元。

（2）第5月B分项工程动态结算的两种材料价格指数分别为110和120。

问题：

（1）该工程合同价为多少万元？工程预付款为多少万元？

（2）第2月发包人应支付给承包人的工程价款为多少万元？

（3）到第3月末B分项工程的进度偏差为多少万元？

（4）第5月A、B两项分项工程的工程价款分别为多少万元？发包人在该月应支付给承包人的工程价款为多少万元（计算结果保留三位小数）？

解析：

问题（1）：合同价=[（400×1400+280×1000）÷10000+10+10+20]万元×（1+15%）=142.600万元

工程预付款=[（400×1400+280×1000）÷10000+10+（10−5.8）]万元×（1+15%）×15%=16.940万元

问题（2）：第2、3、4月支付措施费=（10−5.8×60%）÷3=2.173万元

第2、3、4月应扣回工程预付款=16.940/3=5.467万元

第2月应支付给承包人的工程价款=[（400×320+280×210）÷10000+2+2.173+6.8×1.16]×（1+15%）万元×90%−5.467万元=26.350万元

问题（3）：第3月末已完成工程计划投资=[（180+200+200）×220×（1+15%）÷10000]万元=14.674万元

第3月末拟完成工程计划投资=[（180+210+220）×220×（1+15%）÷10000]万元=15.433万元

第3月末进度偏差=已完成工程计划投资−拟完成工程计划投资=（15.433−14.674）万元=0.759万元

问题（4）：第5月A分项工程（1640−1400）÷1400=17.14%>15%，需要调价。1400×（1+15%）=1610，前四个月实际工程量1640−460=1180m³

第5月A分项工程价款=[（1610−1180）×400+（1640−1610）×400×0.9]×（1+15%）÷10000=21.022万元

第4月B分项工程价款=340×280×（78%+12%×110/100+10%×120/100）×（1+15%）÷10000=11.298万元

第5月措施费=3万元×（1+15%）=3.450万元

第5月应支付工程价款=（21.022+11.298+3.450）万元×90%=32.193万元。

■ 6.3 竣工决算

6.3.1 基本概念

1. 竣工决算

竣工决算是由建设单位编制的反映建设项目实际造价和投资效果的文件。

（1）竣工决算的内容　竣工决算的内容应包括从项目策划到竣工投产全过程的全部实际费用。按照规定，竣工决算的内容包括竣工财务决算说明书、竣工财务决算报表、工程竣工图和工程造价对比分析四个部分。其中竣工财务决算说明书和竣工财务决算报表又合称为竣工财务决算，它是竣工决算的核心内容。

（2）竣工决算的作用

1）建设项目竣工决算是综合全面地反映竣工项目建设成果及财务情况的总结性文件，它采用货币指标、实物数量、建设工期和各种技术经济指标综合，全面地反映建设项目自开始建设到竣工为止全部建设成果和财务状况。

2）建设项目竣工决算是办理交付使用资产的依据，也是竣工验收报告的重要组成部分。建设单位与使用单位在办理交付资产的验收交接手续时，通过竣工决算反映交付使用资产的全部价值，包括固定资产、流动资产、无形资产和其他资产的价值。及时编制竣工决算可以正确核定固定资产价值并及时办理交付使用，可缩短工程建设周期，节约建设项目投资，准确考核和分析投资效果，可作为建设主管部门向企业使用单位移交财产的依据。

3）建设项目竣工决算是分析和检查设计概算的执行情况，考核建设项目管理水平和投资效果的依据。竣工决算反映了竣工项目计划、实际的建设规模、建设工期以及设计和实际的生产能力，反映了概算总投资和实际的建设成本，同时还反映了所达到的主要技术经济指标。通过对这些指标计划数、概算数与实际数进行对比分析，不仅可以全面掌握建设项目计划和概算执行情况，而且可以考核建设项目投资效果，为今后制订建设项目计划，降低建设成本，提高投资效果提供必要的参考资料。

（3）竣工决算的编制依据

1）经批准的可行性研究报告及其投资估算书。

2）经批准的初步设计或扩大初步设计及其概算书或修正概算书。

3）经批准的施工图设计及其施工图预算书。

4）设计交底或图样会审会议纪要。

5）招投标的标底、承包合同、工程资料。

6）施工记录或施工签证单及其他施工发生的费用记录。

7）竣工图及各种竣工验收资料。

8）历年基建资料、财务决算及批复文件。

9）设备、材料等调价文件和调价记录。

10）有关财务核算制度、办法和其他有关资料、文件等。

（4）竣工财务决算表　竣工财务决算表是竣工财务决算报表的一种，用来反映建设项目的全部资金来源和资金占用（支出）情况，是考核和分析投资效果的依据。竣工财务决算表采用平衡表的形式，即资金来源合计等于资金占用合计。

2. 新增资产的构成

建设项目竣工投入运营后，其所花费的总投资形成相应的资产。按照新的财务制度和企业会计准则，新增资产按资产性质可分为固定资产、流动资产、无形资产和其他资产四大类。

（1）新增固定资产价值的确定方法　新增固定资产价值是建设项目竣工投产后所增加的固定资产的价值，它是以价值形态表示的固定资产投资最终成果的综合性指标。新增固定资产价值是投资项目竣工投产后所增加的固定资产价值，即交付使用的固定资产价值，是以价值形态表示建设项目的固定资产最终成果的指标。新增固定资产价值的计算是以独立发挥生产能力的单项工程为对象的。单项工程建成经有关部门验收鉴定合格，正式移交生产或使用，即应计算新增固定资产价值。一次交付生产或使用的工程一次计算新增固定资产价值，分期分批交付生产或使用的工程，应分期分批计算新增固定资产价值。新增固定资产价值的内容包括：已投入生产或交付使用的建筑、安装工程造价；达到固定资产标准的设备、工器具的购置费用；增加固定资产价值的其他费用。

（2）新增无形资产价值的确定方法

1）投资者按无形资产作为资本金或者合作条件投入时，按评估确认或合同协议约定的金额计价。

2）购入的无形资产，按照实际支付的价款计价。

3）企业自创并依法申请取得的，按开发过程中的实际支出计价。

4）企业接受捐赠的无形资产，按照发票账单所载金额或者同类无形资产市场价作价。

5）无形资产计价入账后，应在其有效使用期内分期摊销，即企业为无形资产支出的费用应在无形资产的有效期内得到及时补偿。

（3）新增流动资产价值的确定方法　流动资产是指可以在一年内或者超过一年的一个营业周期内变现或者运用的资产，包括现金及各种存款以及其他货币资金、应收及预付款项、短期投资、存货以及其他流动资产等。

1）货币性资金。货币性资金是指现金、各种银行存款及其他货币资金，其中现金是指企业的库存现金，包括企业内部各部门用于周转使用的备用金；各种存款是指企业的各种不同类型的银行存款；其他货币资金是指除现金和银行存款以外的其他货币资金，根据实际入账价值核定。

2）应收及预付款项。应收账款是指企业因销售商品、提供劳务等应向购货单位或受益单位收取的款项；预付款项是指企业按照购货合同预付给供货单位的购货定金或部分货款。应收及预付款项包括应收票据、应收款项、其他应收、预付货款和待摊费用。一般情况下，应收及预付款项按企业销售商品、产品或提供劳务时的实际成交金额入账核算。

3）短期投资。短期投资包括股票、债券、基金。股票和债券根据是否可以上市流通分别采用市场法和收益法确定其价值。

4）存货。存货是指企业的库存材料、在产品、产成品等。各种存货应当按照取得时的实际成本计价。存货的形成，主要有外购和自制两个途径。外购的存货，按照买价加运输费、装卸费、保险费、途中合理损耗、入库前加工、整理及挑选费用以及缴纳的税金等计价；自制的存货，按照制造过程中的各项实际支出计价。

（4）新增其他资产价值的确定方法　新增其他资产是指不能全部计入当年损益，应当在以后年度分期摊销的各种费用，包括开办费、租入固定资产改良支出等。

1）开办费的计价。开办费是指筹建期间建设单位管理费中未计入固定资产的其他各项费用，如建设单位经费，包括筹建期间工作人员工资、办公费、差旅费、印刷费、生产职工培训费、样品样机购置费、农业开荒费、注册登记费等以及不计入固定资产和无形资产的汇兑损益、利息支出。按照新财务制度规定，除了筹建期间不计入资产价值的汇兑净损失外，开办费从企业开始生产经营月份的次月起，按照不短于5年的期限平均摊入管理费用中。

2）租入固定资产改良支出的计价。租入固定资产改良支出是企业从其他单位或个人租入的固定资产，所有权属于出租人，但企业依合同享有使用权。通常双方在协议中规定，租入企业应按照规定的用途使用，并承担对租入固定资产进行修理和改良的责任，即发生的修理和改良支出全部由承租方负担。对租入固定资产的大修理支出，不构成固定资产价值，其会计处理与自有固定资产的大修理支出无区别。对租入固定资产实施改良，因有助于提高固定资产的效用和功能，应当另外确认为一项资产。由于租入固定资产的所有权不属于租入企业，不宜增加租入固定资产的价值而作为其他资产处理。租入固定资产改良及大修理支出应当在租赁期内分期平均摊销。

6.3.2 案例分析

【案例6-12】 背景：某工业建设项目及其总装车间的建筑工程费、安装工程费、需安装设备费及应分摊费用见表6-15，请计算总装车间新增固定资产价值。

表6-15 建筑工程费、安装工程费、需安装设备费及应分摊费用（单位：万元）

项目名称	建筑工程费	安装工程费	需安装设备费	建设单位管理费	土地征用费	建筑设计费	工艺设计费
建设项目竣工决算	5000	1000	1200	105	120	60	40
总装车间竣工决算	1000	500	600	0	0	0	0

解析：应分摊的建设单位管理费 $= \dfrac{1000+500+600}{5000+10000+1200} \times 105$ 万元 $= 30.625$ 万元

应分摊的土地征用费 $= \dfrac{1000}{5000} \times 120$ 万元 $= 24$ 万元

应分摊的建筑设计费 $= \dfrac{1000}{5000} \times 60$ 万元 $= 12$ 万元

应分摊的工艺设计费 $= \dfrac{500}{1000} \times 40$ 万元 $= 20$ 万元

总装车间新增固定增产价值 $=$（$1000+500+600$）万元 $+$（$30.625+24+12+20$）万元 $=$（$2100+86.625$）万元 $= 2186.625$ 万元

【案例6-13】 背景：某建设单位拟编制某工业生产项目的竣工决算。该建设项目包括A、B两个主要生产车间和C、D、E、F四个辅助生产车间及若干附属办公、生活建筑物。在建设期内，各单项工程竣工决算数据见表6-16。工程建设其他投资完成情况如下：支付行政划拨土地的土地征用及迁移费500万元，支付土地使用权出让金700万元；建设单位管理费400万元（其中300万元构成固定资产）；地质勘察费80万元；建筑工程设计费260万元；生产工艺流程系统设计费120万元；专利费70万元；非专利技术费30万元；获得商标权90万元；生产职工培训费50万元；报废工程损失20万元；生产线试运转支出20万元，试生产产品销售款5万元。

问题：

（1）什么是建设项目竣工决算？竣工决算包括哪些内容？

（2）编制竣工决算的依据有哪些？

（3）如何进行竣工决算的编制？

（4）试确定A生产车间的新增固定资产价值。

（5）试确定该建设项目的固定资产、流动资产、无形资产和其他资产价值。

表 6-16　某建设项目竣工决算数据表　　　　　（单位：万元）

项目名称	建筑工程费	安装工程费	需安装设备费	不需安装设备费	生产工器具	
					总额	达到固定资产标准
A 生产车间	1800	380	1600	300	130	80
B 生产车间	1500	350	1200	240	100	60
辅助生产车间	2000	230	800	160	90	50
附属建筑	700	40		20		
合计	6000	1000	3600	720	320	190

分析：本案例要求学员对建设项目竣工决算的概念、内容、编制依据与步骤有所了解，并掌握建设项目新增资产的分类方法和固定资产、流动资产、无形资产和其他资产的概念及其价值确定方法。

（1）新增固定资产价值包括以下内容：

1）建筑、安装工程造价。

2）达到固定资产标准的设备和工器具的购置费用。

3）增加固定资产价值的其他费用，包括：土地征用及土地补偿费、联合试运转费、勘察设计费、可行性研究费、施工机构迁移费、报废工程损失费和建设单位管理费中达到固定资产标准的办公设备、生活家具用具和交通工具等购置费。其中，联合试运转费是指整个车间有负荷或无负荷联合试运转发生的费用支出大于试运转收入的亏损部分。

新增固定资产价值的其他费用应按单项工程以一定比例分摊。分摊时，建设单位管理费由建筑工程、安装工程、需安装设备价值总额按比例分摊；土地征用及土地补偿费、地质勘察和建筑工程设计费等由建筑工程造价按比例分摊；生产工艺流程系统设计费由安装工程造价按比例分摊。

（2）流动资产价值包括达不到固定资产标准的设备工器具、现金、存货、应收及应付款项等价值。

（3）无形资产价值包括专利权、非专利技术、著作权、商标权、土地使用权出让金及商誉等价值。

（4）其他资产价值包括开办费（建设单位管理费中未计入固定资产的其他费用，生产职工培训费）、以租赁方式租入的固定资产改良工程支出等。

解析：

问题（1）：建设项目竣工决算是由建设单位编制的反映建设项目实际造价和投资效果的文件，是竣工验收报告的重要组成部分。建设项目竣工决算应包括从项目筹划到竣工投产全过程的全部实际费用，即建筑工程费用、安装工程费用、设备工器具购置费用和工程建设其他费用以及预备费等。竣工决算的内容包括竣工财务决算说明书、竣工财务决算报表、工程竣工图和工程造价对比分析四个部分。

问题（2）：编制竣工决算的主要依据：经批准的可行性研究报告和投资估算书；经批准的初步设计或扩大初步设计及其概算或修正概算书；经批准的施工图设计及其施工图预算书；设计交底或图样会审会议纪要；标底（或招标控制价）、承包合同、工程结算资料；施工记录或施工签证单及其他施工发生的费用记录，如索赔报告与记录等停（交）工报告；竣工图及各种竣工验收资料；历年基建资料、财务决算及批复文件；设备、材料调价文件和调价记录；经上级指派或委托社会专业中介机构审核各方认可的施工结算书；有关财务核算制度、办法和其他有关资料、文件等。

问题（3）：竣工决算的编制应按下列步骤进行：搜集、整理、分析原始资料；对照、核实工程及变更情况，核实各单位工程、单项工程造价；审定各有关投资情况；编制竣工财务决算说明书；认真填报竣工财务决算报表；认真做好工程造价对比分析；清理、装订好竣工图；按国家规定上报审批、存档。

问题（4）：A 生产车间的新增固定资产价值 $= [(1800+380+1600+300+80) + (500+80+260+20+20-5) \times \dfrac{1800}{6000} + 120 \times \dfrac{380}{1000} + 300 \times \dfrac{(1800+380+1600)}{(6000+1000+3600)}]$ 万元 $= 4575.08$ 万元

问题（5）：固定资产价值 $= [(6000+1000+3600+720+190) + (500+300+80+260+120+20+20-5)]$ 万元 $= (11510+1295)$ 万元 $= 12805$ 万元

流动资产价值 $= (320-190)$ 万元 $= 130$ 万元

无形资产价值 $= (700+70+30+90)$ 万元 $= 890$ 万元

其他资产价值 $= (400-300)$ 万元 $+ 50$ 万元 $= 150$ 万元。

【案例 6-14】　背景：某建设单位决定在西部某地建设一项大型特色经济生产基地项目。该项目从某年 2 月开始实施，到次年底财务核算资料如下：

（1）已经完成部分单项工程，经验收合格后，交付的资产有：

1）固定资产 74739 万元。

2）为生产准备的使用期限在一年以内的随机备件、工具、器具 29361 万元。期限在 1 年以上，单件价值 2000 元以上的工具 61 万元。

3）建造期内购置的专利权、非专利技术 1700 万元，摊销期为 5 年。

4）筹建期间发生的开办费 79 万元。

（2）在建项目支出有：

1）建筑工程和安装工程 15800 万元。

2）设备工器具 43800 万元。

3）建设单位管理费，勘察设计费等待摊投资 2392 万元。

4）通过出让方式购置的土地使用权形成的其他投资 108 万元。

（3）非经营项目发生待核销基建支出 40 万元。

（4）应收生产单位投资借款 1500 万元。

（5）购置需要安装的器材 49 万元，其中待处理器材损失 15 万元。

（6）货币资金 480 万元。

（7）工程预付款及应收有偿调出器材款 20 万元。

（8）建设单位自用的固定资产原价 60220 万元。累计折旧 10066 万元。

反映在"资金平衡表"上的各类资金来源的期末余额是：预算拨款 48000 万元；自筹资金拨款 60508 万元；其他拨款 300 万元；建设单位向商业银行借入的借款 109287 万元；建设单位当年完成交付生产单位使用的资产价值中，有 160 万元属利用投资借款形成的待冲基建支出；应付器材销售商 37 万元货款和应付工程款 1963 万元尚未支付；未交税金 28 万元。

问题：

（1）计算交付使用资产与在建工程有关数据，并将其填入表6-17中。

表6-17 交付使用资产与在建工程数据表 （单位：万元）

资金项目	金额	资金项目	金额
（一）交付使用资产		（二）在建工程	
1. 固定资产		1. 建筑安装工程投资	
2. 流动资产		2. 设备投资	
3. 无形资产		3. 待摊投资	
4. 其他资产		4. 其他投资	

（2）编制大、中型基本建设项目竣工决算表，见表6-18。

表6-18 大、中型基本建设项目竣工财务决算表 （单位：元）

资金来源	金额	资金占用	金额
一、基建拨款		一、基本建设支出	
1. 预算拨款		1. 交付使用资产	
2. 基建基金拨款		2. 在建工程	
3. 进口设备转账拨款		3. 待核销基建支出	
4. 器材转账拨款		4. 非经营项目转出投资	
5. 煤代油专用基金拨款		二、应收生产单位投资借款	
6. 自筹资金拨款		三、拨付所属投资借款	
7. 其他拨款		四、器材	
二、项目资本		其中：待处理器材损失	
1. 国家资本		五、货币资金	
2. 法人资本		六、预付及应收款	
3. 个人资本		七、有价证券	
三、项目资本公积		八、固定资产	
四、基建借款		固定资产原价	
五、上级拨入投资借款		减：累计折扣	
六、企业债券资金		固定资产净值	
七、待冲基建支出		固定资产清理	
八、应付款		待处理固定资产损失	
九、未交款			
1. 未交税金			
2. 未交基建收入			
3. 未交基建包干结余			
4. 其他未交款			
十、上级拨入资金			
十一、留成收入			
合计			

（3）计算基建结余资金。

分析："大、中型建设项目竣工财务决算表"是反映建设单位所有建设项目在某一特定日期的投资来源及其分布状态的财会信息资料。它是通过对建设项目中形成的大量数据进行整理后编制而成的。通过编制该表，可以为考核和分析投资效果提供依据。

基本建设竣工决算是指建设项目或单项工程竣工后，建设单位向国家主管部门汇报建设成果和财务状况的总结性文件。它由竣工决算报表、竣工财务决算说明书、工程竣工图和工程造价对比分析四个部分组成。"大、中型建设项目竣工财务决算表"是竣工决算报表体系中的一份报表。

填写"资金平衡表"中的有关数据，是为了使建设期的在建工程的核算数据在"建筑安装工程投资""设备投资""待摊投资""其他投资"四个会计科目中反映。当年已经完工、交付生产使用资产的核算主要在"交付使用资产"科目中反映，并分成固定资产、流动资产、无形资产及其他资产等明细科目反映。

通过编制"大、中型建设项目竣工财务决算表"，熟悉该表的整体结构及各组成部分的内容、编制依据和步骤。

通过计算基建结余资金，了解如何利用报表资料为管理服务。

解析：

问题（1）：资金平衡表有关数据的填写见表6-19。

其中，固定资产=（74739+61）万元=74800万元。无形资产摊销期5年为干扰项，在建设期仅反映实际成本。

表6-19　交付使用资产与在建工程数据表　（单位：万元）

资金项目	金额	资金项目	金额
（一）交付使用资产	105940	（二）在建工程	62100
1. 固定资产	74800	1. 建筑安装工程投资	15800
2. 流动资产	29361	2. 设备投资	43800
3. 无形资产	1700	3. 待摊投资	2392
4. 其他资产	79	4. 其他投资	108

问题（2）：

大、中型基本建设项目竣工财务决算表见表6-20。

表中部分数据计算：

1）固定资产=固定资产原价－累计折旧+固定资产清理+待处理固定资产损失=（60220－10066）万元=50154万元

2）应付款=（37+1963）万元=2000万元

3）资金来源=资金占用

问题（3）：基建结余资金=基建拨款+项目资本+项目资本公积+基建借款+企业债券资+待冲基建支出－基本建设支出－应收生产单位投资借款

=（108808+0+0+109287+0+160－168080－1500）万元=48675万元

表 6-20　大、中型基本建设项目竣工财务决算表　　（单位：元）

资金来源	金额	资金占用	金额
一、基建拨款	1088080000	一、基本建设支出	1680800000
1. 预算拨款	480000000	1. 交付使用资产	1059400000
2. 基建基金拨款		2. 在建工程	621000000
3. 进口设备转账拨款		3. 待核销基建支出	400000
4. 器材转账拨款		4. 非经营项目转出投资	
5. 煤代油专用基金拨款		二、应收生产单位投资借款	15000000
6. 自筹资金拨款	605080000	三、拨付所属投资借款	
7. 其他拨款	3000000	四、器材	490000
二、项目资本		其中:待处理器材损失	150000
1. 国家资本		五、货币资金	4800000
2. 法人资本		六、预付及应收款	200000
3. 个人资本		七、有价证券	
三、项目资本公积		八、固定资产	501540000
四、基建借款	1092870000	固定资产原价	602200000
五、上级拨入投资借款		减:累计折扣	100660000
六、企业债券资金		固定资产净值	501540000
七、待冲基建支出	1600000	固定资产清理	
八、应付款	20000000	待处理固定资产损失	
九、未交款	280000		
1. 未交税金	280000		
2. 未交基建收入			
3. 未交基建包干结余			
4. 其他未交款			
十、上级拨入资金			
十一、留成收入			
合计	2202830000		2202830000

复习思考题

1. 背景：某工程确定中标人后，业主与中标人签订了单价合同，合同内容包括四个分项工程，其工程量、费用见表 6-21。该工程安全文明施工等总价措施项目费为 5 万元，其他措施项目费为 10 万元；暂列金额为 10 万元；规费以分项工程、措施项目、其他项目之和为计算基数，费率为 6%；税金率为 3.5%。请计算本工程的签约合同价。

表 6-21 工程量、费用表

分项工程	A	B	C	D
清单工程量/m²	200	380	400	420
综合单价（元/m²）	180	200	220	240
分项工程费（万元）	3.60	7.60	8.80	10.08

2. 背景：某工程合同价款为 300 万元，主要材料和结构构件费用为合同价款的 62.5%。若合同规定材料预付款为合同价的 25%，按照起扣点计算扣回预付款，试计算该工程预付款与起扣点；若合同约定当工程进度达到 60% 时开始按照每完成 10% 的进度扣回预付款的 25% 扣回预付款，确定预付款的扣回。

3. 背景：某大型建设项目包括主体钢结构工程与配套土建工程，采取公开招标方式分别确定承包商甲、乙。钢结构工程项目施工承包合同中有关工程价款及其支付约定如下：签约合同价：82000 万元，合同形式：可调单价合同；预付款：签约合同价的 10%，按相同比例从每月应支付的工程进度款中抵扣，到竣工结算时全部扣销；工程进度款：按月支付，进度款金额包括：当月完成的清单子目的合同价款，当月确认的变更、索赔金额，当月价格调整金额，扣除合同约定应当抵扣的预付款和扣留的质量保证金；质量保证金：从月进度付款中按 5% 扣留，质量保证金限额为签约合同价的 5%；价格调整：采用价格指数法，公式如下

$$\Delta P = P_0 \times \left(0.17 \times \frac{L}{158} + 0.67 \times \frac{M}{117} - 0.84 \right)$$

式中 ΔP——价格调整金额；

P_0——当月完成的清单子目合同价款和当月确认的变更金额与索赔金额的总和；

L——当期人工费价格指数；

M——当期材料设备综合价格指数。

该工程当年 4 月开始施工，前 4 个月的有关数据见表 6-22。

表 6-22 前 4 个月的有关数据

月		4	5	6	7
截至当月累计完成的清单子目合同价款（万元）		1200	3510	6950	9840
当月确认的变更金额（万元）		0	60	-110	100
当月确认的索赔金额（万元）		0	10	30	50
当月适用的价格指数	L	162	175	181	189
	M	122	130	133	141

土建工程项目由 A、B、C 三个分项工程组成，采用工程量清单招标确定中标人，合同工期 5 个月。各月计划完成工程量及综合单价见表 6-23。承包合同规定：

（1）开工前发包方向承包方支付分部分项工程费的15%作为材料预付款。预付款从工程开工后的第2个月开始分3个月均摊抵扣。

（2）工程进度款按月结算，发包方每月支付承包方应得工程款的90%。

（3）措施项目工程款在开工前和开工后第1个月末分两次平均支付。

（4）分项工程累计实际完成工程量超过计划完成工程量的10%时，该分项工程超出部分的工程量的综合单价调整系数为0.95。

（5）措施项目费以分部分项工程费用的2%计取，其他项目费为20.86万元，规费综合费率为3.5%（以分部分项工程费、措施项目费、其他项目费之和为基数），增值税税率为11%。

表 6-23　各月计划完成工程量及综合单价表

分项工程名称	工程量					
	第 1 月	第 2 月	第 3 月	第 4 月	第 5 月	第 6 月
A	500	600				180
B		750	800			480
C			950	1100	1000	375

问题：

（1）计算钢结构工程4个月完成的清单子目合同价款、价格调整金额。

（2）计算钢结构工程6月实际应拨付给承包人的工程款金额。

（3）计算土建工程合同价、预付款，计算开工前承包商应得的措施项目工程款。

（4）计算1、2、3月造价工程师应确认的工程进度款（根据表6-24中的数据计算）。

表 6-24　第 1、2、3 月实际完成的工程量表

分项工程名称	工程量		
	第 1 月	第 2 月	第 3 月
A	630	600	
B		750	1000
C			950

4. 背景：某项目确定承包商后双方签订可调单价合同，施工后投资方进行资金使用偏差分析，投资偏差分析数据见表6-25。

表 6-25　投资偏差分析数据表

工序代号	估算工程量 /m³	综合单价 （元）	计划工期（月）	实际工程量 /m³	实际工期 （月）
A	3000	50	1～3	3000	1～3
B	5000	25	2～6	6000	3～7
C	3000	100	4～7	4000	6～9

（续）

工序代号	估算工程量/m³	综合单价（元）	计划工期（月）	实际工程量/m³	实际工期（月）
D	3000	40	6~9	3000	7~11
E	2000	30	8~10	2000	10~12
F	1000	30	10~12	2000	10~12

施工过程中外部环境因素变化，根据合同规定，综合单价调整系数5~12月为1.2。

问题：

（1）根据背景材料，列表计算各单项工程计划投资和实际投资。

（2）采用横道图形式表示各单项工程拟完工程计划投资，已完工程计划投资，已完工程实际投资。

（3）编制累计投资计算表，计算6月、8月的投资偏差和进度偏差。

（4）根据累计投资数据，绘制三种投资S形曲线。

5. 背景：某项目生产某种化工产品A，主要技术和设备拟从国外引进。该项目主要设施包括生产主车间，与工艺生产相适应的辅助生产设施、公用工程以及有关的生产管理、生活福利等设施。生产规模为年产2.3万tA产品，该项目拟用3年建成。

项目主要生产设备拟从国外进口，设备重680t，离岸价（FOB价）为1200万美元。其他有关费用参数为：国际运费标准为480美元/t；海上运输保险费25.61万元；银行财务费率为0.5%；外贸手续费率为1.5%；关税税率为20%；增值税税率为17%；设备的国内运杂费费率为3%；美元汇率为8.31元人民币。进口设备全部需要安装。

建筑工程费、设备及工器具购置费和安装工程费情况见表6-26，工程建设其他费用为3042万元，预备费中基本预备费为3749万元，价差预备费2990.38万元，项目建设期利息为3081万元。

表6-26 竣工决算数据表   （单位：万元）

序号	项目	设备及工器具购置费	建设工程费	安装工程费	生产工器具购置费
1	主要生产项目		1031	7320	180
2	辅助生产项目	1052	383	51	135
3	公用工程项目	2488	449	1017	15
4	服务型工程项目	1100	262	38	45
5	环境保护工程	248	185	225	20
6	总图运输		52		45
7	生活福利工程		1104		60

项目达到设计生产能力后，劳动定员240人，年标准工资为1.5万元/人，年福利为工资总额的14%。年其他费用20820万元（其中其他制造费用820万元），年外购原材料、燃料动力费9482万元。年修理费为218万元（建设投资中工程建设其他费用全部形成无形资产及其他资产）。年经营成本为50000万元。年营业费用为19123万元，各项流动资金最低

周转天数分别为：应收账款 45 天，现金 30 天，应付账款 60 天，原材料、燃料、动力 90 天，在产品 3 天，产成品 20 天。

工程建设项目需要征用耕地 100 亩，征用费为每亩 3 万元，补偿费计算应按下列数额计算：被征用前第一年平均每亩产值 1200 元，征用前第二年平均每亩产值 1100 元，征用前第三年平均每亩产值 1000 元，该单位人均耕地 2.5 亩，地上附着物共有树木 3000 棵，按照 20 元/棵补偿，青苗补偿按照 100 元/亩计取。另外，项目需有限期租用土地 15000m²。经计算土地使用权出让金 600 万元。

该项目建设单位管理费 600 万元，其中 450 万元构成固定资产，未达到固定资产标准的工器具购置费 100 万元，勘察设计费 200 万元，专利费 100 万元，非专利技术费 50 万元，获得商标权 120 万元，生产职工培训费 50 万元，生产线试运转支出 35 万元，试生产销售款 10 万元。

问题：

（1）计算主要生产设备价值。

（2）计算流动资金价值和土地费用价值。

（3）计算固定资产投资价值。

（4）计算新增资产价值。

第7章

新技术、新规范、新模式的应用及影响

序　号	知 识 要 点	学 习 要 求
1	BIM 技术的原理、作用及应用	了解
2	美丽乡村建设开发模式及应用	熟悉
3	PPP 项目模式要点、操作流程与实际应用	掌握
4	装配式建筑中的工程造价分析及应用	熟悉
5	建筑业"营改增"对工程造价影响及应用	了解

■ 7.1 BIM 技术的原理、作用及案例分析

7.1.1 基本概念

1. BIM 的概念

《美国国家 BIM 标准》第 1 版中，将 BIM（Building Information Modeling）定义为：BIM 是一个设施（建设项目）物理和功能特性的数字表达。BIM 是一个共享的实施资源，是一个分享关于这个设施信息，为该设施从概念到拆除的全生命周期中的所有决策提供可靠依据的过程。在项目不同阶段，不同利益相关方在 BIM 中插入、提取、更新和修改信息，以支持和反映其各自职责的协同作业。

2. BIM 的价值与特点

不同参与者站在各自的角度对 BIM 的价值有不同程度的认识。美国斯坦福大学整合设施工程中心（CIFE）将不同的单位进行量化处理，总结出 BIM 有如下优势：

1）消除 40% 预算外更改。

2）造价估算控制在 3% 精确度范围内。

3）造价估算耗费时间缩短 80%。

4）通过发现和解决冲突，将合同价格降低 10%。

5）项目时限缩短 7%，及早实现投资回报。

BIM 具有如下特点：可视化、数字化、协同化、模拟化、可优化。

3. BIM 对工程造价的影响及价值

工程造价管理一直以来都是工程管理中的难点之一，造价管理周期长，涵盖了工程建设的每一个阶段，与每一个业务环节息息相关。因此，造价管理相关的每个对象（工程）都

有海量的数据且计算十分复杂，即使一个六层的普通住宅，若要达到精细化管理的水准，涉及的造价数据量也是很大的。随着经济发展，大中城市的大型复杂工程剧增，造价管理工作难度越来越高。传统手工算量、单机预算软件应用都已远远落后于时代的需要。随着我国建设领域近20年的高速发展，工程造价行业内涌现了很多造价软件公司，促进了工程造价管理效率的整体提高。但是我们也应该看到，工程造价管理软件依然多停留在单机的、单条套定额的计价软件，造价管理依然多局限在事前的招标投标和事后的结算阶段，无法做到对造价全过程的管理和控制，即使部分管理软件达到全过程管理，但其精细化水平和实际效果不尽理想。

BIM技术在造价方面的应用价值主要表现在以下方面：

（1）提高工程量的计算效率　基于BIM的自动化算量方法将造价工程师从繁琐的机械劳动中解放出来，节省更多的时间和精力用于更有价值的工作，如询价、评估风险，并可以利用节约的时间编制更精确的预算。

（2）提高工程量计算的准确性　BIM是一个存储项目构件信息的数据库，可以为造价人员提供造价编制所需的项目构件信息，从而大大减少根据图样人工识别构件信息的工作量以及由此引起的潜在错误。因此，BIM的自动化算量功能可以使工程量计算摆脱人为因素影响，得到更加客观的数据。同时，随着云计算技术的发展，已让BIM算量可以利用云端专家知识库和智能算法自动对模型进行全面检查，提高模型的准确性。

（3）提高设计阶段的成本控制能力　首先，工程量计算效率的提高有利于限额设计。基于BIM的自动化算量方法可以更快地计算工程量，及时地将设计方案的成本反馈给设计师，便于在设计的前期阶段对成本进行控制。其次，基于BIM的设计可以更好地应对设计变更。在传统的成本核算方法下，一旦发生设计变更，造价工程师需要手动检查设计变更，找到其对成本的影响，这样的过程不仅缓慢，而且可靠性不强。BIM软件与成本计算软件的集成将成本和空间数据进行了一致关联，能够自动检测哪些内容发生变更，直观地显示变更结果，并将结果反馈给设计人员，使他们能清楚地了解设计方案的变化对成本的影响。

（4）提高工程造价分析能力　传统环境下工程造价管理中的造价分析常使用多算对比发现问题、分析问题、纠正问题并降低工程费用。多算对比通常从时间、工序、空间三个维度进行，但是时间工程只分析一个维度，可能发现不了问题。BIM丰富的参数信息和多维度的业务信息能够辅助不同阶段和不同业务的成本分析和控制。

（5）BIM计算真正实现了造价全过程管理　签订合同价阶段：BIM与合同对应，为承发包双方建立了一个与合同价对应的基准BIM，它是计算变更工程量和计算工程量的基准。

施工阶段：BIM记录了各种变更信息，并通过BIM记录了各个变更版本，为审批变更和计算变更工程量提供基础数据。结合施工进度数据，按施工进度提取工程量，为支付申请提供工程量数据。

结算阶段：BIM已经与竣工工程的实体一致，为结算提供了准确的结算工程量数据。

4. BIM在工程造价各阶段的应用

（1）BIM在决策阶段的应用　决策阶段各项技术指标的确定，对该项目的工程造价会有较大影响，特别是建设标准水平的确定、建设地点的选择、工艺的评选、设备选用等，直接关系到工程造价水平的高低。据有关资料统计，在项目建设各大阶段中，投资决策决断影响工程造价的程度最高，高达80%~90%。因此决策阶段项目决策的内容是决定工程造价的基础。

基于 BIM 的投资决策分析主要包括以下几方面：

1）基于 BIM 的投资造价估算。要确定项目方案性价比，首先要确定方案的价格，快速准确得到供决策参考的价格在优选中尤为关键。在决策阶段，造价工程师的工作主要是协助业主进行设计方案的比选，在这个阶段的工程造价往往不仅是对分部分项工程量、工程单价进行准确掌控，更多的是基于单项工程为计算单元的项目造价比选。此时强调得到"图前成本"。

BIM 的应用，有利于历史数据的积累，工程造价人员可从这些数据中抽取造价指标，快速确定工程估算价格。在投资估算时，工程造价人员可以直接在数据库中提取相似工程的 BIM，并依据本项目方案特点对模型进行简单修改，由于模型是参数化的，每一个构件都可以得到相应的工程量、造价、功能等不同的造价指标，故修改后的 BIM 将自动修正造价指标。通过这些指标，工程造价人员可以快速进行工程价格估算。这样比传统的编制"指导价"或估算指标更加方便，查询、利用数据更加便捷。

2）基于 BIM 的投资方案选择。过去积累工程数据的方法往往借助图纸介质，并基于图样抽取一些关键指标，用 Excel 保存已是一个进步，但历史数据的结构化程度不够高，可计算能力不强，积累工作麻烦，导致能积累的数据量也很小。建立企业级甚至行业级的 BIM 数据库将为投资方案比选和确定带来巨大的价值。BIM 具有丰富的构建信息、技术参数、工程量信息、成本信息、进度信息、材料信息等，在进行投资方案比选时，这些信息完全可以复原，并通过三维方式展现。根据新项目方案特点，对相似历史项目模型进行抽取、修改、更新，快速形成不同方案的模型，BIM 可据此自动计算不同方案的工程量、造价等指标数据，使造价人员直观方便地进行方案比选。

（2）BIM 技术在设计阶段的应用

1）基于 BIM 的限额设计。基于 BIM 来测算造价数据，可以提高测算的准确度。企业 BIM 数据库可以累计企业所有项目的历史指标，包括提供不同部位钢筋含量指标、混凝土含量指标，不同大类、不同区域的造价指标等。通过这些指标可以在设计之前制定限额设计目标。在设计过程中利用统一的 BIM 和交换标准，使得各专业可以协调设计，同时模型丰富的设计指标、材料型号等信息可以指导造价软件快速建立 BIM 并核对指标是否在可控范围内。对成本费用的实时模拟和核算使得设计人员和造价师能实时地分析和计算所涉及的设计单元的造价，并根据所得的造价信息对细节设计方案进行优化调整，可以很好地实现限额设计。

2）基于 BIM 的设计概算。运用传统工程造价管理模式与运用 BIM 进行设计概算的对比见表 7-1。

3）基于 BIM 的碰撞检查。在传统施工中建筑工程建筑专业、结构专业、设备及水暖电专业等各个专业分开设计，导致平面图、立面图与剖面图之间、建筑图和结构图之间、安装与土建之间，以及安装与安装之间的冲突问题数不胜数。随着建筑越来越复杂，这些问题会带来很多严重的后果。通过三维模型，在虚拟的三维环境下方便地发现设计中的碰撞冲突，在施工前快速、全面、准确地检查出设计图样中的错误、遗漏及各专业间的碰撞等问题，减少由此产生的设计变更和工程洽商，更大大提高了施工现场的生产效率，从而减少施工中的返工，提高建筑质量，节约成本，缩短工期，降低风险。

表 7-1　运用传统工程造价管理模式与运用 BIM 进行设计概算的对比

传统工程造价管理模式	运用 BIM
设计概算不能与成本预算解决方案建立有效链接	设计概算能实现对成本费用的实时模拟及核算,并能很好地避免设计与造价控制脱节
设计阶段的设计图、数据以及由此进行的概算数据无法与造价管理进行自动关联,使得整个项目寿命周期无法实现设计数据共享使用	BIM 支持实际建造设计信息分析和了解项目功能,实现从整个项目寿命周期角度运用价值工程进行功能分析

（3）BIM 在招标投标阶段的应用　招标采购阶段，需要精确的算量并套取工程清单，基于项目编码、项目名称、项目特征、计量单位和工程量计算规则"五统一"的原则形成业主的采购"清单"。在传统管理模式下，工程量的清单需要造价人员人工计算，随着现代建筑造型复杂化、艺术化，人工算量的难度越来越大，快速、准确地形成工程量清单成为传统工作模式的难点问题。

通过 BIM 软件建立模型，可快速统计分析工程量，形成准确的工程量清单。一方面，可由招标方自行建立模型；另一方面，招标方可要求投标单位必须建立模型并提交，既可提前在模型中发现图样问题，也能精确统计工程量。在建模过程中，软件会自动查找建模的错误，并且发现遗漏的项目和不合理处。

在计价过程中，可以查询造价指标，可以查询材价信息，以实时获得市场价，指导采购。

（4）BIM 在施工过程中的应用

1）基于 BIM 5D 的计划管理。BIM 5D 的应用是指建筑三维数字模型结合项目建设时间轴与工程造价控制的应用模式，即 3D 模型+时间+费用的应用模式。

在该模式下，BIM 集成了建设项目所有的几何、物理、性能、成本、管理等信息，在应用方面为建设项目各方提供了施工计划于造价控制的所有数据。项目各方人员在真实施工之前就可以通过 BIM 确定不同时间节点的施工进度与施工成本，可以直观地按月、按周、按日了解项目的具体实施情况并得到该时间节点的造价数据，方便项目的实时修改调整，实现限额领料施工，最大程度地体现造价控制的效果。

2）基于 BIM 的进度计量预支付。BIM 技术的推广和应用在进度计量和支付方面为我们带来了便利。BIM 5D 可以将时间与模型进行关联，根据所涉及的时间段（如月度、季度等），软件可以自动统计该时间段的工程量，并形成进度造价文件，为工程进度计量和支付工资提供技术支持。

3）基于 BIM 的工程变更管理。利用 BIM 技术可以最大限度地减少设计变更，并且在设计阶段、施工阶段等各个阶段，使各参建方共同参与进行多次的三维碰撞检查和图样审核，尽可能地从源头减少变更，具体如下：

① 按照变更要求修改构建界面或钢筋信息。

② 按变更要求自动计算工程量。

③ 梁的变化不仅影响自身，也影响了与之关联的板。

④ 自动生成量表，并可以进一步手动调整。

4）基于 BIM 的签证索赔管理。对于签证内容的审核，可以利用在 BIM 5D 软件中实现模型与现场实际情况的对比分析，通过虚拟三维的模拟掌握实际偏差情况，从而确认签证内容的合理性。

5）基于BIM的材料成本控制。基于BIM 5D的施工管理软件将模型与工程图等详细的工程信息资料集成是建筑的虚拟体现，它可形成一个包含成本、进度、材料、设备等多维信息的模型。目前，BIM的精度可以达到构件级，可快速准确分析工程量数据，再结合相应的定额或消耗量分析系统，可以确定不同构件、不同流水段、不同时间节点的材料计划和目标结果。结合BIM技术，施工单位可以让材料采购计划、进场计划、消耗控制的流程更加优化，并且有精确控制能力，并对材料计划、采购、出入库等进行有效管控。

6）基于BIM的分包管理。

① 基于BIM的派工单管理。基于BIM的派工单管理系统可以快速准确地分析出按进度计划进行的工程量清单，提供准确的用工计划，同时系统不会重复派工或遗漏派工，实现基于准确数据的派工管理。派工单与BIM关联后，在可视化的BIM图形中，按区域开出派工单，系统自动区分是否已派工，减少了差错。

② 分包结算和分包成本控制。根据分包合同的要求，建立分包合同清单与BIM的关系，明确分包范围和分包工程量清单，按照合同要求进行过程算量，为分包结算提供支撑。

③ 基于BIM的多算对比分析。要实现快速、精准地多维度多算对比，利用BIM 5D技术和相关软件对BIM各构件进行统一编码并赋予工序、时间、空间等信息，在统一的三维模型数据库的支持下，从最开始就进行了模型、造价、流水段、工序等不同纬度信息的关联和绑定，在此过程中，能够以最少的时间实时实现任意维度的统计、分析和决策，保证了多维度成本分析的高效性和精准性，以及成本控制的有效性和针对性。

5. BIM在工程竣工结算中的应用

结算工作中涉及的造价管理过程的资料的体量极大，结算工作中往往由于单据的不完整造成不必要的工作量。传统的结算工作主要依靠手工或电子表格辅助，效率低、费时多、数据修改不便。在甲乙双方对施工合同及现场签证等产生理解不一致，以及一些高估冒算的现象和工程造价人员业务水平的参差不齐，导致结算"失真"。因此，改进工程量计算方法和结算资料的完整和规范性，对于提高结算质量，加快结算速度，减轻结算人员的工作量，增强审核、审定透明度都具有十分重要的意义。

BIM在工程竣工结算中的应用体现在以下两个方面：基于BIM的进度报量；基于BIM的审核对量。

7.1.2 案例分析

【案例7-1】 背景：某办公楼工程，建筑面积9.8万m²，地下3层，地上25层，高108m，框架-剪力墙结构，由主楼和附属用房组成。现通过BIM技术对其进行全寿命周期全过程协同管理。其中在该项目的BIM应用点主要有：深化设计、进度管理、预算管理、工作面管理、场地管理、碰撞检查、工程量计算、图样管理、合同管理、劳务管理。

问题：

（1）题中所述应用点中属于基于BIM技术的成本管理的有哪些？

（2）结合目前国内外 BIM 的发展，本项目的 BIM 应用挑战主要有哪些？

（3）为了能够实现以上 BIM 应用点的协同工作，需制定相应的 BIM 应用方案策划，简述合理的 BIM 应用实施方案。

（4）BIM 技术在造价管理上的应用一般主要体现在哪些方面？

解析：

问题（1）：属于基于 BIM 技术的成本管理有：预算管理、工程量计算、合同管理及劳务管理。

问题（2）：BIM 应用的主要挑战

1）软件间数据交互难度大。

2）信息与模型关联难度大。

3）目前市场上还没有成熟的适合中国国情的、应用与施工管理的 BIM 软件。

4）对于大体量建筑，各专业模型集成后的数据较大，对软硬件要求大。

问题（3）：BIM 应用实施方案

1）建立统一的 BIM 规范及信息关联规则。

2）通过各专业软件分别建模及深化设计。

3）依据规则将各专业模型集成到统一平台。

4）在项目管理系统中维护进度、合同、成本、变更等信息。

5）按照现场施工管理要求，为项目人员提供进度、集成模型、图样、工程量等信息。

问题（4）：基于 BIM 技术的造价管理方面的应用主要体现在合同管理、变更签证管理、成本分析。

【案例 7-2】 背景：某大型游乐园占地 $34\mathrm{hm}^2$（$1\mathrm{hm}^2 = 10^4\mathrm{m}^2$），园区地势复杂，为了达到更精确的土方量计算结果，在其土方工程中引入 BIM 进行土方施工进度模拟和土方开挖工程量的计算。

问题：

（1）简述 BIM 应用于土方工程中的优势。

（2）简述 BIM 土方开挖工程量的计算流程。

解析：

问题（1）：1）土方施工进度模拟：通过土方工程施工部署的动态模拟，通过可视化的方式优化土方施工方案及施工部署，提高方案的合理性、科学性。在施工过程中，通过施工进度模拟提高施工项目各方之间协调管理工作的质量和效率。

2）土方开挖工程量控制：运用 BIM 生成原始地形数字模型并在此基础上进行土方量计算，不但计算结果更加精确，时间上也仅需要几天即可完成。各种土方量计算结果能够以表格或报表方式输出。

问题（2）：土方开挖工程量的计算流程

1）依据地质勘查报告，创建地下土层模型，真实反映地下土层状况。

2）根据施工方案建立土方开挖的 BIM。

3）将土方开挖的 BIM 与地质土层模型进行对比。

4）生成土方开挖工程量清单表。

【案例7-3】 背景：传统建设项目招标投标阶段中，往往是招标方面向施工单位发放招标文件，施工单位根据招标文件及图样对项目进行评估及施工方案、施工技术确定，并最终以技术标、商务标的形式向招标方进行投标展示和报价，在这个过程中往往时间短、任务重、竞争压力大，故将BIM技术应用到建设项目的招标投标过程中具有较大的必要性。

问题：

（1）简述招标投标阶段使用BIM的必要性。

（2）在招标投标阶段BIM应用点有哪些？

（3）简述BIM在招标投标中应用的优势。

解析：

问题（1）：1）国家政策鼓励：自BIM引入国内，得到了政府及行业主管部门的大力支持和推广，特别是北京、上海、深圳及广州等一线城市更是得到了积极尝试和应用。同时，BIM的全寿命周期全面应用也是未来必然趋势。

2）施工单位技术手段革新：施工单位容易因创新性的欠缺及技术手段的陈旧造成建设项目管理粗放、项目整体效益低下，故在建设项目之初的招标投标阶段通过BIM的引入对其项目进行应用具有较大的必要性。

3）部分招标方强制规定：目前不少甲方在招标及评标过程中已将BIM的应用作为重要评分指标甚至是投标资格的限制。

4）复杂工程需求：面对复杂工程项目时，在招标投标阶段BIM的应用更能体现其仿真性、可视化、信息化及自动算量等优势特征，以实现项目的最大效益。

问题（2）：效果图及动画展示；深化设计；管线综合；场地规划布置；关键施工工艺模拟；施工过程4D展示；工程量统计；辅助项目施工管理。

问题（3）：BIM的应用有效提高了招标投标的质量及效率，同时对建设项目施工方竞标能力及中标率的提升也具有重要作用。然而对于行业整体招标投标管理系统、管理手段及管理水平等方面，BIM还具有较大的开发及应用空间。传统招标投标管理体系由于信息透明程度低、监管力度不大及评标办法不科学等原因容易造成招标投标过程的不公正、不科学等问题的发生。而BIM与互联网及云计算等计算机网络技术的结合有望通过三维可视化信息共享平台实现整个招标投标过程的网络化及共享化，从而提高对实施过程的公正性监督及管理。

7.2 美丽乡村建设开发模式及案例分析

7.2.1 基本概念

1. 美丽乡村建设的内涵

美丽乡村建设的内涵集中体现在"环境美""生活美""产业美""人文美"四大基本表征。其中，"产业美"是美丽乡村的前提，"生活美"是美丽乡村的目的，"环境美"是美丽乡村的特征，"人文美"是美丽乡村的灵魂。

2. 美丽乡村建设的目标

根据农业部 2013 年 5 月下发《农业部"美丽乡村"创建目标体系》,"美丽乡村"目标体系分总体目标和分类目标。

总体目标:按照生产、生活、生态和谐发展的要求,坚持"科学规划、目标引导、试点先行、注重实效"的原则,以政策、人才、科技、组织为支撑,以发展农业生产、改善人居环境、传承生态文化、培育文明新风为途径,构建与资源环境相协调的农村生产生活方式,打造"生态宜居、生产高效、生活美好、人文和谐"的示范典型,形成各具特色的"美丽乡村"发展模式,进一步丰富和提升新农村建设内涵,全面推进现代农业发展、生态文明建设和农村社会管理。

分类目标:从产业发展、生活舒适、民生和谐、文化传承、支撑保障五个方面设定了20 项具体目标,并将原则性要求与约束性指标结合起来。

7.2.2 美丽乡村建设的开发模式与案例

2014 年 2 月 24 日,在第二届中国美丽乡村·万峰林峰会上,中国农业部科技教育司发布中国"美丽乡村"十大创建模式。这十大创建模式分别为:产业发展型、生态保护型、城郊集约型、社会综治型、文化传承型、渔业开发型、草原牧场型、环境整治型、休闲旅游型、高效农业型。

1. 产业发展型模式

该模式主要在东部沿海等经济相对发达地区,其特点是产业优势和特色明显,农民专业合作社、龙头企业发展基础好,产业化水平高,初步形成"一村一品""一乡一业",实现了农业生产聚集、农业规模经营,农业产业链条不断延伸,产业带动效果明显。

【案例 7-4】 永联村是江苏省乡村发展最具代表的乡村之一,全国"美丽乡村"首批创建试点村,地处江南,长江之滨,隶属于江苏省张家港市南丰镇。

永联村曾被称为"华夏第一钢村",曾是张家港市面积最小、人口最少、经济最落后的村。改革开放期间,村领导组织村民挖塘养鱼、开办企业,陆续办起了水泥预制品厂、家具厂、枕套厂等七八个小工厂以及村集体轧钢厂,收益颇丰。在村集体的共同努力下,永联村不仅完全脱贫,还跨入全县十大富裕村的行列。永联村是"以企带村"发展起来的,村集体有了经济实力,就可以为新农村建设、美丽乡村建设"加油扩能"。

近十年来,永联村投入数亿元用于新农村建设,村里的基础设施及社会公共事业建设都得到快速发展。此外,为解决数量过万的村民的就业问题,村党委还利用永钢集团的产业优势,创办了制钉厂等劳动密集型企业,有效吸纳了村里剩余劳动力。村里还开辟 40 亩地建设工业园,统一建造生产厂房,廉价租给本村个体、私营业主。另外,还利用本村多达两万人的外来流动人口的条件,鼓励和引导村民发展餐饮、娱乐、房屋出租等服务业。

随着集体经济实力的壮大,永联村不断以工业反哺农业,强化农业产业化经营。2000年,村里投巨资于"富民、福民工程",成立了"永联苗木公司",将全村 4700 亩可耕地全部实行流转,对土地进行集约化经营。这一举措不仅获得巨大的经济效益,同时大面积的苗木成为永钢集团的绿色防护林和村庄的"绿肺",带来巨大的生态效益。目前,永联村正在规划建设 3000 亩高效农业示范区,设立农业发展基金,并提供农业项目启动资金,对发展特色养殖业予以补助,促进高效农业加快发展。

近年来，永联村先后共投入 2.5 亿元，积极发展以农业观光、农事体验、生态休闲、自然景观、农耕文化为主的休闲观光农业，初步形成了以苏州江南农耕文化园、鲜切花基地、苗木公司、现代粮食基地、特种水产养殖基地、垂钓中心为代表的休闲观光农业产业链，休闲观光农业年收入 7573.7 万元。村里建设的"苏州江南农耕文化园"为张家港市唯一一家四星级乡村旅游区。

2. 生态保护型模式

该模式主要是在生态优美、环境污染少的地区，其特点是自然条件优越，水资源和森林资源丰富，具有传统的田园风光和乡村特色，生态环境优势明显，把生态环境优势变为经济优势的潜力大，适宜发展生态旅游。

【案例 7-5】 高家堂村位于全国首个环境优美乡——浙江省湖州市安吉县山川乡境内，全村区域面积 7km²，其中山林面积 9729 亩，水田面积 386 亩，是一个竹林资源丰富、自然环境保护良好的浙北山区村。高家堂村是生态建设的一个缩影，以生态建设为载体，进一步提升了环境品位。

高家堂村将自然生态与美丽乡村完美结合，围绕"生态立村——生态经济村"这一核心，在保护生态环境的基础上，充分利用环境优势，把生态环境优势转变为经济优势。现如今，高家堂村生态经济快速发展，以生态农业、生态旅游为特色的生态经济呈现良好的发展势头。该村已形成竹产业生态，并建成生态观光型高效竹林基地、竹林鸡养殖基地。富有浓厚乡村气息的农家生态旅游等生态经济对财政的贡献率在 50% 以上，成为经济增长支柱。高家堂村把发展重点放在做好改造和提升笋竹产业上，形成特色鲜明、功能突出的高效生态农业产业布局，让农民真正得到实惠。

从 1998 年开始，高家堂村对 3000 余亩的山林实施封山育林，并于 2003 年投资 130 万元修建了环境水库——仙龙湖，对生态公益林水源涵养起到了很大的作用，还配套建设了休闲健身公园、观景亭、生态文化长廊等，其中新建林道 5.2km，极大地方便了农民生产、生活。同时，该村着重搞好竹产品开发，如将竹材经脱氧、防腐处理后应用到住宅的建筑和装修中，开发竹围廊、竹地板、竹层面、竹灯罩、竹栏栅等产品，取得了一定的效益，并积极为农户提供信息、技术、流通方面的服务。

同时该村积极鼓励农户进行竹林培育、生态养殖、开办农家乐，并将这三项内容有机地结合起来，特别是农家乐乡村旅店，接待来自上海、杭州、苏州等大中城市的观光旅游者，并让游客自己上山挖笋、捕鸡，使旅客亲身感受到"看生态、住农家、品山珍、干农活"的一系列乐趣，亲近自然环境，体验农家生活，又不失休闲、度假的本色，此项活动深受旅客的喜爱，得到一致好评，而农户本身也得到了实惠，增加了收入。

3. 城郊集约型模式

该模式主要是在大中城市郊区，其特点是经济条件较好，公共设施和基础设施较为完善，交通便捷，农业集约化、规模化经营水平高，土地产出率高，农民收入水平相对较高，是大中城市重要的"菜篮子"基地。

【**案例 7-6**】　泖港镇地处上海市松江区南部、黄浦江南岸，是松江浦南地区的中心，东北距上海市中心 50km，北距松江区中心 10km。该镇的发展不倚仗工业，而是依托"气净、水净、土净"的独特资源优势，大力发展环保农业、生态农业、休闲农业，成为上海的"菜篮子""后花园"，服务于以上海为主的周边大中城市。

该镇注重卫生环境的治理，在新农村建设中，开展村庄改造和基础设施建设，使全镇生态环境和市容卫生状况显著改善。该镇 2010 年成功创建国家级卫生镇，2011 年成为上海市第一家创建成功的市级生态镇。截至 2012 年 6 月，市容环境质量已连续 18 个季度保持上海市辖区 108 个乡镇第一名。泖港镇作为上海市的"菜篮子"，把工作重点放在发展农业上是极其明智的选择，该镇以创建高产田为抓手，大力发展环保农业；以品牌为优势，大力发展农副经济；以节能环保为标准，淘汰落后工业产能。此外，泖港镇还鼓励兴办家庭农场。

泖港镇 2007 年起走上了以家庭农场为主要经营模式的农业发展道路，如今已基本实现了家庭农场的专业化、规模化经营。具体做法一是规范土地流转，实行家庭农场集中经营；二是完善服务管理，提高家庭农场运行质量；三是推动集约经营，优化家庭农场运行模式。截至 2012 年上半年，泖港镇已有 20324 亩土地交由家庭农场经营，占全镇粮田面积的 87% 。同时，随着家庭农场的集约化、规模化、机械化程度的提高，特别是由此带来的土地产出效益和农民收入的提高，农户承办家庭农场的积极性也空前高涨。

为顺应时代发展，满足大城市休闲度假的市场需求，泖港镇借助自然资源优势，发展生态旅游。近年来，该镇开发和引进了大批中高档旅游项目，从旅游项目空白镇发展成农村休闲旅游镇。同时，以乡土民俗为核心，以市场需求为导向，充分整合生态农业、生态食品、农业观光、农业养殖、村落文化、会务培训、疗养度假、农家餐饮等各类乡村旅游资源，实现了农村休闲产业的功能集聚。目前，乡村旅游已成为该镇农业经济新的增长点。据不完全统计，仅 2013 年该镇就先后接待游客约 15 万人次，实现旅游总收入近 3000万元，利润总额达 500 多万元，带动农副产品销售 1500 多万元，解决了 300 多名当地农民的就业问题。同时，旅游景点的建造与周边环境的改造，也使泖港镇的环境越来越优美。

4. 社会综治型模式

该模式主要在人数较多、规模较大、居住较集中的村镇，其特点是区位条件好，经济基础强，带动作用大，基础设施相对完善。

【**案例 7-7**】　天津市西青区大寺镇王村北邻西青经济技术开发区，东邻天津微电子城。该村距天津港 10km，距天津国际机场 15km，距天津市中心 15km，交通四通八达。全村 580 户，人口 1862 人，占有土地 4000 余亩。

王村是天津东南方新农村发展的一颗耀眼的明星，被天津市政府命名为天津市示范村，2012 年，荣获"美丽乡村"称号。王村经过近几年的发展实现了农村城市化。村里生活环境和谐有序，基础设施完善，家家户户住进新楼房，计算机、电话、汽车走进农家，村民过着"干有所为，老有所养，少有所教，病有所医"的城市化生活。

十几年前，王村90%的村民仍然住着低矮潮湿的危陋平房，单调、简陋、陈旧、窘迫、拥塞是绝大多数王村人的居住状况。为了改变这一现状，彻底解决村民的住房问题，村领导制定了5年村庄建设规划，推倒全村危陋平房，建成公寓和别墅，让全体村民住上了新楼房。此外，为了实现农村城市化，使百姓生活在舒适、整洁、文明、优美的环境中，村领导组织制定了彻底改造村内生活环境的规划，并筹措资金，组织力量先后完成了许多工程、项目的改造和提升，村庄环境得到很大改善。王村在完善社区服务中心、商业街，开发建设峰山菜市场、卫生院等公共服务设施的同时，还先后建成了占地2万多 m^2 的音乐喷泉健身广场、2400 m^2 的青少年活动中心以及1000多 m^2 的村民文体活动中心，室内网球场、羽毛球场、乒乓球场、拉丁舞排练场、农民书屋、村民学校、党员活动室、文化活动室、舞蹈排练厅、棋牌室样样俱全，而且所有场馆都不对外营业，全部作为百姓的福利，让乡亲们无偿使用。完善的基础服务设施，极大方便了村民生活。

5. 文化传承型模式

该模式主要是在具有特殊人文景观（包括古村落、古建筑、古民居以及传统文化）的地区，其特点是乡村文化资源丰富，具有优秀民俗文化以及非物质文化，文化展示和传承的潜力大。

【案例7-8】　平乐村地处河南省洛阳市汉魏洛阳古城遗址，文化积淀深厚，因公元62年东汉明帝为迎接大汉图腾筑平乐观而得名。该村以农民牡丹画而闻名全国，农民画家已发展到800多人。"一幅画、一亩粮、小牡丹、大产业"是流传在平乐村村民口中的一句新民谣。近年来，平乐村按照"有名气、有特色、有依托、有基础"的"四有"标准，以牡丹画产业发展为龙头，扩大乡村旅游产业规模，探索出了一条新时期依靠文化传承建设"美丽乡村"的发展模式。

千百年来，平乐村民有着崇尚文化艺术的优良传统。改革开放后，富裕起来的农民开始追求高雅的精神文化生活，从事书画艺术的人越来越多。随着牡丹花会的举办和旅游业的日益繁荣，与洛阳有着深厚历史渊源而又雍容华贵的牡丹成为洛阳的重要文化符号。游人在观赏洛阳牡丹的同时，喜欢购买寓意富贵吉祥的牡丹画作为留念，从事书画艺术的平乐村民开始将牡丹作为创作主题。

经过多年的发展，平乐农民画家们的牡丹画作品不但销往国内各大城市，还远销至新加坡、日本等国，多次参加各种展览并获奖。2007年4月，平乐村农民牡丹画家自愿组建洛阳平乐牡丹书画院，精选120余幅作品在洛阳市美术馆隆重举办了农民书画展，展示了平乐牡丹画创作的规模和水平。

"小牡丹画出大产业"。如今的平乐，已拥有国家、省市画家协会、美术协会会员20多名，牡丹画专业户100多个，牡丹绘画爱好者300余人，年创作生产牡丹画约8万幅，销售收入超过500万元。2007年，平乐村被河南省文化厅授予"河南特色文化产业村"荣誉称号，平乐镇被文化部、民政部命名为"文化艺术之乡"。

6. 渔业开发型模式

该模式主要在沿海和水网地区的传统渔区，其特点是产业以渔业为主，通过发展渔业促进就业，增加渔民收入，繁荣农村经济，渔业在农业产业中占主导地位。

【案例 7-9】 武山县位于甘肃省东南部，天水市西端的渭河上游。目前，该县渔业产值占农林牧渔总产值的 10%。2012 年末，全县养鱼水面达 464 亩，其中冷水鱼 12 亩，水产品总产量达到 300t，其中冷水鱼超过 40t，渔业总产值达 770 余万元。

近几年，旅游市场火热，武山县紧抓机遇，结合实际，大力发展休闲渔业。休闲渔业是对渔业生产的补充，是对渔业资源的综合利用，是实现渔业产业结构调整的战略选择。该县盘古村的发展前景比较好，该村 400 余亩河滩渗水地充分利用后采取"台田养鱼"模式进行开发池中养鱼、台田种草、种树，随着经济的发展形成以生产商品鱼为主的特色水乡，逐步建设成休闲式生态渔家乐。2008 年秋，该县龙台乡董庄村冷水鱼养殖户参照旅游要素，加大休闲农业开发建设的力度，以渔业生产为主题，以区域文化为内涵，以景观为依托，结合本地特点，打造功能齐全的休闲农业示范景区。其中，君义山庄等渔业养殖户进行了改造提升，积极推出"住在渔家、玩在渔家、吃在渔家"的"渔家乐"休闲旅游项目，已成为武山县"农家乐"示范基地。近年来，武山县试验推广鲑鳟鱼为主的冷水鱼品种，培育发展休闲渔业，全县渔业产业实现了从粗放到精养、从单一的养卖到提供垂钓、餐饮、休闲观光等综合服务方式的巨大转变，养殖规模不断扩大，呈现出良好的发展态势。

盘古村的"渔家乐"，依托良好的生态资源，发展垂钓运动，经济收入可观，效益比原先高出一倍以上。武山县"渔家乐"成为天水休闲渔业示范基地，带动了乡村休闲旅游的发展。武山县积极研发引进渔业养殖新技术，其中"河流养殖冷水鱼技术试验"的成功极大地拓展了养鱼空间，也为该县渔业找到了切实可行之路。大南河西河、榜沙河上游有生产上千吨冷水鱼的水资源潜力，养殖技术已达到自繁自育的水平。武山县有河谷滩涂地、渗水地、薄田等宜渔土地 5000 余亩，适宜集中连片发展常规鱼养殖，"台田养鱼""塑料薄膜防渗"等渔业实用技术的试验示范为常规鱼养殖提供了技术支撑。龙台乡董庄村冷水鱼养殖开发小区、温泉乡"福源生态农庄"、鸳鸯镇盘古村养鱼小区依托周边山水风光、人文景观，发挥自身环境优美、产品绿色环保的优点，为人们提供休闲娱乐、观光垂钓、农家餐饮等服务，延长了渔业产业链，经济效益翻倍提高，成为渔业经营方式创新的典型。

7. 草原牧场型模式

该模式主要在我国牧区、半牧区县（旗、市），占全国国土面积的 40% 以上，其特点是草原畜牧业是牧区经济发展的基础产业，是牧民收入的主要来源。

【案例 7-10】 内蒙古锡林郭勒盟太仆寺旗贡宝拉格苏木乡道海嘎查村是开展"美丽乡村"建设中的一个典型。对草原牧区来讲，保护好草原生态环境是发展过程中的重要任务。道海嘎查村在美丽乡村建设中坚持生态优先的基本方针，推行草原禁牧、休牧、轮牧制度，促进草原畜牧业由天然放牧向舍饲、半舍饲转变，发展特色家畜产品加工业，形成了独具草原特色和民族风情的发展模式。

在"美丽乡村"建设中，太仆寺旗把农牧区发展、农牧业增效、农牧民增收作为中心工作，依托自然资源、区位优势，调整产业结构，推动农牧产业特色化、规模化、现代化发展；养殖业方面积极推广标准化养殖，引导农牧民转变发展方式，逐步由家庭"作坊式"养殖向规模化、集约化、标准化方向转变；通过项目扶持鼓励和支持农牧民发展"小三养"及特种养殖业；实施优惠政策，每年为养殖户建设标准化棚圈3000多 m²；为养殖户无偿划拨土地、并给养殖区通路、通水、通电和平整场地，积极争取国家项目扶持资金，配套推广标准化养殖技术，大力发展特种养殖生产基地。目前，太仆寺旗建成标准化奶牛养殖场 26 处，肉牛养殖场 22 处，奶牛和优质肉牛存栏分别达到 4.3 万和 3.97 万头，"小三养"和特种养殖专业合作社 47 家，养殖基地 48 处。与此同时，太仆寺旗积极引导农牧民走合作发展之路，加大政策扶持、项目倾斜力度，就重点农牧业建设项目优先安排有条件的合作社实施，为农牧民专业合作社提供全方位管理服务；定期开展业务培训工作，积极培育先进示范社，每年对 10 个农牧民专业合作示范社进行表彰奖励；创新运作模式，提高经济效益，各类农牧民合作社已发展到 587 家，注册总资金达 4 亿多亿元，覆盖全旗 140 个村，9000 多农牧户。

8. 环境整治型模式

该模式主要应用在农村脏乱差问题突出的地区，其特点是农村环境基础设施建设滞后，环境污染问题突出，当地农民群众对环境整治的呼声高、反应强烈。

【案例 7-11】 红岩村位于广西壮族自治区桂林市恭城瑶族自治县莲花镇，距桂林市108km，共 103 户、407 人，是一个集山水风光游览、田园农耕体验、住宿、餐饮、休闲和会议商务观光等于一体的生态特色旅游新村。红岩村成功地建起 80 多栋独立别墅，共拥有客房 300 多间，餐馆近 40 家，建成了瑶寨风雨桥、滚水坝、梅花桩、环形村道、灯光篮球场、游泳池，以及旅游登山小道等公共设施。

以前的红岩村环境卫生较差，随着新农村建设工程的开展，红岩村脏乱差问题得到极大改善。在村内环境卫生得到改善的基础上，红岩村围绕新农村建设"二十字方针"，大力发展休闲生态农业旅游，成效显著。红岩村积极启动生活污水处理系统建设工程，成为广西壮族自治区第一个进行生活污水处理的自然村，使村里生态旅游业有了新的发展。从2003 年 10 月至今，红岩村已接待了中外游客 150 多万人次，成为开展乡村旅游致富的典范，并先后获得"全国农业旅游示范点""全国十大魅力乡村""全国生态文化村""中国乡村名片"等荣誉称号。

9. 休闲旅游型模式

休闲旅游型美丽乡村模式主要是在适宜发展乡村旅游的地区，其特点是旅游资源丰富，住宿、餐饮、休闲娱乐设施完善齐备，交通便捷，距离城市较近，适合休闲度假，发展乡村旅游潜力大。

【案例 7-12】 国家特色旅游景观名镇江西省上饶市婺源县江湾镇地处皖、浙、赣三省交界，云集了梦里江湾 5A 级旅游景区、古埠名祠——汪口 4A 级旅游景区、生态家园——晓起和 5A 级标准的梯云人家——篁岭四个品牌景区。依托丰富的文化生态旅游资源，着力建设梨园古镇景区、莲花谷度假区，使之成为婺源县"国家乡村旅游度假试验区"的典范。中国美，看乡村，一个天蓝水净地绿的美丽江湾，正成为"美丽中国"在乡村的鲜活样本，并以旅游转型升级为拓展空间加快成为中国旅游第一镇。

江湾镇旅游资源丰饶，生态绿洲的晓起名贵古树观赏园荟萃了六百余株古樟群、全国罕见的大叶红楠木树和国家一级树种江南红豆杉，栖息着世界濒危珍稀多鸟种黄喉噪鹛、国家重点保护的黑麂、白鹇鸟等。江湾镇森林覆盖率高达90%，既是一个生态的示范镇，也是一个文化底蕴丰厚的千年古镇。该镇依托丰富的历史人文文化和良好的生态环境，成功打造"伟人故里——江湾""生态家园——晓起""古埠名祠——汪口"三个品牌景区，以品牌景区发力于乡村旅游，将江湾打造成一个乡村旅游的省级示范镇。

28个省级示范镇之一的江湾镇，近年来积极发展乡村旅游，促进乡村旅游与农业、农民和农村发展有机相结合，使乡村旅游参与主体的农民，成为受益主体。该镇投资8000万元建设篁岭民俗文化村，投资7亿元重点开发以徽派古建筑异地保护区定位的梨园新区。这两个重点旅游工程的建成，将使更多群众受惠于乡村旅游。另外，该镇积极引导开发农业观光旅游项目，打造篁岭梯田式四季花园生态公园，使农业种植成为致富的风景，成为乡村旅游的载体。

作为全国首批特色景观旅游名镇的江湾镇，乡村旅游效益逐年提升，2013年旅游接待游客250万人次以上，联票收入6800万元，旅游综合收入5.56亿元；旅游带动旅游工艺品生产销售、旅游管理导游等相关产业从业人员近3000人，旅游商品生产、饮食服务企业330多个，"农家乐"120家。

10. 高效农业型模式

该模式主要在我国的农业主产区，其特点是以发展农业作物生产为主，农田水利等农业基础设施相对完善，农产品商品化率和农业机械化水平高，人均耕地资源丰富，农作物秸秆产量大。

【案例7-13】 福建省漳州市平和县三坪村是国家4A级风景区——三平风景区所在地，该村共有8个村民小组2086人。2012年，该村农民人均纯收入11125元。三坪村全村共有山地60360亩，毛竹18000亩，种植蜜柚12500亩，耕地2190亩。该村在创建美丽乡村过程中充分发挥森林、竹林等林地资源优势，采用"林药模式"打造金线莲、铁皮石斛、蕨菜种植基地，以玫瑰园建设带动花卉产业发展，壮大兰花种植基地，做大做强现代高效农业；同时整合资源，建立千亩柚园、万亩竹海、玫瑰花海等特色观光旅游区，构建观光旅游示范点，提高吸纳、转移、承载三平景区游客的能力。

为了改善当地村民居住环境，提升景区周边环境品位，三坪村实施"美丽乡村建设"工程，现如今建设中的"美丽乡村"已初具雏形，身姿靓丽，吸人眼球。2013年，平和县斥资1900万元，全力打造闽南金三角令人神往的人文生态村落。其建设内容包括铺设村主干道1km、慢步道2km，河滨休闲景观绿道1.3km，以及开展村中沿街立面装修、污水处理、绿化美化、卫生保洁等。

近年来，三坪村的旅游文化和"富美乡村"的创建成果吸引着众多的游客，也影响着当地村民的生活，带动当地旅游产业的茁壮发展。该村先后获得"国家级生态村""福建省生态村""福建省特色旅游景观村""漳州市最美乡村"等荣誉称号，是漳州市新农村建设的示范点和福建省新农村建设的联系点，连续五届蝉联省级文明村。

7.2.3 美丽乡村建设需要处理好六个关系

1. 处理好政府主导与农民主体之间的关系

村庄不仅是农民的居住地，也是农民生产生活的重要场所，农民是美丽乡村的主人。建设美丽乡村，政府是主导，农民是主体，村里的事要由农民说了算，政府的主要作用是制定规划、给资金、建机制、搞服务，不能包办代替，不能千篇一律，不能强迫命令，更不能加重农民负担。要探索建立政府引导、专家论证、村民民主议事、上下结合的美丽乡村建设决策机制。

2. 处理好政府与市场的关系

美丽乡村建设投入大，不能靠政府用重金打造"盆景"，不能靠财政资金大包大揽，否则不可持续，也无法复制推广。要发挥市场配置资源的决定性作用，以财政奖补资金为引导，鼓励吸引工商资本、银行信贷、民间资本和社会力量参与美丽乡村建设，解决投入需求与可能的矛盾。

3. 处理好一事一议财政奖补与美丽乡村建设的关系

美丽乡村很有必要建设，更多村庄的基本生产生活条件和人居环境亟须改善。要结合农村建设的规律，把一事一议财政奖补资金的基数部分用于改善农民的基本生产生活条件和人居环境，而将增量重点用于美丽乡村建设，两者并行不悖。要以普惠保基本，以特惠保重点，妥善解决好重点投入与普遍受益、面子与里子、锦上添花与雪中送炭的关系。

4. 处理好统一标准和尊重差异的关系

我国地域广大，发展不平衡，各地情况千差万别，必须因地制宜，尊重差异，保持特色。在此基础上，对规划编制、资金项目规范管理、建设标准等应有一些一般性的统一要求，源头上规范，嵌入式管理，防止各行其是，五花八门。

5. 处理好牵头部门与其他部门之间的关系

美丽乡村建设是各级各部门的共同责任，越多部门参与对工作开展越有利，相关部门要在党委政府领导下各司其职，各尽其责。

6. 处理好美丽乡村"硬件"建设与"软件"建设的关系

美丽乡村既包括村容村貌整洁之美、基础设施完备之美、公共服务便利之美、生产发展生活宽裕之美，也包括管理创新之美。在完善村庄基础设施、增强服务功能的同时，要努力深化农村改革，创新农村公共服务运行维护机制、政府购买服务机制、新型社区治理机制和农村产权交易流转机制等。

■ 7.3 PPP 项目模式要点、操作流程与案例分析

7.3.1 PPP 模式概述

1. PPP 模式的概念

政府和社会资本合作（Public-Private Partnership，PPP）模式是指政府与社会资本在基础设施和公共服务领域建立的一种长期合作关系。自财政部于 2014 年 9 月 23 日发布《关于推广运用政府和社会资本合作模式有关问题的通知》（财金〔2014〕76 号）后，中国基础设施建设领域拉开了在全国范围内推广 PPP 模式的序幕。

2. PPP 项目与传统项目的差异

通过《PPP 项目合同指南（试行）》与 GF—2017—0201《建设工程施工合同（示范文本）》进行对比，PPP 项目与传统项目的差异主要存在于参与主体和操作流程差异。

（1）项目参与主体差异

PPP 项目与传统项目参与主体差异对比见表 7-2。

表 7-2　PPP 项目与传统项目参与主体差异对比

PPP 模式下的参与主体	传统项目参与主体
政府主体：签订项目合同的政府主体，应是具有相应行政权力的政府，或其授权的实施机构	发包人：是指与承包人签订合同协议书的当事人及取得该当事人资格的合法继承人
社会资本主体：签订项目合同的社会资本主体，应是符合条件的国有企业、民营企业、外商投资企业、混合所有制企业，或其他投资、经营主体	承包人：是指与发包人签订合同协议书的，具有相应工程施工承包资质的当事人及取得该当事人资格的合法继承人
项目公司：(1)如以设立项目公司的方式实施合作项目，应根据项目实际情况，明确项目公司的设立及其存续期间法人治理结构及经营管理机制等事项；(2)如政府参股项目公司的，应明确政府出资人代表、投资金额、股权比例、出资方式等；政府股份享有的分配权益，如是否享有与其他股东同等的权益，在利润分配顺序上是否予以优先安排等；政府股东代表在项目公司法人治理结构中的特殊安排，如在特定事项上是否拥有否决权等	监理人：是指在专用合同条款中指明的，受发包人委托按照法律规定进行工程监督管理的法人或其他组织
	设计人：是指在专用合同条款中指明的，受发包人委托负责工程设计并具备相应工程设计资质的法人或其他组织
	分包人：是指按照法律规定和合同约定，分包部分工程或工作，并与承包人签订分包合同的具有相应资质的法人

（2）操作流程差异

PPP 项目与传统项目操作流程差异对比见表 7-3。

表 7-3　PPP 项目与传统项目操作流程差异对比

PPP 模式下的操作流程	传统项目操作流程
投资计划及融资阶段	—
项目前期工作阶段	—
工程建设阶段	工程项目开工
	工程项目建设
	工程项目竣工及验收
政府资产移交阶段	
运营和服务阶段	缺陷责任期及保修
社会资本主体项目移交阶段	

7.3.2　PPP 模式实施路径

1. PPP 运作模式

根据《财政部关于印发政府和社会资本合作模式操作指南（试行）的通知》财金

〔2014〕113 号的规定，PPP 模式常见运作方式见表 7-4。

表 7-4　PPP 模式常见运作方式

运作模式	概　念
委托运营 （Operations & Maintenance, O&M）	政府将存量公共资产的运营维护职责委托给社会资本或项目公司，社会资本或项目公司不负责用户服务的 PPP 运作方式。政府保留资产所有权，只向社会资本或项目公司支付委托运营费
管理合同 （Management Contract, MC）	政府将存量公共资产的运营、维护及用户服务职责授权给社会资本或项目公司的 PPP 运作方式。政府保留资产所有权，只向社会资本或项目公司支付管理费
建设—运营—移交 （Build-Operate-Transfer, BOT）	社会资本或项目公司承担新建项目设计、融资、建造、运营、维护和用户服务职责，合同期满后项目资产及相关权利等移交给政府的 PPP 运作方式
建设—拥有—运营 （Build-Own-Operate, BOO）	由 BOT 方式演变而来，二者区别主要是 BOO 方式下社会资本或项目公司拥有项目所有权，但必须在合同中注明保证公益性的约束条款，一般不涉及项目期满移交
转让—运营—移交 （Transfer-Operate-Transfer, TOT）	政府将存量资产所有权有偿转让给社会资本或项目公司，并由其负责运营、维护和用户服务，合同期满后资产及其所有权等移交给政府的项目运作方式
改建—运营—移交 （Rehabilitate-Operate-Transfer, ROT）	政府在 TOT 模式的基础上，增加改扩建内容的项目运作方式

2. PPP 合同体系

PPP 项目合同体系包括：项目合同、股东合同、融资合同、工程承包合同、运营服务合同、原料供应合同、产品采购合同和保险合同等。项目合同是其中最核心的法律文件。财政部出台的《PPP 项目合同指南（试行）》以及发改委《政府和社会资本合作项目通用合同指南》均为 PPP 项目合同的拟定提供了参照，可依据上述两份指引进行合同的拟定。

7.3.3　PPP 项目操作流程及实施要点

依据《财政部关于印发政府和社会资本合作模式操作指南（试行）的通知》（财金〔2014〕113 号）。PPP 项目操作流程主要包括项目识别、项目准备、项目采购、项目执行、项目移交五个阶段。

1. 项目识别阶段

项目识别阶段作为 PPP 模式的起始阶段，核心主旨在于判断、识别项目与 PPP 模式的适用性。PPP 项目的识别阶段从计划到论证，从财政部门、行业主管到社会资本、第三方咨询机构都需要判断项目本身与 PPP 模式的契合度。其中，以财政部门为审核主体，负责完成项目发起、项目筛选、物有所值评价与财政承受能力论证等。PPP 项目的发起应立足于地区经济和社会发展的需要，在解决政府融资或社会资本投资问题的基础上，更应关注 PPP 项目服务于社会公众的终极目标，提供高品质、高效率、高品质的公众服务。项目应由财务部门会同行业主管部门讨论筛选，并进行项目可行性分析、物有所值评价和财政承受能力论证。

2. 项目准备阶段

该阶段主要包括两项整体内容，即确定项目实施机构与编写实施方案。管理架构包括协调机制的建立以及项目实施机构的组建。项目实施方案一般包括：项目概况、风险分担与收益共享、项目运作方式、交易结构、合同体系以及监管架构等内容。县级（含）以上地方人民政府可建立专门协调机制，主要负责项目评审、组织协调和检查督导等工作，实现简化审批流程、提高工作效率的目的。

3. 项目采购阶段

该阶段目的为选择符合该项目的社会资本，基本步骤为项目实施机构根据项目需要准备资格预审文件，发布资格预审公告，邀请社会资本和与其合作的金融机构参与资格预审，按照采购文件规定组织响应文件的评审，并成立谈判工作组进行合同签署前的确认谈判，最终与社会资本签署 PPP 项目合同。项目采购阶段的主要环节包括：项目前期技术交流、编制资格预审文件、发布资格预审公告、资格预审不足 3 家的采购方式调整、资格预审结果、编制项目采购文件、采购文件的澄清或修改、社会资本准备投标文件、缴纳保证金、现场考察和标前会、项目审查、项目合同谈判以及签署谈判备忘录和公示。

4. 项目执行阶段

该阶段以社会资本成立项目公司开始，经过融资管理、绩效监测与支付、中期评估几个过程。项目执行阶段通常包含包括 8 个环节，分别是项目公司设立、融资管理、项目建设、试运营、绩效监测与支付、合同履约管理、应急管理和中期评估。社会资本应按照采购文件和项目合同的约定，足额出资依法设立项目公司，并接受项目实施机构和财政部门的监督；融资管理主要包括项目融资情况和过程管控；绩效监测与支付主要包括绩效季报与年报的编写、合同管理与政府支付台账的建立；中期评估由项目实施机构每 3~5 年进行，重点分析项目运行状况和项目合同的合规性、适应性和合理性；及时评估已发现问题的风险，制订应对措施，并报财政部门（政府和社会资本合作中心）备案。

5. 项目移交阶段

该阶段是 PPP 项目最后阶段，项目移交的基本原则是，项目公司必须确保项目符合政府回收项目的基本要求。项目合作期限届满或项目合同提前终止后，政府需要对项目进行重新采购或自行运营的，项目公司必须尽可能减少移交对公共产品或服务供给的影响，确保项目持续运营。其主要分为 4 个部分：移交准备、性能测试、资产交割、绩效评价。项目移交时应按照项目合同中约定的移交形式、补偿方式、移交内容和移交标准进行移交。其中，移交形式包括期满终止移交和提前终止移交；补偿方式包括无偿移交和有偿移交；移交内容包括项目资产、人员、文档和知识产权等；移交标准包括设备完好率和最短可使用年限等指标。政府和社会资本合作模式（PPP）的操作流程如图 7-1 所示。

7.3.4　PPP 项目全过程服务指南

依据《财政部关于印发政府和社会资本合作模式操作指南（试行）的通知》，梳理 PPP 项目各阶段工作内容及相关部门的职责对应关系见表 7-5。

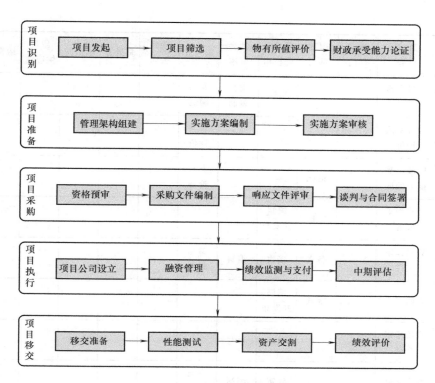

图 7-1　PPP 项目操作流程图

表 7-5　PPP 项目各阶段工作内容及相关部门的职责

阶段	序号	工作任务	政府部门	财政部门	项目实施机构	社会资本	第三方	项目公司	贷款方	承包商	原料供应商	运营商	购买方
项目识别	1	项目发起		征集		发起							
	2	项目建议书		审核		编制	参与编制						
	3	项目筛选		筛选									
	4	项目产出说明		审核		编制	参与编制						
	5	初步实施方案		审核		编制	参与编制						
	6	物有所值评价		评价			参与评价						
	7	财政承受能力论证		论证			参与论证						
项目准备	1	项目专门协调机制	组建										
	2	组建项目实施机构	指定										

（续）

阶段	序号	工作任务	政府部门	财政部门	项目实施机构	社会资本	第三方	项目公司	贷款方	承包商	原料供应商	运营商	购买方
项目准备	3	项目实施方案			编制	参与编制	参与编制						
	4	物有所值评价		评价			参与评价						
	5	财政承受能力验证		论证			参与论证						
项目采购	1	资格预审公告		审核	编制并发布								
	2	资格预审文件		备案	接收	编制	参与编制						
	3	采购文件		审核	编制并发布								
	4	现场考察答疑			组织	参与							
	5	响应文件		审核	评审	编制	参与编制						
	6	响应文件评审		备案	组建评审小组		参与评审						
	7	采购结果确认谈判			组建谈判小组	参与谈判	协助谈判						
	8	确认谈判备忘录		审核	参与编制公布	参与编制							
	9	项目合同书		审核	参与编制	参与编制							
项目执行	1	设立项目公司	指定参股	监督	监督	组建							
	2	融资合同		审核	审核			编制签署	签署				
	3	土地开发	协助					负责					
	4	建设合同			备案		协助编制	编制招标公告		编制投标书			
	5	项目建设			监督			管理		负责			
	6	运营合同			备案		协助编制	编制				编制	
	7	项目运营			监督			管理				负责	

（续）

阶段	序号	工作任务	政府部门	财政部门	项目实施机构	社会资本	第三方	项目公司	贷款方	承包商	原料供应商	运营商	购买方
项目执行	8	原材料供应合同		备案			协助编制	编制			编制		
	9	产品购买合同		备案			协助编制	编制					编制
	10	项目过程管理	参与管理	参与管理	参与管理	参与管理	参与管理	负责					
	11	项目绩效季报、年报		审核	编制		协助编制	协助				协助	
	12	政府支付台账		编制	编制			协助					
	13	中期报告		备案	编制		协助编制	协助					
项目移交	1	组建项目移交工作组	协助		组建								
	2	项目性能测试			负责			协助				协助	
	3	性能测试方案			编制			协助				协助	
	4	资产评估方案		审批	编制		协助编制	协助					
	5	补偿方案		审批	编制			确认					
	6	绩效评价报告		编制			协助编制						

7.3.5 PPP 项目案例分析

【案例 7-14】北京地铁 4 号线项目

（1）项目概况 北京地铁 4 号线是北京市轨道交通路网中的主干线之一，其一期工程项目南起丰台区南四环公益西桥，途经西城区，北至海淀区安河桥北，线路全长28.2km，车站总数 24 座。4 号线一期工程概算总投资 153 亿元，于 2004 年 8 月正式开工，2009 年 9 月 28 日通车试运营，日均客流量超过 100 万人次。北京地铁 4 号线是我国城市轨道交通领域的首个 PPP 项目，该项目由北京市基础设施投资有限公司（简称"京投公司"）具体实施。2011 年，北京金准咨询有限责任公司和天津理工大学按国家发改委和北京市发改委要求，组成课题组对项目实施效果进行了专题评价研究。评价认为，北京地铁4号线一期工程项目顺应国家投资体制改革方向，在我国城市轨道交通领域首次探索和实施市场化PPP融资模式，有效缓解了当时北京市政府投资压力，实现了北京市轨道交通行业投资和运营主体多元化突破，形成同业激励的格局，促进了技术进步和管理水平、服务水平提升。从实际情况分析，4号线一期工程项目应用PPP模式进行投资建设已取得阶段性成功，项目实施效果良好。

(2) 运作模式

1) 具体模式。北京地铁4号线一期工程投资建设分为A、B两个相对独立的部分：A部分为洞体、车站等土建工程，投资额约为107亿元，约占项目总投资的70%，由北京市政府国有独资企业京投公司成立的全资子公司4号线公司负责；B部分为车辆、信号等设备部分，投资额约为46亿元，约占项目总投资的30%，由PPP项目公司北京京港地铁有限公司（简称"京港地铁"）负责。京港地铁是由京投公司、香港地铁公司和首创集团按2：49：49的出资比例组建。北京地铁4号线一期工程项目PPP模式如图7-2所示。

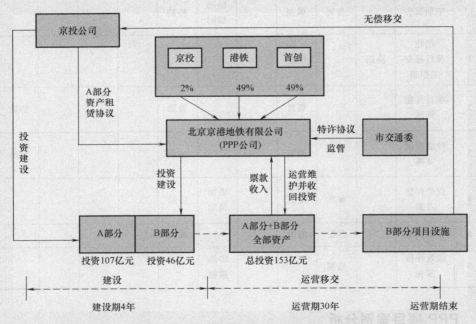

图7-2 北京地铁4号线一期工程项目的PPP模式

北京地铁4号线一期工程项目竣工验收后，京港地铁通过租赁取得4号线公司的A部分资产的使用权。京港地铁负责4号线的运营管理、全部设施（包括A和B两部分）的维护和除洞体外的资产更新以及站内的商业经营，通过地铁票款收入及站内商业经营收入回收投资并获得合理投资收益。

30年特许经营期结束后，京港地铁将B部分项目设施完好、无偿地移交给北京市政府指定部门，将A部分项目设施归还给4号线公司。

2）实施流程。北京地铁4号线一期工程PPP项目实施过程大致可分为两个阶段，第一阶段为由北京市发改委主导的实施方案编制和审批阶段；第二阶段为由北京市交通委主导的投资人竞争性谈判比选阶段。经北京市政府批准，北京市交通委与京港地铁于2006年4月12日正式签署了《特许经营协议》。

3）协议体系。北京地铁4号线一期工程PPP项目的参与方较多，项目合同结构如图7-3所示。

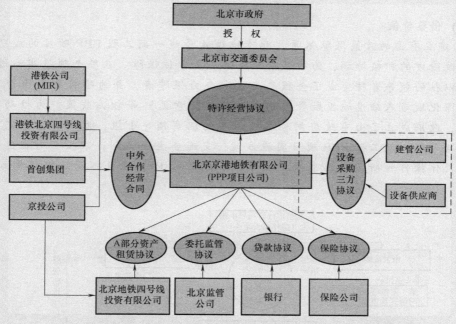

图7-3 北京地铁4号线一期工程PPP项目合同结构图

特许经营协议是PPP项目的核心，为PPP项目投资建设和运营管理提供了明确的依据和坚实的法律保障。北京地铁4号线一期工程项目特许经营协议由主协议、16个附件协议以及后续的补充协议共同构成，涵盖了投资、建设、试运营、运营、移交各个阶段，形成了一个完整的合同体系。

4）主要权利义务的约定

① 北京市政府。北京市政府及其职能部门的权利义务主要包括：a. 建设阶段：负责项目A部分的建设和B部分质量的监管，主要包括制定项目建设标准（包括设计、施工和验收标准），对工程的建设进度、质量进行监督和检查，以及项目的试运行和竣工验收，审批竣工验收报告等。b. 运营阶段：负责对项目进行监管，包括制定运营和票价标准并监督京港地铁执行，在发生紧急事件时，统一调度或临时接管项目设施；协调京港地铁和其他线路的运营商建立相应的收入分配分账机制及相关配套办法。此外，因政府要求或法律变更导致京港地铁建设或运营成本增加时，政府方负责给予其合理补偿。

② 京港地铁。京港地铁公司作为项目B部分的投资建设责任主体，负责项目资金筹措、建设管理和运营。为方便A、B两部分的施工衔接，协议要求京港地铁将B部分的建

设管理任务委托给 A 部分的建设管理单位。在运营阶段，京港地铁在特许经营期内利用北京地铁 4 号线一期工程项目设施自主经营，提供客运服务并获得票款收入。协议要求，京港地铁公司须保持充分的客运服务能力和高效的客运服务质量，同时，须遵照《北京市城市轨道交通安全运营管理办法》的规定，建立安全管理系统，制定和实施安全演习计划以及应急处理预案等措施，保证项目安全运营。在遵守相关法律法规，特别是运营安全规定的前提下，京港地铁公司可以利用项目设施从事广告、通信等商业经营并取得相关收益。

（3）借鉴价值

1）建立有力的政策保障体系。北京地铁 4 号线一期工程 PPP 项目的成功实施，得益于政府方的积极协调，为项目推进提供了全方位保障。在整个项目实施过程中，政府由以往的领导者转变成了全程参与者和全力保障者，并为项目配套出台了《关于本市深化城市基础设施投融资体制改革的实施意见》等相关政策。为推动项目有效实施，政府成立了由市政府副秘书长牵头的招商领导小组；发改委主导完成了北京地铁 4 号线一期工程 PPP 项目实施方案；交通委主导谈判；京投公司在这一过程中负责具体操作和研究。北京地铁 4 号线一期工程 PPP 项目招商组织架构如图 7-4 所示。

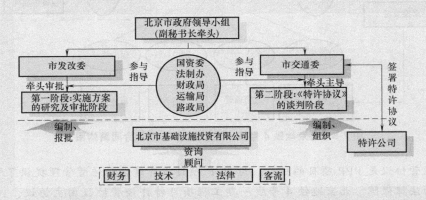

图 7-4　北京地铁 4 号线一期工程 PPP 项目招商组织架构

2）构建合理的收益分配及风险分担机制。北京地铁 4 号线一期工程 PPP 项目中政府方和社会投资人的顺畅合作，得益于项目具有合理的收益分配机制以及有效的风险分担机制。该项目通过票价机制和客流机制的巧妙设计，在社会投资人的经济利益和政府方的公共利益之间找到了有效平衡点，在为社会投资人带来合理预期收益的同时，提高了北京市轨道交通领域的管理和服务效率。

①票价机制。北京地铁 4 号线一期工程运营票价实行政府定价管理，实际平均人次票价不能完全反映地铁线路本身的运行成本和合理收益等财务特征。因此，项目采用"测算票价"作为确定投资方运营收入的依据，同时建立了测算票价的调整机制。

以测算票价为基础，特许经营协议中约定了相应的票价差额补偿和收益分享机制，构建了票价风险的分担机制。如果实际票价收入水平低于测算票价收入水平，市政府需就其差额给予特许经营公司补偿。如果实际票价收入水平高于测算票价收入水平，特许经营公司应将其差额的70%返还给市政府。北京地铁4号线一期工程PPP项目票价补偿和返还机制如图7-5所示。

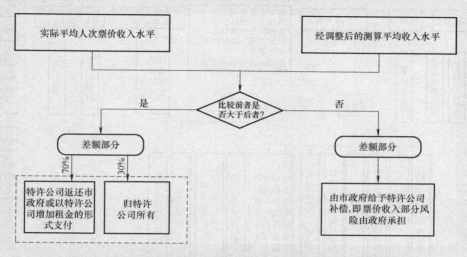

图7-5 北京地铁4号线一期工程PPP项目票价补偿和返还机制

② 客流机制。票款是北京地铁4号线一期工程实现盈利的主要收入来源。由于采用政府定价，客流量成为影响项目收益的主要因素。客流量既受特许公司服务质量的影响，也受市政府城市规划等因素的影响，因此需要建立一种风险共担、收益共享的客流机制。

北京地铁4号线一期工程项目的客流机制为：当客流量连续三年低于预测客流的80%，特许经营公司可申请补偿，或者放弃项目；当客流量超过预测客流时，政府分享超出预测客流量10%以内票款收入的50%、超出客流量10%以上的票款收入的60%。

北京地铁4号线一期工程项目的客流机制充分考虑了市场因素和政策因素，其共担客流风险、共享客流收益的机制符合轨道交通行业特点和PPP模式要求。

3) 建立完备的PPP项目监管体系。北京地铁4号线一期工程PPP项目的持续运转，得益于项目具有相对完备的监管体系。清晰确定政府与市场的边界、详细设计相应监管机制是PPP模式下做好政府监管工作的关键。北京地铁4号线一期工程项目中，政府的监督主要体现在文件、计划、申请的审批，建设、试运营的验收、备案，运营过程和服务质量的监督检查三个方面，既体现了不同阶段的控制，同时也体现了事前、事中、事后的全过程控制。

北京地铁4号线一期工程的监管体系在监管范围上，包括投资、建设、运营的全过程；在监督时序上，包括事前监管、事中监管和事后监管；在监管标准上，结合具体内容，遵守了能量化的尽量量化，不能量化的尽量细化的原则。其具体监管体系如图7-6所示。

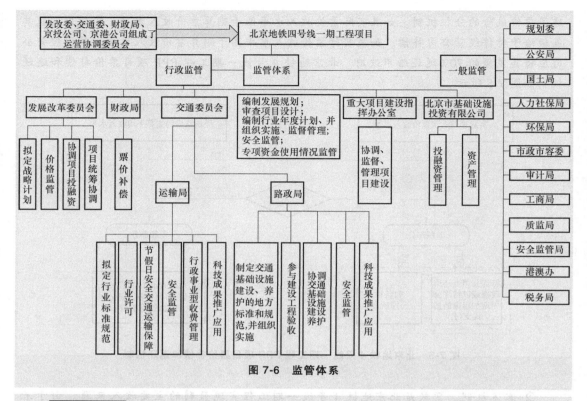

图 7-6　监管体系

【案例 7-15】　合肥市王小郢污水处理厂资产权益转让项目

（1）项目概况

合肥市王小郢污水处理厂是安徽省第一座大型城市污水处理厂，也是当时全国规模最大的氧化沟工艺污水处理厂。项目分两期建设，日处理能力合计 30 万 t，建设总投资约 3.2 亿元。污水厂建成后曾获得市政鲁班奖，是建设部指定的污水处理培训基地和亚行在中国投资的"示范项目"，为巢湖污染综合治理发挥了重要作用。

2001 年，安徽当地某环保公司曾要求政府出于扶持本地企业发展的目的将王小郢污水处理厂以高于评估价的一定价位直接出售给它，同时还许诺将在未来几年投资兴建更多的污水处理厂。2001 年 6 月，该公司曾与政府签订了王小郢经营权收购合同，当时的条件是转让价款 3.5 亿元，污水处理费单价约 1 元/t，后来由于融资及其他方面的问题，该环保公司收购王小郢污水处理厂经营权未果。

2002 年 9 月，国家计委、建设部、国家环境保护总局等多部门联合印发了《关于推进城市污水、垃圾处理产业化发展的意见》，2002 年 12 月，建设部发布了《关于加快市政公用行业市场化进程的意见》，允许外资和民资进入市政公用领域。合肥市政府抓住这一机遇，做出了"市政公用事业必须走市场化之路、与国际接轨"的重大决策，决定把王小郢污水处理厂 TOT 项目作为市场化的试点。

（2）运作模式

1）项目结构。经公开招标确定的中标人依法成立项目公司，市建委与项目公司签署《特许权协议》，代表市政府授予项目公司污水处理厂的特许经营权，特许期限 23 年；合肥城建投公司与项目公司签署《资产转让协议》，落实项目转让款的支付和资产移交事宜；市污水处理管理处与项目公司签署《污水处理服务协议》，结算水费并进行监管。项目结构图如图7-7所示。

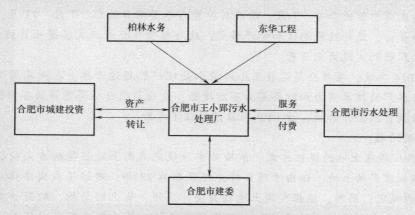

图7-7　合肥市王小郢污水处理厂项目结构图

2）交易过程。

① 运作组织。2003年，合肥市成立了由常务副市长任组长、各相关部门负责人为成员的招标领导小组，并组建了由市国资委、建委、城建投资公司及相关专家组成的王小郢污水处理厂TOT项目办公室，负责具体工作。合肥市产权交易中心作为项目的招标代理。

② 运作方式。项目采用TOT（转让—运营—移交）模式，通过国际公开招标转让王小郢污水厂资产权益。特许经营期（23年）内，项目公司提供达标的污水处理服务，向政府收取污水处理费。特许经营期结束后，项目公司将该污水厂内设施完好、无偿移交给合肥市政府指定单位。

招标文件中确定特许经营期的污水处理服务费单价为0.75元/t，投资人投标时报出其拟支付的资产转让价格。评标时采用综合评标法，其中资产转让价格为重要考虑因素。

③ 运作过程。2003年9月，合肥市产权交易中心网站和中国产权交易所网站、中国水网网站、《中国建设报》《人民日报》（海外版）等媒体同时发布了王小郢污水处理厂TOT项目的招标公告。

同月，合肥市产权交易中心发布《资格预审公告》，共7家单位提交了资格预审申请文件，经专家评审，确定6家通过资格预审并向其发售招标文件。随后，转让办公室组织召开了标前会议，并以补充通知的形式对投标人的问题进行了多次解答。

2004年2月，王小郢污水处理厂项目在合肥市产权交易中心开标，共有4家单位提交了投标文件。开标结果，对转让资产权益报价最高的是德国柏林水务-东华工程联合体出价4.8亿元人民币，其次是天津创业环保股份有限公司出价4.5亿元人民币，中环保-上实基建联合体出价4.3亿元人民币名列第三。所有投标单位的投标报价公布后，合肥市常务副市长王林建在开标现场宣布王小郢污水处理厂项目资产权益转让底价为2.68亿元。

开标后，招标人聘请技术、财务、法律等相关方面资深专家组成评标委员会，对投标文件进行评审，合肥市纪检委全程监督。经评审后，评标委员会最终向招标方推荐柏林水务联合体为排名第一的中标候选人。3月—5月，政府与柏林水务联合体澄清谈判并达成一致，向其发送中标通知书。7月，政府与投资人草签项目协议。7月—11月，双方代表成立移交委员会，进行性能测试和资产移交；政府与项目公司正式签署项目协议。12月，王小郢污水厂顺利实现商业运营。

截至2014年底，项目公司运营王小郢污水处理厂已超过十年。在此期间项目运营顺利平稳，污水厂的技术实力和财务实力不断增强，政府与项目公司签署的各项协议执行良好，政府与投资人合作愉快，该PPP项目经受住了考验。

3）关键问题。

① 污水厂所在土地的提供方式。该项目中原规定采用土地租赁的方式向投资人提供王小郢污水处理厂的土地。但由于项目特许经营期为23年，超过了我国法律对租赁期限最长20年的规定；同时，根据我国土地相关法律法规，地上附着物、构筑物实行"房随地走"的原则，租赁土地上的房屋和构筑物难以确权。最终经谈判，中标人同意在不调增水价的前提下，自行缴纳土地出让金，由政府向其有偿出让污水厂地块。

② 职工安置。已建成项目的职工安置是一个敏感而重要的问题，如果解决得不好，将影响项目招商进展或给项目执行留下隐患。该项目在招标实施前期就对职工安置做出了稳妥的安排。资产转让前，就资产转让的事项征求了职工代表大会的意见，职工安置方案经职代会通过。同时，在招标文件中对投资人提出明确要求，资产转让后必须对有编制的职工全员接收并签订一定年限的劳动合同，保障了职工的切身利益。

③ 利率风险。投资人在谈判中提出要把利率变化的情况归入不可抗力的范围内，降低项目公司的风险。但考虑到项目采用市场化方式运作，应尊重市场化的规律，谈判小组没有接受投资人的这一要求，利率变化的风险仍由项目公司自行承担。

（3）借鉴价值

1）规范运作和充分竞争实现项目价值最大化。王小郢污水处理厂项目整个运作过程规范有序，对潜在投资人产生了很大的吸引力，实现了充分的竞争。开标现场所有投标人的报价均远超底价，最高报价接近底价的1.8倍。这个项目是当时国内公开招标的标的额最大的污水厂TOT项目，开创了污水处理TOT运作模式的先河，招标结果在中国水务行业内引起轰动。与2001年准备转让给当地公司的条件相比，无论是资产转让价款还是污水处理服务费单价，招标竞争的结果都远远优于当时的项目条件。同时，从引入投资人的实力和水平来看，柏林水务集团是世界七大水务集团之一，拥有130多年运营管理城市给排水系统的经验。通过招标，合肥市既引进了外资，又引入了先进的国际经验，同时还实现了国有资产的最大增值，为合肥市城市建设筹措了资金。

2）充分的前期工作保障项目有序推进。合肥市政府对王小郢污水处理厂项目非常重视，成立了专门的决策和工作机构，并聘请了高水平的顾问团队。整个团队在研究和确定项目条件，落实前期各项工作等方面投入了很多精力，做了大量扎实的工作，避免出现"拍脑袋"决策的情况。从项目实施结果看，前期工作准备得越充分，考虑得越周全，后面的项目推进效率就越高，项目实施结果就越好。

3）合理的项目结构与合同条款确保后期顺利执行。王小郢污水处理厂项目的结构设计对接了国际国内资本市场的要求，符合水务行业的一般规律，得到广大投资人的普遍认可。项目合同中规定的商务条件、对权利义务和风险分配的约定比较公平合理，协议条款在执行过程中得到了很好的贯彻，为项目顺利执行奠定基础。

4）践行契约精神对PPP项目的执行至关重要。王小郢污水处理厂项目迄今已运作十多年，在此期间，政府每月及时足额与项目公司结算水费，严格按照法规和协议要求进行监管，并按照协议规定的调价公式对水价进行了四次调整（累计上涨不超过0.25元/t）。此外，双方还参照协议精神完成了提标改造等一系列工程。合肥政府和项目公司对契约精神的践行保障了项目的长期执行。

【案例7-16】 深圳大运中心项目

（1）项目概况

深圳大运中心位于深圳市龙岗区龙翔大道，距离市中心约15km，是深圳举办2011年第26届世界大学生夏季运动会的主场馆区，也是深圳实施文化立市战略、发展体育产业、推广全民健身的中心区。

大运中心含"一场两馆"，即体育场、体育馆和游泳馆，总投资约41亿元，位于深圳龙岗中心城西区。大运中心工程量巨大，南北长约1050m，东西宽约990m，总用地面积52.05万m²，总建筑面积29万m²，场平面积相当于132个标准足球场。其中，体育场总体高度53m，地上建筑五层，地下一层，于2010年底完工，成为深圳地标性建筑。

世界大学生夏季运动会成功举办之后，深圳大运中心的运营维护遇到了难题，每年高达6000万元的维护成本成为深圳市政府的沉重负担。

（2）运作模式

1）项目结构。该项目采用ROT模式，即龙岗区政府将政府投资建成的大运场馆交给佳兆业集团以总运营商的身份进行运营管理，双方40年约定期限届满后，再由佳兆业将全部设施移交给政府部门。

佳兆业集团接管大运中心并不涉及房地产开发。为破解赛后场馆持续亏损的难题，深圳市政府同意把大运中心周边1km²的土地资源交给龙岗区开发运营，并与大运中心联动对接，原则上不得在大运中心"红线"内新建建筑物。佳兆业集团依托场馆的平台，把体育与文化乃至会展、商业有机串联起来，把体育产业链植入到商业运营模式中，对化解大型体育场馆赛后运营财务可持续性难题进行了有益尝试。

深圳大运中心项目结构如图7-8所示。

①佳兆业集团与龙岗区政府签订"一场两馆"ROT主协议，获得40年的修建和运营管理权。

②佳兆业集团成立项目公司，作为深圳大运中心项目的配套商业建设及全部运营管理的平台，财政对项目公司给予5年补贴。

③项目公司与专业运营公司签订运营协议，与常驻球队和赛事机构签订场馆租赁协议，与保险公司签订保险协议，与供电企业签订供电协议，与金融机构签订融资协议，与媒体单位签订播报协议。

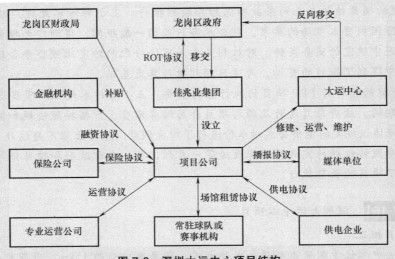

图 7-8 深圳大运中心项目结构

2）交易过程。龙岗区政府为完成深圳大运中心运营商的选聘工作，成立选聘工作领导小组，参照国内外大型体育场馆的运营经验编制了运营商选聘核心边界条件、招商推介手册及选聘工作流程，采取边考察边推介的方式，迅速开展对北京、上海、天津等 3 个城市 8 个典型场馆的考察调研，同时与国内外多家知名运营商进行了多次接触、洽谈。

结合企业的竞聘意愿和综合考察情况，邀请 7 位分别具有北京奥运会、上海世博会、广州亚运会运营经验的职业经理人和体育产业、规划、财务方面的专家学者组成筛选团队，对 4 家综合实力强的潜在运营商的资历、运营管理、改造及修建、财务等方面 21 项内容进行审查、甄选，专家现场投票推荐了 2 家最优谈判对象，经过区政府常务会议审议，确定佳兆业集团为首选谈判对象，经过 2 个多月的多轮谈判，最后选定实力雄厚、社会责任感强的佳兆业集团作为大运中心总运营商。

2013 年 1 月，佳兆业集团深圳有限公司与深圳市龙岗区文体旅游局签订改建—运营—移交（ROT）协议，协议规定佳兆业集团拥有项目 40 年的运营管理期，前 5 年政府给予每年不超过 3000 万元的补贴，同时要求佳兆业在 5 年内完成不低于 6 亿元人民币的修建及配套商业修建工程的全部投资。运营期间，项目设立由佳兆业项目公司与龙岗区政府双方共同管理的调蓄基金，调蓄基金从运营利润中提取，基金主要用于场馆的日常维护，增加赛事活动数量，提升赛事活动档次等。

3）项目特点。深圳大运中心项目主要有以下几个特点：第一，深圳大运中心项目是 PPP 模式在文体领域应用的典范，为政府解决大型赛事结束后场馆永续利用和经营难题提供了解决方案。第二，深圳大运中心项目采取总运营商与专业团队共同运营的模式，由实力雄厚的总运营商引入 AEG、英皇集团、体育之窗等具有国内外赛事、演艺资源和场馆运营经验的专业运营团队共同承担运营职责。第三，构建了商业-场馆-片区的联动商业模式，创立运营调蓄基金，通过商业运作反哺场馆运营，进而由场馆带来的人流带动大运新城开发建设。第四，引入财政资金支持，通过前五年运营和赛事财政补贴、演艺专项补贴等方式，扶持总运营商引进更多更好的赛事和演艺活动，尽快提升场馆的人气和档次。

第五，建立运营绩效考核机制，每年由管理部门对总运营商进行绩效评估和公众满意度测评，并邀请有国际化场馆运营经验的机构做出第三方评估。将考核评估与奖励挂钩，成立由文体旅游、发改、财政、公安、交通、城管等相关职能部门组成的运营监管协调服务机构，协助总运营商做好运营。

（3）借鉴价值

大赛后大型体育场馆运营是个众所周知的世界性难题，在每一次大型赛事后主办城市的场馆运营便会出现困境，该现象被称为"蒙特利尔陷阱"。1976年加拿大蒙特利尔奥运会，致使蒙特利尔财政负担持续20多年；1998年日本长野冬奥会后，场馆设施高额维护费导致长野经济举步维艰；2000年悉尼奥运会后部分场馆一直亏损。而我国省会城市的运动场馆多数是亏损的。北京奥运会和广州亚运会，大量场馆在赛后遭遇了不同程度的困境，部分位置偏僻的场馆甚至出现长期闲置。深圳大运中心项目采取的总运营商与专业团队共同运营大运中心的模式为项目运营质量的保障奠定了基础。项目建立运营调蓄基金，通过商业运作反哺场馆运营的资金管理办法为平衡大运场馆日常维护费用提供了资金渠道。从国内其他大型场馆的运营经验来看，仅仅依靠场馆的租赁费用难以为继场馆的日常维护费用，龙岗区政府与佳兆业集团吸取国内外经验，通过划拨方式将部分商业用地交由总运营商开发利用，以此产生的利润来弥补大运场馆日常运营的亏损情况，创造性地提出由政府方和运营方共同管理的调蓄基金的做法值得在更广范围内推广。此外，该项目在运营初期引入了有力的政府补贴机制，有效地缓解了大型场馆运营之初通常出现的较大额度的收不抵支状况，降低总运营商的资金压力。

7.3.6　PPP 相关文件规定

PPP 相关法律法规条文见表 7-6。

表 7-6　PPP 相关法律法规条文表

序号	文件名	颁发日期	文件号	颁发机构	主要内容
1	《关于推广运用政府和社会资本合作模式有关问题的通知》	2014 年 9 月 23 日	财金〔2014〕76 号	财政部	运用政府和社会资本合作模式的重要意义以及项目示范工作、财政管理职能、组织和能力建设的相关指导意见
2	《国务院关于创新重点领域投融资机制鼓励社会投资的指导意见》	2014 年 11 月 26 日	国发〔2014〕60 号	国务院	国务院就创新重点领域投融资机制鼓励社会投资提出的指导意见
3	《财政部关于印发政府和社会资本合作模式操作指南（试行）的通知》	2014 年 11 月 29 日	财金〔2014〕113 号	财政部	1. 政府和社会资本合作项目操作流程 2. 相关名词解释
4	《关于政府和社会资本合作示范项目实施有关问题的通知》	2014 年 11 月 30 日	财金〔2014〕112 号	财政部	政府和社会资本合作示范项目名单
5	《国家发展改革委关于开展政府和社会资本合作的指导意见》	2014 年 12 月 2 日	发改投资〔2014〕2724 号	国家发展改革委	1. PPP 项目进展情况按月报送制度 2. 政府和社会资本合作项目通用合同指南

（续）

序号	文件名	颁发日期	文件号	颁发机构	主要内容
6	《关于规范政府和社会资本合作合同管理工作的通知》	2014年12月30日	财金〔2014〕156号	财政部	合同管理，PPP项目合同指南（试行）
7	《财政部关于印发〈政府和社会资本合作项目政府采购管理办法〉的通知》	2014年12月31日	财库〔2014〕215号	财政部	采购管理
8	《财政部关于印发〈政府和社会资本合作项目财政承受能力论证指引〉的通知》	2015年4月3日	财金〔2015〕21号	财政部	财政承受能力评价流程及方法
9	《关于印发〈PPP物有所值评价指引（试行）〉的通知》	2015年12月18日	财金〔2015〕167号	财政部	1. 物有所值评价工作流程图 2. 物有所值定性评价专家打分表

7.4　装配式建筑中的工程造价分析及案例

7.4.1　基本概念

1. 装配式建筑工程造价的含义

装配式建筑工程造价通常是指在装配式建筑工程建设过程中预计或实际支出的费用。由于所处的角度不同，装配式建筑工程造价有两种不同的含义。

第一种含义：从投资者（业主）的角度分析，装配式建筑工程造价是指建设一项装配式建筑工程预期开支或实际开支的全部固定资产投资费用。

第二种含义：从市场交易的角度分析，装配式建筑工程造价是指为完成一项装配式建筑工程，预计或实际在工程发承包交易活动中所形成的建筑安装工程费用或建设工程总费用。

2. 装配式建筑工程造价的计价特点

（1）计价的单件性　装配式建筑工程是按照特定使用者的专门用途、在指定地点逐个建造的，因此装配式建筑工程和建筑产品不可能像工业产品那样统一成批定价，而只能根据它们各自所需的物化劳动和活劳动消耗量逐项计价，即单项计价。

（2）计价的多次性　装配式建筑工程项目需要按照一定的建设程序进行决策和实施，工程计价也需要在不同阶段多次进行，以保证工程造价计算的准确性和控制的有效性。多次计价是个逐步深化、逐步细化和逐步接近实际造价的过程。

（3）计价的组合性　装配式建筑工程造价的计价是分步组合而成的，这一特征与建设项目的组合性有关。工程造价的组合过程是：分部分项工程造价→单位工程造价→单项工程造价→建设项目总造价。

（4）计价方法的多样性　装配式建筑工程项目的多次计价有其各不相同的计价依据，每次计价的精确度要求也不相同，由此决定了计价方法的多样性。

（5）计价依据的复杂性　装配式建筑的计价依据主要分为以下七类：①设备和工程量计算依据；②人工、材料、机械等实物消耗量计算依据，包括投资估算指标、概算定额、预算定额等；③工程单价计算依据，包括人工单价、材料价格、材料运杂费、进口设备关税等；④设备单价计算依据，包括设备原价、设备运杂费、进口设备关税等；⑤措施费、间接费和工程建设其他费用计算依据，主要是相关的费用定额和指标；⑥政府规定的税、费；⑦物价指数和工程造价指数。

3. 影响装配式建筑工程造价的因素

1）政策法规性因素。

2）构件标准化与市场性因素。

3）设计及深化设计因素。

4）装配率及施工因素。

5）编制人员素质因素。

4. 装配式建筑工程造价的构成

装配整体式结构的土建造价主要由直接费（含预制构件生产费、运输费、安装费、措施费）、间接费、利润、规费、税金构成。与传统方式一样，间接费和利润由施工企业掌握，规费和税金是固定费率，预制构件生产费用、运输费、安装费对工程造价的变化起决定性作用。其中，预制构件生产费包含材料费、生产费（人工和水电消耗）、模具费、工厂摊销费、预制构件企业利润、税金组成，运输费主要是预制构件从工厂运输至工地的运费和工地内的二次搬运费，安装费主要是构件垂直运输费、安装人工费、专用工具摊销等费用（含部分现场现浇施工的材料、人工、机械费用），措施费主要是防护脚手架、模板支撑费用，如果预制率很高，可以大量节省措施费。

5. 预制构件生产方式的改变对造价的影响

预制构件生产方式的改变对造价的影响见表7-7。

表7-7　预制构件生产方式的改变对造价的影响

对比内容	传统现浇结构	装配整体式结构	造价差异和对策
预制构件生产场地改变的影响	现浇构件价格主要取决于原材料、周转材料和施工措施，楼面和剪力墙的措施费最高，工艺条件差会影响质量，经常造成返工，季节和天气变化造成施工效率下降也是成本上升的原因	预制构件生产主要以专业机械设备和模具，占用一定场地和采用运输车辆运输到施工现场提高成本，工人可以在一个工位同时完成多个专业和对各工序的施工，生产质量、进度、成本受季节和天气变化影响较小	提高建筑的预制率可以发挥装配整体式的优势，预制率过低将导致两种工艺并存，大量现浇工艺不能节省人力，同时又增加了施工机具的投入成本，装配式结构安装施工只有提高生产和施工的效率才能降低成本
预制构件质量影响	质量难以控制，普遍存在大量的质量通病	质量易于控制，基本消除各种质量通病，复杂构件的生产难度、运输风险较大	合理拆解构件，降低生产难度，减少返工浪费，可节约管理成本
管理费用	分包较多，专业交叉施工，管理难度大，工期长导致管理成本高	多个分部分项工程在工厂里集成生产，分包较少，管理成本低	能在工厂里集成生产的尽量集成生产，减少分包，可节约管理成本
材料采购和运输	原材料分散采购和运输，采购单价较高	原材料集中采购和运输有价格优势，但增加了二次运输	由于存在二次运输，应选择项目就近的预制企业生产

（续）

对比内容	传统现浇结构	装配整体式结构	造价差异和对策
增加固定资产影响	现浇方式所需周转材料一般是租赁，基本不需要太大的投入	预制生产企业的场地、厂房、设备、模具投资较大，模具价格高昂，一般生产企业按照产能需要先行投资 500～1000 元/m³，全部要摊销在预制构件价格中	应优化工艺流程，采用流水线生产提高生产效率降低摊销，采用专业模台或固定模台，延长使用寿命

6. 装配式建筑工程成本划分

按成本控制需要，从成本管理时间划分，可分为预算成本、计划成本和实际成本；按工程生产费用计入成本的方法来划分，可分为直接成本和间接成本；按照耗用对象和耗用层次来划分，可分为固定成本和变动成本。

（1）人工费的确定

1）人工费单价，由项目部同劳务分包方或作业班组签订的合同确定，一般按技术工种、技术等级和普通工种分别确定人工费单价。按承包的实物工程量和预算定额计算定额人工，作为计算人工费的基础，如采用定额人工数量×市场单价、每平方米人工费单价包干、每层预制构件安装人工费单价包干、预算人工费×(1+取费系数)。

2）定额人工以外的零工，可以按定额人工的比例一次包死，或按照一定的系数包干，也可以按实计算。

3）奖励费用。为了加快施工进度和提高工程质量，对于劳务分包方或作业班组，由项目经理或专业工长根据合同工期、质量要求和预算定额确定一定数额奖励费用。

（2）材料费的确定　材料费包括施工现场主要材料费、零星小型材料费和周转工具费。

1）施工现场主要材料费确定

$$材料费 = \sum (预算用量 \times 单价) \tag{7-1}$$
$$预算用量 = 实际工程量 \times 企业施工定额材料消耗量 \tag{7-2}$$

2）零星小型材料费，主要指辅助施工的低值易耗品以及定额内未列入的其他小型材料，其费用可以按照定额含量乘以适当降低系数包干使用，也可以按照施工经验测算包干。

3）周转工具费，一般按照预算定额含量乘以适当的降低系数确定；也可以根据施工方案中的具体数量确定计划用量，再根据计划用量乘以租赁单价确定。

（3）机械费的确定　由定额机械费和大型机械费组成，由于装配整体式混凝土结构使用塔式起重机、履带式起重机或汽车起重机，其吨位较大，使用频次较多，定额机械费根据施工实际工程量和预算定额中的机械费计取可能不够，机械费也会随着预制构件数量和单件重量增加而增加，因此应根据实际使用大型机械按一定比例摊销。

（4）其他直接费　其他直接费，如季节施工费、材料二次搬运费、生产工具用具使用费、检验试验费和特殊工种培训费等由项目部统一核定。

7. 装配式建筑构件成本组成

装配式建筑构件成本由固定成本和可变成本两部分组成。

（1）装配式建筑构件的固定成本　装配式建筑构件的固定成本是指其总额在一定时期及一定业务量范围内，不受业务量变动的影响，保持固定不变的成本。装配式建筑构件的固定成本包括以下几种费用：固定折旧费、厂房土地及建安费用、模具费用、行政管理人员工资、财产保险费、职工培训费、办公费、产品研究与开发费用。固定成本（资产）的折旧摊销有以下几种方法：

1）平均年限法。平均年限法又称直线法，是指将固定资产应计提的折旧额均衡地分摊到固定资产预计使用寿命内的一种方法。采用这种方法计算的每期折旧额均相等，其计算公式如下

$$年折旧摊销率 = \frac{（1-预计残值率）}{折旧摊销年限} \times 100\% \tag{7-3}$$

$$年折旧额 = 固定资产原值 \times 年折旧率 \tag{7-4}$$

2）工作量法。工作量法是根据实际工作量计算每期应提折旧额的一种方法，其计算公式如下

$$单位工作量折旧额 = 固定资产原价 \times \frac{1-预计净残值率}{预计总工作量} \tag{7-5}$$

3）双倍余额递减法。双倍余额递减法是指在不考虑固定资产预计净残值的情况下，根据每期期初固定资产原价减去累计折旧后的余额和双倍的直线法折旧率计算固定资产折旧的一种方法。计算公式如下

$$年折旧率 = \frac{2}{预计使用寿命} \times 100\% \tag{7-6}$$

$$年折旧额 = 固定资产账面净值 \times 年折旧率 \tag{7-7}$$

4）年数总和法。年数总和法又称年限合计法，它是将固定资产的原值减去预计净残值的余额，乘以一个以固定资产尚可使用年限为分子、以预计使用寿命的年数总和为分母的逐年递减的分数计算每年的折旧额。计算公式如下

$$年折旧率 = \frac{尚可使用年限}{预计使用寿命的年数总和} \times 100\% \tag{7-8}$$

$$年折旧额 = \frac{固定资产原值-预计净残值}{年折旧率} \tag{7-9}$$

（2）装配式建筑构建的可变成本 装配式建筑构件的可变成本是指在特定的业务量范围内，其总额会随业务量的变动而成正比例变动的成本。工厂可变成本包括以下几种费用：直接材料费、直接人工费、装运费、包装费，以及按产量计提的固定设备折旧等，这些都是和单位产品的生产直接联系的，其总额会随着产量的增减成正比例增减。

单体构件单位成本是根据构件结构图计算消耗量和现行原材料价格确定的；材料价格均选用市场价格上限；混凝土容重比例按照水泥：石子：砂子：粉煤灰：水：外加剂 = 0.29：1.12：0.734：0.16：0.18：0.01计算消耗量；设备动力、燃气费及水费按设备总功率或者定额消耗量，满负荷生产，每年生产300天，测算单方消耗量，价格采用工业用价；人工费按照全年满负荷生产，每年生产300天，单价为200元/（人·天）测算；产能利用率为每第一年25%，第二年50%，第三年及以后按85%测算。

1）主要直接材料费。包括水泥、钢筋、矿物掺和料、骨料、外加剂和水。

2）预埋使用材料。一个单体构件中预埋材料包括吊钉、支撑螺母、保温连接件、预埋线管、预埋线盒、保温板、灌浆套筒、边角角钢等，按照实际采购的价格计取成本。

3）类型耗材。构件厂生产的 PC 构件类型有预制外墙、预制内墙、隔墙、叠合板、楼梯、预制路面等，每个单体构件材料费中都包含类型耗材，主要是指脱模剂、水洗剂、修补

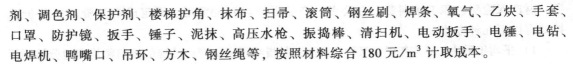

剂、调色剂、保护剂、楼梯护角、抹布、扫帚、滚筒、钢丝刷、焊条、氧气、乙炔、手套、口罩、防护镜、扳手、锤子、泥抹、高压水枪、振捣棒、清扫机、电动扳手、电锤、电钻、电焊机、鸭嘴口、吊环、方木、钢丝绳等，按照材料综合 180 元/m³ 计取成本。

8. 装配式建筑构件的成本分析

成本分析是揭示装配式建筑构件成本变化情况及其变化原因的过程。成本分析为成本考核提供依据，也为未来的成本预测与成本计划编制指明方向。装配式建筑构件成本分析方法有：比较法、因素分析法、差额计算法、比率法等。

（1）比较法　比较法的应用通常有下列形式：

1）将本期实际指标与目标指标对比。

2）本期实际指标与上期实际指标对比。

3）本期实际指标与本行业平均水平、先进水平对比。

（2）因素分析法　因素分析法又称连环置换法，可用来分析各种因素对成本的影响程度。计算步骤如下：

1）以各个因素的计划书为基础，计算出一个总数。

2）逐项以各个因素的实际数替换计划数。

3）每次替换后，实际数就保留下来，直到所有计划数都被替换成实际数。

4）每次替换后，都应求出新的计算结果。

5）最后将每次替换所得结果，与其相邻的前一个计算结果比较，其差额即为替换的那个因素对总差异的影响程度。

（3）差额计算法　差额计算法是因素分析法的一种简化形式，它利用各个因素的目标值与实际值的差额来计算其对成本的影响程度。

（4）比率法　比率法是指用两个以上的指标的比例进行分析的方法。其基本特点是先把对比分析的数值变成相对数，再观察其相互之间的关系。常用的比率法有相关比率法、构成比率法和动态比率法。

9. 装配式建筑的成本控制原则

1）项目全员成本控制原则。

2）施工全过程成本控制原则。

3）适时原则。

4）成本目标风险分担的原则。

5）开源与节流相结合的原则。

6）例外管理原则。

10. 装配式建筑的成本核算

项目施工成本核算是对施工过程所直接发生的各种费用所进行的成本核算，以确定成本盈亏情况。项目施工成本核算方法有成本比例法和成本单项核算法两种。

（1）成本比例法　把专业分包工程内的实际成本，按照一定比例分解成人工费、材料费（含预制构件加工费）、机械费、其他直接费，然后分别计入相应的项目成本中。分配比例可按经验确定，也可根据专业分包工程预算造价中人工费、材料费、机械费、其他直接费占专业分包工程的总价的比例确定。

采用成本比例法时，当月计入成本的专项分包造价按照下式确定：

人工费（材料费、机械法、其他直接费）=当月实际完成的专项分包工程×分配比例

$$(7-10)$$

（2）成本单项核算法 成本单项核算法适用于专项分包工程成本核算，计算出成本降低率，它是由成本收入和成本支出之间对比得到的实际数量。

$$专项分包项目的成本核算降低率 = \frac{专项分包成本收入 - 实际支出}{专项分包成本收入} \times 100\% \quad (7-11)$$

11. 装配式建筑的成本偏差分析

（1）成本计划偏差 成本计划偏差是预算成本与计划成本相比较的差额，它反映成本事前预控所达到的目标。

$$计划偏差 = 预算成本 - 计划成本 \quad (7-12)$$

预算成本可分别指工程量清单计价成本、定额计价成本、投标书合同预算成本三个层次的预算成本。计划成本是指现场目标成本即施工预算。

$$计划成本 = 预算成本 - 计划利润 \quad (7-13)$$

（2）实际偏差 实际偏差是计划成本与实际成本相比较的差额，它反映施工项目成本控制的实际，也是反映和考核项目成本控制水平的依据，特别是装配整体式混凝土结构由于预制构件安装经验不够丰富，实际成本可能偏差较大。

$$实际偏差 = 计划成本 - 实际成本 \quad (7-14)$$

分析成本实际偏差的目的在于检查计划成本的执行情况：正差意味着盈利，负差反映计划成本控制中存在缺点和问题，应挖掘成本控制的潜力，缩小和纠正目标偏差，保证计划成本的实现。

7.4.2 案例分析

【案例 7-17】 背景：某地方材料，经货源调查后确定，甲地可以供货 20%，原价 93.50 元/t；乙地可以供货 30%，原价 91.20 元/t；丙地可以供货 15%，原价 94.80 元/t；丁地可以供货 35%，原价 90.80 元/t。甲乙两地为水路运输，甲地运距 103km，乙地运距 115km，运费 0.35 元/(km·t)，装卸费 3.4 元/t，驳船费 2.5 元/t，途中损耗 3%；丙丁两地为汽车运输，运距分别为 62km 和 68km，运费 0.45 元/(km·t)，装卸费 3.6 元/t，调车费 2.8 元/t，途中损耗 2.5%。材料包装费均为 10 元/t，采购保管费率 2.5%，请计算该材料的预算价格。

解析：

（1）加权平均原价 =（93.50×0.2+91.20×0.3+94.80×0.15+90.80×0.35）元/t= 92.06 元/t

（2）地方材料直接从厂家采购，不计供销部门手续费。

（3）包装费 10 元/t。

（4）运杂费：

1）运费 =［(0.2×103+0.3×115)×0.35+(0.15×62+0.35×68)×0.45］元/t=34.18 元/t

2）装卸费 =［(0.2+0.3)×3.4+(0.15+0.35)×3.6］元/t=3.5 元/t

3）调车驳船费 =［(0.2+0.3)×2.5+(0.15+0.35)×2.8］元/t=2.65 元/t

4) 加权平均途耗率 = (0.2+0.3)×3%+(0.15+0.35)×2.5% = 2.75%

材料运输损耗费 = (92.06+10+34.18+3.5+2.65) 元/t×2.75% = 3.92 元/t

材料运杂费 = (34.18+3.5+2.65+3.92) 元/t = 44.25 元/t

(5) 该地方材料预算价格 = (92.06+10+44.25)元/t×(1+2.5%) = 149.97 元/t。

【案例 7-18】 背景：某装配式房屋建筑工程的部分混凝土外墙和保温层统一按照施工图要求由装配式构件加工厂制作，按照施工图计算分项工程工程量结果如下：

(1) 200mm 厚 C30 保温混凝土外墙 300m³。

(2) 250mm 厚 C30 保温混凝土外墙 300m³。

(3) 装配式 C30 混凝土楼梯 80m³。

建设方允许从加工厂购买的装配式构件总金额按实际价格调整计算，估计上述构件购买总金额为 64 万元。措施项目清单只含有安全文明施工费。按照上述要求编制工程量清单。

分析：根据上述情况，工程量清单编制包含三部分，分别是分部分项工程量清单、措施项目清单和其他项目清单。其他项目清单指在应用时可以按合同实际调整的项目，本案例仅指从厂家购买的构件。

解析：

(1) 装配式工程分部分项工程量暂采用《河南省预制装配式混凝土结构建筑工程补充定额（试行）》中的相关内容，其中价格一栏仅表示建设方要求计价时书写的格式，编制清单时，不需要计算。本案例分部分项工程量清单计价表见表 7-8。

表 7-8　分部分项工程量清单计价表

序号	清单编码	项目名称	项目特征	计量单位	工程数量	金额（元）		
						综合单价	合价	其中：暂估价
1	Y010518001001	保温混凝土外墙	200mm 厚，C30 混凝土	m²	300.00			
2	Y010518001002	保温混凝土外墙	250mm 厚，C30 混凝土	m²	260.00			
3	Y010519001001	楼梯	C35 混凝土	m³	80.00			
（以下略）								

(2) 措施项目清单见表 7-9。

表 7-9　措施项目清单

序号	清单编码	项目名称	计算基础	费率	金额（元）
1		安全文明施工费			0

（3）其他项目费用见表 7-10。

表 7-10 措施项目清单

序号	项目名称	计量单位	金额(万元)	备注
1	装配式构件材料	m³	64	

【**案例 7-19**】 背景：某框架剪力墙结构的装配式工程，24 号外墙板，剖面详图如图 7-9 所示。制作按照工程量清单规范，编制 24 号外墙板工程量清单及综合单价（仅含人工费、材料费、机械费、管理费与利润）。计价条件为人工工日 76 元/工日，运输距离 29 km，材料费为补充定额中材料含税基准价格。人工消耗量、机械消耗量、其他材料费、管理费与利润均不调整。

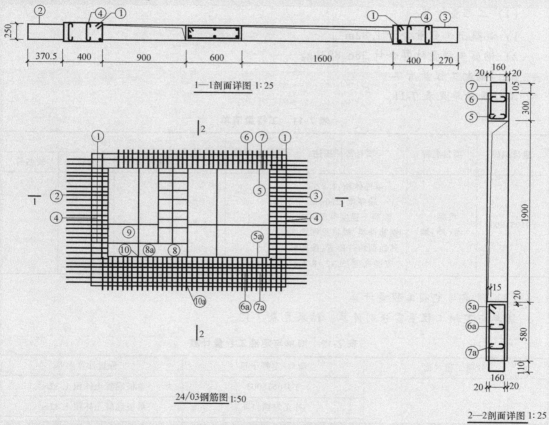

1—1剖面详图 1:25

24/03钢筋图 1:50

2—2剖面详图 1:25

图 7-9 剖面详图

分析：24 号外墙板是在原有项目的现浇结构施工图基础上，对墙体二次深化后设计的预制墙板，其中构件的制作是在预制构件厂订制，运输距离为 29 km，现场安装，板间灌缝价格需参照《上海市建筑和装饰工程概算定额（2010）装配式建筑补充定额》。由于定额人工单价、钢筋含量与实际使用不一致，需要调整定额基准价格。分部分项工程计价主要指按照清单内容计取综合单价的内容。按标准计价格式，分部分项工程计价共需要编制三个造价文件，一是编制工程量清单，通常在招标时使用；二是填写综合单价分析表，对已编制工程量清单，依据定额进行分项工程组价，并填写在综合单价分析表中，用作过程管理中解决价格纠纷的依据；三是将综合单价分析表中计算的分项工程单价填写到工程量清单中，形成已标价工程量清单。其中，招标控制价的已标价清单仅在招标投标及合同签订时作为参考依据；投标价的已标价清单，是交易双方合同签订时的重要依据。

计价计算的主要步骤如下：

（1）清单与定额工程量计算。

（2）定额单价调整系数的计算。

（3）综合单价分析。

（4）填写工程量清单的综合单价，计算合价，形成已标价工程量清单。

解析：

（1）工程量计算

1）混凝土工程量合计 1.82m³。

2）钢筋工程量计算合计 386.893kg。

（2）编制工程量清单

工程量清单见表 7-11。

表 7-11 工程量清单

醒目编码	项目名称	项目特征描述	计量单位	工程量	金额（元）		
					综合单价	合价	暂估价
Y010518003	混凝土内（外）墙	单件体积：1.82m³ 墙厚度：220mm 混凝土强度等级：C30 钢筋种类、规格见钢筋图 其他预埋件要求：按图样 安装高度：5.72～8.6m	m³	1.82			

（3）清单与定额工程量计算

清单与定额工程量需分别计算，结果见表 7-12。

表 7-12 清单与定额工程量计算

分项工程名称	清单/定额子目	工程量计算内容
装配式混凝土墙板	Y010518003	单板混凝土体积 1.82m³
	补充定额：1-1	单板混凝土体积 1.82m³
	补充定额：2-6	单板混凝土体积 1.82m³，钢筋工程量 386.893kg
	补充定额：3-1	运距 29km
	补充定额：1-9	单板混凝土体积 1.82m³

（4）调整定额中的单价

实际钢筋用量：（386.893÷1.82）kg/m³ = 212.58kg/m³，定额用量：（68+40）kg/m³ = 108kg/m³。

钢筋调整系数：$212.58kg/m^3 \div 108kg/m^3 = 1.97$。

人工调整系数：76 元／工日 ÷ 43 元／工日 = 1.77。

2-6 钢筋调整：$[3600 \times 108 \times (1.97-1) \div 1000]$ 元／m^3 = 377.14 元／m^3；或（3600 × 386.893÷1000）元／m^3 = 1392.81（元／m^3）

调整后定额单价：

调整后人工费 = 定额人工单价×调整系数 = 107.8 元／m^3×1.77 = 190.81 元／m^3

调整后材料费 = 定额材料单价+差值 =（726.15+377.14）元／m^3 = 1103.29 元／m^3

定额单价调整表见表7-13。

表7-13　定额单价调整表

定额编号	定额名称	计量单位	人工费（元／m^3）		材料费（元／m^3）		机械费（元／m^3）	管理费（元／m^3）	利润（元）
			调整前	调整后	调整前	调整后			
补 1-1	外墙安装	m^3	70.02	123.94	17.31	17.31		15.85	7.23
补 2-6	外墙板制作	m^3	107.80	190.81	726.15	1103.29	199.95	341.19	68.75
补 3-1	运输	10m^3	165.12	292.26	86.82	86.82	2152.77	171.60	85.80
补 1-9	外墙嵌缝、打胶	10m	40.46	71.61	271.87	271.87		15.80	12.84

（5）编制综合单价

按上述内容编制该墙板的综合单价，并按规范要求填入分部分项工程综合单价分析表（见表7-14）。

表7-14　分部分项工程综合单价分析表

项目编码	Y010518003		项目名称	预制外墙		计量单位	m^3	工程量		1
清单综合单价组成明细										
定额编号	定额项目名称	计量单位	数量	单价（元／m^3）				合价（元／m^3）		
				人工费	材料费	机械费	管理费与利润	人工费	材料费	机械费	管理费与利润
补 1-1	外墙安装	m^3	1	123.94	17.31		23.08	123.94	17.31		23.08
补 2-6	外墙板制作	m^3	1	190.81	1103.29	199.95	409.94	190.81	1103.29	199.95	409.94
补 3-1	运输	10m^3	0.1	292.26	86.82	2152.77	257.4	29.23	8.68	215.28	25.74
补 1-9	外墙嵌缝、打胶	10m	0.556	71.61	271.87		28.64	39.82	151.16		15.92
人工单价		小计						383.79	1280.44	415.23	474.68
元／工日		未计材料费									
		清单项目综合单价						2554.14			

（6）编制已标价工程量清单

根据上述内容编制已标价工程量清单（见表7-15）。

表 7-15　已标价工程量清单

项目编码	项目名称	项目特征描述	计量单位	工程量	金额(元)		
					综合单价	合价	暂估价
Y010502001001	预制墙	同表 7-11	m³	1.82	2554.14	4648.54	

（7）附件

1）24 号构件混凝土工程量计算过程。

① 暗柱混凝土工程量（长：0.4m；宽：0.25m；高：2.78m；个数：2）：$0.4×0.25×2.78×2 \mathrm{m}^3 = 0.556 \mathrm{m}^3$

② 上部框架梁：（长：3.1m；宽：0.2m；高：0.3m；个数：1）：$(0.2×0.3×3.1) \mathrm{m}^3 = 0.186 \mathrm{m}^3$

③ 下部框梁：（长：3.1m；宽：0.2m；高：0.58m；个数：1）：$(0.2×0.58×3.1) \mathrm{m}^3 = 0.3596 \mathrm{m}^3$

④ 构造柱（长：0.6m；宽：0.25m；高：1.5m；个数：1）：$0.6×0.25×1.5 = 0.225 \mathrm{m}^3$

⑤ 预制隔墙［长：(0.9+0.6)m＝1.5m；宽：0.22m；高：1.5m；个数：1］：$(1.5×0.22×1.5) \mathrm{m}^3 = 0.495 \mathrm{m}^3$

24 号构件混凝土工程量：$(0.556+0.186+0.3596+0.225+0.495) \mathrm{m}^3 = 1.82 \mathrm{m}^3$

2）构件钢筋量

① 钢筋编号：1；型号：HRB16。

$$[(2995+195)×2-4×2×16] \mathrm{m}×6×2÷1000 = 75.024 \mathrm{m}$$

质量：$(75.024×1.58) \mathrm{kg} = 118.54 \mathrm{kg}$

② 钢筋编号：2；型号：HRB10。

$$[(753.5+215)×2-3×2×10-2×2.5×10+2×100] \mathrm{m}×27÷1000 = 54.729 \mathrm{m}$$

质量：$54.729×0.617 \mathrm{kg} = 33.768 \mathrm{kg}$

③ 钢筋编号：3；型号：HRB10。

$$[(623+215)×2-3×2×10-2×2.5×10+2×100] \mathrm{m}×27÷1000 = 47.682 \mathrm{m}$$

质量：$47.682×0.617 \mathrm{kg} = 29.42 \mathrm{kg}$

④ 钢筋编号：4；型号：HRB10。

$$(235+2×100-2×10-2.5×10) \mathrm{m}×108×2÷1000 = 82.24 \mathrm{m}$$

质量：$84.24×0.617 \mathrm{kg} = 51.976 \mathrm{kg}$

⑤ 钢筋编号：5；型号：HRB20。

上部钢筋：$(3580+2×227-2×2×20) \mathrm{m}×2÷1000 = 7.908 \mathrm{m}$

下部钢筋：$(3670+2×272-2×2×20) \mathrm{m}×2÷1000 = 8.268 \mathrm{m}$

质量：$(7.908+8.268)×2.47 \mathrm{kg} = 39.955 \mathrm{kg}$

⑥ 钢筋编号：6；型号：HRB12。

$$（3900×2÷1000）m = 7.8m$$

质量：7.8×0.888kg = 6.926kg

⑦ 钢筋编号：7；型号：HRB8。

$$[（385+160）×2+2×80-3×2×8-2×2.5×8]m×31÷1000 = 36.022m$$

质量：36.022×0.395kg = 14.229kg

⑧ 钢筋编号：8；型号：HRB22。

上部钢筋：$[（1240+330-2×22）×4÷1000]m = 6.104m$

下部钢筋：$[（3735+2×330-2×2×22）×2÷1000]m = 8.614m$

质量：（6.104+8.614）×2.97kg = 43.712kg

⑨ 钢筋编号：9；型号：HRB12。

$$3900×4÷1000m = 15.6m$$

质量：15.6×0.888kg = 13.853kg

⑩ 钢筋编号：7a；型号：HRB8。

$$\{[（670+160）×2+2×80-3×2×8-2×2.5×8]×31÷1000\}m = 53.692m$$

质量：53.692×0.395kg = 21.208kg

⑪ 钢筋编号：8；型号：HRB6。

$$（800×4÷1000）m = 3.2m$$

质量：3.2×0.222m = 0.71m

⑫ 钢筋编号：8a；型号：HRB6。

$$（580×4÷1000）m = 2.32m$$

质量：2.32×0.222kg = 0.515kg

⑬ 钢筋编号：9；型号：HRB6。

$$（1680×4÷1000）m = 6.72m$$

质量：6.72×0.222kg = 1.492kg

⑭ 钢筋编号：10；型号：HRB6。

$$[（172+2×30-2×6-2.5×6）×8÷1000]m = 1.64m$$

质量：1.64×0.222kg = 0.364kg

⑮ 钢筋编号：10a；型号：HRB6。

$$[（172+2×75-2×6-2.5×6）×47÷1000]m = 13.865m$$

质量：13.865×0.222kg = 3.078kg

⑯ 构造柱纵筋；型号：HRB6。

构造柱纵筋：$[(1500+250+2×200-2×2×6)×6÷1000]m=12.756m$

质量：$12.756×0.222kg=2.832kg$

⑰ 构造柱箍筋；型号：HRB6。

$\{[(600-2×25+220-2×25)×2+2×100-3×2×6-2×2.5×6]×8÷1000\}m=12.592m$

质量：$12.592×0.222kg=2.795kg$

⑱ 构造水平筋；型号：HRB6。

$[(175+900+600-20+2×200-2×2×6)×2÷1000]m=4.062m$

质量：$4.062×0.222kg=0.902kg$

⑲ 构造柱纵筋；型号：HRB6。

$[(220-2×20+2×200-2×2×6)×5÷1000]m=2.78m$

质量：$2.78×0.222kg=0.617kg$

24 号构件钢筋量：$(118.54+33.768+29.42+51.976+39.955+6.926+14.229+43.712+13.853+21.208+0.71+0.515+1.492+0.364+3.078+2.832+2.795+0.902+0.617)$ $kg=386.892kg$

【案例 7-20】 背景：某施工项目合同中的约定，承包人承担的钢筋价格风险幅度为 $±5\%$，超出部分依据《建设工程工程量清单计价规范》造价信息法调差。已知投标人投标价格、基准期发布价格分别为 2400 元/t、2200 元/t，2015 年 12 月、2016 年 7 月的造价信息发布价分别为 2000 元/t、2600 元/t。则该两月钢筋的实际结算价格应分别为多少？

解析：

(1) 2015 年 12 月信息价下降，应以较低的基准价基础计算合同约定的风险幅度值。

2200 元/t×(1-5%)=2090 元/t；因此，钢筋每吨应下浮价格 (2090-2000) 元/t=90 元/t；2015 年 12 月实际结算价格=2400-90=2310 元/t

(2) 2016 年 7 月信息价上涨，应以较高的投标价格为基础计算合同约定的风险幅度值。

2400 元/t×(1+5%)=2520 元/t；因此，钢筋每吨应上调价格=(2600-2520) 元/t=80 元/t；2016 年 7 月实际结算价格=(2400+80) 元/t=2480 元/t。

【案例 7-21】 背景：某装配式建筑构件厂计划生产预制构件 $1200m^3$，按照预制构件消耗量定额规定，每立方米预制构件耗用水泥 111.36t，每吨水泥的计划单价为 390 元；而实际生产的预制构件工程量 $1500m^3$，每立方米预制构件耗用水泥 106.05t，每吨水泥的实际单价为 420 元。试用因素分析法和差额计算法进行成本分析。

解析：

预制构件成本计算公式为：

预制构件成本=预制构件的工程量×每立方米预制构件耗用水泥的消耗量×水泥的价格

采用因素分析法对上述三个因素分别对预制构件成本的影响进行分析。计算过程和结果见表 7-16。

表 7-16　成本影响分析

计算顺序	预制构件工程量/m³	每立方米预制构件耗用水泥工程量/t	水泥的价格（元/t）	水泥成本（元）	差异数（元）	差异原因分析
计划数	1200	111.36	390	52116480		
第一次代替	1500	111.36	390	65145600	13029120	工程量增加
第二次代替	1500	106.05	390	62039250	-3106350	水泥节约
第三次代替	1500	106.05	420	66811500	4772250	价格提高
合计					14695020	

以上分析结果表明，实际水泥成本比计划超出 14695020 元，主要原因是工程量增加和水泥价格提高引起的。另外，由于节约水泥消耗，使水泥成本节约了 -3106350 元，这是好现象，应该总结经验，继续发扬。

差额计算法：

工程量的增加对成本的影响额 $= [(1500-1200) \times 111.36 \times 390]$ 元 $= 13029120$ 元

材料消耗量变动对成本的影响额 $= [1500 \times (106.05-111.36) \times 390]$ 元 $= -3106350$ 元

材料单价变动对成本的影响额 $= [1500 \times 106.05 \times (420-390)]$ 元 $= 4772250$ 元

各因素变动对材料费用的影响 $= (13029120-3106350+4772250)$ 元 $= 14695020$ 元

两种方法的计算结果相同，但采用差额计算法显然要比因素分析法简单。

■ 7.5　建筑业"营改增"对工程造价影响及案例分析

7.5.1　基本概念

建筑业作为国民经济的主导产业之一，对国家经济平稳有序运行有着重要的影响。随着"营改增"的全面推开，建筑业也是改革的重点行业之一，鉴于建筑业自身的特殊性，"营改增"面临诸多的问题和困难。

1."营改增"基本情况

营业税改增值税，简称"营改增"，是指以前缴纳营业税的应税项目改成缴纳增值税。"营改增"的最大特点是减少重复征税，促使社会形成更好的良性循环，有利于企业降低税负。增值税只对产品或者服务的增值部分纳税，减少了重复纳税的环节，是党中央、国务院，根据经济社会发展新形势，从深化改革的总体部署出发做出的重要决策；是自 1994 年分税制改革以来，财税体制的又一次深刻变革。"营改增"目的是加快财税体制改革、进一步减轻企业赋税，调动各方积极性，促进服务业尤其是科技等高端服务业的发展，促进产业和消费升级、培育新动能、深化供给侧结构性改革。

营业税和增值税，曾是我国两大主体税种。"营改增"在全国的推开，大致经历了部分地区试点、部分行业全国推广和全面推开三个阶段。2011年，经国务院批准，财政部、国家税务总局联合下发营业税改增值税试点方案，2012年1月1日，在上海交通运输业和部分现代服务业开展营业税改增值税试点；2014年1月1日，铁路运输和邮政服务业纳入"营改增"试点，至此交通运输业已全部纳入营改增范围；2016年5月1日，全面推开"营改增"试点，将建筑业、房地产业、金融业、生活服务业全部纳入"营改增"试点，至此，营业税退出历史舞台。

2. 增值税与营业税的区别

（1）征税范围和税率不同　营业税是针对提供应税劳务、销售不动产、转让无形资产等征收的一种税，不同行业、不同的服务征税税率不同，建筑业按3%征税。增值税是针对在我国境内销售商品和提供修理修配劳务而征收的一种价外税，一般纳税人税率为17%，小规模纳税人的征收率为3%，建筑服务一般纳税人税率自2018年5月1日起由11%调整为10%。

（2）计税依据不同　建筑业的营业税征收允许总分包差额计税，而实施"营改增"后就得按增值税相关规定进行缴税。营业税是价内税，由销售方承担税额，通常是含税销售收入直接乘以使用税率，而增值税是价外税，税额可以转嫁给购买方，在进行收入确认计量和税额核算时，通常需要换算成不含税额。

应纳增值税额＝销项税额-进项税额

销项税额当开具增值税专用发票时纳税义务就已经发生，而进项税额则会因无票、假票、虚开发票以及发票不符合规定等各种原因得不到抵扣。

（3）主管税务机关不同　增值税涉税范围广、涉税金额大，国家有较为严格的增值税发票管理制度，增值税主要由国税局管理。营业税属于地方税，通常由地方税务机关负责征收和清缴。

3. 建筑业实施"营改增"的意义

（1）解决重复征税问题　建筑业"营改增"前，建筑工程耗用的主要原材料，如钢材、水泥、砂石等属于增值税的征税范围，在建筑企业构建原材料时已经缴纳了增值税，但是由于建筑企业不是增值税的纳税人，购进原材料缴纳的进行税额不能抵扣。在计征营业税时，建筑材料和其他工程物资是营业税的计税依据，要负担营业税，从而造成了建筑业重复征税的问题，建筑业实行"营改增"后，此问题得到有效的解决。

（2）有利于技术改造和设备更新　2009年我国实施消费性增值税模式，企业外购的生产用固定资产可以抵扣进项税额，利用税收杠杆促进建筑企业更新设备和技术，减少能耗、降低污染，提升我国建筑企业的综合竞争能力。

（3）有助于提升专业能力　营业税通常是全额征税，很少有可以抵扣的项目，因此建筑企业倾向于自行提供所需的服务，导致了生产服务内部化，这样不利于企业优化资源配置和进行专业化分工。而在增值税体制下，外购成本的税额可以进行抵扣，有利于企业择优选择供应商供应材料，提高社会专业化分工的程度，改变了当下一些建筑企业"小而全""大而全"的经营模式，提高了企业的专业化水平和专业化服务能力，进而提升了建筑企业的竞争能力和建筑质量。

4. "营改增"对建筑业的影响

（1）进项税额抵扣难　　当下我国建筑企业普遍存在"大而全"的经营模式，即工程施工、劳务分包、物资采购、机电设备安装、装饰装潢等业务集于一体；建筑企业所用砂、石、泥土等建筑材料大多采购于小规模纳税人、个体经营户，没有开具增值税专用发票的资格，导致进项税额抵扣困难。

（2）对企业的现金流量的影响　　"营改增"后，企业缴税的税率由营业税税率3%增长到增值税税率11%，这对企业的现金流量带来较大影响。企业在支付款项和收取增值税专用发票时，需要考虑两者的时间差，尽量避免这种时间差给企业资金流量带来的不利影响。

（3）对企业收入和利润的影响　　大多数建筑企业测算数据表明"营改增"会导致营业收入和营业利润减少。一方面因为增值税是价外税，企业在进行收入确认时，需要将税额扣除；另一方面因为建筑行业流转环节众多，进项税额抵扣不充分导致税负增加，从而导致利润下降。

（4）对产品造价的影响　　营业税是价内税，增值税是价外税，价外税的税收负担最终由消费者承担。实行"营改增"后改变了以前的产品定价模式，企业建筑产品的价格构成需要重新调整定额，执行新的定额标准，调整企业内部预算。"营改增"不仅会导致企业产品定价发生变化，也会导致国家基本建设投资、房地产价格、企业的招投标管理发生较大的变化。

（5）对工程造价体系的影响　　我国建筑业长期以来实行营业税税制，现行的工程计价规则中税金的计算与营业税税制相适应。实行"营改增"后，必须出台与之相对应的增值税税率配套工程造价计价体系。

5. 建筑业"营改增"的应对建议

"营改增"是国家推出的全新税制改革方案，企业应该认真学习《增值税暂行条例》和"营改增"配套实施细则，开展增值税相关知识的各种学习，首先在税收知识上打好基础，然后再针对具体的实务找更合规合理的解决措施。

（1）完善发票管理制度　　我国实行严格的增值税发票管理制度，增值税专用发票具有货币功能，在增值税发票开具180日内到税务机关进行认证，可以用以直接抵扣增值税进项税额，超过规定时间的增值税专用发票将不能抵扣，企业应加强增值税专用发票的管理，在取得、开具、保管、申报等各个环节加强监控。

（2）重视税务管理，加强纳税筹划　　税收具有强制性、无偿性和固定性，企业偷税、漏税、抗税等行为都会受到国家的严厉惩罚。税收筹划是指企业在不违背国家相关税收法律制度的前提下，选择合理的方法少缴税、迟缴税等行为。"营改增"给建筑企业留有较大的税收筹划空间，比如是从一般纳税人购入砂、石、泥土等原材料还是从个体户、小规模纳税人购入；是选择融资租赁设备还是直接购入工程设备等，这些都可以由建筑企业在充分的预测核算基础上做出决定。

（3）提高财务人员的素质　　现代企业竞争的实质是人才的竞争。财务人员应该充分结合企业实际进行有效的税务筹划和会计核算；企业应该为员工提供更多的培训和交流的机会，当有新法规、新政策出台时，组织员工参加集体学习和集中培训，全面提升财务人员的业务素养和专业能力。

（4）重视先进的信息化管理工具　　我国大多数建筑企业都是跨地域经营，工程项目遍及全国各地，随着经济全球化的日益深化，将来必将有较多的建筑企业进军国际市场，跨地域的经营必然带来诸多的管理难题。"营改增"后增值税的进项税额需要在企业的注册地进行抵扣，如果企业继续沿用原有的经营管理模式，一方面造成了抵扣周期长；另一面容易导致发票遗失。需要建筑企业有一个较为先进的信息化共享平台，利用先进的管理工具解决此类问题。

（5）充分利用财政扶持政策　国家在推行"营改增"的过程中，在试点地区都推出了相应的财政扶持政策，企业可以根据自身经营状况，分析预测"营改增"给企业带来的影响，积极努力地争取国家相关财政扶持，以便在此次税收改革中获得有利的竞争地位。

7.5.2　案例分析

【案例 7-22】　建筑服务业什么情况下适用或选择适用简易计税方法？

解析：

（1）以清包工方式提供的建筑服务。以清包工方式提供的建筑服务，是指施工方不采购建筑工程所需的材料或只采购辅助材料，并收取人工费、管理费或者其他费用的建筑服务。

（2）为甲供工程提供的建筑服务。甲供工程，是指全部或部分设备、材料、动力由工程发包方自行采购的建筑工程。

（3）为建筑工程老项目提供的建筑服务。建筑工程老项目是指以下两种工程项目：

1）《建筑工程施工许可证》注明的合同开工日期在 2016 年 4 月 30 日前的建筑工程项目。

2）未取得《建筑工程施工许可证》的，建筑工程承包合同注明的开工日期在 2016 年 4 月 30 日前的建筑工程项目。

（4）小规模纳税人提供的建筑服务。小规模纳税人是指年应税销售额<500 万元的纳税人。

（5）建筑工程总承包单位为房屋建筑的地基与基础、主体结构提供工程服务，建设单位自行采购全部或部分钢材、混凝土、砌体材料、预制构件的，适用简易计税方法计税。

（6）发生财政部和国家税务总局规定的特定应税行为。

【案例 7-23】　建筑服务在不同计税方法下如何计算纳税？

解析：

（1）简易计税方法下应纳税额的计算。

$$应纳税额=（全部价款和价外费用-支付的分包款）\div（1+3\%）\times 3\%$$

简易计税不得抵扣进项税额。

（2）一般计税方法应纳税额的计算。

$$应纳税额=当期销项税额-当期进项税额$$

$$当期销项税额=全部价款和价外费用\div（1+10\%）\times 10\%$$

【案例7-24】 一公司既有一般计税项目也有简易计税项目，进项税额如何抵扣？

解析：适用一般计税方法的纳税人，兼营简易计税方法计税项目、免征增值税项目而无法划分不得抵扣的进项税额，按照下列公式计算不得抵扣的进项税额：

不得抵扣的进项税额＝当期无法划分的全部进项税额×

（当期简易计税方法计税项目销售额＋免征增值税项目销售额）÷当期全部销售额

主管税务机关可以按照上述公式依据年度数据对不得抵扣的进项税额进行清算。

【案例7-25】 建筑企业哪些情况可以自行开具增值税专用发票？

解析：根据国家税务总局《关于进一步明确营改增有关征管问题的公告》（国家税务总局公告2017年第11号）相关规定。

（1）建筑业增值税一般纳税人，提供建筑服务、销售货物或发生其他增值税应税行为，需要开具增值税专用发票的，通过增值税发票管理新系统自行开具。

（2）建筑业小规模纳税人，月销售额超过3万元（或季销售额超过9万元）的，提供建筑服务、销售货物或发生其他增值税应税行为，需要开具增值税专用发票的，通过增值税发票管理新系统自行开具。

（3）建筑业小规模纳税人，销售其取得的不动产，需要开具增值税专用发票的，须向地税机关申请代开，不得自行开具。

【案例7-26】 举例说明2018年5月1日后税率下降了，纳税义务时间如何确定？发票怎么开？

解析：纳税义务时间在2018年5月1日之前的，应该按照原税率计算缴纳增值税并开具发票；否则，按照新税率计算缴纳增值税并开具发票。

纳税义务发生时间可以分以下几种情形：

（1）提供建筑服务，收到工程进度款时，为收到工程进度款的当天发生增值税纳税义务。比如，建设单位A与B施工企业签订工程承包合同，工程已开工，2018年4月28日，建设单位A批复4月工程进度款900万元，依据合同约定90%的付款比例，4月30日支付B企业工程款810万元，B企业向建设单位A开具发票810万元。则B企业于2018年4月30日发生纳税义务，金额为810万元。

（2）提供建筑服务，甲乙双方在书面合同中约定付款日期的，为书面合同确定的付款日期当天发生增值税纳税义务。例如，建设单位A与B施工企业签订工程承包合同，书面合同约定2018年4月25日支付300万元工程款，则无论是否能收到工程款，B企业4月25日都产生纳税义务，金额为300万元。实际工作中，更多的是在合同中约定计量方式和时间。再如，建设单位A与B施工企业签订工程承包合同，书面合同约定工程款按月度计量，每月计量单签发之后的10日内按照80%的比例支付工程款。2018年4月30日签发的4月计量单显示，B企业4月份完成工程量3000万元，5月8日建设单位A公司向B企业支付进度款2400万元，同日B企业向建设单位A开具发票，则B企业于2018年5月8日发生纳税义务，金额为2400万元。如果10日内没有收到工程款，应该按照约定的时间确认纳税义务，即5月10日产生纳税义务，金额2400万元。

（3）未签订书面合同或者书面合同未确定付款日期的，为建筑工程项目竣工验收的当天发生增值税纳税义务。例如，2017年7月15日，建设单位A与B施工企业签订工程承包合同，合同约定，施工期间工程款先由B企业垫付，未标明具体付款日期，2018年5月15日，工程竣工验收。施工期间，建设单位A未支付款项，B企业垫付资金1000万元，未向建设单位开具发票，则B企业于2018年5月15日发生纳税义务，金额为1000万元。

（4）先开具发票的，为开具发票的当天发生增值税纳税义务。比如，建设单位A与B施工企业签订工程承包合同，在没有办理任何结算手续情况下，要求B企业开具增值税发票。B企业于2018年4月28日开具发票300万元。此种情况下，B企业于2018年4月28日发生纳税义务，金额为300万元。

【案例7-27】　甲建筑公司为增值税一般纳税人，2018年5月1日承接A工程项目，5月30日发包方按进度支付工程价款222万元，该项目当月发生工程成本为100万元，其中购买材料、动力、机械等取得增值税专用发票上注明的金额为50万元。对A工程项目甲建筑公司选择适用一般计税方法计算应纳税额，该公司5月需缴纳多少增值税？

解析：

一般计税方法下的应纳税额＝当期销项税额－当期进项税额

该公司5月销项税额＝[222÷(1+10%)×10%] 万元＝20.18万元

该公司5月进项税额＝50万元×17%＝8.50万元

该公司5月应纳增值税额＝(20.18－8.5) 万元＝11.68万元

【案例7-28】　背景：甲建筑公司为增值税一般纳税人，2018年5月1日以清包工方式承接A工程项目（或为甲供工程提供建筑服务），5月30日发包方按工程进度支付工程价款222万元，该项目当月发生工程成本为100万元，其中购买材料、动力、机械等取得增值税专用发票上注明的金额为50万元。对A工程项目甲建筑公司选用简易计税方法计算应纳税额，5月需缴纳多少增值税？

解析：企业以清包工方式提供建筑服务或为甲供工程提供建筑服务可以选用简易计税方式，其进项税额不能抵扣。应纳税额＝销售额×征收率。该公司5月应纳增值税额为222万元÷(1+3%)×3%＝6.47万元

【案例7-29】　背景：甲建筑公司为增值税一般纳税人，机构所在地为和县。2016年5月1日到含山县承接A工程项目，并将A项目中的部分施工项目分包给了乙公司，5月30日发包方按进度支付工程价款222万元。当月该项目甲公司购进材料取得增值税专用发票上注明的税额8万元；5月甲公司支付给乙公司工程分包款50万元，乙公司开具给甲公司增值税专用发票，税额4.95万元。对A工程项目甲建筑公司选择适用一般计税方法计算应纳税额，该公司5月需缴纳多少增值税？

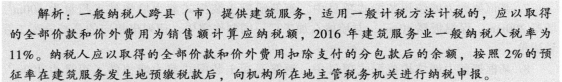

解析：一般纳税人跨县（市）提供建筑服务，适用一般计税方法计税的，应以取得的全部价款和价外费用为销售额计算应纳税额，2016 年建筑服务业一般纳税人税率为11%。纳税人应以取得的全部价款和价外费用扣除支付的分包款后的余额，按照 2% 的预征率在建筑服务发生地预缴税款后，向机构所在地主管税务机关进行纳税申报。

该公司 5 月销项税额 = 222 万元÷（1+11%）×11% = 22 万元

该公司 5 月进项税额 =（8+4.95）万元 = 12.95 万元

该公司 5 月应纳增值税额 =（22-12.95）万元 = 9.05 万元

在含山县县预缴增值税 =（222-50）万元÷（1+11%）×2% = 3.1 万元

在和县全额申报，扣除预缴增值税后应缴纳税额 =（9.05-3.1）万元 = 5.95 万元

【案例 7-30】 背景：2018 年 5 月 1 日后，一般纳税人转为小规模纳税人，如何计税？如何开增值税专用发票？

解析：

（1）一般纳税人转为小规模纳税人前后计税方法的衔接。国家税务总局《关于统一小规模纳税人标准等若干增值税问题的公告》（国家税务总局公告 2018 年第 18 号）第三条规定，一般纳税人转登记为小规模纳税人后，自转登记日的下期起（按季申报纳税人自下一季度开始；按月申报纳税人自下月开始），按照简易计税方法计算缴纳增值税；转登记日当期仍按照一般纳税人的有关规定计算缴纳增值税。

例如，符合国家税务总局《关于统一小规模纳税人标准等若干增值税问题的公告》规定条件的一般纳税人，于 2018 年 10 月 15 日申请转为小规模纳税人，则 2018 年 10 月仍按照一般纳税人的有关规定计税，2018 年 11 月（含）起，按照小规模纳税人适用简易计税方法计税。

（2）一般纳税人转为小规模纳税人后如何开具增值税专用发票。国家税务总局《关于统一小规模纳税人标准等若干增值税问题的公告》第六条规定，纳税人在转登记后可以使用现有税控设备继续开具增值税发票。转登记纳税人除了可以开具增值税普通发票外，在转登记日前已做增值税专用发票票种核定的，还可以继续通过增值税发票管理系统自行开具增值税专用发票。

■ 复习思考题

1. 简述 PPP 项目融资与传统的融资模式不同，在项目操作过程中应着重注意哪些方面？

2. PPP 模式适合哪些项目？

3. 不同类型的项目如何选择操作模式？

4. PPP 项目一般存在哪些风险？各方如何分担这些风险？

5. PPP 模式操作的项目是否必须具有持续的盈利或回报，不具有经营性的项目是否可以运用 PPP 模式？

6. 乳胶漆用塑料桶包装，每吨用 20 个桶，每个桶的单价为 20.50 元，回收率为 80%，残值率为 65%，试计算每吨乳胶漆的包装费、包装品回收价值。

7. 某框架剪力墙结构装配式项目中，钢筋混凝土装配式剪力墙构件工程量为 400m³，墙厚 200mm，保温板厚 50mm，与墙体在加工厂一同制作完毕。请列出相应的分部分项工程量清单。

8. 某框架剪力墙结构装配式项目中，钢筋混凝土装配式剪力墙构件工程量为 400m³，墙厚 200mm，保温板厚 50mm，与墙体在加工厂一同制作完毕。其中，钢筋混凝土构件运至工地价格为 1400 元/m³（不含增值税），根据墙体安装定额，人工费为 260 元/m³，安装材料费为 14 元/m³，机械费为 65 元/m³，管理费为 13 元/m³，利润为 10 元/m³，安全文明施工费为 20 元/m³，其他措施费为 17 元/m³，规费为 7 元/m³，税率为 11%，按综合单价分析表内容（定额编号可以不写），编制该分部分项工程综合单价，并计算该分部分项工程的全部费用，填入单位工程费用汇总表中。

9. 装配率和装配化率有何区别？

10. 装配式建筑工程计价依据是如何分类的？有哪些类型？

11. 某施工合同约定，施工现场主导施工机械一台，由施工企业租得，台班单价为 300 元/台班，租赁费为 100 元/台班，人工工资为 40 元/工日，窝工补贴为 10 元/工日，以人工费为基数的综合费率为 35%。在施工过程中，发生了如下事件：

1）出现异常恶劣天气导致工程停工 2 天，人员窝工 30 个工日。

2）因恶劣天气导致场外道路中断，抢修道路用工 20 个工日。

3）场外大面积停电，停工 2 天，人员窝工 10 工日。为此，施工企业可向业主索赔费用为多少？

12. 什么是装配式建设项目竣工验收？建设工程竣工验收应当具备哪些条件？

13. 装配式建设项目竣工验收的依据和标准有哪些？

14. 对于装配式建筑构件，主要从哪几个方面进行成本费用的归集和分配？

15. 某装配式建筑构件厂计划生产预制构件 1300m³，按照预制构件消耗量定额规定，每立方米预制构件耗用水泥 111.36t，每吨水泥的计划单价为 390 元；而实际生产的预制构件工程量 1600m³，每立方米预制构件耗用水泥 106.05t，每吨水泥的实际单价为 420 元。试用因素分析法进行成本分析。

16. 建筑服务预收工程款，是否需要纳税？

17. 施工现场建设的临建房屋，进项税额是否需要分 2 年抵扣？

18. 纳税人提供建筑服务，总公司为所属分公司的建筑项目购买货物、服务支付货款或银行承兑，造成购进货物的实际付款单位与取得增值税专用发票上注明的购货单位名称不一致的，能否抵扣增值税进项税额？

19. 背景：某市区的甲建筑施工企业（以下简称甲公司）为增值税一般纳税人，2018 年 5 月发生如下经营业务：

1）采购施工用辅料一批，价款 1.17 万元，取得增值税专用发票，发票注明销售额为 1 万元，增值税税额为 0.17 万元，本批辅料用于清包工项目，甲公司对清包工项目适用简易计税方法。

2）职工食堂采购格力柜式空调一台，价款 9360 元，取得增值税专用发票，发票注明销售额为 0.8 万元，增值税税额为 0.136 万元。

3）本月员工出差支付差旅费 5 万元，其中住宿费 3 万元，飞机票、火车票 2 万元，其中住宿费有 1.59 万元取得增值税专用发票，发票注明销售额为 1.5 万元，增值税税额为 0.09 万元。

4）5 月 20 日，购进施工用材料一批，支付价款 23.4 万元，取得增值税专用发票，发票注明销售额为 20 万元，增值税税额为 3.4 万元。

5）5 月 25 日，公司发生盗窃案件，经查明，丢失的材料价值 3 万元，系 5 月 20 日购入。

6）支付银行贷款利息 10.06 万元，取得普通发票。

7）请客户吃饭，发生业务招待费，金额 1.06 万元。

8）问题：说明上述业务的进项税额能否抵扣，并说明原因。

20. 背景：飞扬建筑公司"营改增"以后为增值税一般纳税人，2018 年 5 月 1 日承接马鞍山市 A 工程项目，该工程包工不包料，工程所需材料全部由发包方提供，对 A 工程项目飞扬建筑公司选择适用简易计税方法计算应纳税额。

1）5 月 2 日施工队进场，并搭建了临建设施，取得建设材料增值税发票金额 20 万元。

2）5 月 30 日收到发包方按工程进度支付的工程款 200 万元，飞扬公司向发包方开具了增值税专用发票。

3）该工程项目当月发生工程成本为 50 万元，其中购买辅助材料、动力、机械等取得增值税专用发票上注明的金额为 35 万元（假设都取得了 17% 的增值税专用发票）。

4）飞扬公司从劳务公司直接引进劳务 120 人，5 月份发生劳务费 80 万元，其中 70 万元为应付劳务人员的工资、保险及福利（劳务公司适用差额征税）。

问题：飞扬公司 5 月份需要缴纳多少增值税？

参 考 文 献

[1] 全国二级建造师执业资格考试用书编写委员会. 建设工程施工管理 [M]. 4 版. 北京：中国建筑工业出版社，2013.

[2] 全国造价工程师执业资格考试培训教材编审委员会. 建设工程造价计价 [M]. 北京：中国计划出版社，2019.

[3] 何增勤，王亦虹，李丽红. 建设工程造价案例分析 [M]. 北京：中国计划出版社，2019.

[4] 吕汉阳，徐静冉. PPP 项目操作流程与运作要点之项目移交篇 [J]. 中国政府采购，2016（3）：58-59.

[5] 柯洪. 建设工程计价 [M]. 北京：中国计划出版社，2017.

[6] 陈伟珂. 建设工程造价案例分析 [M]. 北京：中国计划出版社，2015.

[7] 迟晓明. 工程造价案例分析 [M]. 北京：机械工业出版社，2012.

[8] 全国造价工程师职业资格考试培训教材编审委员会. 建设工程造价案例分析 [M]. 北京：中国城市出版社，2019.

[9] 徐蓉. 工程造价管理 [M]. 3 版. 上海：同济大学出版社，2014.

[10] 马楠，卫赵斌，王月明. 工程造价管理 [M]. 北京：人民交通出版社，2014.

[11] 张友全，陈起俊. 工程造价管理 [M]. 2 版. 北京：中国电力出版社，2014.

[12] 白艳梅. 最新营改增政策与案例解析 [M]. 2 版. 成都：西南财经大学出版社，2017.

[13] 本书编委会. 营业税改征值税实务辅导手册 [M]. 北京：光明日报出版社，2012.

[14] 武长青. 谈装配式建筑与传统式建筑造价对比分析 [J]. 山西建筑，2017，43（10）：224-225.

[15] 李飞龙. 装配式建筑工程造价预算与成本控制分析 [J]. 江西建材，2017（15）：251-255.

[16] 中华人民共和国住房和城乡建设部. 房屋建筑与装饰工程工程量计算规范：GB 50854—2013 [S]. 北京：中国计划出版社，2013.

[17] 《建设工程工程量清单计价规范》编制组. 中华人民共和国国家标准《建设工程工程量清单计价规范》宣贯辅导教材 [M]. 北京：中国计划出版社，2008.

[18] 全国造价工程师执业资格考试培训教材编审委员会. 建筑工程造价管理 [M]. 北京：中国计划出版社，2013.

[19] 全国注册咨询工程师（投资）资格考试参考教材编写委员会. 项目决策分析与评价 [M]. 北京：中国计划出版社，2012.